浙江省“十四五”普通高等教育本科规划教材
“十三五”国家重点出版物出版规划项目
现代机械工程系列精品教材
普通高等教育“十五”国家级规划教材

热能与动力工程测试技术

第4版

主　编　俞小莉
副主编　黄　瑞
参　编　吴　锋　刘震涛　姚栋伟

机械工业出版社

本书介绍了热能与动力工程领域中主要参数的测量理论与技术。全书共12章，第1~3章主要介绍与测试技术相关的基础知识，包括基本概念辨析、性能参数表达，以及误差分析处理方法等；第4~12章介绍热能与动力工程领域重要参数测量技术，包括温度、力与压力、流速、流量、液位、转速、转矩、功率、排气组分，振动和噪声等参数的测量技术。

本书可作为能源与动力工程专业本科生教材和研究生参考书，也可供该领域从事试验研究与生产检验等工作的工程技术人员参考。

本书配有电子课件、教学大纲、试卷及其答案等，向授课教师免费提供，需要者可登录机工教育服务网（www.cmpedu.com）下载。

图书在版编目（CIP）数据

热能与动力工程测试技术 / 俞小莉主编. -- 4版. 北京 ：机械工业出版社，2025. 7. --（现代机械工程系列精品教材）（普通高等教育“十五”国家级规划教材）.

ISBN 978-7-111-78719-8

Ⅰ. TK

中国国家版本馆CIP数据核字第2025V3E179号

机械工业出版社（北京市百万庄大街22号　邮政编码100037）

策划编辑：尹法欣　　责任编辑：尹法欣　章承林

责任校对：贾海霞　李小宝　　封面设计：王　旭

责任印制：任维东

北京科信印刷有限公司印刷

2025年9月第4版第1次印刷

184mm×260mm · 15.25印张 · 373千字

标准书号：ISBN 978-7-111-78719-8

定价：49.80元

电话服务　　网络服务

客服电话：010-88361066　　机　工　官　网：www.cmpbook.com

010-88379833　　机　工　官　博：weibo.com/cmp1952

010-68326294　　金　书　网：www.golden-book.com

封底无防伪标均为盗版　　机工教育服务网：www.cmpedu.com

前　言

本书的第 1 版、第 2 版和第 3 版先后于 1999 年、2006 年和 2018 年出版，分别被列入普通高等教育“十五”国家级规划教材和“十三五”国家重点出版物出版规划项目现代机械工程系列精品教材，在全国数十所高校作为教材使用。

本书从第 1 版到现在的第 4 版，时间跨度二十六载，几代编者相继参与了编写修订工作，尤其是前辈严兆大教授付出了大量心血。期间，科学技术快速发展，教育改革不断深入。尤其是 2017 年以来，教育部为了主动应对新一轮科技革命与产业变革、服务创新驱动发展等系列国家战略，积极推进了新工科建设工程。热能与动力工程作为传统工科专业，也因此迎来了创新升级的挑战和机遇，在进一步关注专业实用性、交叉性和综合性的同时，必须更加紧密地与计算机、信息通信、电子控制等现代技术结合。显而易见，新工科建设在进一步凸显传统工科专业领域测试技术课程建设重要性的同时，也对相关教材内容的更新与拓展提出了更高的要求。

为了适应上述科学技术和教育改革的发展需求，本书第 4 版做了以下重点修订：删除了部分相对陈旧、不太适应智能化发展的技术内容；补充了部分更具工程实际应用价值的先进技术；增加了编者的部分教学科研工作成果，并以教学短视频的方式呈现，内容包括基本概念辨析、专项测试技术案例等，旨在帮助读者更好地掌握重要的基础知识，训练拓展性、系统性思维和综合应用所学知识的能力。

本书由浙江大学俞小莉教授主编，黄瑞高级实验师为副主编，第 1、2、3、6、7 章由俞小莉编写，第 4、8、9 章由黄瑞编写，第 5 章由吴锋编写，第 10 章由姚栋伟编写，第 11、12 章由刘震涛编写。

本书的编写参考了许多已经出版的教材和文献资料，衷心感谢所有相关作者，列举不尽之处敬请谅解。

由于编者水平有限，书中疏漏和错误在所难免，敬请广大读者批评指正。

编　者

目　录

前言

第1章

1 绪 论

1.1 测试工作的内涵及作用

测试与测量有时可以视为相同，但是，严格意义上两者是有区别的。测量中的被测量及其获取途径和方法通常都是已经确定的，它的核心任务是确定被测量的属性量值；而测试则包含试验过程，是具有试验性质的测量，有一定的探索性，它更多地与科研生产中的具体实际问题直接关联，涉及被测试对象状态信息表达与输出问题，需要完成测量原理和方法确定、测量系统构建，以及测量数据处理分析和评判等工作内容。

测试工作作为科学研究、技术开发和生产检验等过程所不可缺少的环节，其在工程领域的主要作用包括：

1）状态监测。通过测取机器或设备使用过程中出现的诸多现象来判断其工作状态或性能是否正常。例如，通过在线检测轴承等摩擦副的振动噪声或润滑油温升来监视其运行状态。

2）过程控制。通过测取机器或设备使用过程中的某些运行参数，作为反馈信号，进行机器或设备运行状态的控制。例如，通过在线测量内燃机排气中的氧含量，可以为空燃比精确控制提供反馈信号。

3）工程分析。解决工程实际问题时，包括专项技术研究和产品开发等过程，如果缺乏完善的理论指导，通常会采用试验研究的方法，即通过测试数据来分析研究各因素之间的相互关系及变化规律。例如，开展机器或设备承力零部件的材料和工艺创新设计时，需要测试新材料的力学性能，用于零件结构强度校核，同时需要测试额定载荷作用下零件的应力及其分布状态随不同工艺方案的变化，用于研究不同工艺对零件强度和寿命的影响。

1.2 测试系统的基本组成

测试系统一般由试验装置和测量系统两大部分组成，如图 1-1 所示。

试验装置的核心作用是表达与输出被测试对象的待测信息，它是测试系统的“信号发生器”。有的待测信息在被测试对象处于自然工作状态下就能够显现（如内燃机或锅炉中的温度信息等），有的待测信息则只有在被测试对象受到激励后才能产生（如结构件的自由模态信息等）。可见，对试验装置的基本要求是全面、准确地产生能够表达被测试对象状态的

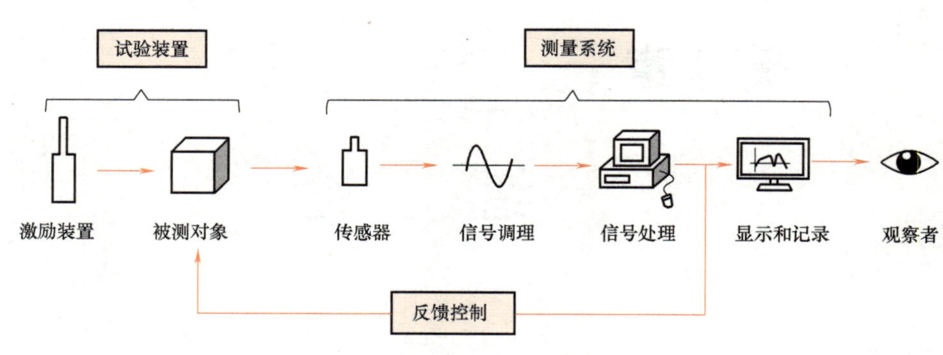

图 1-1　测试系统的基本组成

信息，并以便于测量的信号呈现。

测量系统主要由传感器、信号调理单元、信号处理单元以及显示和记录单元等构成。

1）传感器是指能够感受被测量，并按照一定的规律将其转换成可输出信号的器件或装置，由信号敏感元件和信号变换元件构成，二者常为一体。信号敏感元件是传感器中能够直接感受或响应被测量的部分，其理想的特性是仅对被测量敏感。信号变换元件是传感器中将信号敏感元件感受到或做出响应的被测量转换成适合于传输并测量的物理量的部分。在现代测试技术中，电信号是最适合传递、处理和定量运算的物理量。因此，测量温度、压力、位移、速度等物理量的传感器的输出通常是电量。

2）信号调理单元的主要功能是把来自传感器的信号转换成更适合于进一步传输和处理的形式。这种信号的转换多数是电信号之间的转换，如幅值放大、调制处理和滤波处理等，在采用计算机的测试系统中还包含模-数（A-D）转换。

3）信号处理单元的任务是对来自信号调理环节的信号进行各种运算和分析。

4）信号显示和记录单元的作用是以便于观察的形式来显示和存储测试结果。

1.3　测量的基本类别

1. 按照获得测量结果的过程分类

（1）直接测量　直接通过测量仪器得到被测量量值的测量为直接测量。例如，使用温度计测量温度、使用天平称重等。

（2）间接测量　被测量的量值无法从测量仪器上直接获取，但与其他可以直接测量的物理量有确定的函数关系，可以先测量其他物理量，然后通过已知的函数关系求得被测量，这种方法称为间接测量法。例如，测量发动机的输出功率 P(kW) 时，需要先测量发动机的转速 n(r/min) 和转矩 M(N·m)，然后通过公式 $P=Mn/9550$ 计算相应的功率 P。

（3）组合测量　当被测量的测量结果需要用多个参数表达时，可通过改变测试条件进行多次测量，根据被测量与参数间的函数关系列出方程组并求解，最终确定被测量的量值，这种测量方法称为组合测量。由于被测量的量值需要经过求解联立方程组才能确定，所以又称其为联立测量。例如，热电阻温度系数的测量，已知热电阻和温度的关系为

$$R_T=R_0(1+aT+bT^2) \tag{1-1}$$

式中，R_T 是温度为 T(℃) 时的电阻值（Ω）；R_0 是温度为 0℃ 时的电阻值（Ω）；a、b 为热

电阻的温度系数（Ω/℃）。

可见，在 R_0 已知的情况下，为了确定 a、b，需要先测得不同温度 T_1、T_2 下的电阻值 R_{T1} 和 R_{T2}，然后通过联立求解以下方程组才能获得 a、b 的数值。

$$\begin{cases} R_{T1}=R_0(1+aT_1+bT_1^2) \\ R_{T2}=R_0(1+aT_2+bT_2^2) \end{cases} \tag{1-2}$$

为了提高测量精度，可以增加多组温度和电阻值的测量组合，然后采用最小二乘法确定 a、b 的数值。

2. 按照测量条件分类

（1）等精度测量　等精度测量是指在测量条件（包括测量仪器、测量人员、测量方法及环境条件等）不变的情况下，对同一被测量进行多次测量。

等精度测量获得的各个测量值具有相同的精度，可以用同一均方根偏差表示。

（2）非等精度测量　如果在同一被测量的多次重复测量中，不是所有测量条件都维持不变，那么，这样的测量称为非等精度测量。

根据上述分类准则，同一测量人员采用相同的测量方法和仪器，在较长的时间内对同一被测量进行的多次重复测量，或者是在不同的实验室采用相同的条件对相同的被测量进行的多次重复测量，有可能是等精度测量，也有可能是非等精度测量，是否为等精度测量，需要对测量结果进行等方差性检验。由于性质的差异，等精度测量与非等精度测量结果的数据处理方法也不相同，这部分内容将在后面章节述及。

3. 按照测量对象的时空变化性质分类

（1）稳态和非稳态测量　稳态测量也称静态测量，是针对量值不随时间变化的被测量实施的测量。

非稳态测量也称动态测量，是针对随时间变化的被测量实施的测量，其目的是确定被测量的瞬时值或被测量随时间的变化规律。

被测量的时间变化特性是相对的，决定采用静态测量还是动态测量，除了与被测对象本身的变化程度有关之外，还与测试要求有关。例如，当发动机运行在过渡工况时，由于其转矩和转速变化相对显著，相应的测量必须采用动态测量；而当发动机运行在稳定工况时，其转矩和转速的变化仅由工作循环的微小波动引起，幅度很小，如果只是为了获得相应工况下发动机的输出功率，则采用稳态测量方法即可，但是，如果需要通过转矩和转速的信号波动来了解发动机工作循环的一致性，则需要采用动态测量方法。

（2）单点测量和分布测量　被测对象特有的体积属性可能导致两种状态：一种是被测量量值在其空间范围内是均匀一致的；另一种则是处于不均匀分布状态。对上述两种分布状态的被测量进行测量时，前者可以采用单点测量方法，即只需要选择一个测点进行测量，测量结果就能够反映被测对象的参数水平；而对于后者，需要进行多点测量或者扫描测量（本书统称为分布测量），然后进行被测量量值的空间分布特性统计分析。

同样，决定采用单点测量、多点测量还是扫描测量，除了与被测量本身的分布差异有关外，还与测试要求有关。例如，对某一空调环境的温度实施测量时，如果测量结果仅用于衡量环境总体温度水平的高低，则选取某一特征点实施单点测量即可；如果测量结果用作环境空间温度均匀性控制的信号，则需要实施分布测量。

1.4 测试技术的发展及其在热能与动力工程领域的应用概况

测试技术的发展与科学技术的进步可谓相得益彰。伴随着科学技术的进步，测试技术已经发展成为一门相对完整、独立的学科，而且是深度交叉融合了传感技术、计算机及信息技术、应用数学及自动控制等理论的学科。一方面，测试技术的发展为各项科学技术的研究提供了坚实的基础信息获取手段，通过大量基础信息的挖掘，促进了新现象的发现和新理论、新技术的发明；另一方面，科学技术的不断进步在对测试技术提出新要求的同时，也支撑了测试技术的发展，例如，测试领域多传感器融合、可视化、远程遥感等技术的发展。从总体上看，测试技术的发展趋势是传感器技术的智能化、集成化和网络化，以及以计算机为核心的测试仪器的高精度化、多功能化、自动化等。

与其他学科一样，在热能与动力工程领域，测试技术的应用发展也有明显的阶段性。20世纪50年代以前，参数测量较多采用机械式传感器，如弹簧压力表、膨胀式温度计等。进入20世纪60年代后，开始应用非电量电测技术和相应的二次仪表，使测试技术上了一个新的台阶。20世纪80年代，人们开始应用计算机和智能化仪表，以实现对动态参数的实时检测和处理。随后，许多新型测试技术相继出现，如激光全息摄影技术、光纤传感技术、红外CT技术、超声波测试技术、虚拟测试及网络化测试技术等，并逐步深入到热能与动力工程研究的各个领域，实现了燃烧过程、流动过程、燃烧产物的浓度和粒度场，以及其他传热传质过程瞬变动态参数的测量，得以从对宏观、稳态过程的研究深入到对微观、瞬变过程的研究，不断掌握各种物理、化学过程内在的变化规律，为相关优化设计与控制理论及技术的发展提供科学基础。

1.5 热能与动力工程测试技术课程学习要求

如前所述，现代测试技术是一门多学科交叉的综合技术，涉及传感技术、信号处理技术、计算机技术以及控制技术等，只有理解其中的相关理论，才能更好地应用或发展测试技术，这就需要学习者预先掌握物理学、化学、力学、光学、电学、数学等基础理论学科的基本知识。此外，热能与动力工程领域的测试对象以热力机械为主，涵盖流动、传热、燃烧、机构运动与受力以及振动噪声等物理、化学现象的测试工作，因此，还需要预修流体力学、传热学、燃烧学、结构动力学等专业基础知识。

测试技术也是实验学的分支，相关的理论学习必须结合实践，通过开展实际的试验测试，可以更好地理解理论、训练技能。

思考题与习题

1-1　测量方法有哪几类？直接测量与间接测量的主要区别是什么？

1-2　试述现代测试技术及仪器的发展方向。

第2章 测量系统的基本特性

2.1 概述

设计或选择测量系统是测试工作的一项重要任务，需要将被测量信号的性质、测量精度和测试环节性价比要求等因素与测量系统的性能进行匹配。因此，了解测量系统的基本特性是有必要的。

测量系统的基本特性是指其对被测量信号的响应性能，表现为被测量信号通过测量系统前后的变换关系。图2-1是表示被测量信号与测量系统之间输入输出关系的示意图，$x(t)$ 和 $y(t)$ （以下简写为 x 和 y）分别是测量系统的输入信号和输出信号，也可分别称为激励和响应。

图2-1 测试系统框图

由于被测量信号具有稳态（静态）和动态两种基本变化特征，测量系统的基本特性也可分为静态特性和动态特性。

本章介绍的测量系统基本特性的相关分析内容也适用于测量系统的各个组成部分，包括传感器、信号调理单元、显示和记录单元等。

2.2 理想测量系统及其主要性质

测量系统的输入输出关系应该是单值的、确定的，即其输入量与输出量之间应具有一一对应的明确关系。显而易见，理想的输出与输入关系是线性关系。但是，实际的测量系统很难完全具有这种性质，只能在较小的工作范围内和一定的误差允许条件下满足线性要求。

对于线性系统，输入和输出之间的关系可以用线性微分方程表达，即

$$a_n\frac{\mathrm{d}^n y}{\mathrm{d}t^n}+a_{n-1}\frac{\mathrm{d}^{n-1} y}{\mathrm{d}t^{n-1}}+\cdots+a_1\frac{\mathrm{d}y}{\mathrm{d}t}+a_0y=b_m\frac{\mathrm{d}^m x}{\mathrm{d}t^m}+b_{m-1}\frac{\mathrm{d}^{m-1} x}{\mathrm{d}t^{m-1}}+\cdots+b_1\frac{\mathrm{d}x}{\mathrm{d}t}+b_0x \tag{2-1}$$

式中，x 和 y 为测量系统的输入量和输出量；t 为时间；$a_0,a_1,a_2,\cdots,a_n$ 与 $b_0,b_1,b_2,\cdots,b_m$ 是反映测量系统物理结构的特性参数；n 为输出量的最高微分阶，称为测量系统的阶。

如果 $a_0,a_1,a_2,\cdots,a_n$ 与 $b_0,b_1,b_2,\cdots,b_m$ 在测量系统工作过程中不随时间和输入量的变化而变化，则称该系统为时不变线性系统。

时不变线性系统是理想的测量系统，由于实际的测量系统中各元器件的物理参数并不是

常数，如电子元件中的电阻、电容和半导体器件等的特性都会受温度的影响而发生变化，导致上述微分方程特性参数具有时变性，这意味着理想的时不变线性系统在现实中是不存在的。对此，工程实际中常用的处理方法是在保证具有足够精确度的条件下，忽略非线性和时变因素，认为上述特性参数是常数，即将测量系统当作时不变线性系统处理。本书以下部分出现的线性系统指的都是时不变线性系统。

线性系统具有以下主要性质（以下用 $x \to y$ 表示输入输出对应关系）。

（1）比例性质　当线性系统的输入扩大 k 倍时，其输出也将扩大 k 倍，即

$$kx \to ky$$

（2）叠加性质　当线性系统同时接收到多个输入时，其总输出等于各个输入单独作用时的输出之和，即

$$[x_1 \pm x_2 \pm \cdots \pm x_n] \to [y_1 \pm y_2 \pm \cdots \pm y_n]$$

线性系统的叠加性质表明，各个输入产生的响应是相互独立的，互不干扰。因此，可以将一个复杂的输入分解成一系列简单的输入之和，系统对复杂激励的响应便等于这些简单输入的响应之和。

（3）微分性质　线性系统对输入导数的响应等于对该输入响应的导数，即当输入从 x 变为其导数$\frac{dx}{dt}$时，系统的输出也从 y 变为$\frac{dy}{dt}$。

$$\frac{dx}{dt} \to \frac{dy}{dt}$$

（4）积分性质　当线性系统的初始状态为零（即输入为零，响应也为零）时，对输入积分的响应等于对该输入响应的积分，即

$$\int_0^t x dt \to \int_0^t y dt$$

（5）频率保持性质　当线性系统的输入为某一频率的简谐信号时，其稳态响应必是同一频率的简谐信号。如果输入信号为 $x = x_0 \sin\omega t$，则相应的输出为

$$y = y_0 \sin(\omega t + \varphi)$$

式中，ω 为输入角频率；φ 为相位角。

线性系统的频率保持性质是信号识别的重要依据，工程实际中常用作信号滤波和故障诊断等的依据。

2.3　测量系统的静态特性

2.3.1　测量系统静态特性参数的基本定义

1. 量程

量程是指测量系统所能测量的最大输入量与最小输入量之间的范围。为了提高测量结果的精确度，通常按照被测量量值落在 2/3～3/4 量程范围来选择测试系统的量程。

2. 精度等级

测量系统的精度（精确度）是指测量值与真值（或约定值）之间的符合程度。通常用

引用误差来表示，即系统在量程范围内每单位输入可能存在的最大输出误差。该误差的量值一般采用标准仪器进行静态校准来获得。校准时，在全量程（A）范围内，如果标准仪器与被校准的测量系统之间存在的最大输出绝对误差为 δ_{max}，则测量系统的引用误差为

$$R=\frac{|\delta_{max}|}{A}\times 100\%$$

上述引用误差的最大限值也称系统的允许误差。如果测量系统的允许误差为 1.5%，则其精度等级为 1.5 级。常见的精度等级有 0.1、0.2、0.5、1.0、1.5、2.5 和 5.0 共 7 级。

3. 线性度

线性系统在静态测量条件下工作时，其输入输出关系式（2-1）中的各导数项均等于零，于是有

$$y=\frac{a_0}{b_0}x \tag{2-2}$$

式（2-2）即为测量系统的理想静态特性方程，它反映的是系统输入输出之间理想的直线关系。而实际的测量系统，其输入输出曲线并不是理想的直线，线性度就是度量测量系统输入输出关系接近线性程度的指标。

在静态测量中，通常用试验的方法来确定测量系统的线性度。首先测取系统的输入输出关系曲线，通常称之为标定曲线，也称定度曲线，如图 2-2 中彩色曲线。同时，采用最小二乘法对标定结果进行线性拟合，得到拟合直线，如图 2-2 中黑色直线。标定曲线偏离其拟合直线的程度即为线性度，用线性误差表示。如图 2-2 所示，在全量程 A 内，标定曲线与其拟合直线之间的最大偏差为 ΔL_{max}，满量程输出值为 Y_{FS}，即线性误差为

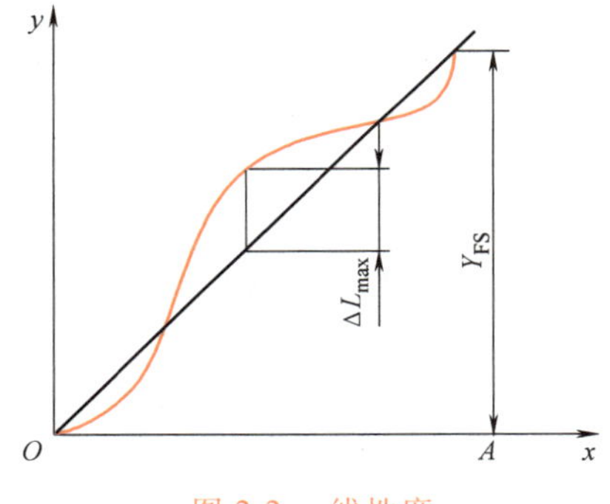

图 2-2　线性度

$$\delta_x=\frac{|\Delta L_{max}|}{Y_{FS}}\times 100\% \tag{2-3}$$

4. 灵敏度

测量系统输入量的变化量 Δx 引起输出量改变量 Δy，则定义灵敏度为

$$S=\lim_{\Delta x\to 0}\frac{\Delta y}{\Delta x}=\frac{\mathrm{d}y}{\mathrm{d}x} \tag{2-4}$$

灵敏度反映的是测量系统每单位输入对应的输出量值，其几何意义是测量系统输入输出曲线上指定点的斜率。对于线性系统而言，灵敏度为常数。由于实际的测量系统往往是非线性的，所以其灵敏度会随输入量的变化而变化。

灵敏度的量纲取决于输入和输出的量纲，例如，某位移传感器，输入量（被测对象的位移）变化 1mm 时，输出电压变化量为 100mV，则该传感器的灵敏度为 100mV/mm。当输入与输出的量纲相同时，灵敏度是一个无量纲的数，常称为“放大倍数”或“增益”。

当测量系统由多个环节串联组成时，总的灵敏度等于各个环节灵敏度的乘积。

通常，测量系统的灵敏度越高，测量范围越窄，系统稳定性越差。因此，应合理选择灵

敏度，不是越高越好。

5. 分辨率

分辨率是指测量系统能够测量出输入量最小变化量的能力，通常用能够引起输出量发生变化的最小输入变化量表示。显而易见，测量系统的分辨率越高，表示它所能检测出的输入量的最小变化量值越小。对于模拟测量系统，一般用其输出指示标尺最小分度值的一半所对应的输入量来表示其分辨率；对于数字测量系统，一般用其输出显示的最后一位所对应的输入量表示其分辨率。

6. 迟滞误差

迟滞误差也称回程误差，表现为测量系统对同一输入量的递增过程（正行程）和递减过程（反行程）的输出不一致，如图 2-3 所示。

定义正行程与反行程输出量之间的差值为迟滞差值，则全量程中迟滞差值最大值 $\Delta H_{\max}$ 与满量程理想输出值Y_{FS} 之比的百分率即为迟滞误差，即

$$\delta_x = \frac{|\Delta H_{\max}|}{Y_{FS}} \times 100\% \tag{2-5}$$

测量系统产生迟滞现象的原因是其中的部件或材料存在摩擦、机械惯性、热惯性或磁滞等。对这类测量系统进行标定时，需要测取正行程标定曲线和反行程标定曲线，并进行迟滞误差的计算和修正。

7. 重复性误差

重复性误差是指测量系统对同一输入进行多次重复测量时，其输出的重复程度。重复性误差的确定仍然采用标定法，即按照规定的标定条件，在全量程范围内，对同一输入重复进行正行程和反行程的连续测量，得到一组标定曲线，如图 2-4 所示，计算正行程和反行程中最大的偏差 $\Delta_{\max}$，其占满量程下理想输出值 Y_{FS} 的百分率即为重复性误差 δ，即

$$\delta = \frac{|\Delta_{\max}|}{Y_{FS}} \times 100\% \tag{2-6}$$

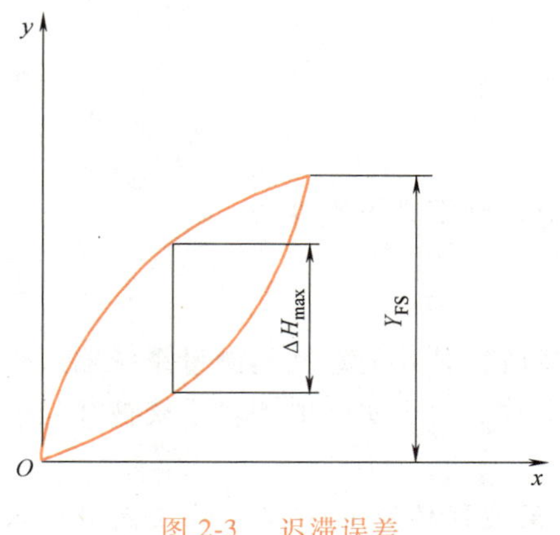

图 2-3　迟滞误差

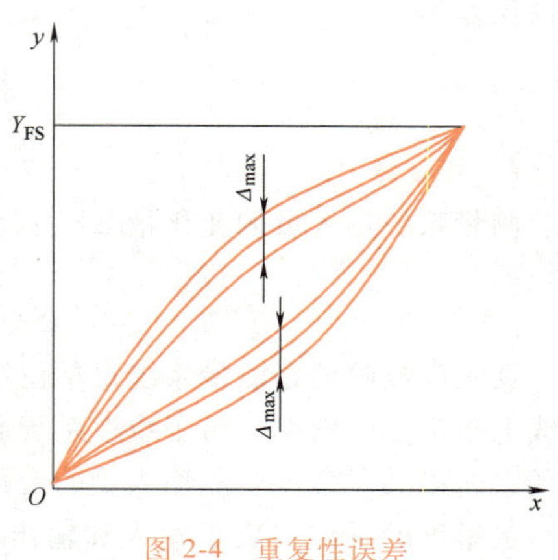

图 2-4　重复性误差

8. 漂移

漂移是指测量系统在输入不变的条件下，输出随时间变化的现象。其中，测量系统的输入为零（没有输入）时产生的漂移称为零漂。

产生漂移最常见的原因是环境温度的变化，即温度漂移，也称热漂移。因此，测量系统设计和使用环节都需要重视上述温度效应，或在设计方案中采取自动温度跟踪补偿技术，或在应用过程中严格按照使用环境规定，或采用标定的方法进行修正。

2.3.2　测量系统静态特性参数的测定

测量系统的静态特性参数通常采用标准输入信号进行静态标定获得，标准输入信号的量值由精度等级更高的测量系统（如范型仪器）校准，具体标定过程如下。

（1）测取输入输出特性曲线　在全量程范围内，将标准输入信号 x 等分成 n 个输入值 x_i（$i=1, 2, \cdots, n$），按照正、反行程进行重复的 m 次测量（一次测量包括一个正行程和一个反行程），得到 $2m$ 条输入、输出特性曲线，如图 2-5 所示。

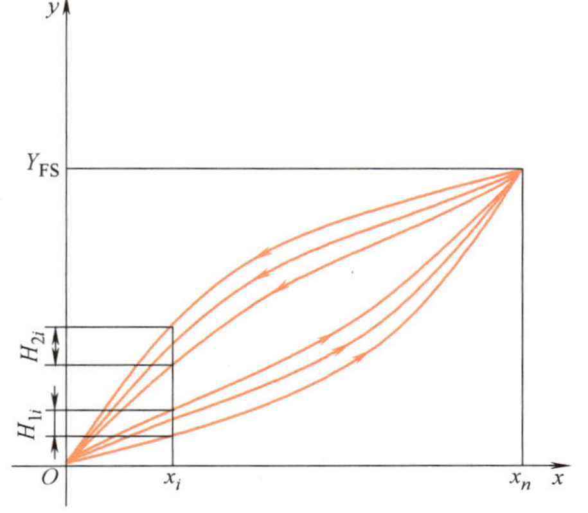

图 2-5　正、反行程的输入、输出特性曲线

（2）求重复性误差 δ　正、反行程的重复性误差 δ_1 和 δ_2 为

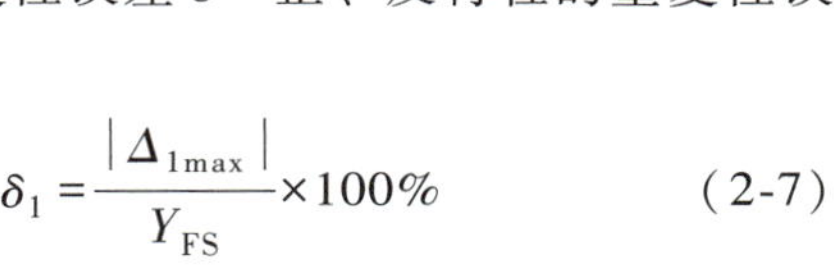

$$\delta_1=\frac{|\Delta_{1\max}|}{Y_{FS}}\times 100\% \tag{2-7}$$

$$\delta_2=\frac{|\Delta_{2\max}|}{Y_{FS}}\times 100\% \tag{2-8}$$

式中，$\Delta_{1\max}$ 和 $\Delta_{2\max}$ 为正、反行程中各测量点重复性误差中的最大值，即 $\Delta_{1\max}=\max|H_{1i}|$，$\Delta_{2\max}=\max|H_{2i}|$，$i=1, 2, 3, \cdots, n$。

（3）求取正、反行程的平均输入-输出曲线 $\overline{y_1}$ 和 $\overline{y_2}$　分别对 m 条正、反行程输入-输出曲线的数值进行算术平均，即可获得平均曲线 $\overline{y_1}$ 和 $\overline{y_2}$。$\overline{y_1}$ 和 $\overline{y_2}$ 曲线上与 x_i 对应的输出值 $\overline{y_{1i}}$ 和 $\overline{y_{2i}}$ 分别为

$$\overline{y_{1i}}=\frac{1}{m}\sum_{j=1}^{m}(y_{1ij}) \tag{2-9}$$

$$\overline{y_{2i}}=\frac{1}{m}\sum_{j=1}^{m}(y_{2ij}) \tag{2-10}$$

式中，y_{1ij} 和 y_{2ij} 分别为第 j 条正行程曲线和反行程曲线上对应于 x_i 的输出值，$j=1, 2, \cdots, m$。

（4）求迟滞误差 δ_H

$$\delta_H=\frac{|\overline{y_{2i}}-\overline{y_{1i}}|_{\max}}{Y_{FS}}\times 100\% \tag{2-11}$$

（5）制取标定曲线 y_i　标定曲线上与 x_i 对应的输出值 y_i 为

$$y_i=\frac{1}{2}(\overline{y_{2i}}+\overline{y_{1i}}) \tag{2-12}$$

以上获得的标定曲线即为被标定的测量系统的实际输入-输出特性曲线。

（6）计算非线性误差和灵敏度　根据标定曲线，用最小二乘法作拟合直线，然后根据非线

性误差和灵敏度的定义即可计算得到相应的数值，其中拟合直线的斜率即为系统的灵敏度。

2.4 测量系统的动态特性

测量系统的动态特性反映的是动态测量过程中输出量与输入量之间的关系，或是反映系统对随时间变化的输入量的响应特性。掌握测量系统的动态特性，可以理解动态测量误差产生的机制，根据测量对象的性质和测试要求，选择合适的测量系统，将动态测量误差限制在允许范围内。

如前所述，在特定的测量范围内，可以认为测量系统是线性系统，其输出输入关系可以用式（2-1）表示。为了更加直观、简洁地描述上述信号之间的传输关系，通常引用传递函数的表达形式，也可以采用阶跃响应函数和频率响应函数来描述。其中，传递函数是测量系统动态特性复数域的数学表达形式，阶跃响应函数和频率响应函数则分别是测量系统动态特性的时域和频域表达。

2.4.1 传递函数

1. 传递函数的定义及特点

在初始条件为零的条件下，对式（2-1）进行拉普拉斯变换（以下简称拉氏变换），得到

$$(a_n s^n + a_{n-1} s^{n-1} + \cdots + a_1 s + a_0) Y(s) = (b_m s^m + b_{m-1} s^{m-1} + \cdots + b_1 s + b_0) X(s) \tag{2-13}$$

式中，$X(s)$、$Y(s)$ 分别为测量系统的输入量 $x(t)$ 和输出量 $y(t)$ 的拉氏变换。

传递函数定义为

$$H(s) = \frac{b_m s^m + b_{m-1} s^{m-1} + \cdots + b_1 s + b_0}{a_n s^n + a_{n-1} s^{n-1} + \cdots + a_1 s + a_0} \tag{2-14}$$

上述传递函数是对 n 阶线性测量系统传输特性的解析描述，包含了时间响应特性和频率响应特性的全部信息，它具有以下特点：

1）对于稳定系统，传递函数分母项中的幂次 n 总是大于分子项的幂次 m。

2）传递函数只是描述系统本身的动态特性，与输入量无关，也与系统的物理结构无关。因此，具有相同传输特性但物理结构不同的系统，可以用同一传递函数表征其动态特性。例如，热电偶和阻容低通滤波器、光线示波器振子和弹簧测力仪，尽管它们的结构相差很大，但分别具有相似的一阶、二阶测量系统的传递函数。

3）测量系统往往是由若干测量环节组成的，若已知各组成环节的传递函数，则可以方便地得到整个系统的传递函数，即系统的动态特性。

① 串联系统。图 2-6 所示的测量系统由两个环节串联组成，各环节的传递函数分别为 $H_1(s)$ 和 $H_2(s)$。该系统的特点是前一环节的输出为后一环节的输入，假设后一环节的输出信号对前面环节无反向作用，则该串联测量系统的传递函数为

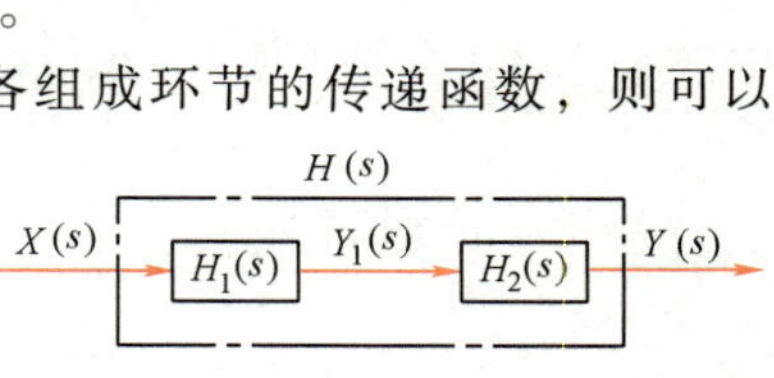

图 2-6　两个环节的串联系统

$$H(s) = \frac{Y(s)}{X(s)} = \frac{Y_1(s)}{X(s)} \frac{Y(s)}{Y_1(s)} = H_1(s) H_2(s) \tag{2-15}$$

同样可以推导出 n 个环节串联而成的测量系统的传递函数为各个环节传递函数之积，即

$$H(s)=\frac{Y(s)}{X(s)}=\prod_{i=1}^{n}H_i(s) \tag{2-16}$$

② 并联系统。图 2-7 所示为由两个环节并联而成的测量系统，各环节的传递函数分别为 $H_1(s)$ 和 $H_2(s)$。该系统的特点是一个信号同时输入两个环节的输入端，两个环节的输出信号相对独立，且其和为总输出信号，则该系统的传递函数为

$$H(s)=\frac{Y(s)}{X(s)}=\frac{Y_1(s)+Y_2(s)}{X(s)}=H_1(s)+H_2(s) \tag{2-17}$$

同样，可以推导出 n 个环节并联而成的测量系统的传递函数为各个环节传递函数之和，即

$$H(s)=\frac{Y(s)}{X(s)}=\sum_{i=1}^{n}H_i(s) \tag{2-18}$$

③ 反馈联接系统。典型的反馈联接系统如图 2-8 所示。$H_A(s)$ 和 $H_B(s)$ 分别为正向环节和反向环节的传递函数，$X(s)$ 为输入信号，$X_B(s)$ 为反馈信号。

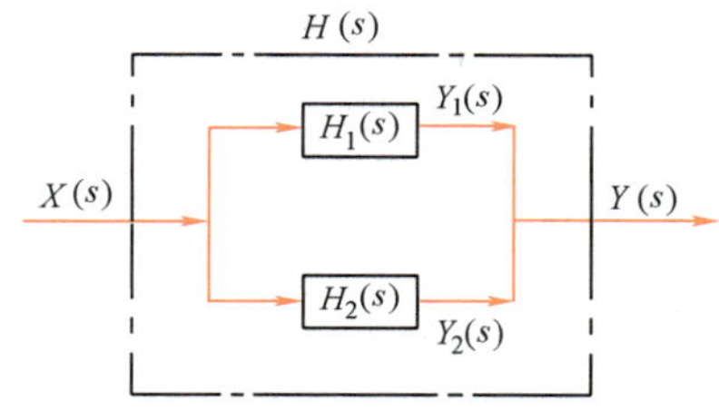

图 2-7　两个环节的并联系统

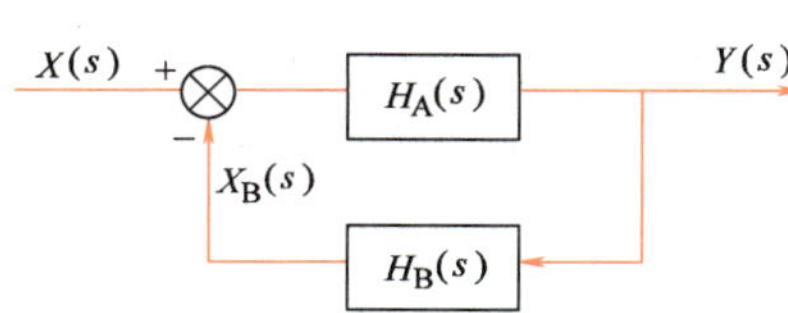

图 2-8　反馈联接系统

若输入信号 $X(s)$ 与反馈信号 $X_B(s)$ 相加后输入正向环节，则称为正反馈；若输入信号 $X(s)$ 与反馈信号 $X_B(s)$ 相减后输入正向环节，则称为负反馈。

在正反馈系统中，有

$$\frac{Y(s)}{X(s)+X_B(s)}=H_A(s),\quad \frac{X_B(s)}{Y(s)}=H_B(s)$$

即正反馈系统的传递函数为

$$H(s)=\frac{Y(s)}{X(s)}=\frac{H_A(s)}{1-H_A(s)H_B(s)} \tag{2-19}$$

在负反馈系统中，有

$$\frac{Y(s)}{X(s)-X_B(s)}=H_A(s),\quad \frac{X_B(s)}{Y(s)}=H_B(s)$$

即负反馈系统的传递函数为

$$H(s)=\frac{Y(s)}{X(s)}=\frac{H_A(s)}{1+H_A(s)H_B(s)} \tag{2-20}$$

理论和实践均证明，测量系统中采用负反馈可以使整个系统误差大大减小，提高测量精度。

2. 基本测量系统的传递函数

(1) 零阶测量系统的传递函数　对零阶系统而言，式 (2-1) 中的 $n=0$，即除 a_0 和 b_0

以外，其余系数均为零，可得输入输出关系式和传递函数为

$$H(s)=\frac{Y(s)}{X(s)}=\frac{b_0}{a_0} \tag{2-21}$$

可见，零阶系统正是前述的理想线性系统，表示不管输入随时间如何变化，输出总与输入成一定比例。

图 2-9 所示的滑线电阻位移传感器就是零阶系统的实例。传感器输出量 u_o 与输入量位移 x 之间满足下列关系

$$u_o=\frac{U_b}{L}x \tag{2-22}$$

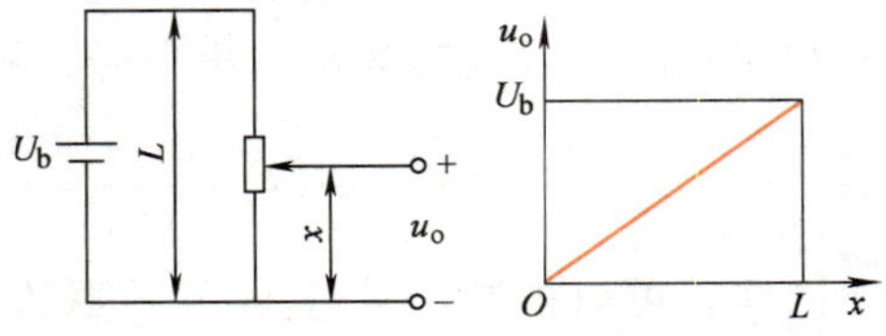

图 2-9　零阶系统示例

式中，U_b 为加载在滑线电阻上的激励电压；L 为滑线电阻的总长度。

（2）一阶测量系统的传递函数　对一阶系统而言，式（2-1）中的 $n=1$，除 a_1、a_0 和 b_0 以外，其余系数均为零，则得

$$a_1\frac{dy}{dt}+a_0y=b_0x \tag{2-23}$$

方程两端除以 a_0 并经拉氏变换后可得

$$\tau sY(s)+Y(s)=k_sX(s) \tag{2-24}$$

则一阶测量系统的传递函数为

$$H(s)=\frac{Y(s)}{X(s)}=\frac{k_s}{\tau s+1} \tag{2-25}$$

式中，$\tau=a_1/a_0$ 为时间常数；$k_s=b_0/a_0$ 为静态灵敏度，在线性系统中，k_s 为常数，通常取 $k_s=1$。

例 2-1　图 2-10 所示为用热电偶测量流体温度的实例。假设热电偶与流体之间只以对流换热的方式进行热交换，流体的温度为 T_0（输入信号），热电偶热接点的温度为 T（输出信号），则

$$dQ=hA(T_0-T)dt \tag{2-26}$$

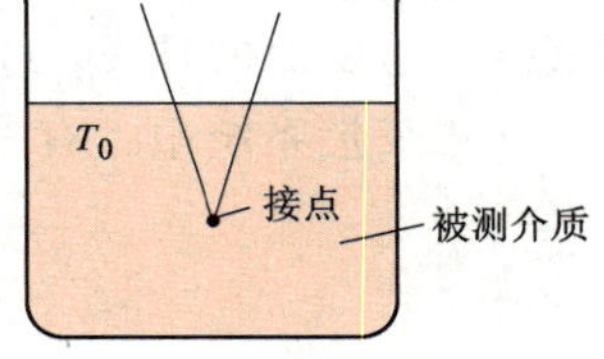

图 2-10　一阶系统实例

式中，dQ 为 dt 时间内流体传递给热电偶热接点的热量；h 为流体与热接点表面的表面传热系数；A 为热接点的表面积。

假设热电偶的导热和热辐射损失可以忽略，则热电偶吸收的热量 dQ 与其温度变化 dT 之间的关系为

$$dQ=c_pm\,dT \tag{2-27}$$

式中，c_p 为热电偶热接点的定压比热容；m 为热接点的质量。

根据以上两式可得

$$hA(T_0-T)dt=c_pm\,dT \tag{2-28}$$

经整理可得

$$\tau\frac{dT}{dt}+T=T_0 \tag{2-29}$$

式中，τ 为测量系统的时间常数，$\tau=\frac{c_p}{h}\frac{m}{A}$。

式（2-29）为热电偶（测温传感器）数学模型的一阶线性微分方程，即这类传感器为

一阶测量系统，其传递函数为

$$H(s)=\frac{T(s)}{T_0(s)}=\frac{1}{\tau s+1} \tag{2-30}$$

（3）二阶测量系统的传递函数　对于二阶测量系统，式（2-1）中的 $n=2$，除 a_2、a_1、a_0 和 b_0 外，其余系数均为零，可得

$$a_2\frac{\mathrm{d}^2y}{\mathrm{d}t^2}+a_1\frac{\mathrm{d}y}{\mathrm{d}t}+a_0y=b_0x \tag{2-31}$$

方程两端同时除以 a_0 并经拉氏变换可得

$$\left(\frac{a_2}{a_0}s^2+\frac{a_1}{a_0}s+1\right)Y(s)=\frac{b_0}{a_0}X(s) \tag{2-32}$$

令 $k_s=b_0/a_0$，$\omega_n=\sqrt{a_0/a_2}$，$\xi=\dfrac{a_1}{2\sqrt{a_0a_2}}$，则上式可表达为

$$\left(\frac{s^2}{\omega_n^2}+\frac{2\xi}{\omega_n}s+1\right)Y(s)=k_sX(s) \tag{2-33}$$

相应的传递函数为

$$H(s)=\frac{Y(s)}{X(s)}=\frac{k_s\omega_n^2}{s^2+2\xi\omega_ns+\omega_n^2} \tag{2-34}$$

例 2-2　以振动测量仪为例，图 2-11 所示为其等效系统，即为集中质量 m 的弹簧阻尼振动系统，根据力平衡条件，可以得到其振动微分方程为

$$m\frac{\mathrm{d}^2y}{\mathrm{d}t^2}+c\frac{\mathrm{d}y}{\mathrm{d}t}+ky=f(t) \tag{2-35}$$

式中，c 为阻尼系数；k 为弹性系数；$f(t)$ 为激振力，它是系统的输入。

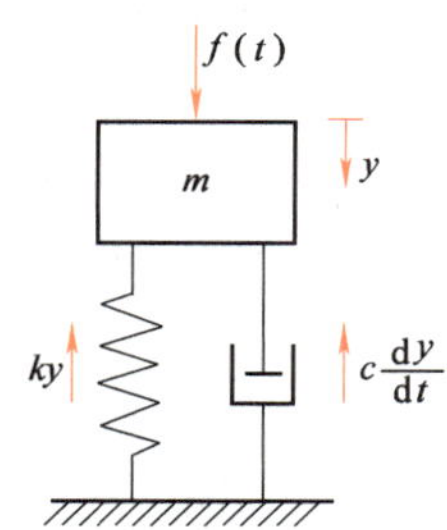

图 2-11　二阶系统示例

对比式（2-35）与式（2-31）可知，振动测量仪为二阶系统，其传递函数为

$$H(s)=\frac{Y(s)}{F(s)}=\frac{1}{ms^2+cs+k} \tag{2-36}$$

$k_s=1/k$ 为系统的灵敏度，$\omega_n=\sqrt{k/m}$ 为系统的固有频率，$\xi=c/(2\sqrt{km})$ 为系统的阻尼比（即系统的阻尼 c 与系统的临界阻尼 $c_c=2\sqrt{km}$ 之比），代入上式，可得振动测量仪的传递函数为

$$H(s)=\frac{Y(s)}{X(s)}=\frac{k_s\omega_n^2}{s^2+2\xi\omega_ns+\omega_n^2} \tag{2-37}$$

2.4.2　单位阶跃响应函数

1. 单位阶跃响应函数的定义

测量系统对单位阶跃信号 $X(t)$ 输入的响应称为系统的单位阶跃响应函数，记为 $h(t)$。阶跃响应函数是对线性测量系统动态特性的时域描述。

如图 2-12 所示，单位阶跃输入信号的特点是当 $t=0$ 时，信号以无限大的速率上升；当

$t>0$ 时，信号保持定值不随时间变化，即

$$X(t)=\begin{cases}0 & t<0\\ 1 & t\geqslant 0\end{cases} \tag{2-38}$$

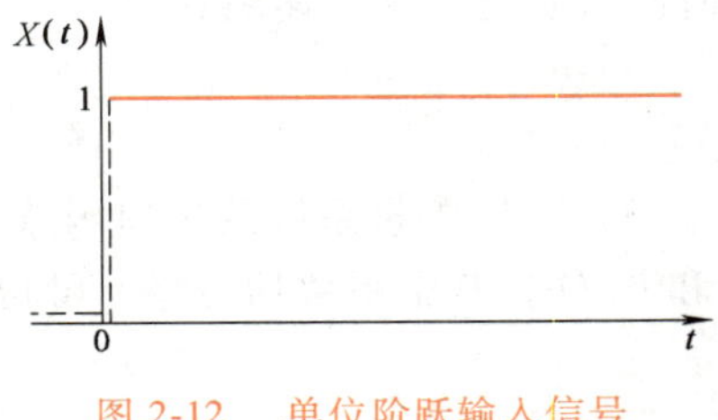

图 2-12　单位阶跃输入信号

单位阶跃函数的拉氏变换为 $1/s$，即

$$X(s)=\frac{1}{s}$$

则系统对单位阶跃信号输入的输出响应为

$$Y(s)=\frac{H(s)}{s} \tag{2-39}$$

式中，$H(s)$ 是系统的传递函数。

可见，阶跃信号的输入使系统从一个稳定状态突然过渡到另一个稳定状态，是对系统动态响应性能的一种检验。因此，阶跃信号常用作低阶测量系统时域动态响应性能考核的输入信号。

2. 基本测量系统的单位阶跃响应函数

（1）一阶测量系统的单位阶跃响应　根据式（2-25）可得，一阶测量系统的传递函数为

$$H(s)=\frac{Y(s)}{X(s)}=\frac{k_s}{\tau s+1} \tag{2-40}$$

将式（2-40）代入式（2-39），可得一阶系统对单位阶跃信号输入的响应为

$$Y(s)=\frac{k_s}{\tau s+1}\ \frac{1}{s} \tag{2-41}$$

对上式求拉氏反变换，可得

$$y(t)=k_s(1-e^{-\frac{t}{\tau}}) \tag{2-42}$$

式（2-42）即为一阶测量系统的单位阶跃响应函数，系统灵敏度 $k_s=1$ 时的响应曲线如图 2-13 所示。

由图 2-13 可见，对单位阶跃输入信号的激励，一阶测量系统输出响应进入稳态的时间是 $t\to\infty$，其过程的变化率取决于时间常数 τ。当 $t=5\tau$ 时，系统输出达到稳定值的 99.3%，误差小于 1%。显然，一阶系统的时间常数是一个非常重要的参数，该参数越小越好。因此，在实际应用中，通常采用时间常数作为一阶系统时域动态特性的评价指标。

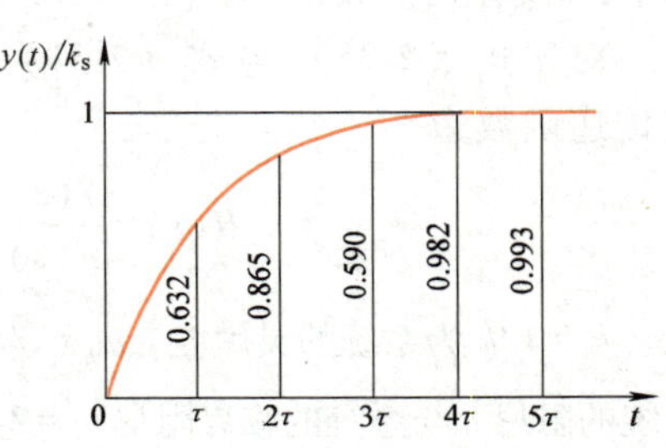

图 2-13　一阶系统的单位阶跃响应曲线

（2）二阶测量系统的单位阶跃响应　同样，可以通过传递函数推导出二阶测量系统的单位阶跃响应函数。在实际应用中，二阶测量系统的阻尼比通常小于 1（$\xi<1$），这种情况下，系统的单位阶跃响应函数为

$$y(t)=k_s\left[1-\frac{e^{-\xi\omega_n t}}{\sqrt{1-\xi^2}}\sin(\omega_d t+\phi)\right] \tag{2-43}$$

式中，$\omega_d=\omega_n\sqrt{1-\xi^2}$；$\phi=\arctan\dfrac{\sqrt{1-\xi^2}}{\xi}$（$\xi<1$）。

当系统灵敏度 $k_s=1$ 时，式（2-43）可以写成

$$y(t)=1-\frac{e^{-\xi\omega_n t}}{\sqrt{1-\xi^2}}\sin(\omega_d t+\phi) \tag{2-44}$$

二阶系统的单位阶跃响应曲线如图 2-14 所示。

从图 2-14 可见，二阶测量系统的单位阶跃响应特性取决于系统固有频率 ω_n 和阻尼比 ξ。当 $\xi>1$ 时，系统的阶跃响应呈指数曲线逼近稳定值，在 ω_n 不变的情况下，ξ 越大，二阶系统的响应越慢，达到稳定值所需的时间越长。当 $\xi<1$ 时，系统的响应呈衰减的正弦振荡，其振荡频率 ω_d 由 ω_n 和 ξ 决定。当 $\xi=0$ 时，二阶测量系统的阶跃响应呈无衰减的等幅正弦振荡。

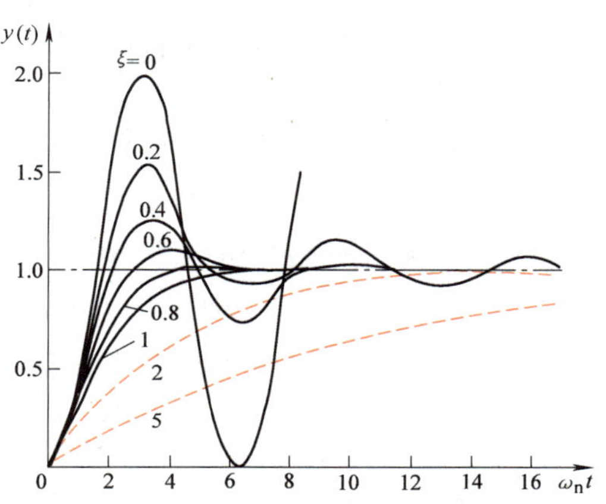

图 2-14　二阶系统的单位阶跃响应曲线

为了保证系统具有较高的响应速度而又不产生振荡，阻尼比的最佳范围为 $\xi=0.6\sim0.8$，并可以通过增大系统的固有频率 ω_n 来进一步提高系统的响应速度。

2.4.3　频率响应函数

1. 测量系统频率响应函数的基本定义及特点

如前所述，传递函数是测量系统动态特性的复数域表达，而阶跃响应函数可以从时域角度描述和观察测量系统的动态特性。频率响应函数表达的则是测量系统在频域中的动态特性，其基本定义是测量系统稳态响应输出信号的傅里叶变换与简谐输入信号的傅里叶变换之比，具体表达如下。

对于时不变线性系统，已知其传递函数为 $H(s)$，令 s 的实部为零，即 $s=j\omega$，则系统频率响应函数 $H(j\omega)$ 为

$$H(j\omega)=\frac{Y(j\omega)}{X(j\omega)}=\frac{b_m(j\omega)^m+b_{m-1}(j\omega)^{m-1}+\cdots+b_1(j\omega)+b_0}{a_n(j\omega)^n+a_{n-1}(j\omega)^{n-1}+\cdots+a_1(j\omega)+a_0} \tag{2-45}$$

可见，频率响应函数是以 ω 为参量的复变函数，对于给定的角频率 ω，$H(j\omega)$ 是一个复数，它可用指数形式表示，即

$$H(j\omega)=A(\omega)e^{j\phi(\omega)} \tag{2-46}$$

式中，$A(\omega)$ 为 $H(j\omega)$ 的模，等于振幅比，是 ω 的函数，称为幅频特性；$\phi(\omega)$ 为 $H(j\omega)$ 的相位角，也是 ω 的函数，称为相频特性。

如果 $H(j\omega)$ 用实部和虚部表示，则有

$$H(j\omega)=R(\omega)+jV(\omega) \tag{2-47}$$

则

$$A(\omega)=\sqrt{R^2(\omega)+V^2(\omega)} \tag{2-48}$$

$$\phi(\omega)=\arctan\frac{V(\omega)}{R(\omega)} \tag{2-49}$$

实际应用中，常采用曲线形式表达测量系统的频域响应特性，即 $A(\omega)$-ω 幅频特性曲线和 $\phi(\omega)$-ω 相频特性曲线。

由于测量系统组成的多环节特征，类似前面测量系统传递函数的表达，系统频率响应函数 $H(j\omega)$ 与各个环节响应函数 $H_i(j\omega)(i=1,2,\cdots,n)$ 之间的关系可以表达如下。

串联环节测量系统频率响应函数为

$$H(j\omega)=H_1(j\omega)H_2(j\omega)\cdots H_n(j\omega) \tag{2-50}$$

并联环节测量系统频率响应函数为

$$H(j\omega)=H_1(j\omega)+H_2(j\omega)+\cdots+H_n(j\omega) \tag{2-51}$$

负反馈联接测量系统频率响应函数为

$$H(j\omega)=\frac{H_A(j\omega)}{1+H_A(j\omega)H_B(j\omega)} \tag{2-52}$$

正反馈联接测量系统频率响应函数为

$$H(j\omega)=\frac{H_A(j\omega)}{1-H_A(j\omega)H_B(j\omega)} \tag{2-53}$$

2. 基本测量系统的频率响应

（1）一阶测量系统的频率响应　对于一阶测量系统，式（2-45）中除 a_1、a_0、b_0 以外，其余系数均为0。当输入为正弦函数信号时，系统的频率响应函数为

$$H(j\omega)=\frac{k_s}{1+j\omega\tau} \tag{2-54}$$

式中，$\tau=a_1/a_0$（时间常数）；$k_s=b_0/a_0$（静态灵敏度）。

显然，当 $k_s=1$ 时，系统的频率响应函数可简化为

$$H(j\omega)=\frac{1}{1+j\omega\tau} \tag{2-55}$$

这时，系统的幅频特性和相频特性分别为

$$A(\omega)=\frac{1}{\sqrt{1+(\omega\tau)^2}},\quad \phi(\omega)=-\arctan(\omega\tau) \tag{2-56}$$

式（2-56）对应的曲线如图2-15所示，从图中可见如下特点：一阶测量系统的幅频特性和相频特性在时间常数 τ 确定后也随之确定，且 τ 越小，频率响应特性越好。在 $0<\omega t<0.3$ 范

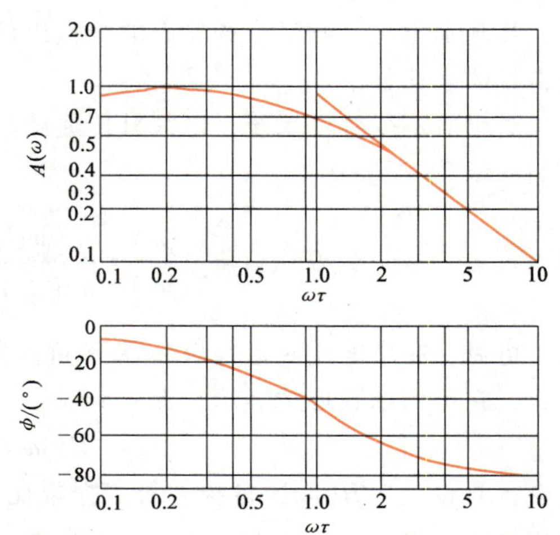

图2-15　一阶测量系统的频率响应

围内，$A(\omega)\approx 1$，这表明输出信号幅值几乎无失真。此时，相位差 ϕ 也较小，且随 ω 的变化呈线性关系。随着 ω 的增大，振幅比 $A(\omega)$ 减小，相位差 $\phi(\omega)$ 增大，输出信号失真加大。

（2）二阶测量系统的频率响应　在二阶测量系统中，式（2-45）中除 a_2、a_1、a_0、b_0 外，其余系数均为0。对于正弦函数信号输入，系统的频率响应函数为

$$H(j\omega)=\frac{k_s\omega_n^2}{\omega_n^2+2j\xi\omega_n\omega+(j\omega)^2}=\frac{k_s}{\left[1-\left(\frac{\omega}{\omega_n}\right)^2\right]+\frac{2j\xi\omega}{\omega_n}} \tag{2-57}$$

如果 $k_s=1$，且定义频率比 $\eta=\omega/\omega_n$，则系统的频率响应函数、幅频特性和相频特性分别为

$$H(j\omega)=\frac{1}{(1-\eta^2)^2+2j\xi\eta} \tag{2-58}$$

$$A(j\omega)=\frac{1}{\sqrt{(1-\eta^2)^2+(2\xi\eta)^2}} \tag{2-59}$$

$$\phi(\omega)=\arctan\frac{2\xi\eta}{1-\eta^2} \tag{2-60}$$

二阶测量系统的幅频特性曲线和相频特性曲线如图 2-16 所示。

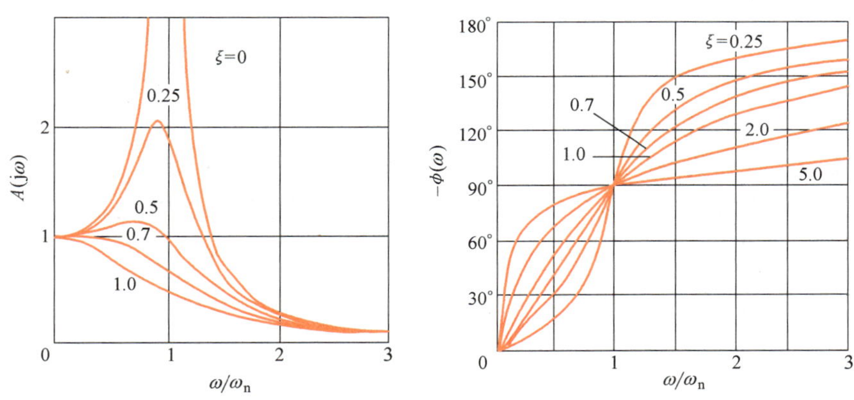

图 2-16　二阶测量系统的幅频特性曲线和相频特性曲线

由图 2-16 可知，二阶系统的频率响应特性取决于频率比 η 和阻尼比 ξ，其基本特征如下。

1）当 $\eta\ll 1$ 或 $\eta<1$，$\xi=0.6\sim0.8$ 时，幅值比 $A(\omega)\approx 1$，相位差 $\phi(\omega)$ 很小，且随 ω 近乎线性变化，表明此范围内输出信号失真度很小。

因此，为了实现不失真测量，或者将输出信号的失真度控制在较小值范围内，需要合理匹配频率比 η 和阻尼比 ξ。例如，当 $\xi=0.7$ 时，若希望将幅值误差控制在±5%，则要求 $\eta=0\sim0.59$；若希望幅值误差为±10%，则要求 $\eta=0\sim0.71$。显然，通过提高二阶测量系统的固有频率 ω_n，既可以保证较小的动态幅值误差，又可以扩大测量范围。

2）当 $\xi<1$ 时，在 $\eta=1$ 附近，即接近系统固有频率的频段时，系统频率响应特性变化较大。其中，幅频特性受阻尼比 ξ 的影响显著，出现谐振现象；相频特性随频率的变化也很剧烈，而且 ξ 越小变化越大。

在应用测量系统时，应尽量避开上述 $\eta=1$ 附近的谐振频段。

2.4.4　实现不失真测量的条件

如果测量系统对某一动态输入信号 $x(t)$ 的输出响应 $y(t)$ 满足式（2-61），则认为实现了不失真测量。

$$y(t)=A_0x(t-t_0) \tag{2-61}$$

式中，A_0 和 t_0 是常数，分别为测量系统的增益和时滞。

式（2-61）称为测量系统实现不失真测量的时域条件，它表明：①输出信号与输入信号的幅值比恒定；②输出信号与输入信号的时间差（时滞）恒定。图 2-17 表达了上述特性。

图 2-17　不失真测量系统的时域特性

根据式（2-61）也可以推导出不失真测量条件的频域表达，对式（2-61）两边进行傅里叶变换，有

$$Y(\omega)=A_0X(\omega)\mathrm{e}^{-\mathrm{j}\omega t_0} \tag{2-62}$$

频率响应函数为

$$H(\mathrm{j}\omega)=\frac{Y(\omega)}{X(\omega)}=A_0\mathrm{e}^{-\mathrm{j}\omega t_0} \tag{2-63}$$

系统的幅频特性和相频特性为

$$A(\omega)=A_0,\quad \phi(\omega)=-t_0\omega \tag{2-64}$$

以上推导结果说明，一个能够实现不失真测量的系统具有如下频率响应性能：① 输入信号中不同频率成分通过测量系统所获得的增益相同，即增益为一个不随频率变化的常数，也就是说，幅频特性曲线是一条平行于横坐标的直线，如图 2-18a 所示；②输入信号中不同频率成分通过测量系统后产生的相位差与频率成正比，即相频特性曲线是一条过坐标原点、斜率为负的直线，如图 2-18b 所示。

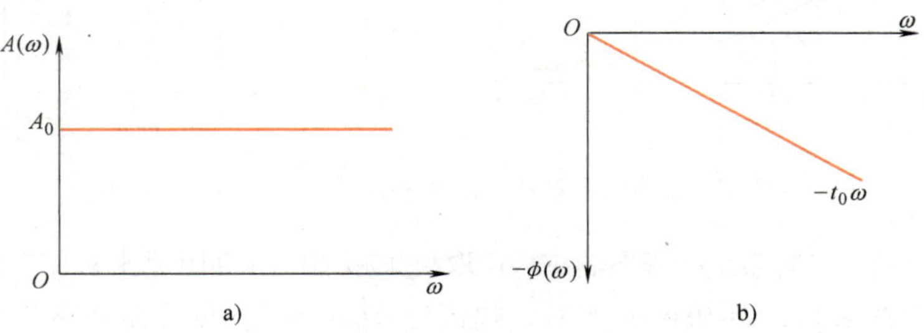

图 2-18　不失真测量系统的频率响应特性
a）幅频特性曲线　b）相频特性曲线

实际测量系统通常由多个环节组成，只有每一环节都满足不失真测量条件，才能保证系统的输出是不失真的。但事实上，任何一个测量系统都不可能在很宽的频带内满足不失真的测试条件，通常的测量结果往往包含幅值失真和相位失真。因此，一方面，为了获得令人满意的测试结果，必须合理利用测量系统和测量对象所具备的特性，使之达到最佳匹配；另一方面，需要合理应用测量结果，尤其是将测量结果作为反馈控制信号时，由于输出信号和输

入信号之间存在幅值和相位的误差，直接将测量结果用作反馈控制可能破坏系统的稳定性，必须对信号幅值和相位进行适当处理才能应用。

2.4.5　测量系统动态特性参数的测定

在实际应用中，测量系统的动态特性通常采用试验的方法来标定，这一工作也称为测量系统的动态标定，其主要内容包括确定测量系统的时间常数、固有频率和阻尼比等参数，判断测量系统的阶数、适用范围等。

动态标定试验方法有阶跃响应法、频率响应法和随机信号法。阶跃响应法通过输入阶跃信号来获取测量系统动态响应，频率响应法则通过输入正弦激励来测定系统的动态响应，而随机信号法需要输入随机信号来确定测量系统的动态响应。

频率响应法虽然是确定测量系统动态参数的一种基本方法，但需要对若干不同的频率进行测试，试验时间长。随机信号法虽有普遍的意义，但测试系统相对复杂，使用起来不方便。相对而言，阶跃响应法能简单、迅速地确定被测系统动态特性的全面信息，而且其结果与频率响应法并无多大区别，因此，工程实际中阶跃响应法的应用最为广泛。下面简要介绍阶跃响应法在一阶和二阶测量系统动态标定中的应用。

1. 一阶测量系统动态特性参数测定

对于一阶测量系统，时间常数 τ 是表征系统动态特性的重要参数，它通常被定义为测量系统对阶跃输入的瞬态响应到达稳态值的 63.2%时所需要的时间，如图 2-13 所示。

采用阶跃响应法虽然可以方便地测得上述时间常数，但由于它所依据的是测量系统对阶跃输入瞬态响应的个别数据，而没有利用整个瞬态响应过程中可以获得的全部信息，所以不易获得精确的测定结果，也难以确定被标定的系统是否为真正的一阶系统。

为了改善上述问题，更合理的方法是测取被标定系统对阶跃输入瞬态响应的一组数据，并在对数坐标上作图，以此确定时间常数 τ，并同时确定被标定系统与一阶测量系统符合的程度，具体方法如下。

由一阶测量系统的单位阶跃响应函数表达式（2-42）和 $k_s=1$ 可以得到

$$z=\ln[1-y(t)]=-\frac{t}{\tau} \tag{2-65}$$

上式表明，z 与 t 呈直线关系，直线斜率为 $-1/\tau$。也就是说，如果能够测取 z-t 曲线，则求取其斜率即为测量系统的时间常数 τ。

实际标定试验中，测取若干组 $[t,y(t)]$ 的值，将所有 $y(t)$ 值代入式（2-65）计算 z 值，根据得到的若干组（t、z）值画出曲线，并拟合一条直线，如图 2-19 所示。所得直线的斜率 $\Delta t/\Delta z$ 就是被标定系统的时间常数。只有当所有测点数值都集中在拟合直线附近时，才能说明被标定系统为一阶测量系统，否则只能说明该系统为拟一阶测量系统，或不是一阶测量

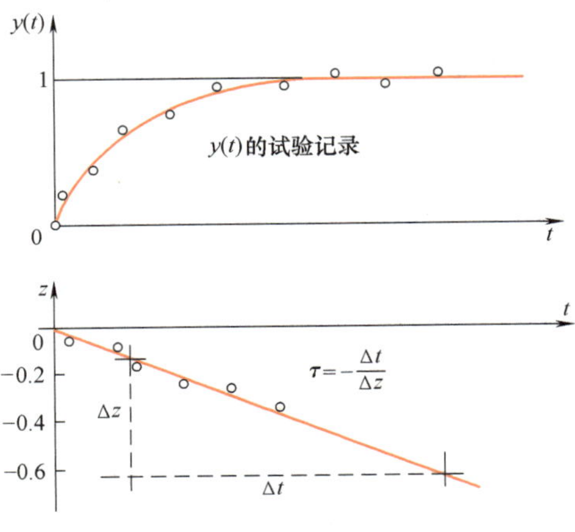

图 2-19　一阶测量系统阶跃响应试验

系统。

2. 二阶测量系统动态特性参数测定

对于二阶测量系统，需要标定的主要动态特性参数是固有频率 ω_n 和阻尼比 ξ。图 2-20 所示是阻尼比 $\xi<1$ 的二阶测量系统对阶跃输入的响应曲线。系统的动态特性参数 ξ 和 ω_n 可分别按下式求得

$$\xi=\sqrt{\frac{1}{\left(\frac{\pi}{\ln A_d}\right)^2+1}} \tag{2-66}$$

$$\omega_n=\frac{2\pi}{T_d\sqrt{1-\xi^2}} \tag{2-67}$$

式中，A_d 是小阻尼二阶系统对阶跃输入瞬态响应曲线的最大过冲量；T_d 为响应曲线的衰减振荡周期，两者均可从图 2-20 中测得。

如果二阶系统的阻尼比 ξ 足够小，则可以测取较长的阶跃响应瞬变过程，阻尼比 ξ 可用下式近似求得

$$\xi=\frac{\ln\frac{A_i}{A_{i+n}}}{2\pi n} \tag{2-68}$$

式中，A_i、A_{i+n} 为响应曲线上任意两个相隔 n 个周期数的过冲量。

式（2-68）是在假设$\sqrt{1-\xi^2}\approx1$ 的条件下得到的，当 $\xi<0.3$ 时，由上述假设引入的误差很小。同时，式（2-67）中的 T_d 可采用 n 个周期的平均值，这比用一个周期的值来计算要精确得多。

上述标定过程也可检验系统是否为二阶系统。如果 n 取任意整数均能得到基本相同的 ξ 值，则可以认为被标定系统为二阶系统；如果 n 取不同整数值求得的 ξ 值出现较大的分散度，则说明被标定系统并非二阶测量系统。

传感器动态特性对测量结果的影响及解决方案

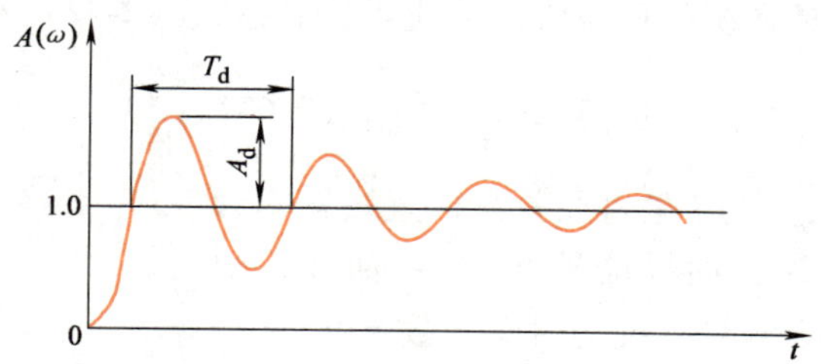

图 2-20　二阶测量系统的阶跃响应试验

思考题与习题

2-1　理解并用自己的语言表述时不变线性测量系统输入输出关系的基本性质，重点认识其在工程实际中的应用。

2-2　分别论述测量系统的静、动态特性参数的含义及其在实际测量中的重要意义。

2-3　说明测量系统串联环节、并联环节及反馈联接环节的传递函数的表示方法，推导式（2-19）和式（2-20）。

2-4　试述常用的一阶、二阶测量仪器的传递函数及其典型实例。

2-5　试述常用的一阶、二阶测量仪器的频率响应特性。

2-6　试说明二阶测量系统通常取阻尼比 $\xi=0.6\sim0.8$ 的原因。

2-7　某一力传感器拟定为二阶系统，其固有频率为 800Hz，阻尼比为 0.14。问使用该传感器测量频率为 400Hz 正弦变化的外力时，其振幅和相位角各为多少？

2-8　用一阶系统对 100Hz 的正弦信号进行测量时，如果要求振幅误差在 10%以内，时间常数应为多少？如果用该系统对 50Hz 的正弦信号进行测试，其幅值误差和相位误差为多少？

2-9　用传递函数为 $1/(0.0025s+1)$ 的一阶系统进行周期信号测量，若将幅值误差限制在 5%以下，试求所能测量的最高频率成分。此时相位差是多少？

2-10　某一阶测量仪器的传递函数为 $1/(0.04s+1)$，若用它测量频率为 0.5Hz、1Hz、2Hz 的正弦信号，试求幅值误差。

2-11　对某二阶系统进行动态标定时，测得最大过冲量 $A_d=1.5$ 以及在响应曲线上由 n 个周期取平均值的衰减周期 $T_d=2s$。试求该系统的阻尼比及系统固有频率。

3 第3章 测量误差分析及数据处理

尽管被测参数在一定的条件下具有客观存在的确定的真值，但由于受到各种因素的影响，测量值只能是接近于真值的近似值，其接近于真值的程度与所选择的测量方法、所使用的仪器、所处的环境条件以及测试人员的水平等因素有关。

由于测量误差的存在，对每一测量结果必须经过分析处理，明确其误差范围，才能获取有效信息。也就是说，测量误差分析就是为了明确测量误差的大小、性质及其产生原因，在对测量结果的有效性做出评价的同时，可以引导出减小误差的测量理论与方法。

3.1 测量误差的基本概念

3.1.1 测量误差的基本类别

在测量过程中，产生误差的因素是多种多样的，如果按照影响因素的出现规律以及它们对测量结果的影响程度来区分，可将测量误差分为三类。

1. 系统误差

在测量过程中，由某些具有规律性的、影响程度可以确定的因素引起的误差称为系统误差。由于可以确知这些影响因素出现的规律，从而可以对它们加以控制，或者根据它们的影响程度对测量结果加以修正。因此，系统误差是可能被消除或修正的。

测量过程中可能引起系统误差的主要因素有仪器本身及其安装使用方法、环境条件、测试人员的操作习惯等。来自仪器本身的因素包括测量原理的不完善、老化、零位偏离等，其中测量原理的不完善是指测量方法所依据的理论本身不完善，或者引入了不当的假设等。动态测量时，选择的测量仪器的动态性能与被测量变化特性之间的不匹配造成的测量误差也可以归类为仪器使用方法不当引起的误差。

测量结果的准确度（Justness）是系统误差的反映，对同一被测量进行多次测量时，每次测量数据与真值之间的偏离程度体现了系统误差的大小。

2. 随机误差

随机误差是由许多未知的或微小的因素对测量结果产生综合影响的结果。这些因素出现与否以及它们的影响程度都是难以确定的。随机误差在数值上有时大、有时小，有时正、有时负，其产生的原因一般不详，所以无法在测量过程中对其加以控制和排除，也就是说，随机误差必然存在于测量结果之中。但是，在等精度测量条件下，对同一测量参数进行多次测量，当测量次数足够多时，则可发现随机误差服从统计规律，误差的大小及正负由概率决定。因此，对同一被测量而言，其随机误差与测量的重复次数有关，随着测量次数的增加，随机误差的算术平均值逐渐接近于零。

测量结果的精密度（Precision）是随机误差的反映，对同一被测量进行多次测量时，每次测量数据之间的偏离程度是随机误差大小的反映。

值得注意的是，通常所说的精确度（常简称精度，Accuracy）是上述准确度、精密度的综合反映，体现同一被测量的多次测量数据密集接近真值的程度。

3. 疏失误差

疏失误差主要由于测量者粗心或操作失误等引起，例如，读错或记错仪器指示值、测试环境条件突变，以及数据计算错误等，这类疏失误差无规律可寻，无法修正。因此，包含疏失误差的测量结果只能舍弃不用。

3.1.2　测量误差的基本表达

测量误差基本概念辨析与应用

记测量值为 x，其真值为 x_0，则绝对误差的表达式为

$$\Delta = x-x_0 \tag{3-1}$$

相对误差的表达式为

$$\delta=\Delta/m \tag{3-2}$$

式中，m 取测定值 x 时，δ 称为标称相对误差；m 取约定真值 x_0时，δ 称为实际相对误差；m 取测量仪表的满刻度值（最大量程）时，δ 称为引用相对误差。

由上可见，相对误差有多种定义，用于表达测量结果时需要明确说明，用于比较测量结果时则需要统一。

测量原理性系统误差分析方法及应用

3.2　系统误差分析与处理

3.2.1　系统误差的基本特性

按变化特征区分，系统误差分为恒值误差和变值误差。

恒值系统误差的特征是在同一条件下，对同一被测量进行多次测量时，误差的绝对值和符号保持不变。例如，测量仪器指针的零点偏移会产生恒值系统误差。如果上述测量过程中误差的大小或符号按一定规律变化，则为变值系统误差。变值系统误差的变化特征有线性和非线性之分，例如，电子电位差计滑线电阻的磨损将产生累进式线性系统误差，而测量现场的电磁场干扰会引入周期性系统误差。此外，还有一些由于综合因

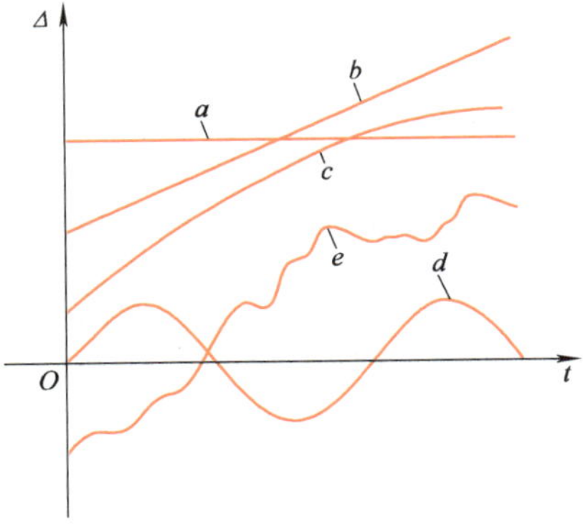

图 3-1　系统误差特征示意图

a—恒值系统误差　b、c、e—变值和复杂规律变化系统误差　d—周期性系统误差

素的影响引起复杂规律变化的系统误差。图 3-1 所示为上述系统误差特征示意图。

由上述特征可知，多次重复测量不能抵偿系统误差，而且误差值可能很大。因此，必须及时发现系统误差，并对其采取减小或者消除措施。

3.2.2　系统误差的判断

对某一变值系统被测量进行多次重复测量，按照测量先后顺序，测量数据为 x_1，x_2，…，x_n。

（1）阿贝-赫梅特准则　阿贝-赫梅特准则用于周期性系统误差的判断，具体应用步骤如下。

1）计算测量结果的算术平均值。

$$\bar{x} = \frac{\sum_{i=1}^{n} x_i}{n} \tag{3-3}$$

2）计算测量值偏差。

$$\nu_i = x_i - \bar{x} \quad (i = 1, 2, \cdots, n) \tag{3-4}$$

3）计算样本标准差。

$$\hat{\sigma} = \sqrt{\frac{\sum_{i=1}^{n} (x_i - \bar{x})^2}{n-1}} = \sqrt{\frac{\sum_{i=1}^{n} \nu_i^2}{n-1}} \tag{3-5}$$

4）如果式（3-6）成立，则测量结果存在周期性系统误差。

$$\left| \sum_{i=1}^{n-1} \nu_i \nu_{i+1} \right| > \sqrt{n-1}\,\hat{\sigma}^2 \tag{3-6}$$

例 3-1　对某电阻两端电压等精度测量 10 次，其值分别为 28.03V、28.01V、27.98V、27.94V、27.96V、28.02V、28.00V、27.93V、27.95V、27.90V，利用阿贝-赫梅特准则检验测量过程中有无周期性系统误差。

解

$$\bar{x} = \frac{\sum_{i=1}^{n} x_i}{n} = 27.972\text{V}$$

$$\nu_1 = 0.058\text{V},\quad \nu_2 = 0.038\text{V},\quad \nu_3 = 0.008\text{V},\quad \nu_4 = -0.032\text{V},\quad \nu_5 = -0.012\text{V}$$

$$\nu_6 = 0.048\text{V},\quad \nu_7 = 0.028\text{V},\quad \nu_8 = -0.042\text{V},\quad \nu_9 = -0.022\text{V},\quad \nu_{10} = -0.072\text{V}$$

$$\hat{\sigma} = \sqrt{\frac{\sum_{i=1}^{n} (x_i - \bar{x})^2}{n-1}} = \sqrt{\frac{\sum_{i=1}^{n} \nu_i^2}{n-1}} = 0.042895\text{V}$$

$$\left| \sum_{i=1}^{n-1} \nu_i \nu_{i+1} \right| = 4.736 \times 10^{-3}\text{V}^2$$

$$\sqrt{n-1}\,\hat{\sigma}^2 = 5.520 \times 10^{-3}\text{V}^2$$

因为

$$\left|\sum_{i=1}^{n-1} \nu_i \nu_{i+1}\right| < \sqrt{n-1}\,\hat{\sigma}^2$$

故可判断测量结果不存在周期性系统误差。

（2）偏差核算法（马力科夫准则）　偏差核算法常用于检查测量结果中是否含有线性系统误差，具体应用步骤如下。

1）按测量顺序将测量结果分为前半组 x_1，x_2，…，x_m 和后半组 x_{m+1}，x_{m+2}，…，x_n，计算两组测量值偏差和的差值，即

$$D = \sum_{i=1}^{m} \nu_i - \sum_{i=m+1}^{n} \nu_i \tag{3-7}$$

2）如果 D 值显著偏离零值，则认为测量结果中含有线性系统误差。

例 3-2　用立式光学比长仪检定某量块，8 次测量结果偏离标准值 10mm 的数据依次为 +0.5μm、+0.7μm、+0.4μm、+0.5μm、+0.6μm、+0.5μm、+0.6μm、+0.4μm。用偏差核算法检验测量结果中是否含有线性系统误差。

解　计算测量结果的算术平均值和偏差。

$$\bar{x} = 10\text{mm} + \frac{0.5+0.7+0.4+0.5+0.6+0.5+0.6+0.4}{8}\mu\text{m} = 10.0005\text{mm}$$

$$\nu_1 = 0,\quad \nu_2 = 0.2\mu\text{m},\quad \nu_3 = -0.1\mu\text{m},\quad \nu_4 = 0$$

$$\nu_5 = 0.1\mu\text{m},\quad \nu_6 = 0,\quad \nu_7 = 0.1\mu\text{m},\quad \nu_8 = -0.1\mu\text{m}$$

共进行了 8 次测量，因此取前 4 次与后 4 次偏差和相减。

$$\sum_{i=1}^{4} \nu_i = (0 + 0.2 - 0.1 + 0)\mu\text{m} = 0.1\mu\text{m}$$

$$\sum_{i=5}^{8} \nu_i = (0.1 + 0 + 0.1 - 0.1)\mu\text{m} = 0.1\mu\text{m}$$

$$D = \sum_{i=1}^{4} \nu_i - \sum_{i=5}^{8} \nu_i = (0.1 - 0.1)\mu\text{m} = 0$$

故可判断无显著的线性系统误差。

（3）算术平均值与标准差比较法　对同一被测量进行两组（或多组）测量，每组测量条件和次数不尽相同，假设两组测量的重复次数分别为 n_1 和 n_2，测量结果的算术平均值分别为 $\bar{x}_1$ 和 $\bar{x}_2$，算术平均值的标准差分别为 s_1 和 s_2。

如果测量结果不含显著的变值系统误差，变化的误差仅有随机误差，服从正态分布，则 $\bar{x}_1$ 和 $\bar{x}_2$ 以及 $\Delta\bar{x} = \bar{x}_1 - \bar{x}_2$ 均为随机变量，服从正态分布。其中，$\Delta\bar{x}$ 的标准差及其落在置信区间（$-ks_\Delta$，ks_Δ）内的概率分别为

$$s_\Delta = \sqrt{s_1^2 + s_2^2} \tag{3-8}$$

$$p_\alpha = p(|\Delta\bar{x}| < ks_\Delta) \tag{3-9}$$

式中，k 为置信系数。

因此，在给定的置信概率 p_α 的情况下，如果测量结果不含恒值系统误差，则 $|\Delta\bar{x}|<ks_\Delta$ 成立；否则，认为测量结果不仅含有随机误差，还存在恒值系统误差。

3.2.3 系统误差的修正与消除

如前所述，测量的准确度在很大程度上由系统误差来表征，系统误差小，则测量结果的准确度高。因此，通过了解系统误差的来源及其基本特征，采取相应的措施来减小或消除系统误差是测量工作的重要内容之一。下面介绍几种最常用的消除或修正系统误差的方法。

1. 根源控制

前面已经介绍了系统误差的主要来源，每一次测量之前都应该对测量过程可能产生系统误差的环节进行详细分析，正确选择、安装、调整和操作测量仪器，严格遵守使用环境条件要求。例如，测量前后均应对测量仪器进行零位检查；无论使用与否，均应对测量仪器进行定期维修保养和检定；测量环境急剧变化时应停止测量等。

2. 预检法

预检法也称校准法。这种方法是预先检定测量仪器的系统误差，制作误差曲线或者校准曲线，以其修正或校准实际测量结果。需要说明的是，由于修正值本身也存在误差，因此，这种修正方法不可能完全消除系统误差，测量结果中残留的系统误差可按随机误差处理。

实际应用中，测量仪器的系统误差通常采用较高精度等级的基准仪器（范型仪器）进行检定，即同时使用测量仪器和基准仪器，在量程范围内，对同一物理量变化范围内的各个量值进行多次重复测量。假设对某一测量点 $i(i=1,\ 2,\ 3,\ \cdots,\ n)$，测量仪器的测量值为 $\bar{x}_i$，基准仪器的测量值为 $\bar{x}_{0i}$，则测量仪器在该测量点的系统误差可用差值 $\Delta_i=\bar{x}_i-\bar{x}_{0i}$ 表示，用数据（$\bar{x}_i$，Δ_i）绘制的曲线称为误差曲线，用数据（$\bar{x}_i$，$\bar{x}_{0i}$）绘制的曲线则称为校准曲线。

显而易见，如果测量仪器的系统误差为恒值误差，则上述 Δ_i 为常数，校准曲线为一直线。

3. 交换法

在测量过程中，通过变换某些条件（如被测对象的位置等），使产生系统误差的因素相互抵消，达到减小或消除误差的方法，称为交换法。

交换法适用于具有恒值误差的测量系统，主要消除由测量仪器制造、试件安装等因素造成的系统误差。例如，采用等臂天平称重时，考虑到左右臂长度的制造误差，可以采用位置交换法，即完成一次称重测量后，将被测物体与标准砝码互换位置进行第二次称重测量，用两次测量的平均值作为最终测量结果。又如，对工件进行动平衡测试时，考虑到工件安装对中误差，也可以采用位置变换方法，即通过改变安装角度（两两成 180°）进行多次测量，最后取平均值作为测量结果。

3.2.4 系统误差的估算

在测量系统中，假设测量结果受 n 个系统误差源的影响，这些误差源的误差分量为 Δ_1，Δ_2，…，Δ_n，为了估算它们对测量结果的综合影响，即估算总系统误差 Δ，可以采用以下方法。

1. 代数综合法

如果能够估计出各系统误差分量 Δ_i 的大小和符号，则可采用各分量的代数和求得总系统误差 Δ，即

$$\Delta=\Delta_1+\Delta_2+\cdots+\Delta_n=\sum_{i=1}^{n}\Delta_i \tag{3-10}$$

2. 算术综合法

如果只能估算出各个系统误差分量 Δ_i 的大小，而不能确定其符号，则可采用最保守的算术综合方法，即将各分量的绝对值相加后得到总误差。

$$\Delta=\pm(|\Delta_1|+|\Delta_2|+\cdots+|\Delta_n|)=\pm\sum_{i=1}^{n}|\Delta_i| \tag{3-11}$$

3. 几何综合法

当误差分量较多（即 n 较大）时，采用算术综合法获得的总误差估计过大。此时，可以采用几何综合法（或称均方根法），即

$$\Delta=\pm\sqrt{\Delta_1^2+\Delta_2^2+\cdots+\Delta_n^2}=\pm\sqrt{\sum_{i=1}^{n}\Delta_i^2} \tag{3-12}$$

例 3-3 某管道流体压力测量装置如图 3-2 所示。已知压力表的精度为 0.5 级，量程为 0~600kPa，表盘刻度 100 格代表 200kPa，即分度值为 2kPa，测量时指示压力读数为 300kPa，读数时指针来回摆动±1 格，$\Delta h\leqslant 0.05\text{m}$。压力表使用条件大多符合要求，仅环境温度值高于标准值（20℃±3℃）10℃，该压力表温度修正值为每偏离 1℃所造成的系统误差为仪表基本误差的 4%。试估算测量结果的系统误差。

解

（1）仪表基本误差

$$\Delta p_1=\pm(0.5\%\times600)\text{kPa}=\pm3.00\text{kPa}$$

（2）环境温度造成的系统误差

$$\Delta p_2=\pm(4\%\Delta p_1\Delta t)=\pm(4\%\times3.00\times10)\text{kPa}=\pm1.2\text{kPa}$$

（3）安装误差　由于压力表没有安装在管路同一水平面上，而是高出 $h+\Delta h$（图 3-2）。为减少这一误差，在高度 h 处装一放气阀，使高度 h 的水柱产生的压力是恒定的，故可对读数进行修正，管路中的实际压力值为

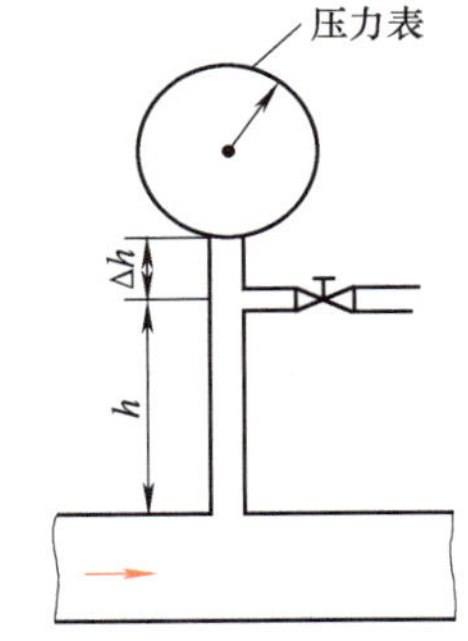

图 3-2　管道流体压力测量装置

$$p=p_i+g\rho h$$

式中，p_i 为指示压力；g 为重力加速度；ρ 为所测液体的密度，若液体为水，则其密度 $\rho=1000\text{kg/m}^3$。

所以可求得安装误差为

$$\Delta p_3=\pm(\Delta h\rho g)=\pm(0.05\text{m}\times1000\text{kg/m}^3\times9.8\text{m/s}^2)=\pm490\text{N/m}^2=\pm0.49\text{kPa}$$

（4）读数误差

$$\Delta p_4=\pm2\text{kPa}$$

（5）总系统误差

1）若按算术综合法，则 Δp 为

$$\Delta p = \pm \sum_{i=1}^{n} \Delta p_i = \pm (3.00 + 1.2 + 0.49 + 2)\text{kPa} = \pm 6.69\text{kPa} \approx \pm 7\text{kPa}$$

压力相对误差
$$\delta_p = \frac{\Delta p}{p} \times 100\% = \pm \frac{7}{300} \times 100\% = \pm 2.33\% \approx \pm 2\%$$

2）若按几何综合法，则 Δp 为

$$\Delta p = \pm \sqrt{\sum_{i=1}^{n} \Delta^2 p_i} = \pm \sqrt{3.00^2 + 1.2^2 + 0.49^2 + 2^2}\ \text{kPa} = \pm 3.83\text{kPa} \approx 4\text{kPa}$$

$$\delta_p = \frac{\Delta p}{p} \times 100\% = \pm \frac{4}{300} \times 100\% = \pm 1.3\% \approx 1\%$$

此例中，因系统误差项数不多，为了安全起见可采用算术综合法的计算值，此外，计算中有效数字留取参见 3.6.1。

3.3 疏失误差的消除

对某一被测量进行重复多次测量，当测量结果中有个别数据明显偏离其他数据时，多半是由于过失或者疏忽引起的误差，即疏失误差。如果可以明确这些异常的数据由人为的错读、错记或者错算造成，则可以直接将其剔除。否则，需要按照一定的准则进行判断，然后再做处理。以下介绍常用的判断准则。

需要再次说明，由于实施测量工作时首先需要对测量系统的系统误差进行校准，或在测量过程中进行补偿修正，因此，认为以下述及的测量不含系统误差，或者系统误差可以忽略不计。

1. 莱依特（Райта）准则

对某一被测量的等精度测量结果为 x_1，x_2，…，x_n，计算出其算术平均值 $\bar{x}$ 和标准差 $\hat{\sigma}$ 为

$$\bar{x} = \frac{1}{n} \sum_{i=1}^{n} x_i \tag{3-13}$$

$$\hat{\sigma} = \sqrt{\frac{\sum_{n=1}^{i} (x_i - \bar{x})^2}{n-1}} \tag{3-14}$$

如果

$$|\nu_i| = |x_i - \bar{x}| > 3\hat{\sigma} \tag{3-15}$$

则认为 x_i 为坏值，需要将其剔除。剔除坏值 x_i 后，需要重新对剩余的数据进行筛选，即重新计算算术平均值 $\bar{x}$ 与标准差 $\hat{\sigma}$，并再次检验有无坏值。

莱依特准则是在重复测量次数 n 趋于无穷大的前提下建立的，但实际上任何一组测量的重复次数都是有限的。当 n 有限时，尤其是在 $n \leqslant 10$ 的情况下，莱依特准则不再适用，需要采用其他判别准则。

2. 格拉布斯（Grubbs）准则

某一被测量的等精度测量结果为 x_1，x_2，…，x_n，采用格拉布斯准则判断疏失误差的步

骤如下：

1）计算出测量结果的算术平均值 $\bar{x}$ 和标准差 $\hat{\sigma}$，然后按下式计算格拉布斯准则数 T

$$T=\frac{|\nu_i|}{\hat{\sigma}}=\frac{|x_i-\bar{x}|}{\hat{\sigma}} \tag{3-16}$$

2）选择一个显著度（或称危险率）α，再根据测量次数 n，在格拉布斯准则数 $T_{(n,\alpha)}$ 表（表3-1）中查出相应的 $T_{(n,\alpha)}$ 值。

3）判别 T 是否大于 $T_{(n,\alpha)}$，若

$$T \geqslant T_{(n,\alpha)} \tag{3-17}$$

则可认为 x_i 中含有疏失误差，判断为坏值，应予以剔除。

显著度 α 一般为0.05、0.025、0.01，代表上述判断发生错误的概率。α 的数值越小，意味着把正常测量数据错判为含疏失误差的坏值的概率越小，但可能把确实含有疏失误差的数据判为正常数据的概率增大。所以，α 不宜选得过小。

该准则适用于 n 较小时含疏失误差测量数据的判别。

表3-1　格拉布斯准则数 $T_{(n,\alpha)}$ 表

测量次数 n	显著度 α			测量次数 n	显著度 α		
	0.05	0.025	0.01		0.05	0.025	0.01
3	1.15	1.15	1.15	20	2.56	2.71	2.88
4	1.46	1.48	1.49	21	2.58	2.73	2.91
5	1.67	1.71	1.75	22	2.60	2.76	2.94
6	1.82	1.89	1.94	23	2.62	2.78	2.96
7	1.94	2.02	2.10	24	2.64	2.80	2.99
8	2.03	2.13	2.22	25	2.66	2.82	3.01
9	2.11	2.21	2.32	30	2.75	2.91	
10	2.18	2.29	2.41	35	2.82	2.93	
11	2.23	2.36	2.48	40	2.87	3.04	
12	2.29	2.41	2.55	45	2.92	3.09	
13	2.33	2.46	2.61	50	2.96	3.13	
14	2.37	2.51	2.66	60	3.03	3.20	
15	2.41	2.55	2.71	70	3.09	3.24	
16	2.44	2.59	2.75	80	3.14	3.31	
17	2.47	2.62	2.79	90	3.18	3.35	
18	2.50	2.65	2.82	100	3.21	3.38	
19	2.53	2.68	2.85				

例3-4　对某一介质温度进行重复15次测定，得到一组测量数据如下（单位为℃）：20.42，20.43，20.40，20.43，20.42，20.43，20.39，20.30，20.40，20.43，20.42，20.41，20.39，20.39，20.40，试判断其中是否有疏失误差引起的坏值？

解

1）温度从低到高顺序排列如下：

序号	1	2	3	4	5	6	7	8	9	10	11	12	13	14	15
温度/℃	20.30	20.39	20.39	20.39	20.40	20.40	20.40	20.41	20.42	20.42	20.42	20.43	20.43	20.43	20.43

2）计算算术平均值 $\bar{x}$ 与算术平均值标准差 $\hat{\sigma}$。

$$\bar{x} = \frac{1}{15}\sum_{i=1}^{15} x_i = 20.404℃$$

$$\hat{\sigma} = \sqrt{\frac{1}{15-1}\sum_{i=1}^{15}(x_i - \bar{x})^2} = 0.033℃$$

3）选择 $\alpha=0.05$，查表 3-1 得 $T_{(15,5\%)} = 2.41$。

4）计算最大与最小偏差 ν，用格拉布斯准则进行判别。

$$\nu_1 = -0.104℃ \quad \nu_{15} = 0.026℃$$

$$T = \frac{|\nu_1|}{\hat{\sigma}} = 3.15 > T_{(15,5\%)} = 2.41$$

$$T = \frac{|\nu_{15}|}{\hat{\sigma}} = 0.79 < T_{(15,5\%)} = 2.41$$

因此，可以判断上述测量数据中排序为 1 的 20.30 是坏值，应予以剔除。

5）舍弃 $x_1 = 20.30℃$ 后，重复以上 1)~4）过程。

序号	1	2	3	4	5	6	7	8	9	10	11	12	13	14
温度/℃	20.39	20.39	20.39	20.40	20.40	20.40	20.41	20.42	20.42	20.42	20.43	20.43	20.43	20.43

$$\bar{x} = \frac{1}{14}\sum_{i=1}^{14} x_i = 20.411℃$$

$$\hat{\sigma} = \sqrt{\frac{1}{14-1}\sum_{i=1}^{14}(x_i - \bar{x})^2} = 0.016℃$$

$$T_{(14,5\%)} = 2.37$$

$$\nu_1 = -0.021℃, \quad \nu_{14} = 0.019℃$$

$$T = \frac{|\nu_1|}{\hat{\sigma}} = 1.31 < T_{(14,5\%)} = 2.37$$

$$T = \frac{|\nu_{14}|}{\hat{\sigma}} = 1.19 < T_{(14,5\%)} = 2.37$$

最大与最小测量值的格拉布斯准则数 T 均小于 $T_{(14,5\%)}$ 的值，说明上述 14 个数据中已不存在坏值。

3. t 检验准则

当测量次数较少时，也可以采用 t 检验准则来判别疏失误差。

对某被测量进行 n 次等精度测量的结果为 x_1，x_2，…，x_n，若认为测量值 x_j 是可疑数据，则将其剔除后（即不包括 x_j）计算平均值为

$$\bar{x} = \frac{1}{n-1}\sum_{\substack{i=1 \\ i\neq j}}^{n} x_i \tag{3-18}$$

并求得测量值的标准差（计算时仍不包含 $\nu_j = x_j - \bar{x}$）

$$\hat{\sigma} = \sqrt{\frac{\sum_{\substack{i=1 \\ i\neq j}}^{n} \nu_i^2}{n-2}} \tag{3-19}$$

根据测量次数 n 和选取的显著度 α，即可由表 3-2 查得 t 分布的检验系数 $K(n, \alpha)$。

若 $|x_j-\bar{x}|>K\hat{\sigma}$，则认为测量值 x_j 为疏失误差，剔除 x_j 是正确的；否则，认为 x_j 不是疏失误差，应予以保留。

表 3-2　t 分布的检验系数 $K(n, \alpha)$

n	α		n	α		n	α	
	0.05	0.01		0.05	0.01		0.05	0.01
4	4.97	11.46	13	2.29	3.23	22	2.14	2.91
5	3.56	6.53	14	2.26	3.17	23	2.13	2.90
6	3.04	5.04	15	2.24	3.12	24	2.11	2.88
7	2.78	4.36	16	2.22	3.08	25	2.11	2.86
8	2.62	3.96	17	2.20	3.04	26	2.10	2.85
9	2.51	3.71	18	2.18	3.01	27	2.10	2.84
10	2.43	3.54	19	2.17	3.00	28	2.09	2.83
11	2.37	3.41	20	2.16	2.95	29	2.09	2.82
12	2.33	3.31	21	2.15	2.93	30	2.08	2.81

例 3-5　试用 t 检验准则判别例 3-4 中是否含有疏失误差。

首先怀疑第 1 测量值含有疏失误差，将其剔除。然后根据剩下的 14 个测量值计算平均值和标准差，得

$$\bar{x}=20.411℃$$

$$\hat{\sigma}=0.016℃$$

选取显著度 $\alpha=0.05$，已知 $n=15$，查表 3-2 得

$$K(15,0.05)=2.24$$

则
$$K\hat{\sigma}=2.24\times0.016℃=0.036℃$$

因
$$|x_j-\bar{x}|=|20.30-20.411|℃=0.111℃>0.036℃$$

故第 1 测量值含有疏失误差，应予以剔除。

然后，对剩下的 14 个测量值用上述方法进行判别，结果表明测量值不再含有疏失误差。

4. 狄克逊准则

上述疏失误差判别准则均需先求出标准差 $\hat{\sigma}$，实际计算时比较麻烦，采用狄克逊准则可不必求 $\hat{\sigma}$，用极差比的方法即可得到简化而严密的结果。

应用狄克逊准则的判别步骤如下：

1）对某一被测量的等精度测量结果按照从小到大排序，得 x_1，x_2，…，x_n。

2）根据测量次数 n 的数值，选取以下适合的计算式计算测量序列中最大值 x_n 和最小值 x_1 的统计量。

$$r_{10}(n)=\frac{x_n-x_{n-1}}{x_n-x_1}\quad 和 \quad r_{10}(1)=\frac{x_1-x_2}{x_1-x_n}\quad (n\leqslant7) \tag{3-20}$$

$$r_{11}(n)=\frac{x_n-x_{n-1}}{x_n-x_2}\quad 和 \quad r_{11}(1)=\frac{x_1-x_2}{x_1-x_{n-1}}\quad (8\leqslant n\leqslant10) \tag{3-21}$$

$$r_{21}(n)=\frac{x_n-x_{n-2}}{x_n-x_2} \quad 和 \quad r_{21}(1)=\frac{x_1-x_3}{x_1-x_{n-1}} \quad (11\leqslant n\leqslant 13) \tag{3-22}$$

$$r_{22}(n)=\frac{x_n-x_{n-2}}{x_n-x_3} \quad 和 \quad r_{22}(1)=\frac{x_1-x_3}{x_1-x_{n-2}} \quad (n\geqslant 14) \tag{3-23}$$

3）选定显著度 α，查表 3-3 可得统计量的临界值 $r_0(n,\ \alpha)$。

4）当测量结果的统计量大于临界值时，则认为相应的 x_1 或者 x_n 含有疏失误差。

5）剔除含疏失误差的测量结果后，重复步骤 2)~4)，直至计算得到的统计量均小于临界值。

表 3-3　狄克逊准则临界值 $r_0(n,\ \alpha)$

统计量	n	α = 0.01	α = 0.05
		r_0 $(n,\ \alpha)$	
$r_{10}(n)=\frac{x_n-x_{n-1}}{x_n-x_1}$ $r_{10}(1)=\frac{x_1-x_2}{x_1-x_n}$	3	0.988	0.341
	4	0.889	0.765
	5	0.780	0.642
	6	0.698	0.560
	7	0.637	0.507
$r_{11}(n)=\frac{x_n-x_{n-1}}{x_n-x_2}$ $r_{11}(1)=\frac{x_1-x_2}{x_1-x_{n-1}}$	8	0.683	0.554
	9	0.635	0.512
	10	0.597	0.477
$r_{21}(n)=\frac{x_n-x_{n-2}}{x_n-x_2}$ $r_{21}(1)=\frac{x_1-x_3}{x_1-x_{n-1}}$	11	0.679	0.576
	12	0.642	0.546
	13	0.615	0.521

统计量	n	α = 0.01	α = 0.05
		r_0 $(n,\ \alpha)$	
$r_{22}(n)=\frac{x_n-x_{n-2}}{x_n-x_3}$ $r_{22}(1)=\frac{x_1-x_3}{x_1-x_{n-2}}$	14	0.641	0.546
	15	0.616	0.525
	16	0.595	0.507
	17	0.577	0.490
	18	0.561	0.475
	19	0.547	0.462
	20	0.535	0.450
	21	0.524	0.440
	22	0.514	0.430
	23	0.505	0.421
	24	0.497	0.413
	25	0.489	0.406

例 3-6　某被测量的等精度测量结果见下表（已经按照从小到大排序），试判断其中有没有含疏失误差的数据（取显著度 $\alpha=0.05$）。

x_i	顺序号 $x_{(i)}$	顺序号 $x'_{(i)}$	x_i	顺序号 $x_{(i)}$	顺序号 $x'_{(i)}$
20.30	1	—	20.42	9	8
20.39	2	1	20.42	10	9
20.39	3	2	20.42	11	10
20.39	4	3	20.43	12	11
20.40	5	4	20.43	13	12
20.40	6	5	20.43	14	13
20.40	7	6	20.43	15	14
20.41	8	7			

解　$n=15$，故按式（3-23）计算统计量 r_{22}。

$$r_{22}(15)=\frac{x_{(15)}-x_{(13)}}{x_{(15)}-x_{(3)}}=\frac{20.43-20.43}{20.43-20.39}=0$$

$$r_{22}(1)=\frac{x_{(1)}-x_{(3)}}{x_{(1)}-x_{(13)}}=\frac{20.30-20.39}{20.30-20.43}=0.692$$

查表 3-3 得　$r_0(15,0.05)=0.525$

可见　$r_{22}(15)<r_0=0.525$

$$r_{22}(1)>r_0=0.525$$

故 $x_{(15)}$ 不含疏失误差，而 $x_{(1)}$ 含有疏失误差。

剔除 $x_{(1)}$ 后，剩余 14 个测量数据，重复上述步骤。因 $n=14$，故还是按式（3-23）计算 r_{22}。

$$r_{22}(14)=\frac{x'_{(14)}-x'_{(12)}}{x'_{(14)}-x'_{(3)}}=\frac{20.43-20.43}{20.43-20.39}=0$$

$$r_{22}(1)=\frac{x'_{(1)}-x'_{(3)}}{x'_{(1)}-x'_{(12)}}=\frac{20.39-20.39}{20.39-20.43}=0$$

查表 3-3 得　$r_0(14,0.05)=0.546$

则　$r_{22}(14)=r_{22}(1)<r_0=0.546$

故 $x'_{(14)}$ 和 $x'_{(1)}$ 均不含疏失误差。

剩余的 14 个测量数据均不含疏失误差。

3.4 随机误差分析与表达

随机（偶然）误差来自某些不可知的原因，其出现完全是随机的，故难以估计出每个因素对测量结果的影响。虽然就测量的个体而言随机误差是无规律的，但就整体而言，随机误差仍然遵循着一定的统计规律。因此，可以用数理统计方法来处理和分析测量结果，从而了解随机误差对测量结果的影响，并提出减小随机误差影响的方法。

应该说明，对随机误差所做的概率统计分析与处理，是在完全排除了系统误差和疏失误差的前提下进行的，即认为系统误差和疏失误差并不存在，或已修正，或小得可以忽略不计。

3.4.1 随机误差的分布规律

在对某被测量进行重复 n 次等精度测量时，即便对系统误差进行了校准和修正，并剔除了测量数据中含疏失误差的坏值，所得到的 n 个测量值 x_1，x_2，…，x_n 仍然不相同，因为其中还包含随机误差。随机误差可分正态分布与非正态分布两大类，其中非正态分布又有均匀分布与反正弦分布之分，但就大多数测量而言，其测量结果中的随机误差都服从正态分布规律。

记具有正态分布的随机误差的绝对误差为 $\Delta(\Delta=x-\mu)$，其概率密度可以用高斯方程表达，即

$$f(\Delta)=\frac{1}{\sigma\sqrt{2\pi}}e^{-\frac{\Delta^2}{2\sigma^2}} \tag{3-24}$$

$$\sigma=\sqrt{\frac{\sum_{i=1}^{n}(x_i-\mu)^2}{n}}=\sqrt{\frac{\sum_{i=1}^{n}\Delta_i^2}{n}} \tag{3-25}$$

式中，μ 为被测量的数学期望值，当重复测量次数足够多时，可以取测量值的平均值，是表征测量值平均水平和中心位置的参数；σ 为被测量的标准差（或称均方根误差），是表征测量值相对于其中心位置离散程度的参数；n 为重复测量次数，$n\to\infty$。

图 3-3 所示为三个不同标准差下的随机误差正态分布曲线，从中可以看到随机误差的以下特性。

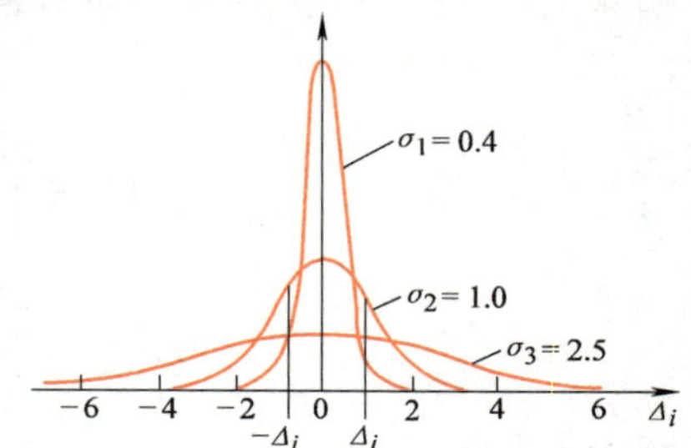

图 3-3　随机误差正态分布曲线

1）单峰性。概率密度峰值出现在被测量的平均值附近，即误差 Δ 接近零位置；且标准差 σ 越小，曲线越狭窄陡峭。以上说明随机误差中小误差出现的概率大。

2）对称性。绝对值相等、符号相反的随机误差出现的概率相等。

3）抵偿性。由上述对称性可以推断，当重复测量次数无限多（$n\to\infty$）时，正、负误差互相抵偿，即随机误差的平均值趋于零。这意味着增加重复测量次数可以减小测量结果的随机误差。

根据式（3-24），可以计算误差 Δ 出现在某一区间（Δ_1，Δ_2）内的概率 p 为

$$p[\Delta_1\leqslant\Delta\leqslant\Delta_2]=\int_{\Delta_1}^{\Delta_2}f(\Delta)\mathrm{d}\Delta=\int_{\Delta_1}^{\Delta_2}\frac{1}{\sigma\sqrt{2\pi}}\mathrm{e}^{-\frac{\Delta^2}{2\sigma^2}}\mathrm{d}\Delta \tag{3-26}$$

由于误差 Δ 在某一区间内出现的概率 p 与标准差 σ 的大小密切相关，故常把区间界限取为 σ 的倍数，又根据正态分布的对称性，误差 Δ 落在区间（$-k\sigma$，$k\sigma$）的概率，即 $|\Delta|\leqslant k\sigma$ 的概率为

$$p(-k\sigma,k\sigma)=\frac{1}{\sqrt{2\pi}}\int_{-k\sigma}^{k\sigma}\mathrm{e}^{-\frac{\Delta^2}{2\sigma^2}}\mathrm{d}\Delta=2\phi(k) \tag{3-27}$$

式中，概率 p 称为置信水平；k 称为置信系数；$k\sigma$ 称为置信限；（$-k\sigma$，$k\sigma$）称为置信区间；$\phi(k)$ 称为拉普拉斯函数（Laplace），见表 3-4。

由表 3-4 可得，随机误差 Δ 出现在几个比较典型的置信区间的概率分别为：

$|\Delta|\leqslant0.6745\sigma$，即 $k\leqslant0.6745$ 的概率为 50%；

$|\Delta|\leqslant\sigma$，即 $|k|\leqslant1$ 的概率为 68.27%；

$|\Delta|\leqslant2\sigma$，即 $|k|\leqslant2$ 的概率为 95.45%；

$|\Delta|\leqslant3\sigma$，即 $|k|\leqslant3$ 的概率为 99.73%。

由于 $|\Delta|>3\sigma$ 出现的概率仅为 0.27%，可以认为超出 $\pm3\sigma$ 的误差不属于随机误差，而作为系统误差或疏失误差处理。因此，常把 $\Delta=\pm3\sigma$ 作为极限误差，即

$$\Delta_{\lim}=\pm3\sigma \tag{3-28}$$

表 3-4　拉普拉斯函数值［与 k 值相对应的 $2\phi(k)$］

k	0.0	0.1	0.2	0.3	0.4	0.5	0.6	0.7	0.8	0.9
$2\phi(k)$	0.000000	0.079656	0.158519	0.235823	0.310843	0.382925	0.451494	0.516078	0.576289	0.631880
k	1.0	1.1	1.2	1.3	1.4	1.5	1.6	1.7	1.8	1.9
$2\phi(k)$	0.682689	0.728668	0.769861	0.806399	0.838487	0.866386	0.890401	0.910869	0.928139	0.942569
k	2.0	2.1	2.2	2.3	2.4	2.5	2.6	2.7	2.8	2.9
$2\phi(k)$	0.954500	0.964271	0.972193	0.978552	0.983605	0.987581	0.990678	0.993066	0.994890	0.996268
k	3.0	3.1	3.2	3.3	3.4	3.5	3.6	3.7	3.8	3.9
$2\phi(k)$	0.997300	0.998065	0.998626	0.999033	0.999326	0.999535	0.999682	0.999784	0.999855	0.999904

拉普拉斯函数值［与 $2\phi(k)$ 相对应的 k 值］

$2\phi(k)$	0.10	0.20	0.30	0.40	0.50	0.60	0.70	0.75	0.80	0.85
k	0.1257	0.2533	0.3853	0.5244	0.6745	0.8416	1.036	1.150	1.282	1.440
$2\phi(k)$	0.90	0.91	0.92	0.93	0.94	0.95	0.96	0.97	0.98	0.99
k	1.645	1.695	1.751	1.812	1.881	1.960	2.054	2.170	2.326	2.576
$2\phi(k)$	0.995	0.999	0.9999	$1-10^{-5}$	$1-10^{-6}$	$1-10^{-7}$	$1-10^{-8}$	$1-10^{-9}$	$1-10^{-10}$	$1-10^{-11}$
k	2.807	3.291	3.891	4.417	4.892	5.327	5.737	6.11	6.48	6.81

3.4.2　有限测量次数中随机误差的表达

以上关于随机误差分布规律的讨论基于重复测量次数接近无穷多的情况，但在实际测量中，测量次数是有限的。因此，讨论有限测量次数时的误差表达更具有现实意义。

式（3-25）定义了无限测量次数条件下的标准差，与之相比，有限次数测量结果的不同主要反映在数学期望值（假想真值）μ 与平均值 $\bar{x}$ 的差异上，从统计学角度来说，就是母体均值与样本均值之间的差异。为了体现这种差异，对于有限次数测量，采用测量值与算术平均值的偏差来估算标准差，即

样本标准差为

$$\hat{\sigma} = \sqrt{\frac{\sum_{i=1}^{n}(x_i - \bar{x})^2}{n-1}} = \sqrt{\frac{\sum_{i=1}^{n}\nu_i^2}{n-1}} \tag{3-29}$$

算术平均值标准差为

$$S = \frac{\hat{\sigma}}{\sqrt{n}} = \sqrt{\frac{\sum_{i=1}^{n}(x_i - \bar{x})^2}{n(n-1)}} = \sqrt{\frac{\sum_{i=1}^{n}\nu_i^2}{n(n-1)}} \tag{3-30}$$

式中，$\bar{x}=\frac{1}{n}\sum_{i=1}^{n}x_i$ 和 $\nu_i=x_i-\bar{x}(i=1,2,\cdots,n)$ 分别为测量值的算术平均值和偏差。

式（3-29）是可供实际应用的贝塞尔（Bessel）公式，它表示了随机误差对最后测量结果的影响程度。可见，测量次数增加可以减小随机误差对测量结果的影响。但是，大量测量表明，随着测量次数的不断增加，S 的变化趋于平缓，意味着在某一测量次数的基础上，即

便再增加测量次数，也不会显著地提高算术平均值的测量精度。通常，测量次数 $n=10$ 已经能够满足基本要求。

与式（3-28）类同，算术平均值的极限误差 $\lambda_{\lim}$ 通常取其标准差 S 的 3 倍，即

$$\lambda_{\lim} = \pm 3S = \pm 3\sqrt{\frac{\sum_{i=1}^{n}\nu_i^2}{n(n-1)}} \tag{3-31}$$

或者用相对极限误差 $\delta_{\lim}$ 表示，即

$$\delta_{\lim} = \frac{\lambda_{\lim}}{\bar{x}} \times 100\% \tag{3-32}$$

因此，有限次测量的最后测量结果可写成

$$\bar{x} \pm \lambda_{\lim}(\pm 3S) \quad 或 \quad \bar{x} \pm \delta_{\lim} \tag{3-33}$$

3.5 测量误差的计算

以上章节介绍了各类误差的基本分析与处理方法，本节将针对不同的测量类别介绍误差计算处理方法的综合应用。

当获得一组原始测量数据后，进行误差分析与计算的基本步骤是：①修正系统误差；②剔除疏失误差；③在确定不存在疏失误差与系统误差的情况下，对随机误差进行分析和计算。

以下关于不同测量类别的误差计算都是在完成上述①、②步骤的基础上进行的。

3.5.1 直接测量误差的计算

1. 单次测量误差的估算

由于条件限制，试验时对被测量只进行一次测量的情况是经常遇到的。在这种情况下，通常不需要对系统误差进行具体分析与修正，疏失误差也无以计算，只能根据测量仪器的允许误差估算测量结果中可能包含的最大误差。

记单次测量所得被测量的读数为 A_m，测量仪器满刻度读数为 A，测量仪器的精度等级为 δ_e，则被测量测量结果中可能出现的最大相对误差 δ_{max} 为

$$\delta_{max} = \delta_e \frac{A}{A_m} \tag{3-34}$$

例 3-7　某一离心式转速表满刻度读数为 2000r/min，精度等级为 1 级，用此转速表测量转速。试求当指针示值为 200r/min 与 1500r/min 时，可能出现的最大相对误差。

解　示值为 200r/min 时的最大相对误差为

$$\delta_{max} = \delta_e \frac{A}{A_m} = (\pm 1\%)\frac{2000}{200} = \pm 10\%$$

示值为 1500r/min 时的最大相对误差为

$$\delta_{max} = \delta_e \frac{A}{A_m} = (\pm 1\%)\frac{2000}{1500} = \pm 1.33\%$$

可见，采用确定量程和精度等级的仪器进行测量时，被测量量值越小，其相对误差越大。因此，选择测量仪器的量程时，需要对被测量的量值范围进行预估，尽可能使测量值接近于仪器的满刻度。

2. 等精度测量误差的计算

对某一被测量 x 进行 m 次重复等精度测量，并且经过疏失误差剔除和系统误差修正后，得到 n 个有效测量值 x_1，x_2，…，x_n，测量结果的误差计算如下。

1）计算平均值。

$$\bar{x}=\frac{\sum_{i=1}^{n}x_i}{n}=\frac{x_1+x_2+x_3+\cdots+x_n}{n} \tag{3-35}$$

2）计算测量样本的均方根误差（标准差）$\hat{\sigma}$ 和极限误差 $\Delta_{\lim}$。

$$\hat{\sigma}=\sqrt{\frac{\sum_{i=1}^{n}(x_i-\bar{x})}{n-1}}=\sqrt{\frac{\sum_{i=1}^{n}\nu_i^2}{n-1}} \tag{3-36}$$

$$\Delta_{\lim}=\pm 3\hat{\sigma} \tag{3-37}$$

3）计算测量结果算术平均值的均方根误差（标准差）S 和极限误差 $\lambda_{\lim}$。

$$S=\hat{\sigma}/\sqrt{n} \tag{3-38}$$

$$\lambda_{\lim}=\pm 3S \tag{3-39}$$

4）计算测量结果算术平均值的相对极限误差 $\delta_{\lim}$。

$$\delta_{\lim}=\frac{\lambda_{\lim}}{\bar{x}}\times 100\% \tag{3-40}$$

5）得到测量结果。

$$\bar{x}\pm\lambda_{\lim} \quad 或 \quad \bar{x}\pm\delta_{\lim} \tag{3-41}$$

例 3-8 在内燃机负荷特性试验中，采用经过校准的数字式转速仪进行发动机转速测量，某一稳定工况下 8 次重复测量所得测量数据（单位为 r/min）如下：3002，3004，3000，2998，2995，3001，3006，3002。求测量结果。

解

1）计算测量结果的算术平均值 $\bar{x}$。

$$\bar{x}=\frac{\sum_{i=1}^{8}x_i}{8}=\frac{24008}{8}\text{r/min}=3001\text{r/min}$$

2）计算偏差 ν_i(r/min)。

+1， +3， −1， −3， −6， 0， +5， +1

3）计算测量样本标准差和极限误差。

$$\hat{\sigma} = \sqrt{\frac{\sum_{i=1}^{8} \nu_i^2}{8-1}} = \sqrt{\frac{82}{7}}\text{r/min} = 3.4\text{r/min}, \quad \Delta_{\text{lim}} = \pm 3\hat{\sigma} = \pm 10.2\text{r/min}$$

4）检查疏失误差。

$$|\nu_i| < |\Delta_{\text{lim}}| = 10.2\text{r/min} \quad (i=1,2,\cdots,8)$$

即 8 个测量数据中不含疏失误差。

5）计算算术平均值标准差和极限误差。

$$S = \frac{\hat{\sigma}}{\sqrt{n}} = \frac{3.4}{2.8}\text{r/min} = 1.2\text{r/min}$$

$$\lambda_{\text{lim}} = \pm 3S = \pm(3\times 1.2)\text{r/min} = \pm 3.6\text{r/min}$$

$$\delta_{\text{lim}} = \frac{\lambda_{\text{lim}}}{\bar{x}} \times 100\% = \frac{3.6}{3001} \times 100\% = 0.12\%$$

6）得到测量结果。

$$(3001 \pm 3.6)\text{r/min}$$

3. 非等精度测量误差的计算

如前所述，对一列等精度测量，其算术平均值最接近真值，可信度最高。但在一系列测量中，有时存在着非等精度测量的情况。所谓非等精度测量，是指在不同测量条件下，即或者用不同的仪器，或者采用不同测量方法以及由不同测量者进行测量，各次测量结果的精度不同。对非等精度测量，其最可信赖度的测量结果不能直接用算术平均值来确定。为了科学地评价不同条件下的测量结果，需要引进“权”的概念。

直观地表述，当对两次或若干次测量结果进行对比时，“权”值越大的测量结果，其可信赖度越高。“权”值的大小与测量的标准误差密切相关，标准误差越小，说明相应的测量结果越可靠，对应的“权”值也就越大。可以证明，“权”值与标准误差的平方成反比。

假设对某一被测量进行了一系列（n 组）测量，各组的测量精度不尽相同，每组测量结果算术平均值的标准误差分别为 s_1，s_2，…，s_n，则相应的“权”分别为

$$P_1 = \frac{\eta}{s_1^2}, P_2 = \frac{\eta}{s_2^2}, \cdots, P_i = \frac{\eta}{s_i^2}, \cdots, P_n = \frac{\eta}{s_n^2}$$

式中，P_i 为第 i 组测量结果的“权”值；η 为任意选取的常数。

与等精度测量条件下对被测量真值的估计不同，非等精度测量中被测量真值的最佳估计值为测量值的加权算术平均值 $\bar{x}_{\text{m}}$，即

$$\bar{x}_{\text{m}} = \frac{\sum_{i=1}^{n} P_i \bar{x}_i}{\sum_{i=1}^{n} P_i} \tag{3-42}$$

式中，$\bar{x}_i$ 为各组测量值的算术平均值。

与加权算术平均值相对应的加权算术平均值均方根误差 S_{m} 为

$$S_m = \sqrt{\frac{1}{\sum_{i=1}^{n}(1/s_i)^2}} \tag{3-43}$$

以下将举例说明非等精度测量的真值估计及其误差的计算。

例 3-9 两实验者对同一恒温水箱内的水温进行测量，各自独立地获得一列等精度测量值数据如下（均已剔除疏失误差）：

实验者 A，x_A(℃)：91.4，90.7，92.1，91.6，91.3，91.8，90.2，91.5，91.2，90.9。

实验者 B，x_B(℃)：90.92，91.47，91.58，91.36，91.85，91.23，91.25，91.70，91.41，90.67，91.28，91.53。

试求恒温水箱中水温的测量结果。

解

1）分别计算两组测量结果的算术平均值。

$$\bar{x}_A = \frac{1}{10}\sum_{i=1}^{10} x_{iA} = 91.27℃$$

$$\bar{x}_B = \frac{1}{12}\sum_{i=1}^{12} x_{iB} = 91.35℃$$

2）分别计算两组测量结果算术平均值的均方根误差。

$$S_A = \sqrt{\frac{1}{10\times 9}\sum_{i=1}^{10}\nu_{iA}^2} = 0.2℃$$

$$S_B = \sqrt{\frac{1}{12\times 11}\sum_{i=1}^{12}\nu_{iB}^2} = 0.09℃$$

即两实验者对恒温水箱水温的测量结果分别为

实验者 A 的测温结果 $=\bar{x}_A \pm 3S_A = (91.27\pm0.6)℃$

实验者 B 的测温结果 $=\bar{x}_B \pm 3S_B = (91.35\pm0.27)℃$

3）计算两组测量结果的加权算术平均值。

$$\bar{x}_m = \frac{P_A\bar{x}_A + P_B\bar{x}_B}{P_A+P_B} = \frac{(1/s_A)^2\bar{x}_A + (1/s_B)^2\bar{x}_B}{(1/s_A)^2+(1/s_B)^2}$$

$$= \frac{91.27/0.2^2 + 91.35/0.09^2}{1/0.2^2 + 1/0.09^2}℃$$

$$= 91.34℃$$

4）计算加权算术平均值的均方根误差。

$$S_m = \sqrt{\frac{1}{(1/s_A)^2+(1/s_B)^2}}$$

$$= \sqrt{\frac{1}{(1/0.2)^2+(1/0.09)^2}}℃$$

$$= 0.08℃$$

5）计算两组等精度测量组成的测温结果。

$$\overline{x}_m \pm 3S_m = (91.34 \pm 0.24)℃$$

3.5.2　间接测量误差的计算

间接测量是指被测量的数值不能直接从测量仪器上读得，而是需要通过测取其他参数值，再经过相关的函数关系计算求得。由此可知，间接测量误差不仅与直接测量参数的测量误差有关，还和两者之间的函数关系有关。

设被测量为 y，其关联的直接测量量为 x，z，w，…，它们之间的函数关系如下

$$y = f(x, z, w, \cdots) \tag{3-44}$$

令 Δx，Δz，Δw，…分别代表 x，z，w，…的测量误差，Δy 代表由 Δx，Δz，Δw，…导致的被测量的误差，则

$$y + \Delta y = f(x + \Delta x, z + \Delta z, w + \Delta w, \cdots) \tag{3-45}$$

将式（3-45）右端按泰勒级数展开，并略去高阶微量项后得

$$y + \Delta y = f(x, z, w, \cdots) + \left(\frac{\partial y}{\partial x}\right)\Delta x + \left(\frac{\partial y}{\partial z}\right)\Delta z + \left(\frac{\partial y}{\partial w}\right)\Delta w + \cdots$$

即

$$\Delta y = \left(\frac{\partial y}{\partial x}\right)\Delta x + \left(\frac{\partial y}{\partial z}\right)\Delta z + \left(\frac{\partial y}{\partial w}\right)\Delta w + \cdots \tag{3-46}$$

式（3-46）就是间接测量误差的一般表达式，也称间接测量的误差传递函数。

实际测量中，通常对各直接测量量进行 n 次重复等精度测量，得到 $(x_1, x_2, \cdots, x_n)$，$(z_1, z_2, \cdots, z_n)$，$(w_1, w_2, \cdots, w_n)$，…由此可以计算出 n 个 y 值

$$\begin{gathered} y_1 = f(x_1, z_1, w_1, \cdots) \\ y_2 = f(x_2, z_2, w_2, \cdots) \\ \vdots \\ y_n = f(x_n, z_n, w_n, \cdots) \end{gathered}$$

即

$$\begin{gathered} \Delta y_i = y_i - \overline{y} \\ \Delta x_i = x_i - \overline{x} \\ \Delta z_i = z_i - \overline{z} \\ \Delta w_i = w_i - \overline{w} \\ \vdots \end{gathered}$$

式中，$\overline{y}$ 为间接测量量 y 的算术平均值；$\overline{x}$，$\overline{z}$，$\overline{w}$，…为直接测量量 x，z，w，…的算术平均值。

根据式（3-46）可得

$$\Delta y_i = \left(\frac{\partial y}{\partial x}\right)\Delta x_i + \left(\frac{\partial y}{\partial z}\right)\Delta z_i + \left(\frac{\partial y}{\partial w}\right)\Delta w_i + \cdots$$

两端平方，得

$$(\Delta y_i)^2 = \left(\frac{\partial y}{\partial x}\right)^2 (\Delta x_i)^2 + \left(\frac{\partial y}{\partial z}\right)^2 (\Delta z_i)^2 + \left(\frac{\partial y}{\partial w}\right)^2 (\Delta w_i)^2 + \frac{\partial y \partial y}{\partial x \partial z}\Delta x_i \Delta z_i + \cdots \tag{3-47}$$

根据正态分布误差的相互抵消性，式（3-47）中的非平方项抵消，故可将式（3-47）写为

$$(\Delta y_i)^2=\left(\frac{\partial y}{\partial x}\right)^2(\Delta x_i)^2+\left(\frac{\partial y}{\partial z}\right)^2(\Delta z_i)^2+\left(\frac{\partial y}{\partial w}\right)^2(\Delta w_i)^2+\cdots$$

即

$$\Sigma(\Delta y_i)^2=\left(\frac{\partial y}{\partial x}\right)^2\Sigma(\Delta x_i)^2+\left(\frac{\partial y}{\partial z}\right)^2\Sigma(\Delta z_i)^2+\left(\frac{\partial y}{\partial w}\right)^2\Sigma(\Delta w_i)^2+\cdots$$

两端同时除以 n，可得间接测量量的标准差 σ_y 为

$$\sigma_y^2=\left(\frac{\partial y}{\partial x}\right)^2\sigma_x^2+\left(\frac{\partial y}{\partial z}\right)^2\sigma_z^2+\left(\frac{\partial y}{\partial w}\right)^2\sigma_w^2+\cdots$$

式中，σ_x，σ_z，σ_w，…为各直接测量量的标准差。

间接测量量的极限误差 $(\Delta_{\lim})_y$ 为

$$(\Delta_{\lim})_y=\pm 3\sigma_y \tag{3-48}$$

同理，可推导出间接测量量的最佳值（平均值）$\bar{y}$ 及其标准差 S_y、极限误差 $(\lambda_{\lim})_y$ 和相对误差 $(\delta_{\lim})_y$ 的计算公式如下

$$\bar{y}=f(\bar{x},\bar{z},\bar{w},\cdots) \tag{3-49}$$

$$S_y=\sqrt{\left(\frac{\partial y}{\partial x}\right)^2 S_x^2+\left(\frac{\partial y}{\partial z}\right)^2 S_z^2+\left(\frac{\partial y}{\partial w}\right)^2 S_w^2+\cdots} \tag{3-50}$$

$$(\lambda_{\lim})_y=\pm 3S_y \tag{3-51}$$

$$(\delta_{\lim})_y=\frac{(\lambda_{\lim})_y}{\bar{y}}=\sqrt{(\delta_{\lim})_x^2+(\delta_{\lim})_z^2+(\delta_{\lim})_w^2+\cdots} \tag{3-52}$$

式中，S_x，S_z，S_w，…和 $(\delta_{\lim})_x$，$(\delta_{\lim})_z$，$(\delta_{\lim})_w$，…分别为直接测量量 x，z，w…的算术平均值标准差和相对误差。

例 3-10 某柴油机负荷特性试验中，同时对标定工况下的转矩 T 及转速 n 各进行 8 次等精度测量，所测数值列于下表。试求该工况下的有效功率 P 及其误差。

	各次测得值							
n/(r/min)	3002	3004	3000	2998	2995	3001	3006	3002
T/(N·m)	15.2	15.3	15.0	15.2	15.0	15.2	15.4	15.3

解 先按直接测量误差的计算方法，分别求得转速 n 和转矩 T 的算术平均值及其标准误差、极限误差和相对误差，计算结果如下。

$$\bar{x}_n=3001\text{r/min},\quad \bar{x}_T=15.2\text{N}\cdot\text{m}$$

$$S_n=1.2\text{r/min},\quad S_T=0.05\text{N}\cdot\text{m}$$

$$(\lambda_{\lim})_n=\pm 3.6\text{r/min},\quad (\lambda_{\lim})_T=\pm 1.5\text{N}\cdot\text{m}$$

$$(\delta_{\lim})_n=\pm 0.12\%,\quad (\delta_{\lim})_T=\pm 1.0\%$$

功率（kW）与转矩（N·m）及转速（r/min）之间存在下列函数关系

$$P=\frac{Tn}{9550}$$

偏微分项为

$$\frac{\partial P}{\partial T}=\frac{n}{9550},\quad \frac{\partial P}{\partial n}=\frac{T}{9550}$$

根据式（3-49）、式（3-50）、式（3-51）和式（3-52），可以计算得到

$$\bar{x}_P=\frac{\bar{x}_T\bar{x}_n}{9550}=\frac{15.2\times3001}{9550}\text{kW}=4.78\text{kW}$$

$$S_P=\sqrt{\left(\frac{\partial P}{\partial T}\right)^2S_T^2+\left(\frac{\partial P}{\partial n}\right)^2S_n^2}=\sqrt{\left(\frac{3001}{9550}\right)^2\times0.05^2+\left(\frac{15.2}{9550}\right)^2\times1.2^2}\ \text{kW}=0.016\text{kW}$$

$$(\lambda_{\lim})_P=\pm3S_P=\pm(3\times0.016)\text{kW}=\pm0.05\text{kW}$$

$$(\delta_{\lim})_P=\sqrt{(\delta_{\lim})_T^2+(\delta_{\lim})_n^2}=\sqrt{(1.0)^2+(0.12)^2}=\pm1.0\%$$

试验所测得的有效功率为

$$P=(4.78\pm0.05)\text{kW}$$

3.6 测试数据的处理方法

测试数据处理的根本目的是便于从测量结果中挖掘有意义的信息，包括被测对象的基本属性、变化规律等，涉及数据的误差分析与计算、有效数字表达与计算、函数拟合与图表表示等。关于误差分析与计算方法已经在前面部分介绍过，这里不再赘述。

3.6.1 测量数据的有效数字表达及其计算法则

在测量及其计算结果表达中，正确地确定有效数字，也就是正确地确定应该用几位数字来表示测量或计算的结果是非常重要的。测量结果的精度主要取决于所用的测量方法和测量仪器。因此，测量结果的数位取舍需要真实地体现相应的测量精度。基本表达原则是：除末位数字是可疑的或不确定的以外，其余各位数字都应该是准确的。

以使用水银温度计测量室温为例。当使用分度值为1℃的水银温度计测量室温时，若测得室温为21.7℃，则前面的两位数字“21”十分准确，而末位数字“7”则是估计得出的。末尾数字虽然欠准确，但其对测量结果而言是有意义的。因为在一般情况下均可估计到最小刻度的十分位，对于分度值为1℃的温度计，可以认为估计的读数偏差不会超过±0.1℃，即观察值在21.6℃和21.8℃之间。

因此，在记载或计算保留测量数据时，只能保留一位估计数字，其余数字均为准确数字。按照这一原则记载的数字均为有效数字，不过其中最末位数字称为欠准数字。在确定有效数字时还会遇到另一种情况，如在计算式中包含π、e、$\sqrt{2}$、1/3等数，对于这类数，均可认为其有效数字的位数是不受限制的，应根据实际需要来确定。

对于数字“0”应特别注意，它可以是有效数字，也可以不是有效数字，需根据具体情况而定。以用千分尺（分度值为0.01mm）测量长度时记录的下列两个数值为例：101.600mm和0.007988m，前者中所有0都是有效数字，而后者中前面三个0均为非有效数字，其有效数为四位，并应写为7.988mm。

在数据处理中，常需要计算一些精度不一致的数值。此时，若按一定规则计算，则不仅

可节省时间，还可以避免因计算过繁引起的错误。

综上所述，有效数字的表达与计算法则一般可归纳如下：

1）记录测量值时，只保留一位欠准数字。

2）除非另有规定，欠准数字表示末位有±1/10个分度（刻度）单位的误差。例如，分度值为1℃的温度计读数，其误差为±0.1℃。

3）当有效数字位数确定后，其余数字应一律舍去。舍去的原则是：凡末位有效数字（欠准数字）后面的第一位数字大于5的，须在欠准数字上加1；小于5时则舍去不计。欠准数字后面的第一位数字等于5时，若前一位数为奇数，则加1；为偶数时则舍去不计。如上取舍所造成的误差大都能互相抵消，从而降低了数据处理过程中的积累误差。

4）当第一位有效数字大于或等于8时，在计算有效数字位数时可多计一位。

5）对多个测量数据进行加减法运算时，其和或差的小数点后面保留的位数应与各测量数据中小数点后位数最少者相同。这是因为参与加、减法运算的数据具有相同的量纲，其中小数点后位数最少的数据是使用分度值最大的测量仪器测得的，其最后一位数字已经是欠准数字，它决定了运算结果的精度。例如，$13.65+0.0082+1.632=15.2902\approx15.29$，即所得结果应表达为15.29，这样的步骤叫作先计算后修约。有时为了简便计算，也可以先按照小数点后有效数字位数最少标准对原始数据进行修约，然后再计算，这种步骤叫作先修约后计算。例如，$13.65+0.0082+1.632\approx13.65+0.01+1.63=15.29$。

6）在对多个测量数据进行乘除法运算时，其积或商的有效数字位数的保留必须以各个数据中有效数字位数最少为准。例如，$1.21\times25.64\times1.0578=32.8176\approx32.8$，即所得结果应表达为32.8。

7）在对测量数据进行乘方和开方运算时，所得结果的有效数字位数保留应与原始数据相同。例如，$7.25^2=52.5625\approx52.6$。

8）在对测量数据进行对数运算时，所得结果小数点后的位数（不包括整数部分）应与原始数据的有效数字位数相同。例如，$N=\lg149=2.1732\approx2.173$。

9）在混合运算中，按照四则混合运算的基本法则，先乘除后加减，每一步运算的结果都按照上述运算法则进行修约。

10）在所有算式中的常数π、e等特定数值以及作为乘数的$\sqrt{2}$、1/3等的有效数字的位数，可以认为是不受限制的，可根据需要取舍。

11）对四个数据或超过四个数据进行平均值计算时，所得结果的有效数字可增加一位。

12）表示分析方法的精密度和准确度时，有效数字通常只取一位，最多取两位。

3.6.2　测量数据的图示法

测量数据的整理和表示方法通常有列表法、图示法和公式法（拟合函数法）三种。列表法的处理方法最为简单；图示法最为直观，可以简明地显示出被测参数变化的规律和范围，便于比较、判定最大、最小数值和它们的位置、奇异点（即参数突变处）等，因而在工程和科学试验中被广泛采用；拟合函数法则便于后续数学运算和计算机处理。本节重点介绍图示法的处理要素，拟合函数法将在下一节论述。

所谓图示法就是将因变量和自变量的测量数据点描绘于选定的坐标系之中，并用曲线连接。为了使绘制的曲线能够明确地反映客观规律，满足科学分析的需要，一般需要遵循以下规则和步骤。

1. 坐标尺度的选择

坐标系有直角坐标系、对数坐标系、三角坐标系和极坐标系，其中最常用的是直角坐标系，并通常以 x 轴（横坐标）代表自变量，y 轴（纵坐标）代表因变量。坐标尺度的确定涉及分度和比例尺的选择。

分度应使每个测量点的数据都能够迅速方便地读出，同时还必须考虑测量数据的精度。图 3-4 所示为同一组测量数据在不同坐标分度下的曲线形式，图中纵、横坐标 A、B 分别表示两个不同的物理量。

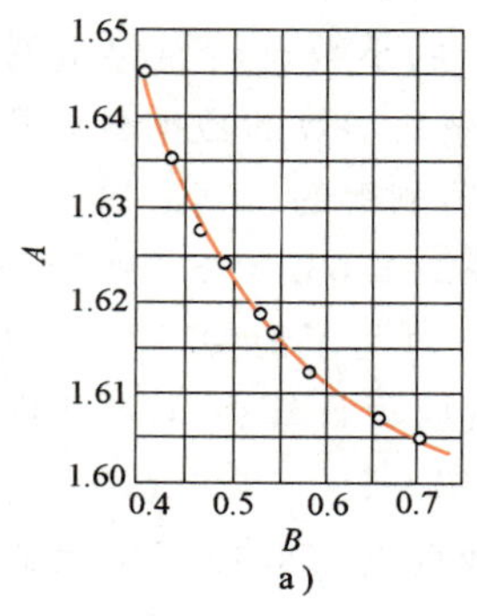

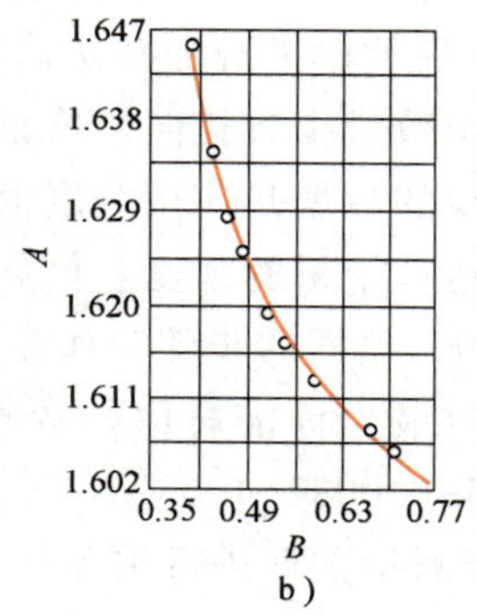

图 3-4　分度示例

a）分度合理　b）分度不合理

纵、横坐标既代表各自的变量，又有各自的量纲，因而两者可有各自的比例尺。但是，如果两比例尺之间的比例取得不合适，将使图形失真，甚至可能诱导出错误的结论。图 3-5 所示为同一组测量数据表示在不同坐标比例尺下的两种极端情形。图 3-5a 所示为转矩 T 坐标比例尺取得过大，分度过细；或转速 n 坐标比例尺取得过小，分度过粗的情况。它给观察者直观的感觉是发动机转矩随转速急剧变化。而图 3-5b 所示的情况正好相反，因转矩坐标比例尺取得过小，分度过粗，直观看曲线的形态，似乎表示转矩随转速变化甚微。

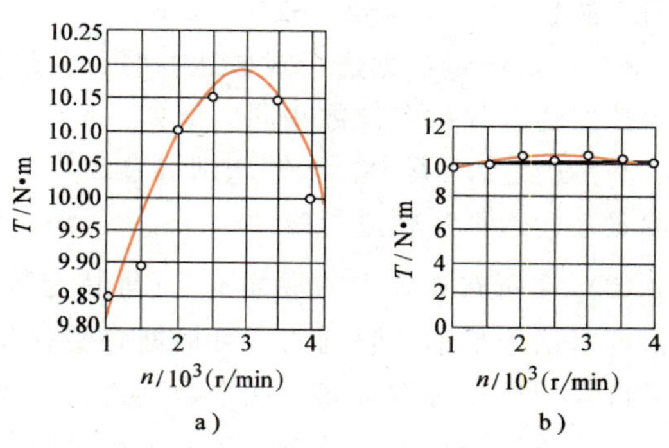

图 3-5　坐标比例尺选择不合理实例

a）分度过细　b）分度过粗

那么，坐标比例尺怎样选择才合理呢？一般来说，所选择的坐标比例应使所绘制的曲线尽可能有接近于 1 的变化斜率。图 3-6 所示为根据同一组测量数据在两种坐标比例尺下绘制的曲线，图中纵、横坐标 E、F 分别表示两个不同的物理量。图 3-6b 中曲线主要部分的斜率近于 1，各点与曲线偏差表现得比较明显；而图 3-6a 所示曲线则难以做出正确的比较。

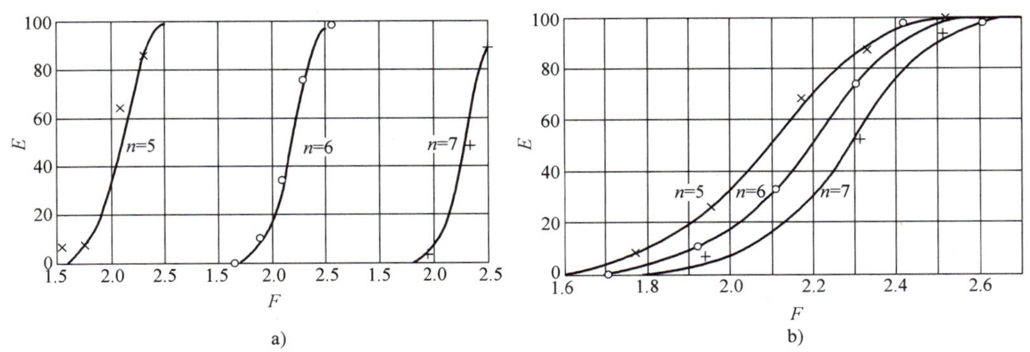

图 3-6 坐标比例尺选择合理与不合理的比较

2. 曲线极值处理

测量结果曲线表达中的极值或奇异点对试验分析及其结论有着十分重要的影响。因此，首先在试验测量过程就要予以重视，当发现测量数据变化趋势出现明显改变时，应该在附近增大测量点的密度。其次，绘制曲线时不能随意处理极值数据。如图 3-7 所示，如果缺少虚线部分的测量数据，随意处理，则曲线的极值点可能有多个结果，以致不能真实地反映出极值情况。所以，最可靠的方法就是在拐点附近加密测量点。

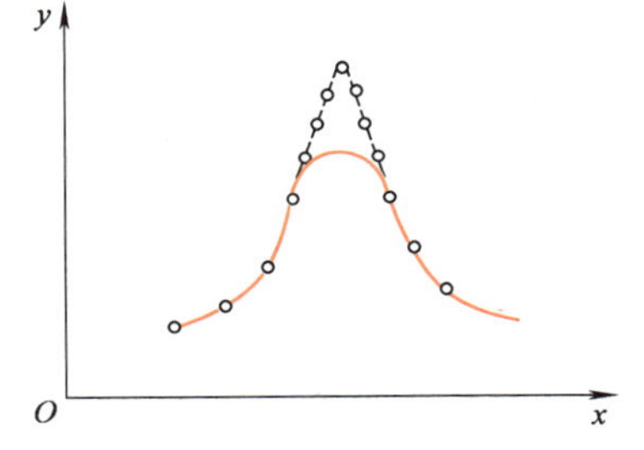

图 3-7 有极值情况示意图

3. 图示法的其他技术问题

1）绘制的图形要丰满，能占满全幅坐标。坐标分度值不一定从零开始，可以以略小于自变量（因变量）变化范围下限的某一整数为起点，略大于自变量（因变量）变化范围上限的某一整数为终点。

2）对曲线进行光顺处理时，不必（一般也不可能）让曲线通过每一测量数据点（特别是上、下限端点，因为由于仪器及测量方法的关系，两端点的测量精度相对较低）。但是，曲线经过的地方应尽量与所有数据点相接近，并且使位于曲线两侧的点数大致相等。

3）在不同试验条件下对某一被测量进行测量时，如果要将所有测量数据绘制在同一图上，可用不同线型，如虚线、点画线、实线等，或用不同的描点图形（○、△、×等）来区别表示不同测量条件的所得。

随着计算机技术的发展，在测量数据图形处理方面，国内外已有众多的绘图软件可供使用。这些软件已综合考虑了上述各种因素，采用误差理论、回归分析、统计学等方法，可绘出各种图形，为科学研究提供了有效的数据处理工具。

3.6.3 测量数据的函数拟合——回归分析

测量数据用曲线表示虽然简明直观，但在需要对测量结果进行进一步的数学运算（如微分、积分、插值等）时，函数表示方式则更为方便。如何根据离散的测量数据建立具有函数关系的经验公式是本节需要说明的问题。下面重点介绍回归分析方法。

回归分析的主要任务是采用数理统计方法，从测量数据中寻求变量之间的关系，建立相应的数学表达式（也称拟合函数），并对表达式的可信度进行统计检验。回归分析有一元线性回归分析、一元多项式回归分析、多元线性回归分析和非线性回归分析等，以下仅介绍最小二乘法在一元回归分析中的应用。

1. 一元多项式回归的最小二乘法

设 x 和 y 分别是自变量和因变量，两者之间的函数关系通常可以用一个 m 阶多项式来逼近，即

$$y=B_0+B_1x+B_2x^2+\cdots+B_mx^m \tag{3-53}$$

式中，B_0，B_1，B_2，…，B_m 为待定常数或称回归系数。

式（3-53）还可写成

$$y-(B_0+B_1x+B_2x^2+\cdots+B_mx^m)=0 \tag{3-54}$$

为了确定上述待定常数，工程中常用试验测试方法，即给定 n 个自变量 x_1，x_2，…，x_n（试验条件中设定），逐个测量因变量，得到 y_1，y_2，…，y_n。如果 x_i 和 y_i 均不含误差，则各个测量结果均适用于上述方程。然而，尽管可以认为给定的自变量 x_i 不含误差，但因变量 y_i 是测量结果，其中不可避免地带有测量误差。因此，将 x_i 和 y_i 代入式（3-54）时，等号右边不为零，而为某一微量 d（称为剩余偏差），即

$$\begin{cases} y_1-(B_0+B_1x_1+B_2x_1^2+\cdots+B_mx_1^m)=d_1 \\ y_2-(B_0+B_1x_2+B_2x_2^2+\cdots+B_mx_2^m)=d_2 \\ \vdots \\ y_n-(B_0+B_1x_n+B_2x_n^2+\cdots+B_mx_n^m)=d_n \end{cases} \tag{3-55}$$

式（3-55）称为“观测方程组”。

根据最小二乘法原理，各待定系数取最佳值时各剩余偏差平方和为最小值，即 $\Sigma d_i^2=d_1^2+d_2^2+\cdots+d_n^2$ 为最小值。显然，Σd_i^2 为待定系数 B_0，B_1，B_2，…，B_m 的函数。Σd_i^2 取最小值的条件是其关于待定系数的一阶微分等于零，二阶微分为正值，即

$$\begin{aligned} \frac{\partial\Sigma d_i^2}{\partial B_0}&=-2[y_1-(B_0+B_1x_1+\cdots+B_mx_1^m)]-2[y_2-(B_0+B_1x_2+\cdots+B_mx_2^m)]-\cdots \\ &\quad -2[y_n-(B_0+B_1x_n+\cdots+B_mx_n^m)]=0 \\ \frac{\partial\Sigma d_i^2}{\partial B_1}&=-2[y_1-(B_0+B_1x_1+\cdots+B_mx_1^m)]x_1-2[y_2-(B_0+B_1x_2+\cdots+B_mx_2^m)]x_2-\cdots \\ &\quad -2[y_n-(B_0+B_1x_n+\cdots+B_mx_n^m)]x_n=0 \\ &\vdots \\ \frac{\partial\Sigma d_i^2}{\partial B_m}&=-2[y_1-(B_0+B_1x_1+\cdots+B_mx_1^m)]x_1^m-2[y_2-(B_0+B_1x_2+\cdots+B_mx_2^m)]x_2^m-\cdots \\ &\quad -2[y_n-(B_0+B_1x_n+\cdots+B_mx_n^m)]x_n^m=0 \end{aligned}$$

将以上各式均除以−2 并经整理，可得如下 $m+1$ 个方程

$$\begin{cases} nB_0+B_1\Sigma x_i+B_2\Sigma x_i^2+\cdots+B_m\Sigma x_i^m=\Sigma y_i \\ B_0\Sigma x_i+B_1\Sigma x_i^2+B_2\Sigma x_i^3+\cdots+B_m\Sigma x_i^{m+1}=\Sigma y_ix_i \\ \vdots \\ B_0\Sigma x_i^m+B_1\Sigma x_i^{m+1}+B_2\Sigma x_i^{m+2}+\cdots+B_m\Sigma x_i^{m+m}=\Sigma y_ix_i^m \end{cases} \tag{3-56}$$

式（3-56）称为正态方程，对其求解即可得 B_0，B_1，B_2，…，B_m，从而求得经验

式（3-53），下面举例说明。

例 3-11　某试验中测得结果如下：

x	1	2	3	4	5	6	7	8
y	4.86	5.14	5.15	4.85	4.24	3.36	2.16	0.67

试求 x 与 y 间的拟合函数。

解　由观测结果的曲线形式判断，假设经验公式用如下多项式表示

$$y=B_0+B_1x+B_2x^2$$

利用正态方程（3-56）来决定回归系数，这时方程可表示为

$$8B_0+B_1\sum_{i=1}^{8}x_i+B_2\sum_{i=1}^{8}x_i^2=\sum_{i=1}^{8}y_i$$

$$B_0\sum_{i=1}^{8}x_i+B_1\sum_{i=1}^{8}x_i^2+B_2\sum_{i=1}^{8}x_i^3=\sum_{i=1}^{8}yx_i$$

$$B_0\sum_{i=1}^{8}x_i^2+B_1\sum_{i=1}^{8}x_i^3+B_2\sum_{i=1}^{8}x_i^4=\sum_{i=1}^{8}yx_i^2$$

列表计算如下：

	x_i	y_i	y_ix_i	x_i^2	$y_ix_i^2$	x_i^3	x_i^4
	1	4.86	4.86	1	4.86	1	1
	2	5.14	10.28	4	20.56	8	16
	3	5.15	15.45	9	46.35	27	81
	4	4.85	19.40	16	77.60	64	256
	5	4.24	21.20	25	106.00	125	625
	6	3.36	20.16	36	120.96	216	1296
	7	2.16	15.12	49	105.84	343	2401
	8	0.67	5.36	64	42.88	512	4096
Σ	36	30.43	111.83	204	525.05	1296	8772

代入正态方程得

$$8B_0+36B_1+204B_2=30.43$$

$$36B_0+204B_1+1296B_2=111.83$$

$$204B_0+1296B_1+8772B_2=525.05$$

解得　$B_0=4.264\quad B_1=0.7399\quad B_2=-0.1483$

故求得经验公式为

$$y=4.264+0.7399x-0.1483x^2$$

因自变量 $x=1$，2，…，8，故此经验公式仅适用于 $1\leqslant x\leqslant 8$ 区间内，将其延伸至适用范围以外是不妥的。

2. 一元线性回归分析及其检验

作为一般方程回归分析的特例，一元线性回归分析是工程中常遇到的情况。

一元线性回归方程可由式（3-53）简化而得

$$y=B_0+B_1x \tag{3-57}$$

这时其剩余偏差为

$$d_i = y_i - y = y_i - (B_0 + B_1 x) \tag{3-58}$$

若进行 k 次测量（即 $i=1, 2, \cdots, k$），则剩余偏差的平方和为 $\sum_{i=1}^{k} d_i^2$，获得最小值的条件是其对回归系数的一次导数为零，即

$$\frac{\partial \sum_{i=1}^{k} d_i^2}{\partial B_0} = 0, \quad \frac{\partial \sum_{i=1}^{k} d_i^2}{\partial B_1} = 0$$

于是可得到

$$kB_0 + B_1 \sum_{i=1}^{k} x_i = \sum_{i=1}^{k} y_i \tag{3-59}$$

$$B_0 \sum_{i=1}^{k} x_i + B_1 \sum_{i=1}^{k} x_i^2 = \sum_{i=1}^{k} x_i y_i \tag{3-60}$$

联立可解得

$$\begin{cases} B_0 = \overline{y} - B_1 \overline{x} \\ B_1 = \dfrac{k\Sigma(x_i y_i) - (\Sigma x_i)(\Sigma y_i)}{k\Sigma x_i^2 - (\Sigma x_i)^2} \end{cases} \tag{3-61}$$

式中，$\overline{x} = \Sigma x_i / k$ 为 x_i 的平均值；$\overline{y} = \Sigma y_i / k$ 为 y_i 的平均值。

式（3-61）以及后续式中的 Σ 均指 $\sum_{i=1}^{k}$。

若令

$$\begin{cases} S_{xx} = \Sigma x_i^2 - \dfrac{1}{k}(\Sigma x_i)^2 = \Sigma(x_i - \overline{x})^2 \\ S_{yy} = \Sigma y_i^2 - \dfrac{1}{k}(\Sigma y_i)^2 = \Sigma(y_i - \overline{y})^2 \\ S_{xy} = \Sigma(x_i y_i) - \dfrac{1}{k}(\Sigma x_i)(\Sigma y_i) \\ \quad\;\; = \Sigma(x_i - \overline{x})(y_i - \overline{y}) \end{cases} \tag{3-62}$$

则式（3-61）可改写为

$$\begin{cases} B_0 = \overline{y} - B_1 \overline{x} \\ B_1 = S_{xy} / S_{xx} \end{cases} \tag{3-63}$$

在用最小二乘法计算回归系数 B_0、B_1 的过程中，假设变量 y 与 x 之间呈线性相关并用线性回归方程（3-57）表示。但是，对试验数据（x_i，y_i）是否具有良好的线性度应予以检验。这就是通常称为回归方程拟合程度的检验，它是采用相关系数 R 的大小来描述两个变量之间线性相关的密切程度的，其数学表达式为

$$R = \frac{\Sigma(x_i - \overline{x})(y_i - \overline{y})}{\sqrt{\Sigma(x_i - \overline{x})^2 \Sigma(y_i - \overline{y})^2}} \tag{3-64}$$

即

$$R=\frac{S_{xy}}{\sqrt{S_{xx}S_{yy}}} \tag{3-65}$$

R 值在−1～+1之间变化，R 的绝对值越接近于1，则回归直线与试验数据点拟合得越好。当 $R=1$ 时，两变量为正相关，即 y 值随 x 值的增大而增大；当 $R=-1$ 时，两变量为负相关，即 y 值随 x 值的增大而减小；当 $R\approx0$ 时，试验数据点沿回归直线两侧分散，也就是说回归直线毫无实用意义。有时称 R 为相关系数显著值，它与测量组数 k 有关。表3-5给出了对应不同 k 值在两种显著度 α（0.05和0.01）时相关系数 R 达到显著时的最小值。这里显著度的含意是回归直线的可靠程度，$\alpha=0.05$ 和 $\alpha=0.01$ 分别对应于95%和99%的可靠程度。

因此，用回归分析的方法找到了直线方程后，还必须计算相关系数 R 的数值，然后根据测量组数 k 在表3-5中查出 R 的显著值，再做出拟合程度的判别。

表3-5　相关系数 R 检验表

$k-2$	α		$k-2$	α	
	0.05	0.01		0.05	0.01
	R			R	
1	0.997	1.000	21	0.413	0.526
2	0.950	0.990	22	0.404	0.515
3	0.878	0.959	23	0.396	0.505
4	0.811	0.917	24	0.388	0.496
5	0.754	0.874	25	0.381	0.487
6	0.707	0.834	26	0.374	0.478
7	0.666	0.798	27	0.367	0.470
8	0.632	0.765	28	0.361	0.463
9	0.602	0.735	29	0.355	0.456
10	0.576	0.708	30	0.349	0.449
11	0.553	0.684	35	0.325	0.418
12	0.532	0.661	40	0.304	0.393
13	0.514	0.641	45	0.288	0.372
14	0.497	0.623	50	0.273	0.354
15	0.482	0.606	60	0.250	0.325
16	0.468	0.590	70	0.232	0.302
17	0.456	0.575	80	0.217	0.283
18	0.444	0.561	90	0.205	0.267
19	0.433	0.549	100	0.195	0.254
20	0.423	0.537	200	0.138	0.181

下面用实例加以说明。

例3-12　若已测得一组 x_i、y_i 的试验数据，试拟合一直线方程 $y=B_0+B_1x$，并做出拟合程度的判别。

解　计算结果列表如下：

x_i	y_i	x_i^2	y_i^2	x_iy_i
1.0	1.2	1.0	1.44	1.2
1.6	2.0	2.56	4.00	3.2
3.4	2.4	11.56	5.76	8.16
4.0	3.5	16.0	12.25	14.0
5.2	3.5	27.04	12.25	18.20
$\Sigma x_i=15.2$	$\Sigma y_i=12.6$	$\Sigma x_i^2=58.16$	$\Sigma y_i^2=35.7$	$\Sigma x_iy_i=44.7$

代入式（3-61）求得 B_0 和 B_1 分别为

$$B_1=\frac{k\Sigma(x_iy_i)-\Sigma x_i\Sigma y_i}{k\Sigma x_i^2-(\Sigma x_i)^2}=0.540$$

$$B_0=\overline{y}-B_1\overline{x}=0.878$$

则拟合的直线方程为

$$y=0.878+0.540x$$

相关系数

$$R=\frac{S_{xy}}{\sqrt{S_{xx}S_{yy}}}\approx 0.94$$

由于 $k=5$，则 $k-2=3$，由表 3-5 查得显著度 $\alpha=0.05$ 时的相关系数 R 的显著值为 0.878，小于计算值 $R\approx 0.94$，表示此直线方程在显著度 $\alpha=0.05$ 时拟合良好，具有 95% 的可靠程度，或线性相关显著。但当 $\alpha=0.01$ 时，从表 3-5 中查得 $R=0.959$，此值大于计算值 0.94，表示拟合直线方程在显著度 $\alpha=0.01$ 时线性相关不显著。换言之，如果要求回归直线的可靠程度达到 99%，那么本例就不宜用直线方程来表示了。

最后必须指出，相关系数 R 只表示两个变量之间的线性相关密切的程度。当 R 值很小，甚至等于零时，也不能得出两变量 x 与 y 之间不存在任何相关关系的结论，只不过不是线性相关而已。

3. 一元线性回归分析的线性变换

在许多场合中，变量之间的关系虽属非线性关系，但其中某些情况可通过线性变换转换成线性方程。这样，前面介绍的线性回归分析中的公式均可使用。例如，两变量之间的关系为

$$y=ax^b \tag{3-66}$$

将式（3-66）两边取自然对数，可得

$$\ln y=\ln a+b\ln x \tag{3-67}$$

若令

$$\ln y=Y,\quad \ln a=a_0,\quad \ln x=X$$

则有

$$Y=a_0+bX \tag{3-68}$$

式（3-68）为一线性方程式，可利用式（3-61）求出相关系数 a_0、b，然后再取

$$a=e^{a_0} \tag{3-69}$$

于是，$y=ax^b$ 就完全可以确定了。

类似于这种变换关系见表 3-6。

表 3-6　线性变换关系

非线性方程	线性化方程	线性化变量	
		Y	X
$y=a+b\ln x$	$Y=a+bX$	y	$\ln x$
$y=ax^b$	$Y=\ln a+bX$	$\ln y$	$\ln x$
$y=1-e^{-ax}$	$Y=aX$	$\ln\frac{1}{1-y}$	x
$y=a+b\sqrt{x}$	$Y=a+bX$	y	$\sqrt{x}$
$y=a+\frac{b}{x}$	$Y=a+bX$	y	$\frac{1}{x}$
$y=e^{(a+bx)}$	$Y=a+bX$	$\ln y$	x
$e^y=ax^b$	$Y=\ln a+bX$	y	$\ln x$

思考题与习题

3-1　测量误差有哪几类？各类误差的主要特点是什么？

3-2　试述系统误差产生的原因及消除方法。

3-3　随机误差正态分布曲线有何特点？

3-4　试述测量中可疑数据的判别方法以及如何合理选用。

3-5　试述直接测量误差计算的一般步骤。

3-6　为什么在非等精度测量中引入“权”的概念进行计算更为合理？

3-7　试述间接测量的含意及其计算的一般步骤。

3-8　什么叫作传递误差？为何测量系统中采用负反馈可以提高测量精度？

3-9　回归分析是试验数据处理的一种数学方法，它有何特点？

3-10　用精度为 0.5 级、量程为 0～10MPa 的弹簧管压力表测量管道流体压力，示值为 8.5MPa。试问测量值的最大相对误差和绝对误差各为多少？

3-11　用量程为 0～10A 的直流电流表和量程为 0～250V 的直流电压表测量直流电动机的输入电流和电压，示值分别为 9A 和 220V，两表的精度皆为 0.5 级。试问电动机输入功率可能出现的最大误差为多少？（提示：电动机功率 $P=IU$）

3-12　某压力表的量程为 0～20MPa，测量值误差不允许超过 0.01MPa，问该压力表的精度等级应是多少？

3-13　对某物理量 L 进行 15 次等精度测量，测得值见下表。设这些测得值已消除了系统误差，试用 3σ 准则判别该测量中是否含有疏失误差的测得值。

序号	1	2	3	4	5	6	7	8	9	10	11	12	13	14	15
L	20.42	20.43	20.40	20.43	20.42	20.43	20.39	20.30	20.40	20.43	20.42	20.41	20.39	20.39	20.40

3-14　已知某铜电阻与温度之间的关系为 $R_t=R_0(1+\alpha t)$，在不同温度下对铜电阻值 R_t 进行等精度测量，得一组测定值见下表。试用最小二乘法确定铜电阻与温度之间的关系。

序号	1	2	3	4	5	6	7
t/℃	19.1	25.0	30.1	36.0	40.0	45.1	50.0
R_t/Ω	76.30	77.80	79.75	80.80	82.35	83.90	85.10

3-15　为测量消耗在电阻中的电功率，分别测量电阻 R 和加在电阻 R 两端的电压 U 的数值，其测量结果为 $R=(10.0\pm0.1)\Omega$，$U=(100.0\pm1)$V。请求出电功率的测量结果（提示：功率按 $P=U^2/R$ 计算）。

3-16　某冷却油的运动黏度随温度升高而降低，其测量值如下：

温度 t/℃	10	15	20	25	30	35	40	45	50	55	60	65	70	75	80
运动黏度 $\nu/(m^2/s)$	4.24	3.51	2.92	2.52	2.20	2.00	1.81	1.70	1.60	1.50	1.43	1.37	1.32	1.29	1.25

试求运动黏度随温度变化的经验公式。

第4章 温度测量

4.1 概述

温度是表示物体冷热程度的物理量。从分子运动论的观点看，温度是物体内部分子运动平均动能大小的一个度量标志，它也是热能与动力机械中经常要测量的物理量。

4.1.1 温标的定义

用来度量温度高低的尺度称为温度标尺，简称“温标”，它规定了温度的零点和基本测量单位。目前用得较多的温标有热力学温标、国际实用温标、摄氏温标和华氏温标。

温标的决定原则最早是由牛顿提出的，考虑到温标复制的可能性，牛顿建立了以 NH_4Cl 和冰的混合物的温度作为 0 度、以人体温度定为 100 度的华氏温标（℉），以及以冰的融化温度作为 0 度、以水的沸点作为 100 度的摄氏温标（℃）。它们之间的关系为

$$\frac{t_C}{℃}=\frac{5}{9}\left(\frac{t_F}{℉}-32\right) \quad \text{或} \quad \frac{t_F}{℉}=\frac{9}{5}\frac{t_C}{℃}+32$$

式中，t_C 为摄氏温度（℃）；t_F 为华氏温度（℉）。

开尔文（Kelvin）根据卡诺循环工作的热机中，工质在温度 T_1 时吸收热量 Q_1 和在温度 T_2 时放出热量 Q_2，得出

$$\frac{T_2}{T_1}=\frac{Q_2}{Q_1} \tag{4-1}$$

以这一关系式，开尔文建立了只用一个温度作为基点就能确定其他温度的热力学温标。由于卡诺循环是理想化的，因此，热力学温标的实施实际上是通过理想气体的关系式表达的，即

$$\frac{p_1V_1}{T_1}=\frac{p_2V_2}{T_2} \tag{4-2}$$

热力学温标符号为 T，单位为开尔文（K）。规定水的三相点（即水的固、液、气三态共存点）的温度为 273.16K，即 1K 等于水的三相点热力学温度的 1/273.16，热力学温标是一种绝对温标。另外，由于水的冰点与三相点的热力学温度相差 0.01K，因此，绝对温标 T 与摄氏温标 t 的关系为

$$\frac{T}{\mathrm{K}}=\frac{t}{^\circ\mathrm{C}}+273.15 \tag{4-3}$$

热力学温标是国际单位制中7个基本物理单位之一。

热力学温标在实际使用中不太方便，1927年第七届国际计量大会决定采用国际实用温标。几十年来，经过多次修改，1990年新国际温标（ITS-90）开始实施，该温标有17个定义基准点，见表4-1。表中有几个点为双重定义，两者具有同等效力。

表 4-1　ITS-90 定义基准点

序　号	温　度		物　质	状　态
	T/K	t/℃		
1	3~5	-270.15~-268.15	He	V
2	13.8033	-259.3467	e-H_2	T
3	17	-256.15	e-H_2（或 He）	V（或 G）
4	20.3	-252.85	e-H_2（或 He）	V（或 G）
5	24.5561	-248.5939	Ne	T
6	54.3584	-218.7916	O_2	T
7	83.8058	-189.3442	Ar	T
8	234.3156	-38.8344	Hg	T
9	273.16	0.01	H_2O	T
10	302.9146	29.7646	Ga	M
11	429.7485	156.5985	In	F
12	505.078	231.928	Sn	F
13	692.677	419.527	Zn	F
14	933.473	660.323	Al	F
15	1234.93	961.78	Ag	F
16	1337.33	1064.18	Au	F
17	1357.77	1084.62	Cu	F

注：V—蒸气压点；G—气体温度计点；M—熔点；F—凝固点；T—三相点。

4.1.2　温度测量方法分类

按敏感元件与被测对象的接触状态分类，测温方法有接触式和非接触式，各温度测量方法分类如图4-1所示。

接触式光电测温方法主要是指通过接触被测对象，将由温度变化引起的热辐射或其光信号引出，通过光电转换器件检测其变化来测量温度的方法。光电高温计用光电池作为敏感元件，常用的是光导式光电高温计，用来进行高温液体或气体介质温度的测量。耐高温光导管底端封闭，将其插入被测介质中，待温度平衡后，光导管传出高温辐射，该辐射通过高温计后端的光电转换器转换成与感受温度成单调映射关系的电信号，从而可得知介质的温度。光电高温计的温度测量范围为800~2000℃，上限温度主要受光导管材料的限制。

热色测温方法根据在不同温度下示温敏感材料颜色的不同来指示温度。示温涂料是一种

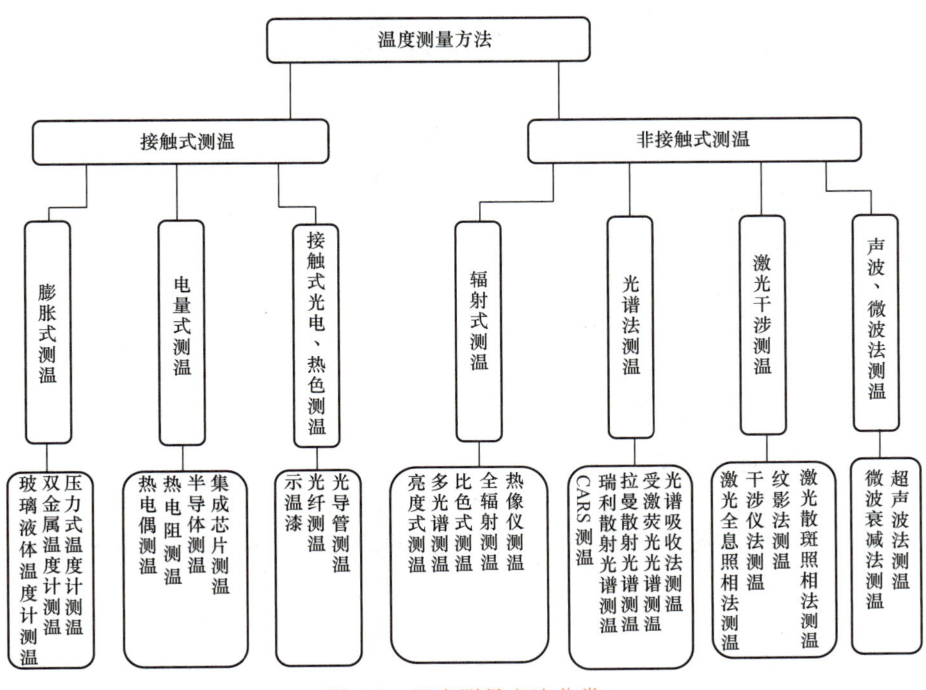

图 4-1　温度测量方法分类

可以伴随外界温度的变化来改变固有颜色变化的化合物或混合物。示温涂料的分类方法通常有两种：根据示温涂料变色后的颜色稳定性，可分为可逆型示温涂料和不可逆型示温涂料；根据涂层随温度变化出现的颜色多少，可分为单变色示温涂料和多变色示温涂料。示温涂料既可测量运动物体，也可用于其他复杂情况的温度分布的测量，简单实用。但影响其判别温度结果的因素比较多，如涂层厚度、判读方法、样板和示温颗粒大小等。

非接触式测温方法中主要包括基于经典热辐射理论的热辐射测温方法（该方法将在以下章节详细介绍）和基于激光技术的散射光谱法、激光干涉法等。

光线照射透明物体时会产生散射现象，散射分为弹性散射和非弹性散射。弹性散射中的瑞利散射和非弹性散射的拉曼散射的光强都与介质的温度有关。拉曼散射光谱测温技术的实用性更强，常用于测量高温气体的温度，但由于自发拉曼散射的信号微弱且具有非相干性，故常采用相干反斯托克斯拉曼散射（CARS）。该方法收集到的有效散射光强度比自发拉曼散射高好几个数量级，同时还具有方向性强、抗噪声和荧光性能好、脉冲效率高和所需脉冲输入能量小等优点，适用于含有高浓度颗粒的两相流场非清洁火焰的温度测量。

谱线反转法也称自蚀法或谱线隐现法，最常见的是钠线反转法。在被测量火焰中均匀地加入微量的钠盐，会产生两条波长为 588.95nm 和 589.592nm 的黄色明亮谱线。一束背景光源的自然光线照射并通过钠蒸气，由于被测火焰的温度可能高于光源的亮度温度或低于光源的亮度温度，钠线相对于背景光源的连续光谱可能变亮或变暗。当光源的亮度温度等于火焰温度时，钠线在背景的连续光谱中消失。谱线反转法装置简单，常用于火焰稳定、测量方向温度梯度不大的场合。受背景光源亮度变化范围的限制，其测温范围为 800~2600℃。

激光散斑照相法、纹影法和干涉法都基于干涉原理，常用于高温火焰和气流温度的测量。通常将基于干涉原理的各种光学方法对介质温度场的测量等效于介质折射率分布的测量。其测量原理是将流场中各处折射率的变化转变为各种光参量的变化，经过记录和处理就可得到流场的温度分布情况。

上述接触式和非接触式温度测量方法的特点如下：

1）由于接触式温度测量方法必须将敏感元件与被测对象接触，因此容易破坏被测温度场；非接触式温度测量方法则无此问题。

2）接触式温度测量中，敏感元件与被测对象达到热平衡需要一定时间，所以产生的时间滞后比较大；非接触式温度测量直接测量被测物体的热辐射或者光波信号，响应速度较快。

3）由于敏感元件材料有耐温极限，所以接触式测温有温度限制范围；非接触式测温则无此问题。

4.2　膨胀式测温技术

利用物质的体积随温度升高而膨胀的特性制作的温度计，称为膨胀式温度计。膨胀式温度计是一种测温范围广、使用方便、测量精度高、价格低、使用面广的常用测温仪表。按照所选用的测温物质不同，可分为液体膨胀式温度计（玻璃管液体温度计、贝克曼温度计）、气体膨胀式温度计（压力式温度计）和固体膨胀式温度计（双金属温度计）。

4.2.1　玻璃管液体温度计

玻璃管液体温度计的工作原理是基于液体在透明玻璃外壳中的热膨胀作用。其测量范围取决于温度计所采用的液体。表4-2列出了不同使用条件下温度计液体的数据。水银不粘玻璃，不易氧化，在相当大的温度范围内保持液态，在200℃以下，其热膨胀系数几乎和温度成线性关系，所以水银温度计可作为精密标准温度计。

表4-2　使用不同液体的液体温度计的测量范围

温度计液体	测量范围/℃	温度计液体	测量范围/℃
异戊烷	-195～35	水银-铊	-60～30
正戊烷	-130～35	水银	-30～150
乙醇	-110～210	水银	-30～630
甲苯	-90～110	水银	-30～1000

使用玻璃管液体温度计时应注意以下两个问题：

1）零点漂移。玻璃的热胀冷缩会引起零点位置的移动，因此使用玻璃管液体温度计时，应定期校验零点位置。

2）露出液柱的校正。使用玻璃管液体温度计时有全浸入和部分浸入两种形式，温度刻度是在温度计液柱全部浸入介质中标定的。部分浸入式测量时，液柱只插入一定深度，外露部分处于环境温度下，若此时环境温度与标定分度时的温度不相同，可按下式进行修正

$$\Delta t=\gamma n(t_B-t_A) \tag{4-4}$$

式中，n 为露出部分液柱所占的度数（℃）；γ 为工作液体在玻璃中的视膨胀系数（水银$\gamma\approx$0.00016）；t_B 为标定分度条件下外露部分空气温度（℃）；t_A 为使用条件下外露部分空气温

度（℃）。

全浸入式温度计在使用时若未能全浸，则对外露部分带来的系统误差修正公式同式（4-4），只是式中 t_B 为温度计测量时的示值。

玻璃管液体温度计的特点是精度较高、读数直观、结构简单、价格低、可以直接读数、使用方便，因而应用很广泛。其缺点是容易损坏，破损后部分物质（如汞和甲苯等）会污染环境，且信号不能远程传输，不能用于自动测量系统。

4.2.2　压力式温度计

压力式温度计是基于密闭系统内的气体或液体受热后压力变化的原理而制成的，它由温包、毛细管和弹簧管所构成的密闭系统和传动指示机构组成，其结构如图 4-2 所示。根据所充工质的不同，压力式温度计可分为三种类型。

（1）蒸气压力式温度计　系统内所充工质为低沸点液体，如氯甲烷（CH_3Cl）、氯乙烷（CH_3CH_2Cl）、丙酮（CH_3-CO-CH_3）、乙醚（$C_2H_5OC_2H_5$）等，其饱和蒸气压随被测温度的变化而变化，温度测量范围为 -20～200℃。由于饱和蒸气压和饱和温度呈非线性关系（图 4-3），所以这种温度计的刻度是不均匀的。

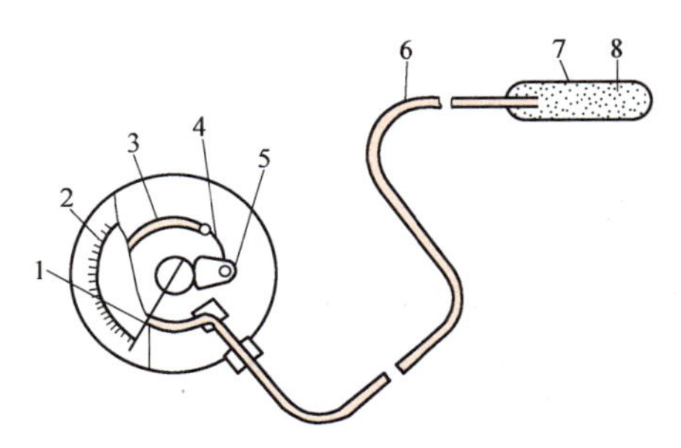

图 4-2　压力式温度计

1—指针　2—刻度盘　3—弹簧管　4—连杆　5—传动机构　6—毛细管　7—温包　8—感温工质

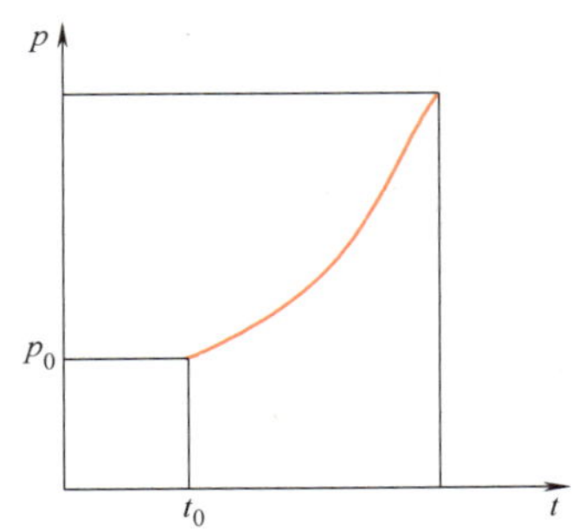

图 4-3　饱和蒸气压随温度的变化

（2）液体压力式温度计　系统内所充工质为液体，如水银（Hg）、二甲苯（C_8H_{10}）、甲醇（CH_3OH）等，其测温范围为-40～200℃。

（3）气体压力式温度计　系统内所充工质为气体，密闭系统中的工作介质常用的有氮气、氢气、氦气。压力与温度的关系接近线性。

气体温度计是低温测量技术中常用来测量热力学温度的一种仪器，也可用作标定其他温度计的基准温度计。气体温度计一般有三种：定容式气体温度计、定压式气体温度计和测温泡定温气体温度计。由于在低温时，气体分子吸附作用的影响不大，且定容式气体温度计在技术上要求简单，而且有较高的灵敏度，所以低温气体温度计大多采用定容式。

1）定容式气体温度计的结构。理论上，气体温度计可用来实现热力学温标，但实际上要制成能够作为温度测量基准的精密气体温度计是很困难的。这里仅介绍一种用于实验室的较简单且有一定精度的气体温度计，其结构如图 4-4 所示。

从低温测温泡 B 内引出的毛细管 C 用环氧树脂封接到玻璃毛细管 G 上，W 和 V 为

ϕ10mm 的玻璃管。W 处的水银面要尽量高，以减小 V_M（压力表容积），但不能进入玻璃管直径变化处，而且每次测量时要在同一位置（基准 O）上，从而保证测温泡气体体积的恒定。加一段玻璃毛细管的目的是观察是否有水银偶然进入毛细管中。水银面的升降是靠向 F 充气或抽空来实现的。N 是一个针尖阀，它的前面有一个可控制水银面高度的微调阀 S。

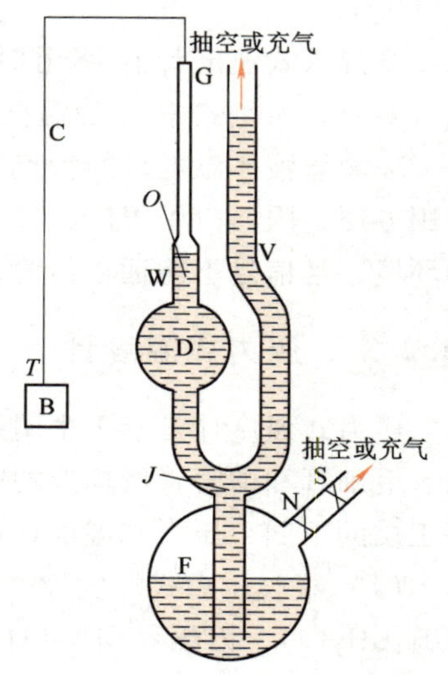

图 4-4 实验室用气体温度计结构示意图
B—低温测温泡 C—毛细管 G—玻璃毛细管 W、V—玻璃管 N—针尖阀 S—微调阀 F—容器

测温泡受热后，气体存在泡 D 中，使水银面降到 J 以下。可以通过管 V 对温度计进行抽空或充气。随着测温泡温度 T 而变化的气体压力 p 由管 V 中水银面相对于标记 O 的高度读出。

2）气体温度计的修正。气体温度计是基于工作气体为理想气体的假设来设计的。在低温下，实际气体与理想气体的性质有较大的偏差，温度越低，偏差越大。为了保证测量精度，需要进行如下修正。

① 工作气体的非理想性修正。在低温下，实际气体不能用理想气体状态方程 $pV=nRT$ 来描述，而应该用真实气体的状态方程，即用无穷级数或位力系数表示式表示

$$pV=RT[1+B(T)(n/V)+C(T)(n/V)^2+\cdots] \tag{4-5}$$

或

$$pV=RT\{1+B(T)[p/(RT)]+[C(T)-B^2(T)][p/(RT)]^2+\cdots\} \tag{4-6}$$

式中，$B(T)$和 $C(T)$分别是第二、第三位力系数，它们都是温度的函数，其大小可由试验测定。

假设测温泡的温度等于室温（$T=T_0$），即在室温下充气，充气压力为 p_s，则

$$\frac{pV_B}{RT+B(T)p}+\frac{pV_M}{RT_0}=\frac{p_sV_B}{RT_0+B_sp_s}+\frac{p_sV_M}{RT_0} \tag{4-7}$$

在 $V_M \ll V_B$，$T_0 \gg T$ 的情况下，式（4-7）近似为

$$\frac{pV_B}{RT+B(T)p}=\frac{p_sV_B}{RT_0+B_sp_s} \tag{4-8}$$

因此，可算出由于气体的非理想性所引起的温度误差为

$$\Delta T_1=T_1-T=[B_s-B(T)]p/R \tag{4-9}$$

充气温度或标定温度与待测温度越接近，$[B_s-B(T)]$的值越小，气体的非理想性所引起的误差也越小。

② 毛细管体积修正。由于毛细管的上部处于室温中，它的体积可以认为包括在 V_M 中，但它的温度从室温到低温变化很大，要准确计算这段毛细管引起的误差是十分困难的。一般假定这段毛细管各部分的温度均等于测温泡的温度，则由毛细管所引起的最大温度误差为

$$\Delta T_2 = \frac{V_C}{V_B} T \tag{4-10}$$

由式（4-10）可知，若要求温度计的准确度高于1%，则当毛细管内径为0.5mm，长度为50cm（$V_C = 0.1\text{cm}^3$）时，测温泡的体积应大于10cm^3。在使用时还要注意，毛细管的温度不应比测温泡低，否则大部分气体集中在毛细管中会引起很大的误差。

③ 测温泡体积冷缩的修正。严格地说，等容式气体温度计并不是“等容”的，由于测温泡体积受冷收缩ΔV_B而引起的测量误差为

$$\Delta T_3 = \frac{\Delta V_B}{V_B} T \tag{4-11}$$

由于$\Delta V_B < 0$，故$\Delta T_3 < 0$。

测温泡通常用导热性好的纯铜制作，它从90K受冷到4K仅收缩5%。因此，以液氧和液氦温度来分度，此项误差将小于0.05%。

④ 热分子压差的修正。当气体的平均自由行程比毛细管直径大时，处在室温T_0下的压力读数和低温泡中的实际压力有所差别，这就是热分子压差效应。例如，毛细管内径为0.5mm，压力$p<2.66\text{kPa}$时，其热分子压差引起的误差为0.1%，通常可以不进行修正。

除上述修正以外，有时还需要对参考温度的准确性、压力测量的准确性以及气体吸附等加以修正。

4.3 热电阻测温技术

利用导体或半导体的电阻值随温度变化来测量温度的元件称为热电阻温度计。它是由热电阻体（感温元件）、连接导线和显示或记录仪表构成的。习惯上将用作标准的热电阻体称为标准温度计，而作为工作用的热电阻体直接称为热电阻。它们广泛用来测量-200~850℃范围内的温度。在少数情况下，低温可测至1K，高温可达1000℃。在常用热电阻温度计中，标准铂电阻温度计的准确度最高，并作为国际温标中961.78℃以下内插用标准温度计。

4.3.1 热电阻测温原理

物体的电阻一般随温度而变化。通常用电阻温度系数来描述这一特性。它的定义是在某一温度间隔内，当温度变化1K（℃）时，电阻值的相对变化量，常用α表示，单位为K^{-1}（$℃^{-1}$）。根据定义，α可用下式表示

$$\alpha = \frac{R_t - R_{t_0}}{R_{t_0}(t - t_0)} = \frac{1}{R_{t_0}} \frac{\Delta R}{\Delta t} \tag{4-12}$$

式中，R_t为在温度为t时的电阻值（Ω）；R_{t_0}为在温度为t_0时的电阻值（Ω）。

由式（4-12）看出，式中α是在$t_0 \sim t$温度范围内的平均电阻温度系数。如令$t=100℃$，$t_0=0℃$，代入式（4-12）中，得到

$$\alpha_{100} = \frac{R_{100} - R_0}{100℃\, R_0} \tag{4-13}$$

式中，R_{100}为在温度为100℃时的电阻值（Ω）；R_0为在温度为0℃时的电阻值（Ω）。

实际上一般导体的电阻与温度的关系并不是线性的，那么，欲知任一温度下的 α，则应对式（4-12）取极限，而变成如下形式

$$\alpha=\lim_{\Delta t\to 0}\frac{1}{R_{t_0}}\frac{\Delta R}{\Delta t}=\frac{1}{R_{t_0}}\frac{\mathrm{d}R}{\mathrm{d}t} \tag{4-14}$$

由式（4-14）看出，α 是表征导体电阻与温度关系内在特性的一个物理量，即用 α 表示相对灵敏度。这是一个通用的表达式，具有更广泛的意义。

不同导体的电阻率随温度升高的变化情况是不一样的。金属导体的电阻一般随温度的升高而增加，这类导体的 α 为正值，称为正的电阻温度系数。而半导体材料与此相反，具有负的电阻温度系数，即 α 具有负值。各种材料的 α 并不相同，对纯金属而言，一般为 0.0038~0.0068℃$^{-1}$。它的大小与导体本身的纯度有关。通常情况下，纯度越高，α 越大，相反，即使有微量杂质混入，其值也会变小，故合金的电阻温度系数在室温下通常总比纯金属小。

当温度变化时，感温元件的电阻值随温度变化而变化，并将变化的电阻值作为电信号输入显示仪表，通过测量回路的转换，在仪表上显示出温度的变化值，这就是电阻测温的工作原理。这种电阻随温度变化的特性，可用如下三种方法表示：

（1）做图法　用画曲线的方法将热电阻的分度特性在坐标纸上表示出来。

（2）数学表示法　用数学公式描述热电阻材料的电阻与温度关系。

（3）列表法　用表格的形式表示热电阻的分度特性，即电阻-温度对照表，通常称为分度表。国产铂热电阻和铜热电阻是统一设计定型产品，均有相应的分度表。凡分度号相同的铂热电阻及铜热电阻均应符合相应的分度表规定。分度表在实际工作中非常重要，其作用：①通常用热电阻测温时得到的是电阻值，要根据其数值的大小在相应的分度表上才能查出温度值；②同热电阻配套使用的显示仪表的分度及线路的设计等皆以分度表为依据。

4.3.2　热电阻温度计特性

同热电温度计（热电偶）相比，热电阻温度计具有如下特性：

1）准确度高。在所有的常用温度计中，它的准确度最高，可达 1mK。

2）输出信号大，灵敏度高。如在 0℃下用 Pt100 铂热电阻测温，当温度变化 1℃时，其电阻值约变化 0.4Ω，如果通过电流为 2mA，则其电压输出量为 800μV。但在相同条件下，即使灵敏度比较高的 K 型热电偶，其热电动势变化也只有 40μV 左右。由此可见，热电阻温度计的灵敏度较热电温度计高一个数量级。

3）测温范围广，稳定性好。在振动小而适宜的环境下，可在很长时间内保持 0.1℃以下的稳定性。

4）不需要参考点。温度值可由测得的电阻值直接求出。输出线性好，只用简单的辅助回路就能得到线性输出，显示仪表可均匀刻度。

5）采用细铂丝的热电阻元件抗机械冲击与振动性能差。元件的结构复杂、尺寸较大，因此，热响应时间长，不适宜测量体积狭小和温度瞬变区域。

4.3.3　热电阻温度计的结构

工业热电阻的基本结构如图 4-5 所示。热电阻主要由感温元件 12、内引线 11、保护管 9 三部分组成。通常还具有与外部测量及控制装置、机械装置连接的部件。

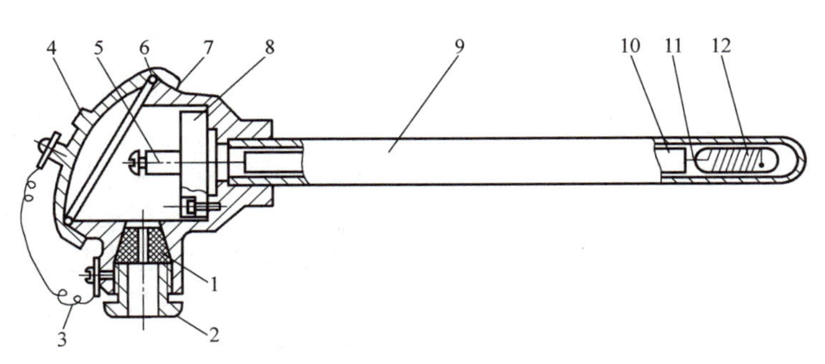

图 4-5　工业热电阻的基本结构

1—出线孔密封圈　2—出线孔螺母　3—链条　4—盖　5—接线柱　6—盖的密封圈　7—接线盒　8—接线座　9—保护管　10—绝缘管　11—内引线　12—感温元件

1. 感温元件

热电阻感温元件是用来感受温度的电阻器。它是热电阻的核心部分，由热电阻丝及绝缘骨架构成。热电阻丝材料应具备如下条件：

1） 电阻温度系数大，线性好，性能稳定。

2） 使用温度范围广，加工方便。

3） 固有电阻大，互换性好，复制性强。

绝缘骨架是用来缠绕、支承或固定热电阻丝的支架，目前常用的骨架材料有云母、玻璃、石英、陶瓷等。它的质量将直接影响热电阻的性能，骨架材料应满足如下要求：

1） 在使用温度范围内，电绝缘性能好。

2） 热膨胀系数要与热电阻丝相近。

3） 物理及化学性能稳定，不产生有害物质污染热电阻丝。

4） 足够的机械强度及良好的加工性能。

5） 比热容小，热导率大。

2. 内引线

内引线是热电阻出厂时自身具备的引线，其功能是使感温元件能与外部测量及控制装置相连接。内引线通常位于保护管内。因保护管内温度梯度大，作为内引线要选用纯度高、不产生热电动势的材料。热电阻的引线有两线制、三线制及四线制三种，如图 4-6 所示。

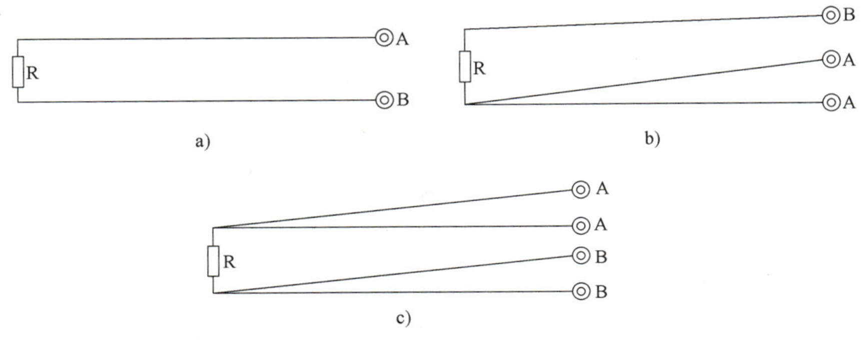

图 4-6　感温元件的引线形式

a）两线制　b）三线制　c）四线制

◎—接线端子　R—感温元件　A、B—接线端子的标号

（1）两线制　在热电阻感温元件的两端各连一根导线的引线形式为两线制（图4-6a）。这种两线制热电阻配线简单，计装费用低，但会带进引线电阻的附加误差，因此不适用于A级，并且在使用时引线及导线都不宜过长。

（2）三线制　在热电阻感温元件的一端连接两根引线，另一端连接一根引线，此种引线形式称为三线制（图4-6b）。它可以消除内引线电阻的影响，测量精度高于两线制。作为过程检测元件，其应用最广。必须用三线制热电阻取代两线制热电阻的情况有测温范围窄、导线长、在架设铜导线途中温度易发生变化、对两线制热电阻的导线电阻无法进行修正的场合。

（3）四线制　在热电阻感温元件的两端各连两根引线，此种引线形式称为四线制（图4-6c）。在高精度测量时，要采用四线制。此种引线方式不仅可以消除内引线电阻的影响，而且在连接导线电阻值相同时，还可以消除该电阻的影响。

3. 保护管

保护管是用来保护感温元件、内引线免受环境有害影响的管状物，有可拆卸式和不可拆卸式两种。其材质有金属、非金属等多种材料。

4. 绝缘物

热电阻在用于高温或低温测量时，会造成测量误差。为了解决上述问题，在常温下，可将保护管内部充满露点高而干燥的气体。对于低温用热电阻，可用石蜡灌入保护管内密封，或将干燥的空气充满保护管，也是有效的。绝缘物的绝缘性能取决于绝缘物的材质与温度，所以用于高温的热电阻要选取高温下绝缘性能好的材质作为绝缘物。

4.3.4 常用热电阻

感温元件按材质可分为金属导体与半导体两类。金属导体有铂、铜、镍、铑铁及铂钴合金等。在工业生产中大量使用的有铂、铜两种热电阻。半导体有锗、碳和热敏电阻等。

1. 铂电阻

由以铂作为感温材料的感温元件、内引线和保护管构成的温度传感器，称为铂电阻。铂电阻的使用温度范围是-200～850℃，通常还具有与外部测量控制装置、机械装置相连的部件。铂电阻具有示值稳定、测温准确度高等优点，具有一定程度的抗振动冲击的性能，互换性好。

2. 铜电阻

铜电阻的使用温度范围是-50～150℃，在此温度范围内铜电阻与温度的关系是非线性的。如按线性处理，虽然方便，但误差较大。铜电阻的优点：

1）铜的电阻温度系数较大。

2）高纯铜丝容易获得。

3）价格低，精度优于镍电阻，互换性好。

它的缺点是固有电阻太小，为保持一定的阻值，往往需要细而长的铜丝，使其体积增大。另外，铜在250℃以上易氧化，致使电阻发生变化，因此，铜电阻的使用温度一般在120℃以下。

3. 镍电阻

镍电阻的α较铂大，约为铂的1.5倍，主要用于较低温域，使用温度范围为-50～300℃。但是，温度在200℃左右时，其α具有特异点，故多用于150℃以下。对镍电阻而言，很难获得α相同的镍丝，须指出，不同厂家生产的镍电阻无互换性。对于镍电阻，可采用合成电阻的方式，即将镍丝与电阻温度系数极小的锰铜丝并联在一起，调整温度系数以达到规定值，使其具有互换性。

4. 热敏电阻

热敏电阻是一种电阻值随其温度呈指数变化的半导体热敏感元件。热敏电阻具有如下优点：

1）灵敏度高。它的电阻温度系数 α 比金属大 10～100 倍，因此，可采用精度较低的显示仪表。

2）电阻值高。其电阻值较铂热电阻高 1～4 个数量级。

3）体积小，结构简单。根据需要可制成各种形状，目前最小的珠状热敏电阻可达 ϕ0.2mm，常用来测量“点”温。

4）响应时间短。

5）功耗小，不需要参考端补偿，适于远距离的测量与控制。

6）资源丰富，价格低廉，化学稳定性好，元件表面用玻璃等材料包封，可用于环境较恶劣的场合。

有效地利用这些特点，可研制出灵敏度高、响应速度快、使用方便的温度计。其主要缺点是阻值与温度的关系呈非线性，元件的稳定性及互换性较差，而且，除高温热敏电阻外，其余的热敏电阻不能用于 350℃ 上的高温。

4.3.5　热电阻温度计的校验

为了保证温度测量的准确性，必须定期对温度计进行校验。对于不同的温度计，由于其工作原理、使用环境和产生测量误差的原因不尽相同，所以采取的校验方法也不同。

热电阻温度计的校验常在实验室内进行，一般有两种校验方法。

（1）比较法　将标准水银温度计或标准铂电阻温度计与被校热电阻温度计一起插入恒温源中，在规定的几个温度点下读取标准温度计和被校温度计的示值并进行比较，其偏差不得超过规定的最大误差。根据所需校准的温度范围，可选取冰点槽、恒温水槽、恒温油槽或恒温盐槽作为恒温源。

（2）两点法　比较法虽然可以准确地校验热电阻温度计，但需要多个规格的恒温源，一般实验室不具备这样的条件。因此，一般工业热电阻温度计可以只校验 0℃ 时的电阻值 R_0 和 100℃ 时的电阻值 R_{100}，并检查 R_{100}/R_0 是否符合规定。在测定 R_0 时，要将热电阻放在冰点槽内。

在校验 R_{100}/R_0 的数值时，应该与标准热电阻温度计进行比较。标准热电阻温度计所用的材料应与被校验温度计一样，测量时采用双臂电桥（半桥工作），把标准热电阻温度计的电阻当作标准电阻，而被标定热电阻作为未知电阻。测试时，先在冰点槽内放置 30min 进行电桥平衡，然后在水沸点槽内放置 30min 再进行电桥平衡。在读数值时，应当注意两个热电阻是否在相同的温度条件下。在获得读数以后，用下列公式计算 R_{100}/R_0

$$\frac{R_{100}}{R_0}=\left(\frac{R_{100}}{R_0}\right)_{\mathrm{B}}\frac{A_{\mathrm{K}}}{A_0} \tag{4-15}$$

式中，$(R_{100}/R_0)_{\mathrm{B}}$ 为标准热电阻值，此值可由有关标准查得；A_{K} 为放置在水沸点槽内时的电桥读数；A_0 为放置在冰点槽内时的电桥读数。

4.4　热电偶测温技术

4.4.1　热电效应和热电偶的基本定律

如图 4-7 所示，两种不同的导体 A 和 B 组成闭合回路，若两连接点的温度 T 和 T_0 不同，则在回路中就会产生热电动势，形成热电流，这一现象称为热电现象。A、B 两导体称为热电极，它们的组合称为热电偶，接触热场的 T 端称为工作端，另一端称为自由端。热电偶输出热电动势的大小取决于两种金属的性质和两端的温度，与金属导线的尺寸、电路内的温度和热电动势测量点在电路中所处的位置无关。因此，热电偶可用于温度的测量。

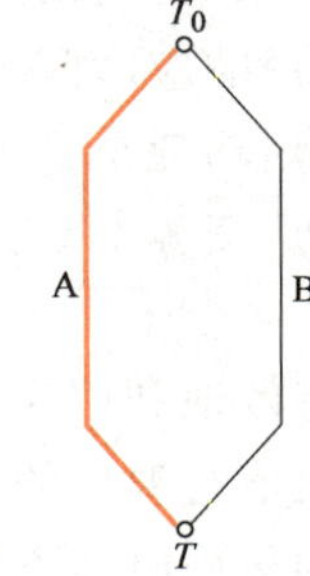

图 4-7　热电偶原理

目前，热电偶测温计的应用很广，与其他测温计比较，它具有以下优点：

1）测量范围宽，它的测温下限可达-250℃，某些特殊材料做成的热电偶测温计，其测温上限可达 2800℃，并有较高的精度。

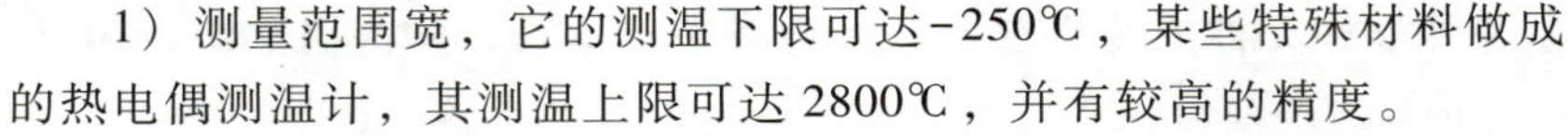

2）可以实现远距离多点检测，便于集中控制、数字显示和自动记录。

3）可制成小尺寸热电偶，热惯性小，适用于快速动态测量、点温测量和表面温度测量。

热电偶的基本性质可归结为以下四条基本定律。

（1）均质材料定律　由一种材料组成的闭合回路，无论其截面是否变化，也无论电路内存在什么样的温度梯度，电路中都不会产生热电动势。反之，如果回路中有热电动势存在，则材料必为非均质的，这条规律由热电效应的定义就可说明。

（2）中间导体定律　在热电偶中插入第三种（或多种）均质材料，只要所插入材料的两端温度相同，则不论此材料本身的某一段中是否存在温度梯度，也不论插入的材料是否接在导体 A 和 B 之间（图 4-8），还是接在某一种导体中间（图 4-9），均不会有附加的热电动势产生，这就是说，插入第三种（或多种）导体不会使热电偶的热电动势发生变化。这种情况在实际应用中是经常遇到的，因为热电偶要焊接，同时要接入测量仪表等，这条定律保证了上述情况都不会影响热电偶的测量结果。

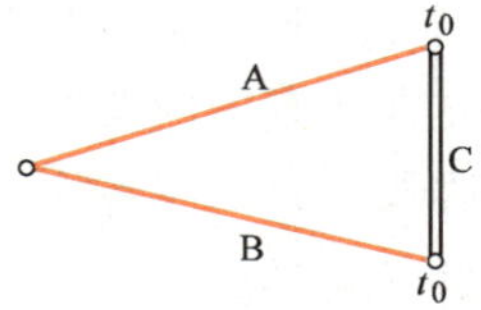

图 4-8　在热电偶中插入第三种导体 C，导体 C 两端温度相同

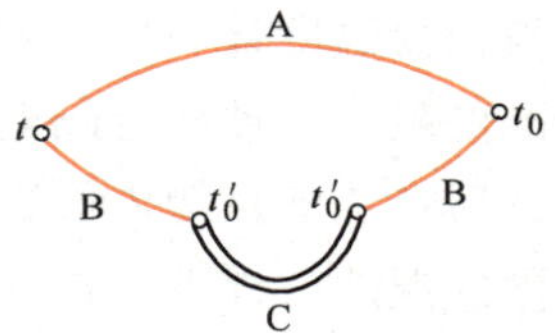

图 4-9　第三种导体插在一种导体的中间

（3）中间温度定律　在由两种不同材料组成的热电偶回路（图 4-10）中，接点温度分别为 t 和 t_0，热电动势 $E_{AB}(t, t_0)$ 等于热电偶在连接点温度为（t, t_n）和（t_n, t_0）时相应

的热电动势 $E_{AB}(t, t_n)$ 和 $E_{AB}(t_n, t_0)$ 之和，即

$$E_{AB}(t,t_0)=E_{AB}(t,t_n)+E_{AB}(t_n,t_0) \tag{4-16}$$

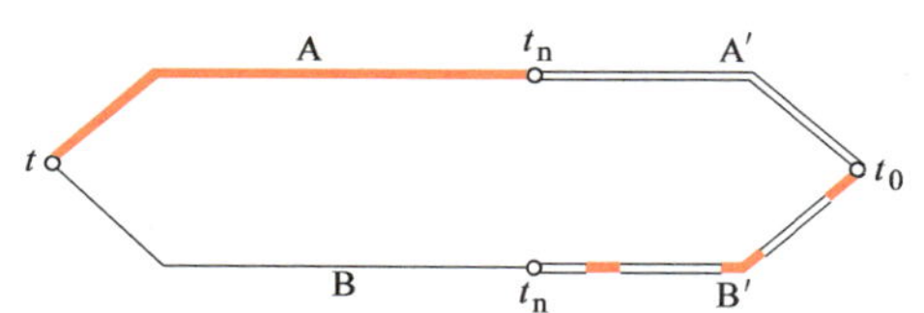

图 4-10　中间温度定律示意图

（4）标准电极定律　如果两种导体 A 和 B 分别与第三种导体 C 组合成热电偶 AC 和 BC 的热电动势已知，则可求出由这两种导体 A、B 组合成的热电偶 AB 的热电动势为

$$E_{AB}(t,t_0)=E_{AC}(t,t_0)-E_{BC}(t,t_0) \tag{4-17}$$

利用这条定律，就可以方便地从几个热电极与标准电极组成热电偶时所产生的热电动势，求出这些热电极彼此任意组合时的热电动势。

4.4.2　热电偶分类

从导体的热电效应来看，理论上任何两种导体都可以组成热电偶用来测定温度，但实际上为了保证测量的可靠和测温的精度，不是所有的金属材料都适合用作热电偶材料，热电偶材料应满足以下要求：

1）在测温范围内热电性能稳定，即测定结果不随时间变化。

2）在测温范围内，电极材料有足够的物理化学稳定性，不易氧化或腐蚀。

3）热电动势应尽可能大，并与温度成单值线性或近似于线性关系。

4）电阻温度系数小，电导率高。

5）材料复制性好，制造简单，价格低。

此外，如果考虑到周围环境传热可能对热电偶造成的测量误差，还希望热电极材料的热导率要小。

热电偶可分为 3 类：贵金属热电偶、廉金属热电偶与难熔金属热电偶。

（1）贵金属热电偶　金、银及铂族金属共 8 种元素称为贵金属。由这些元素及其合金构成的热电偶称贵金属热电偶，有 S 型、R 型及 B 型等。

（2）廉金属热电偶　由廉金属及其合金构成的热电偶称为廉金属热电偶，有 N 型、K 型、E 型、J 型及 T 型等。

（3）难熔金属热电偶　由熔点超过 1935℃ 的难熔金属或合金构成的热电偶称为难熔金属热电偶，有 A 型、C 型等钨铼系热电偶。

3 类热电偶各有特性，优势互补。贵金属热电偶虽然价格昂贵，但其性能稳定，准确度高，且可回收、重新分离、提取再利用。而难熔金属热电偶精度虽低，但其使用温度可超过 1800℃。

常用的标准化热电偶及特性见表 4-3。

表 4-3　常用的标准化热电偶及特性

热电偶	类型	测量范围	优点	缺点
铂铑 10-铂热电偶（S 型）	贵金属热电偶	长期最高使用温度为 1300℃，短期使用时测温上限可达 1600℃	测量精度高，理化性能稳定，适于在氧化或中性气氛中使用	在高温还原介质中容易被侵蚀和污染，热电动势较小，因此灵敏度较低

（续）

热电偶	类型	测量范围	优点	缺点
铂铑 30-铂铑 6 热电偶（B 型）	贵金属热电偶	长期最高使用温度为 1600℃，短期使用时测温上限可达 1700℃	B 型热电偶测量精度高，测温区域宽，使用寿命长，测温上限高，适于在氧化或中性气氛中使用	灵敏度较低、高温下机械强度下降，价格昂贵
镍铬硅-镍硅镁热电偶（N 型）	廉金属热电偶	−200～1300℃	价格低廉、灵敏度较高、测温重复性好、高温下抗氧化能力强，应用较广	在还原性介质或含硫化物气氛中容易被侵蚀
铜-康铜热电偶（T 型）	廉金属热电偶	−200～350℃	价格低廉、测量精度高、稳定性好、灵敏度较高	正极铜在高温下抗氧化性能差，上限温度低
镍铬-镍硅热电偶（K 型）	廉金属热电偶	−200～1300℃	线性度好，热电动势大，灵敏度较高，稳定性较好，抗氧化能力强，价格低，能用于氧化性、惰性气氛中	不能直接在高温下用于硫、还原性或还原和氧化交替的气氛中、真空中
镍铬-康铜热电偶（E 型）	廉金属热电偶	−200～900℃	灵敏度高，价格低，应用前景非常广泛	抗氧化及抗硫化物的能力较差，适于在中性或还原性气氛中使用

4.4.3　常用热电偶结构

（1）普通工业热电偶　常用工业热电偶的结构如图 4-11 所示，它由热电偶丝 4、绝缘套管 2、保护套管 3 和接线盒 1 等组成。绝缘套管大多为氧化铝或工业陶瓷管。保护套管在测量高温（1000℃以上）时多用金属套管，测量低于 1000℃的温度时可用工业陶瓷或氧化铝，保护套管有时不用，以减少热惯性、提高测量精度。

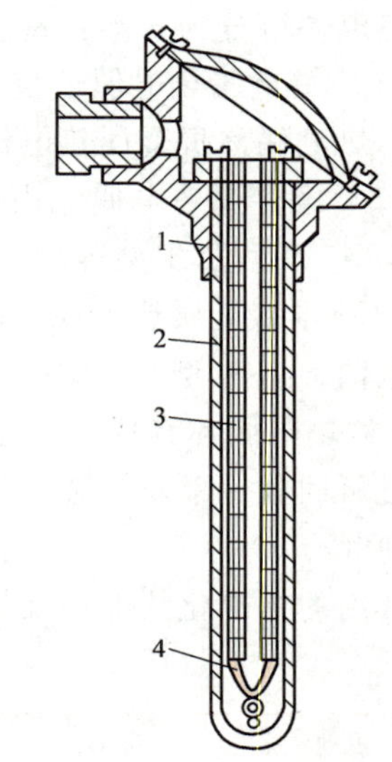

图 4-11　工业热电偶结构
1—接线盒　2—绝缘套管
3—保护套管　4—热电偶丝

（2）铠装热电偶　有时为了满足一些测量的特殊需要，要求热电偶具有惯性小、结构紧凑、牢固、抗振、可挠等特点，这时可以采用铠装热电偶，其结构形式如图 4-12 所示。铠装热电偶分为单芯和双芯两种。它是由金属保护套管 3、热电极 1 和绝缘材料 2 组合而成的一种特殊结构形式的热电偶。这种热电偶可以做得很细、很长，而且可以弯曲。

（3）薄膜热电偶　采用真空蒸镀或化学涂层的方法将热电偶材料沉积在绝缘基板上制成的热电偶称为薄膜热电偶，其结构如图 4-13 所示。这种热电偶适用于壁面温度的快速测量。由于采用了蒸镀技术，热电偶可以做得很薄，达到微米级。常用的热电极材料有镍铬-镍硅、铜-康铜等。其使用温度一般在 300℃以下。

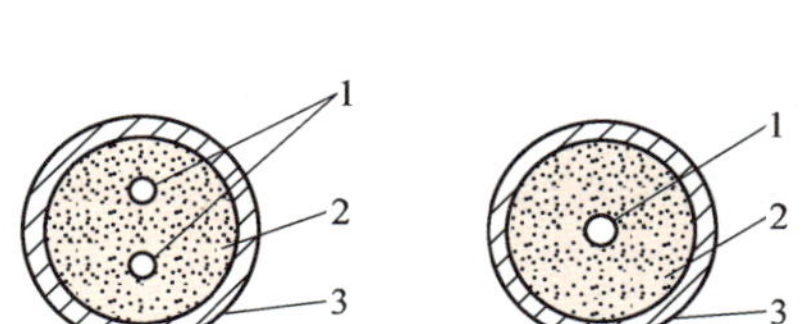

图 4-12　铠装热电偶结构

1—热电极　2—绝缘材料　3—金属保护套管

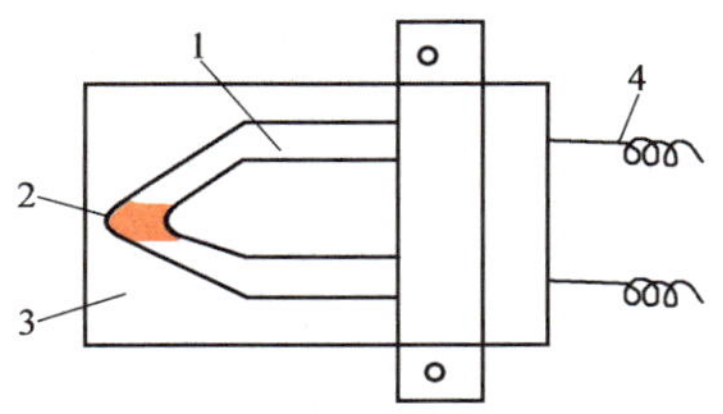

图 4-13　薄膜热电偶示意图

1—热电极　2—热接点　3—绝缘基板　4—引出线

4.4.4　热电偶温度计的校验

热电偶在初次使用前需要进行分度，以确定热电动势和温度的对应关系。另外，热电偶在使用一段时间后，由于氧化、腐蚀、还原等因素的影响，原分度值会逐渐产生偏差，使测量准确度下降，因此，热电偶需要定期校验。

根据国际实用温标 IPTS-90 的规定，除标准铂铑 10-铂热电偶进行三点（金、银、锌的凝固点温度）分度外，其余各种热电偶必须在表 4-4 规定的温度点进行比较式校验。

表 4-4　热电偶校验温度点

分度号	热电偶材料	校验温度/℃
S	铂铑 10-铂	600、800、1000、1200
K	镍铬-镍硅	400、600、800、1000
E	镍铬-康铜	300、400、500、600

热电偶的校验装置如图 4-14 所示，它由交流稳压电源、调压器、管式电炉、冰点槽、切换开关、直流电位差计和标准热电偶等组成。

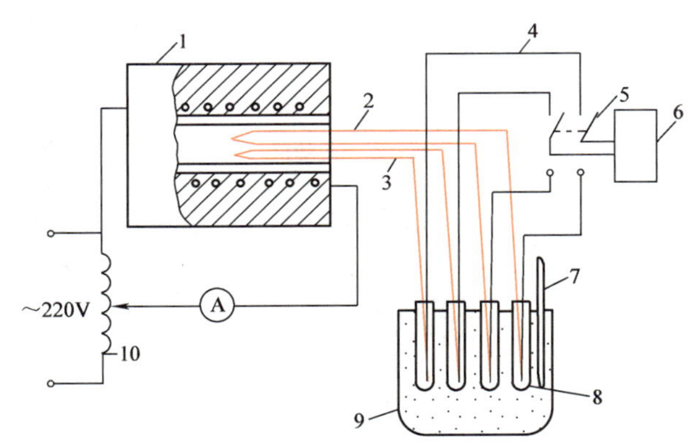

图 4-14　热电偶比较式校验装置

1—管式电炉　2—被校热电偶　3—标准热电偶　4—铜导线　5—切换开关　6—直流电位差计　7—玻璃温度计　8—试管　9—冰点槽　10—稳压电源和调压器

把被校热电偶与标准热电偶的测量端置于管式电炉内的恒温端，冷端置于冰点槽内以保持0℃。用电位差计测量各热电偶的热电动势，然后比较测量值，以确定被校验热电偶的误差范围是否在允许范围内。校验时，应采用调压器调节电炉的加热温度，使其稳定在表 4-4 所列各校验温度点±10℃温度范围内，且在读取热电动势的过程中炉温变化不得超过 0.2℃。每个温度点应进行多次读数（一般不少于 4 次），以消除偶然因素引起的误差。

4.4.5　热电偶温度计测量误差

要使接触式温度计的感温元件正确反映被测物体的温度，必须满足以下两个条件：

1）热力学平衡条件：使感温元件与被测对象组成孤立的热力学系统，并经历足够长的时间，使二者完全达到热平衡。

2）当被测对象温度变化时，感温元件的温度能实时地跟着变化，即要使传感器的热容和热阻为零。

但是，实际测温中不可能完全满足以上两个条件。因为传感器感温元件除了与被测对象进行热量交换外，还要与周围环境进行热量交换，从而产生了测温误差。另外，因为安装等原因，传感器的热容与热阻也不可能为零。也就是说，测温误差是不可避免的。

1. 感温元件传热的基本情况

感温元件接收的热量基本上来自两个方面：一是被测介质传给感温元件的热量，包括介质对感温元件的导热、辐射和对流换热；二是由于感温元件阻挡流动介质而在其附近发生气流绝热压缩，从而使流体的动能转变为热能，这种现象在测量高速气流的温度时应当予以足够重视。

感温元件的散热途径基本上有两种：一是由感温元件向周围冷壁的辐射散热和传热；二是沿着感温元件向外部介质的传导散热（包括感温元件露在外部介质中的部分辐射散热）。后者在静态或中低速流动介质中测量时会引起较大误差。

2. 安装误差

（1）感温元件安装的基本要求　以测量管道内的流体温度为例，感温元件应与被测介质形成逆流，即安装时测温元件应迎着被测介质的流向插入（图 4-15a）。若无法做到这一点，可采用迎着被测介质的流向斜插（图 4-15b）的方式，至少也要与被测介质正交（即两者成 90°，如图 4-15c 所示）。应尽量避免与被测介质形成顺流。

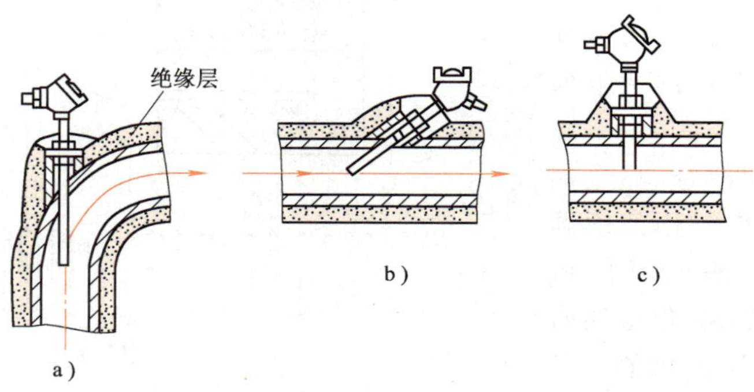

图 4-15　感温元件的安装

安装时，要使感温元件处于管道中心，即应使它处于流速最大处。当在管道上倾斜安装时，保护管顶端要高出管中心线 5~10mm。

实践证明，随着感温元件插入深度的增加，测量误差减小。为此，插入深度应符合国家有关试验规范或出厂使用说明的要求。例如，不用保护管时，热电偶插入深度不应小于热电偶丝直径的 50 倍；测定液体温度时，插入深度应是保护管直径的 9~12 倍；在直径小的管道上安装感温元件时，可装置扩大管，如图 4-16 所示。

在感温元件插入处附近的管道或容器壁外，要有足够的绝热层，以减少由于辐射和导热损失引起的误差。

（2）安装方式不同引起的误差　图 4-17 所示为因感温元件在管道中的安装方式不同而产生误差的例子。位置 b 利用直角弯头逆向插入一定深度，可以测得真实温度；位置 a 由于插入深度过浅，露在大气中不保温的部分过长，故测量误差最大；位置 c 和 d 则介于两者之间。

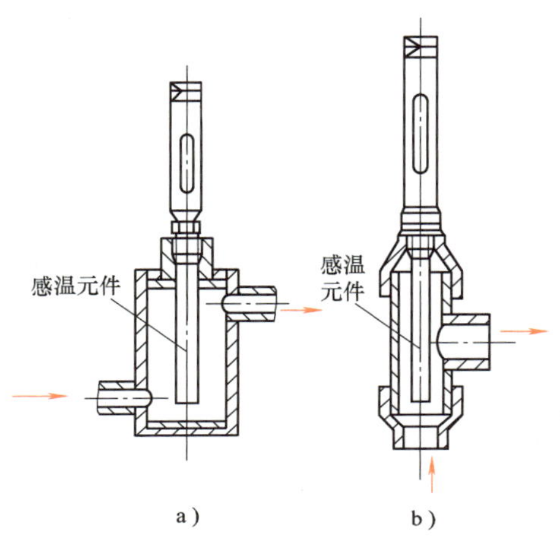

图 4-16　安装温度计的扩大管

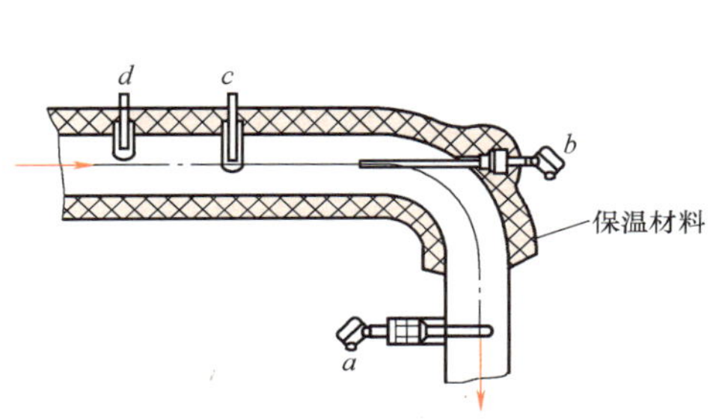

图 4-17　热电偶安装方式不同引起的误差

（3）热电偶与被测表面接触方式不同引起的误差　用热电偶测量表面温度的方法具有热接点小、热损失少、测温范围大、精度高、使用方便等优点，因而被广泛应用。常用的热电偶与被测表面接触方式有四种，如图 4-18 所示。图 4-18a 所示为点接触式，热电偶的测量端接点直接与被测表面接触。图 4-18b 所示为面接触式，先将热电偶的测量端接点与导热性能良好的金属薄片（如铜片）焊接在一起，然后再与被测表面接触。图 4-18c 所示为等温线接触式，即热电偶测量端接点固定在被测表面后，再沿着被测表面等温线绝缘敷设至少 20 倍线径的距离，然后引出。图 4-18d 所示为分立接触式，两个热电极分别与被测表面接触。

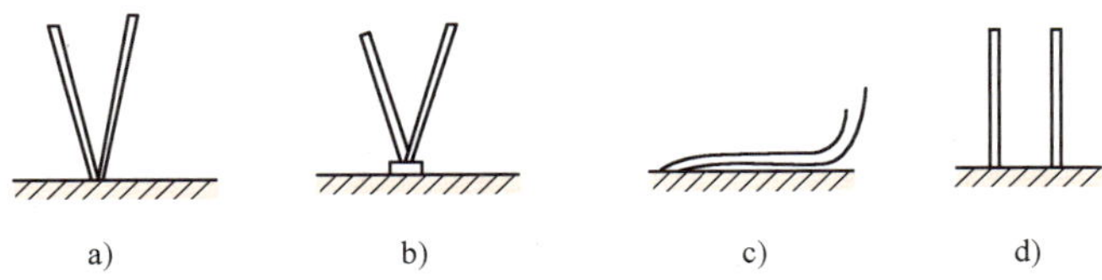

图 4-18　热电偶与被测表面的接触方式
a）点接触式　b）面接触式　c）等温线接触式　d）分立接触式

由于等温线接触式的热电偶丝沿着等温线敷设，热接点的导热损失最小，测量误差也最小；点接触式因导热损失全部集中在一个接触点上，热量不能得到充分补充，故测量误差最大；面接触式热电偶丝的热损失由导热性能良好的金属补偿，故测量误差比点接触式小。

3. 辐射引起的误差

因温度计的感温元件在测量气体温度时存在辐射传热而使测量值低于被测气体的实际温度，其误差可表示为

$$\Delta t_{\mathrm{f}}=\frac{C}{h}\left[\left(\frac{T_{\mathrm{k}}}{100}\right)^{4}-\left(\frac{T_{0}}{100}\right)^{4}\right] \tag{4-18}$$

式中，Δt_{f} 为辐射产生的误差，$\Delta t_{\mathrm{f}}=t-t_{\mathrm{k}}$，$t$ 为被测温度，t_{k} 为感温元件的温度；T_{k} 为感温元件的热力学温度；T_0 为容器内壁的热力学温度；C 为辐射传热系数；h 为气体向感温元件表面的表面传热系数。

可见，测量时辐射引起的误差与辐射传热系数 C 成正比，与气体向感温元件表面的表面传热系数 h 成反比。为减小测量误差，应采用表面光滑的感温元件保护套管，以减小辐射传热系数；同时，应改善对流传热条件，以增大气体向感温元件表面的表面传热系数。此外，由于辐射引起的测量误差与温度 T_{k} 和 T_0 有关，显然，当 $T_{\mathrm{k}}\to T_0$ 时，$\Delta t_{\mathrm{f}}\to 0$，即感温元件的温度与容器的温度越接近，测量误差越小。为了使测温正确，应在感温元件周围加一热容量小的薄防辐射隔离罩，以减小测量误差。

另外，辐射传热与温度的四次方成正比，因此随着温度的升高，辐射损失比导热损失增长的速度快得多。当感温元件用于测量高温气体时，辐射热损失误差在整个测温误差中将占主导地位，这一点需要特别注意。

4. 热传导引起的误差

当感温元件保护套管顶部的温度与装置保护套管的管道壁的温度不同时，就会有热量沿套管流向温度较低的管壁，由于热传导的存在，温度计的测温元件感受到的温度将低于被测介质的温度。热传导测量误差由下式表示

$$\Delta t_{\mathrm{p}}=t-t_{\mathrm{k}}=\frac{t-t_{0}}{\cosh\left(L\sqrt{\dfrac{hS}{\lambda f}}\right)} \tag{4-19}$$

式中，Δt_{p} 为热传导引起的测量误差；t 为被测介质的温度；t_0 为保护套管座处的管壁温度；t_{k} 为感温元件的温度；L 为感温元件插入被测介质的深度；h 为被测介质向感温元件的表面传热系数；λ 为感温元件材料的热导率；S 为感温元件外围周长；f 为感温元件材料的截面积，$f=\frac{\pi}{4}(D^2-D_0^2)$，$D$ 为感温元件的外径，D_0 为感温元件的内径。

因此，在实际测量时，应从感温元件的热导率、内外径和插入的深度等着手，采取减少热传导误差的措施。

5. 高速气流的温度测量误差

在高温气流中，气体分子同时进行无规则的热运动和有规则的定向运动。对其温度可以如下理解：无规则运动表现为分子运动的平均动能，称为“静温”，记作 T_0；定向有规则的运动称为“动温”，记作 T_{v}；T_0 与 T_{v} 之和称为“总温”，记作 T^*。

$$T^*=T_0+T_{\mathrm{v}}=T_0+\frac{v^2}{2c_p} \tag{4-20}$$

式中，v 为气流速度（m/s）；c_p 为气体的比定压热容［J/(kg·K)］。

因为气体的物理性质取决于静温，所以测量时一般需要测量静温 T_0。但直接测量静温需要使感温元件随同气流以相同速度运动，这显然是难以实现的。

在高温气流中固定安装的感温元件，对高速气流有一定的滞止作用，但并不能使其完全滞止。因此，传感器的实际指示值介于静温和总温之间，称为有效温度，记作 T_r。定义

$$r=\frac{T_r-T_0}{T^*-T_0} \tag{4-21}$$

式中，r 称为恢复系数。

由式（4-20）和式（4-21）可得

$$T^*-T_r=\frac{(1-r)v^2}{2c_p} \tag{4-22}$$

如果气体为理想气体，根据热力学关系可得，因气流运动引起的温度测量误差为

$$T^*-T_r=\frac{(1-r)T^*\left(\frac{\kappa-1}{2}Ma^2\right)}{1+\frac{\kappa-1}{2}Ma^2} \tag{4-23}$$

式中，κ 为气体的等熵指数；Ma 为气流的马赫数。

由此可见，传感器的恢复系数越低，马赫数越高，测温误差越大。试验表明，恢复系数不仅与被测气体的性质和马赫数有关，还与传感器的结构和安装方式有关。所以，对高速气流温度测量用的传感器要专门进行设计和试验。

6. 感温元件的响应

接触式温度计是靠热交换来测温的，热惯性的存在必然会使传感器感受的温度滞后于介质温度的变化，即存在时滞现象。这就导致在温度变化较快的场合，测量温度的动态变化过程非常困难。

温度计的时滞是由下面两种因素造成的：

1）感温元件的热惯性：由感温元件本身原来的温度 T_1 过渡到新的温度 T_2 需要一定时间。

2）指示仪表的机械惯性：感温元件将所获得的热信号传送到仪表的指示装置上需要有一定的时间。

当忽略感温元件工作端热辐射和导热的影响时，动态响应误差可近似地表示为

$$T-T_k=\tau\frac{\mathrm{d}T_k}{\mathrm{d}t} \tag{4-24}$$

式中，T 为被测物体的实际温度；T_k 为温度计的指示温度；τ 为时间常数，它是表征感温元件响应快慢的参数。

当 $t=0$ 时，$T_k=T_0$，T_0 为感温元件的起始温度。解上述微分方程得

$$T_k=T_0+(T-T_0)(1-e^{-t/\tau}) \tag{4-25}$$

当 $t=\tau$ 时，感温元件感受的温度为

$$T_\tau=T_0+(T-T_0)\times 63.2\% \tag{4-26}$$

影响时间常数大小的因素包括感温元件的质量、比热容、插入的表面积和表面传热系数

等。感温元件的质量和比热容越小，响应越快；反之，时间常数越大，响应越慢，这时测温元件的温度越接近平均温度。因此，在测量瞬时温度时，必须采用时间常数小的感温元件；而在测量平均温度时，可用时间常数大的感温元件。

小温差测量

4.5 辐射测温技术

接触式温度计虽然具有结构简单、可靠性好、测量精度高等优点，但其测量过程中感温元件和被测对象直接接触，传感器必须经受各种测量气氛下的腐蚀、氧化、污染、还原等作用，且感温元件插入后会破坏被测温度场的分布。因此，在很多场合，例如需要实现温度的连续测量，或者在感温元件不能承受的高温条件下，接触式温度计无法胜任测温任务。这时，必须采用基于热辐射原理的非接触式温度计。

非接触式热辐射温度计利用测定物体辐射能的方法测定温度。由于它不与被测介质接触，不会破坏被测介质的温度场，且动态响应好，因此可用于测量非稳态热力过程的温度值。此外，它的测量上限不受材料性质的影响，测量范围大，特别适用于高温测量。

4.5.1 热辐射理论基础

任何物体的温度高于热力学温度零度时就有能量释出，其中以热能方式向外发射的那一部分称为热辐射。

根据普朗克（Planck）定律，绝对黑体的单色辐射出射度 $M_{0\lambda}$ 为

$$M_{0\lambda}=\frac{c_1\lambda^{-5}}{e^{c_2/(\lambda T)}-1} \tag{4-27}$$

式中，$c_1=3.74\times10^{-16}\mathrm{W/m^2}$ 为第一辐射常量；$c_2=1.438\times10^{-2}\mathrm{m\cdot K}$ 为第二辐射常量；λ 为波长（m）；T 为黑体的热力学温度（K）。

当温度在 3000K 以下时，普朗克定律可用维恩（Vien）公式代替，有

$$M_{0\lambda}=c_1\lambda^{-5}e^{-c_2/(\lambda T)} \tag{4-28}$$

由式（4-27）和式（4-28）可知，当波长 λ 确定之后，只要能测定相应波长的 $M_{0\lambda}$ 值，便可求出温度 T。

由普朗克定律确定的辐射强度与波长和温度的关系曲线如图 4-19 所示。

由图可见，当温度升高时，单色辐射强度随之增加，曲线的峰值随着温度升高向波长较短的方向移动。单色辐射强度峰值处的波长 λ_m 和热力学温度 T 之间的关系由维恩位移定律表示，即

$$\lambda_m T=2897\mu\mathrm{m\cdot K} \tag{4-29}$$

普朗克定律只给出了绝对黑体单色辐射强度，若想得到所有波长全部辐射出射度的总和，需对式（4-27）进行积分，有

$$M_0=\int_0^\infty M_{0\lambda}\mathrm{d}\lambda=\int_0^\infty c_1\lambda^{-5}\frac{1}{e^{c_2/(\lambda T)}-1}\mathrm{d}\lambda=\sigma_0T^4 \tag{4-30}$$

式中，$\sigma_0=5.67\times10^{-12}\mathrm{W/(cm^2\cdot K^4)}$，为斯特藩-玻尔兹曼常量。

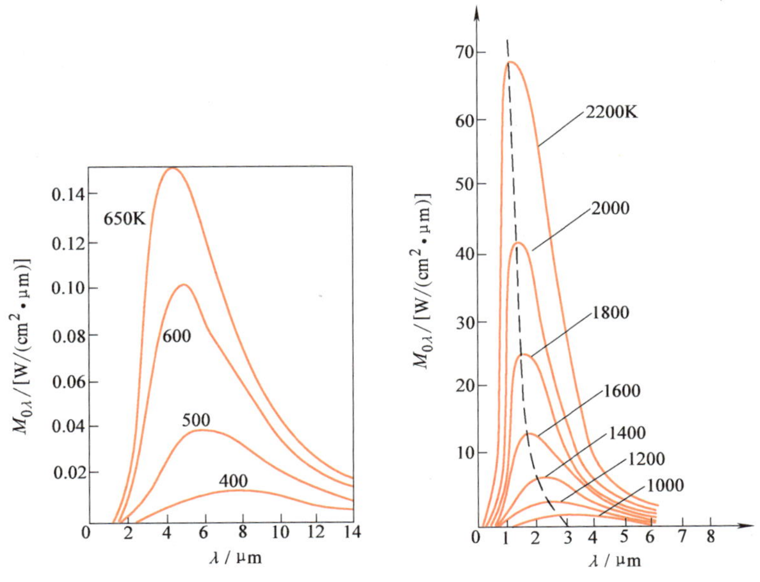

图 4-19　辐射强度与波长和温度的关系曲线

式（4-30）称为绝对黑体的全辐射定律，也称为斯特藩-玻尔兹曼定律。

4.5.2　单色辐射式光学测温技术

单色辐射式光学高温计是发展最早、应用最广的非接触式温度计。它的结构简单，使用方便，测温范围广（700～3200℃）。在一般情况下，单色辐射式光学高温计可满足工业测温的准确度要求，常用来测量1600℃以上高温炉窑的温度。

单色辐射式光学高温计是利用亮度比较取代辐射强度比较进行测温的。由于物体的温度高于700℃时就会明显地发出可见光，并具有一定的亮度，其单色亮度 $B_{0\lambda}$ 与单色辐射出射度 $M_{0\lambda}$ 成正比，即

$$B_{0\lambda}=CM_{0\lambda} \tag{4-31}$$

式中，C 为比例系数。将维恩位移公式代入式（4-31），可得

$$B_{0\lambda}=\frac{Cc_1\lambda^{-5}}{e^{c_2/(\lambda T_s)}} \tag{4-32}$$

式中，T_s 为绝对黑体的温度。

实际物体也有类似式（4-32）的关系式，即

$$B_\lambda=CM_\lambda=\frac{Cc_1\lambda^{-5}}{\varepsilon_\lambda e^{c_2/(\lambda T)}} \tag{4-33}$$

式中，B_λ 为实际物体的亮度；M_λ 为实际物体的单色辐射出射度；ε_λ 为实际物体的单色发射率；T 为实际物体的温度。

当温度为 T_s 的黑体的亮度 $B_{0\lambda}$ 与温度为 T 的实际物体的亮度 B_λ 相等时，由式（4-32）和式（4-33）得

$$\frac{1}{T}=\frac{1}{T_s}-\frac{\lambda}{c_2}\ln\frac{1}{\varepsilon_\lambda} \quad (4\text{-}34)$$

因为 $0<\varepsilon_\lambda<1$，所以 $T_s<T_0$。用光学温度计直接测到的温度 T_s 称为被测物体的“亮度温度”，它可定义为：在波长为 λ_m 的单色辐射中，若物体在温度 T 时的亮度 B_λ 和绝对黑体在温度为 T_s 时的亮度 $B_{0\lambda}$ 相等，则把 T_s 称为被测物体的亮度温度。亮度温度要比物体的实际温度低，所以必须根据物体表面的单色发射率 ε_λ 用式（4-34）加以修正，或根据图 4-20 所示的光学高温计修正曲线进行修正。

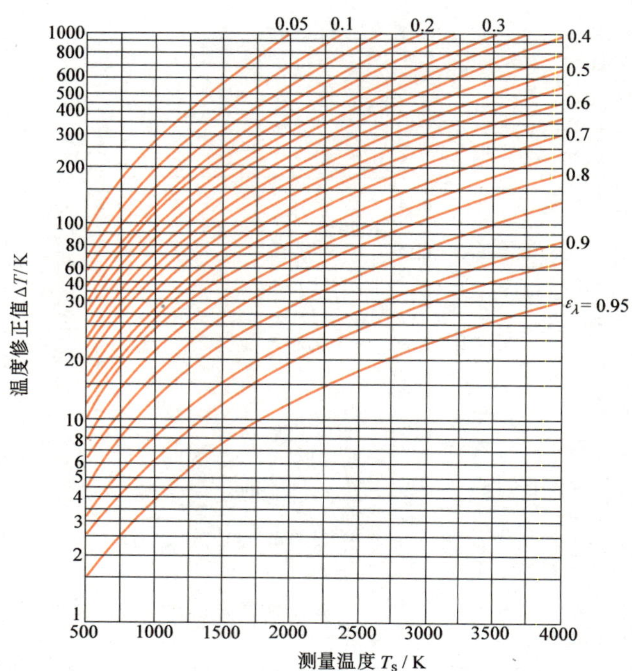

图 4-20　光学高温计修正曲线

单色辐射式光学高温计主要有灯丝隐灭式光学高温计和光电高温计两种。上述灯丝隐灭式光学高温计由人的眼睛来判断亮度平衡状态，容易因测量人员的主观性带来测量误差。同时因为测量温度是不连续的，无法自动记录被测温度，其应用逐渐减少，下面重点介绍光电高温计。

光电高温计能够自动平衡亮度、自动记录被测物体温度值，其采用光电器件作为敏感元件感受辐射的亮度变化，并将其转换成与亮度成比例的电信号，此信号经放大后被自动记录下来表示被测物体的温度值。图 4-21 为光电高温计工作原理。

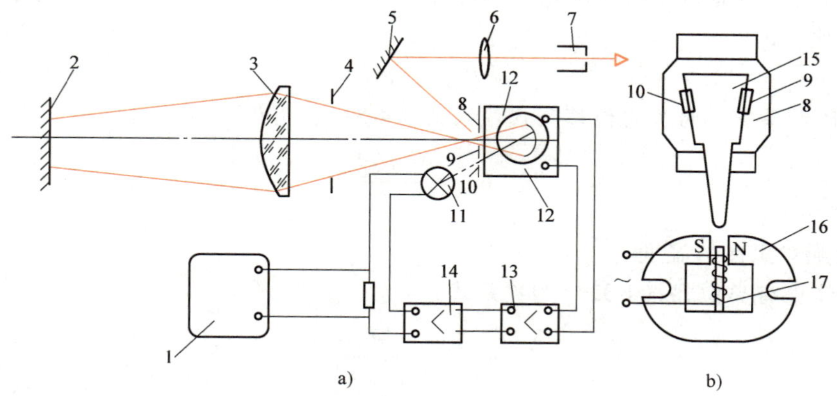

图 4-21　光电高温计工作原理

a）工作原理示意图　b）光调制器

1—电位差计　2—被测物体　3—物镜　4—光阑　5—反射镜　6—透镜　7—观察孔　8—遮光板　9、10—孔　11—反馈灯　12—光电器件　13—前置放大器　14—主放大器　15—调制片　16—永久磁钢　17—励磁绕组

被测物体 2 发射的辐射能量由物镜 3 聚焦，通过光阑 4 和遮光板 8 上的孔 9，透过安装

在遮光板内的红色滤光片（图上未示出）射至光电器件（硅光电池）12 上。被测物体发出的光束必须盖满孔 9，这可由瞄准透镜 6、反射镜 5 和观察孔 7 组成的瞄准观察系统进行观察。

从反馈灯 11 发出的辐射能量，通过遮光板 8 上的孔 10 并透过同一块红色滤光片，也投射到光电器件 12 上。在遮光板 8 前面放置光调制器，光调制器的励磁绕组 17 通以 50Hz 的交流电，所产生的交变磁场与永久磁钢 16 相互作用，使调制片 15 产生频率为 50Hz 的机械振动，交替地打开和遮住孔 9 和 10，使被测物体和反馈灯的辐射能量交替地投射到光电器件 12 上。当两辐射能量不相等时，光电器件就产生一个脉冲光电流 I，它与这两个单色辐射能量之差成比例。当 I 经过放大器负反馈，使反馈灯的亮度与被测物体的亮度相等时，脉冲光电流为零。电子电位差计 1 用来自动指示和记录光电流 I 的数值，其刻度为温度值。

光电高温计除由于发射率造成测量误差外，被测物体与高温计之间的介质对辐射的吸收也会给测量结果带来误差，所以要求观测点与被测物体之间的距离不要太大，一般不超过 3m，以 1~2m 为宜。

光电高温计与光学高温计相比，主要优点如下：

1）灵敏度高。光学高温计在纯金熔点（约 1064.18℃）处的灵敏度最佳值为 0.5℃，而光电高温计却能达到 0.005℃，较光学高温计提高两个数量级。

2）准确度高。采用干涉滤光片或单色仪后，使仪器的单色性能更好。因此，延伸点的不确定度明显降低，在 2000K 时的精确度为 0.25℃，至少比光学高温计提高一个数量级。

3）使用波长范围不受限制。使用波长范围不受人眼睛光谱敏感度的限制，可见光与红外范围均可应用，其测温下限可向低温扩展。

4）光电探测器的响应时间短。光电倍增管可在 10^{-6}s 内响应，响应时间很短。

5）便于自动测量与控制，能自动记录或远距离传送。

4.5.3　全辐射测温技术

1. 全辐射测温技术的原理及特性

根据绝对黑体的全辐射定律[式(4-30)]设计的高温计称为全辐射高温计。

当某个基准温度 T_1 下的黑体辐射出射度 $(M_0)_1$ 为已知，要测量未知温度 T_s 下的黑体辐射出射度时，由式（4-30）可得

$$\frac{(M_0)_1}{M_0}=\frac{T_1^4}{T_s^4} \tag{4-35}$$

全辐射高温计是按绝对黑体对象进行分度的。用它测量发射率为 ε 的实际物体的温度时，示值并非真实温度，而是被测物体的“辐射温度”。当温度为 T 的物体的全辐射出射度 M 等于温度为 T_s 的绝对黑体全辐射出射度 M_0 时，温度 T_s 称为被测物体的辐射温度。因为 ε 的定义为 $\varepsilon=M/M_0$，故当所测物体的发射率为 ε 时，其温度可用下式进行修正

$$T=T_s\sqrt[4]{1/\varepsilon} \tag{4-36}$$

图 4-22 为全辐射高温计工作原理。被测物体所有波长的全辐射能由物镜 1 聚焦后经光阑 2 投射到热接收器（热电堆）4 上，热电堆由 4~8 只微型热电偶串联而成，以获得较大的热电动势，其输出热电动势由显示仪表或记录仪表读出。热电堆的测量端贴在类似于十字

形的铂箔上，铂箔涂成黑色以增加热吸收系数。热电堆的参比端贴夹在热接收器周围的云母片中。在瞄准物体的过程中，可以通过目镜6进行观察，目镜前的灰色滤光片5用来削弱光强，以保护观察者的眼睛。整个高温计机壳内壁面涂上黑色，以便减少杂光干扰并形成黑色条件。

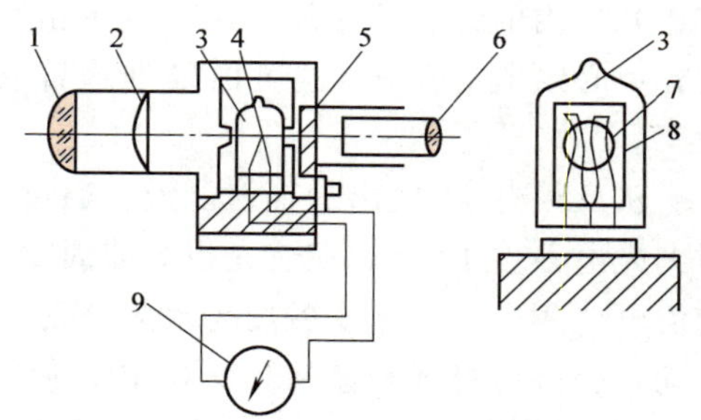

图 4-22　全辐射高温计工作原理

1—物镜　2—光阑　3—玻璃泡　4—热电堆　5—灰色滤光片　6—目镜　7—铂箔　8—云母片　9—二次仪表

全辐射高温计的优点是灵敏度高，坚固耐用，可测较低温度并能自动显示或记录；缺点是对 CO、水蒸气很敏感，其示值受环境中存在的介质影响很大。

2. 全辐射测温技术的温度测量误差

（1）全发射率 $\varepsilon(T)$ 的影响　辐射高温计测得的是物体的辐射温度，欲知被测物体的真实温度，可用式（4-37）计算。

$$T=T_T\sqrt[4]{\frac{1}{\varepsilon(T)}} \tag{4-37}$$

显然，已知物体的全发射率是很有必要的，但它与光谱发射率一样，也是很难确定的，$\varepsilon(T)$ 随物体的化学成分、表面状态、温度及辐射条件的不同而改变，且 $\varepsilon(T)$ 的变化是很大的。由 $\varepsilon(T)$ 引起的相对误差为

$$\frac{\Delta T}{T}=-\frac{1}{4}\frac{\Delta\varepsilon(T)}{\varepsilon(T)} \tag{4-38}$$

式中，ΔT 是温度测量误差；$\Delta\varepsilon(T)$ 是全发射率误差。

在准确测温时，应实际测量被测对象的发射率。如在被测物体上焊接热电偶（测量结果作为真实温度），同时用辐射高温计瞄准其测量端进行示值比较，求出该条件下的全发射率，再进行修正。

（2）距离系数　辐射高温计是通过测定辐射能求得被测对象温度的。如果被测对象太小或太远则被测物体的像不能完全遮盖受热片，从而使测得的温度低于被测物体的真实温度。为了准确测出物体的温度，必须保证被测物体的像盖满整个受热片，并使目标大小及距离符合距离系数的要求。根据感温器与被测物体间的距离不同，对被测对象的大小（直径 D）应有一定的限制。就是说目标的大小与感温器间的距离 L 受距离系数 L/D 的约束。透射式感温器的名义距离系数，在测量距离为 1000mm 时规定为 20。如图 4-23 所示，在距离为 L 处的被测对象（直径 D）与热电堆接收面共轭。如果被测对象与透镜间距离大于或等于 L 时，那么被测物体的直径至少应大于或等于 D'，才能使被测物体的像完全覆盖热电堆的整个受热片，否则将引起误差。

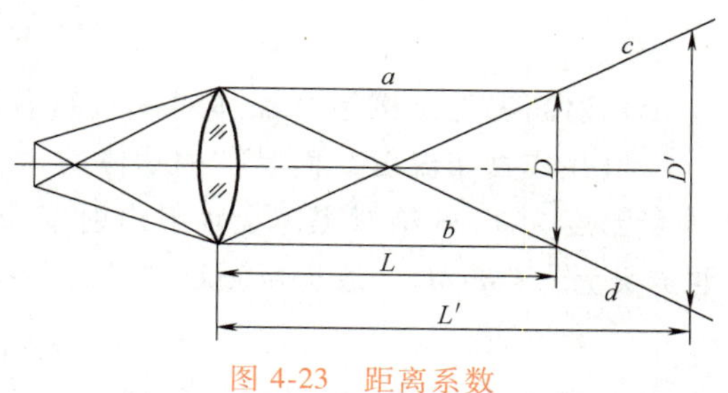

图 4-23　距离系数

（3）环境中介质的影响　由于环境中存在的中间介质会吸收辐射能，使感温器接收的

辐射能减少，致使辐射高温计的示值偏低，引起误差。通常空气对辐射能的吸收是很小的，但该值将随空气中水蒸气及 CO 含量的增加而增大。为了减少此项误差，被测对象与物镜间的距离不应超过 1m。

（4）环境温度的影响　为了减少中间介质的影响，辐射感温器往往安装在被测对象的附近。因此，使用环境的温度很高，必须采用参比端自动补偿装置。如果环境温度超过 100℃，则应采用水冷装置。

（5）辐射感温器的检定　对于新制的、使用中的或修理后的以热电堆为敏感元件、距离系数为 20、测量范围为 400～2000℃ 的辐射感温器，通常采用中、高温黑体炉进行检定。如果黑体炉带有石英窗口，应对感温器读数进行修正。也可以采用标准辐射感温器进行比较检定，当用同类型辐射感温器作标准时，其读数不必修正。

4.5.4　比色高温测温技术

由维恩位移定律可知，当温度升高时，绝对黑体的最大辐射能量向波长减小的方向移动，因而两个固定波长 λ_1 和 λ_2 的亮度之比随温度的变化而变化。因此，测量亮度比就可确定黑体的温度，比色高温计就是根据此原理设计的。

若绝对黑体的温度为 T_s，则对应于波长 λ_1 和 λ_2 的亮度分别为

$$\begin{aligned} B_{0\lambda1} &= Cc_1\lambda_1{}^{-5}\mathrm{e}^{-c_2/(\lambda_1 T_s)} \\ B_{0\lambda2} &= Cc_1\lambda_2{}^{-5}\mathrm{e}^{-c_2/(\lambda_2 T_s)} \end{aligned} \tag{4-39}$$

以上两式相除取自然对数后得

$$T_s = \frac{c_2(1/\lambda_2 - 1/\lambda_1)}{\ln(B_{0\lambda1}/B_{0\lambda2}) - 5\ln(\lambda_2/\lambda_1)} \tag{4-40}$$

因此，如果波长 λ_1 和 λ_2 是确定的，那么测得这两个波长下的亮度比 $B_{0\lambda1}/B_{0\lambda2}$，根据上式便可求出 T_s。

用这种方法测得的温度称为比色温度。比色温度可定义为：当温度为 T 的物体在两个波长下的亮度比值等于温度为 T_s 的黑体在同样波长下的亮度比值时，T_s 就称为这个物体的比色温度。

根据上述定义，再应用维恩公式，就可推导出物体实际温度和比色温度的关系为

$$\frac{1}{T} - \frac{1}{T_s} = \frac{\ln(\varepsilon_{\lambda1}/\varepsilon_{\lambda2})}{c_2(1/\lambda_1 - 1/\lambda_2)} \tag{4-41}$$

式中，$\varepsilon_{\lambda1}$ 和 $\varepsilon_{\lambda2}$ 分别为实际物体在波长为 λ_1 和 λ_2 时的单色发射率。

由式（4-41）可知，对于绝对黑体和灰体，因为 $\varepsilon_{\lambda1} = \varepsilon_{\lambda2}$，所以 $T = T_s$；对于一般物体，因为 $\varepsilon_{\lambda1} \neq \varepsilon_{\lambda2}$，所以 $T \neq T_s$。但一般物体的 $\varepsilon_{\lambda1}$ 和 $\varepsilon_{\lambda2}$ 的比值变化要比 ε_λ 和 ε 的单值变化小得多，因此，比色法测出的比色温度要比亮度温度和辐射温度更接近物体的实际温度。当难以得到被测物体的辐射系数时，用比色温度代替真实温度比其他方法更准确。

比色高温计有单通道和双通道两种。其适用于冶金、水泥、玻璃等工业领域，用来测量铁液、钢液、熔渣及回转窑中水泥烧成带物料的温度等。

1. 单通道比色高温计

图 4-24 为单通道比色高温计的工作原理。被测物体的辐射能经物镜组 1 聚焦，经过通

孔成像镜 2 被硅光电池 5 接收。同步电动机 4 带动调制盘 3 转动，盘上装有两种不同颜色的滤光片，交替通过两种波长的光，使接收器输出两个相应的电信号。对被测对象的瞄准由反射镜 8、倒像镜 7 和目镜 6 来实现。为使硅光电池工作稳定，将其安装在一恒温容器内，容器内温度由光电池恒温电路自动控制。

2. 双通道比色高温计

图 4-25 为双通道比色高温计工作原理。它采用分光镜把辐射能分成不同波长的两路，即红外光透过分光镜 7 投射到硅光电池 6 上，可见光则被分光镜反射到另一硅光电池 10 上。利用两个硅光电池输出信号的差值，就可求得被测物体的比色温度值。

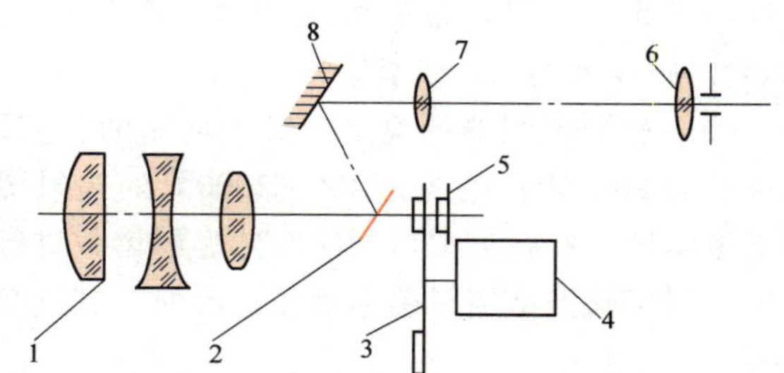

图 4-24　单通道比色高温计工作原理

1—物镜组　2—通孔成像镜　3—调制盘　4—同步电动机　5—硅光电池　6—目镜　7—倒像镜　8—反射镜

4.5.5　红外测温技术

前面所述的辐射式温度计一般用于高温（高于 700℃）测量，但其测量原理同样适用于中温测量，只不过此时的辐射已不是可见光而是红外辐射了，红外辐射强度需要用红外敏感元件来检测。

1. 红外测温仪

图 4-26 为红外测温仪工作原理，它和光电高温计的工作原理相似，为光学反馈式结构。被测物体 S 和参考源 R 的红外辐射经调制盘 T 调制后输至红外探测器 D。调制盘 T 由同步电动机 M 带动，探测器 D 的输出电信号经放大器 A 和相敏整流器 K 后送至控制放大器 C，控制参考源的辐射强度。当参考源和被测物体的辐射强度一致时，参考源的加热电流即代表被测温度。由指示器 I 显示出被测物体的温度值。

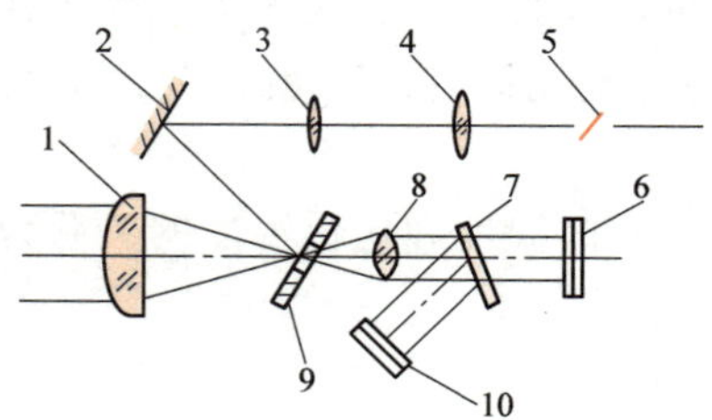

图 4-25　双通道比色高温计工作原理

1—物镜　2—反射镜　3—倒像镜　4—目镜　5—人眼　6、10—硅光电池　7—分光镜　8—物镜　9—视场光阑

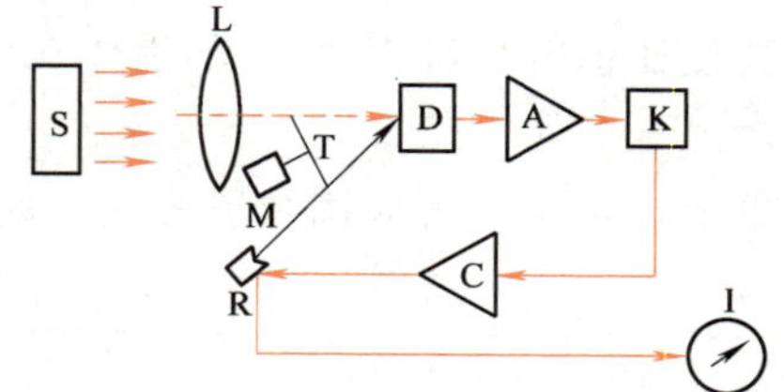

图 4-26　红外测温仪工作原理

S—被测物体　L—光学系统　D—红外探测器　A—放大器　K—相敏整流器　C—控制放大器　R—参考源　M—同步电动机　I—指示器　T—调制盘

红外测温仪的光学系统有透射式和反射式两种。透射式光学系统的透镜采用能透过被测温度下热辐射波段的材料。例如，当被测温度在 700℃以上，辐射波段主要在 0.76~3μm 的近红外区时，可采用一般光学玻璃或石英透镜；当被测温度为 100~700℃，辐射的波段主要在 3~5μm 的中红外区时，多采用氟化镁、氧化镁等热压光学透镜；测量低于 100℃的温度，

当辐射的波段主要为 5～14μm 的中远红外波段时，则多采用锗、硅、热压硫化锌等材料制成的透镜。反射式光学系统多采用凹面玻璃反射镜，反射镜表面镀金、铝、镍、铬等对红外辐射反射率很高的金属材料。

2. 红外热像仪

任何物体只要温度高于绝对零度都会因分子的热运动而发射红外线，且发出的红外辐射能量与热力学温度的四次方成正比。热像仪就是根据这一特性来测量温度场的。

（1）红外热像仪的工作原理　红外热像仪利用红外扫描原理测量物体的表面温度分布，它摄取来自被测物体各部分射向仪器的红外辐射通量的分布，利用红外探测器的水平扫描和垂直扫描，按顺序直接测量被测物体各部分发射出的红外辐射，综合起来就得到物体发射的红外辐射通量的分布图像，这种图像称为热像图或温度场图。

图 4-27 为红外热像仪的工作原理。热像仪由光学会聚系统、扫描系统、探测器、视频信号处理器和显示器几个主要部分组成。目标的辐射图形经光学系统会聚和滤光，聚焦在焦平面上。焦平面内安置一个探测元件。在光学会聚系统和探测器之间有一套扫描装置，它由两个扫描反射镜组成，分别用于垂直扫描和水平扫描。从目标入射到探测器上的红外辐射随着扫描镜的转动而移动，按次序扫过整个视场。在扫描过程中，入射红外辐射使探测器产生响应。探测器的响应是与红外辐射的能量成正比的电压信号，扫描过程使二维的物体辐射图形转换成一维的电压信号序列。该电压信号经放大、处理后，由视频监视系统实现热像显示和温度场测量。

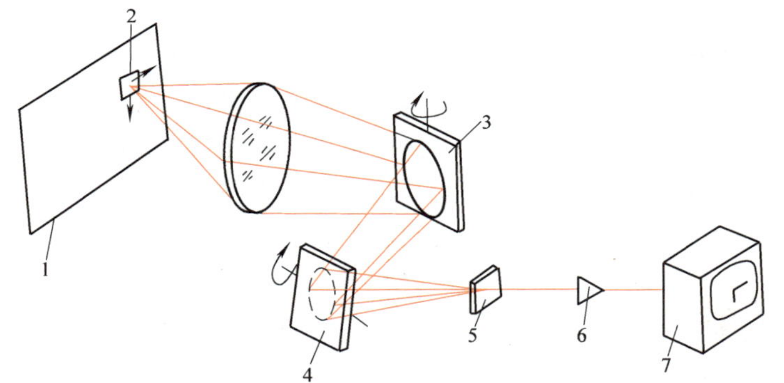

温度测量案例

图 4-27　红外热像仪的工作原理

1—物空间的视场　2—探测器在物空间的投影　3—水平扫描器
4—垂直扫描器　5—探测器　6—信号处理器　7—视频显示器

（2）红外热像仪系统的组成　图 4-28 是红外热像仪系统的组成框图。

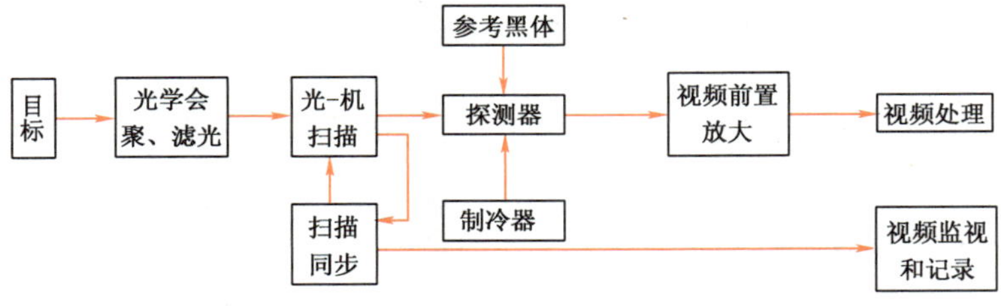

图 4-28　红外热像仪系统组成框图

热能与动力工程测试技术　第4版

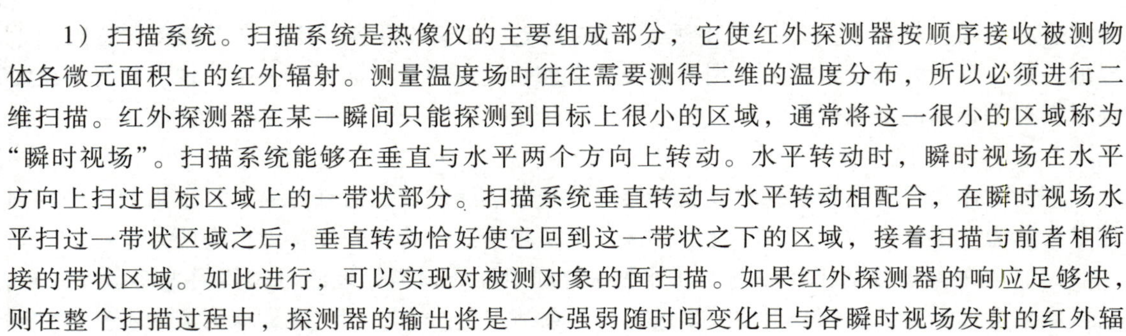

1）扫描系统。扫描系统是热像仪的主要组成部分，它使红外探测器按顺序接收被测物体各微元面积上的红外辐射。测量温度场时往往需要测得二维的温度分布，所以必须进行二维扫描。红外探测器在某一瞬间只能探测到目标上很小的区域，通常将这一很小的区域称为“瞬时视场”。扫描系统能够在垂直与水平两个方向上转动。水平转动时，瞬时视场在水平方向上扫过目标区域上的一带状部分。扫描系统垂直转动与水平转动相配合，在瞬时视场水平扫过一带状区域之后，垂直转动恰好使它回到这一带状之下的区域，接着扫描与前者相衔接的带状区域。如此进行，可以实现对被测对象的面扫描。如果红外探测器的响应足够快，则在整个扫描过程中，探测器的输出将是一个强弱随时间变化且与各瞬时视场发射的红外辐射通量变化相对应的序列电压信号。

2）红外探测器。红外探测器是感受红外辐射能量并把它转换成电量的器件。它的光谱响应特性、时间常数及探测率都直接影响到热像仪的性能。一般总希望探测器具有高的探测率和小的时间常数，以使热像仪有较高的灵敏度和较快的响应。目前，常用的红外探测器有热探测器和光电探测器两种，其中光电探测器在热像仪中应用最广。最常用的光电探测器有光伏锑化铟、光伏锑锡铅和光导锑镉汞等探测器。它们都具有灵敏度高、响应快的优点。光电探测器的缺点是光谱范围有限，且为了得到最佳灵敏度，使用时往往需要对其进行冷却。

近年来出现了一种新型的多元阵列探测器，它在焦平面或焦平面附近采用电荷转移器件进行多路调制与信息处理，使实际的焦平面上具有上千个红外探测器。多元阵列电荷转移器件具有自扫描、动态范围大、噪声低等优点。如果能在热像仪中应用这种探测器，可以大大提高系统的分辨率，缩短响应时间。

3）视频显示和记录系统。视频显示和记录系统的作用是把红外探测器提供的电信号转换成可见图像，最常用的方法是用阴极射线管（CRT）显示图像。探测器输出的电压信号经放大处理后，作为显示器的视频信号。显示器的扫描系统与目标扫描系统同步，产生全部水平扫描线，这些水平扫描线的起点都在同一垂线上，且在垂直方向上依次下移，在荧光屏上显示出目标的图像。根据显示的热像图，可以清楚地了解被测目标的温度分布情况。

思考题与习题

4-1　温标有哪几种？它们彼此之间的关系如何？

4-2　全浸入式玻璃管水银温度计插入被测介质中到10℃处，指示值为70℃，露出液面的平均温度为25℃，求被测介质实际温度。

4-3　为什么热电偶要进行冷端温度补偿？冷端温度补偿有哪些方法？

4-4　用一只镍铬-镍硅热电偶测量炉温，已知冷端温度为10℃，时间常数 τ 为5s，将热电偶从10℃的室温突然插入炉内时，经过3s测得的热电动势为4.344mV，求炉内实际温度。

4-5　辐射式温度计有哪几种？简述各自的工作原理。

4-6　实验室用气体温度计在测量时有哪几种误差？如何进行修正？

4-7　简述红外测温仪和红外热像仪的工作原理。

第5章 力与压力测量

5.1 概述

在热能和动力工程测试技术中，力和压力的测量占有十分重要的地位。例如，在热能和动力工程相关的机械设备中，受力分析和应力测量是保证设备正常运行的极其重要的手段；在热力发电厂中，需要测量汽包压力、汽轮机监视段压力、凝汽器真空度等；在内燃机中，气缸内的压力测量是研究其工作过程的最常用手段之一。

力的测量方法可分为以下两类：

1）直接比较法：将被测力与标准质量的重力进行比较，二者平衡时，被测力等于所施加标准质量的重力。采用直接比较法的仪器有台式称和分析天平等。

2）间接比较法：采用测力传感器将被测力转换为其他物理量，再与标准值比较，从而得到被测力的大小。常用的测力传感器有应变片式、电感式、电容式、压电式等。

压力是指垂直作用于物体单位面积上的力，也就是物理学中所说的压强。在热能与动力工程测试中，需要测量的压力大都为流体压力，可用绝对压力或表压力表示。绝对压力是以完全真空作为零标准的压力，也就是作用于单位面积上的全部压力；表压力是指压力仪表上所指示的压力，也称相对压力，其数值为绝对压力与当地大气压的差值。

在国际单位制中，压力的单位是帕斯卡，简称帕（Pa），$1\text{Pa}=1\text{N/m}^2$。在工程上，也常用工程大气压、标准大气压、巴及毫米汞柱等单位表示压力。

根据测压原理不同，可将压力测量方法分为如下几类：

1）重力与被测压力的平衡法。此方法是按照压力的定义，通过直接测量单位面积上所承受的垂直方向上力的大小来测量压力。常见的采用此测量方法的仪器有液柱式压力计和活塞式压力计等。

2）弹性力与被测压力的平衡法。弹性元件受压后会产生弹性变形，进而产生弹性力，当弹性力与被测压力平衡时，弹性元件变形的大小即反映了被测压力的大小。常见的采用此测量方法的仪器有弹簧管压力计、波纹管压力计和波纹管差压计等。

3）利用物质某些与压力有关的物理性质进行测压，一些物质受压后，其某些物理性质会发生变化，测量这些变化就能测量出压力。例如，压阻式传感器在受压时，其电阻值会发生变化；电容式传感器在受压时，其电容值会发生变化；压电式传感器在受压时会产生电压输出。这类传感器大都具有精度高、体积小、动态特性好等优点，是当前测压技术的主要发展方向。

5.2 常用力与压力传感器

5.2.1 应变式传感器

应变式传感器是应用最为广泛的测力传感器，其测量范围很大，且能获得很高的测量精度。

1. 工作原理

应变式传感器的工作原理是基于金属的电阻应变效应，即导体或半导体材料在外力作用下产生机械变形时，电阻值也随之产生相应的变化。

由物理学可知，如果金属丝的长度为 L，截面积为 A，电阻率为 ρ，则其电阻为

$$R=\rho\frac{L}{A} \tag{5-1}$$

当金属丝受到拉伸或压缩后，它的几何尺寸会发生变化，电阻值也发生相应变化，如果电阻的变化量 $\Delta R \ll R$，则电阻的变化率 $\Delta R/R$ 可表示为

$$\frac{\Delta R}{R}=k\frac{\Delta L}{L}=k\varepsilon \tag{5-2}$$

式中，k 为常数，称为金属材料的灵敏度系数，它的物理意义是单位应变的电阻变化率；$\varepsilon=\Delta L/L$，为线应变。

由式（5-2）可知，金属电阻丝的电阻变化率 $\Delta R/R$ 与应变 ε 成线性关系，这就是电阻应变片测量应变的理论基础。

2. 应变片的结构

应变片虽然种类繁多，形式各异，但其基本结构形式是一致的，应变片的典型结构如图 5-1 所示。它主要由基底 1、敏感栅 2、覆盖层 3、引出线 4 等部分组成。敏感栅是应变片的核心部分，其作用是感受被测构件的变形，并将应变转换成电阻的变化。敏感栅的材料是金属，应用最多的是康铜和镍铬合金。基底和覆盖层的作用是固定和保护敏感栅。引出线的作用是从敏感栅引出信号。

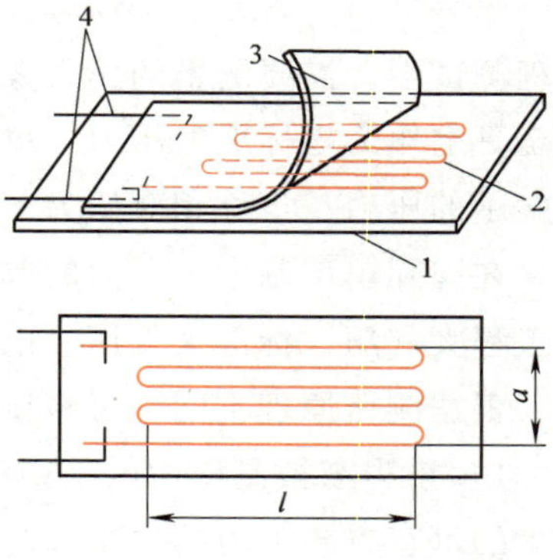

图 5-1　电阻应变片的构造
1—基底　2—敏感栅
3—覆盖层　4—引出线

3. 应变片的温度补偿

在实际使用中，除了应变会导致应变片电阻变化外，温度变化也会使应变片电阻发生变化，由此带来的测量误差称为温度误差。温度误差产生的原因主要有两个：一是由温度变化引起的应变片敏感栅的电阻变化及附加变形；二是因试件材料与敏感栅材料的线胀系数不同，从而使应变片产生附加应变。

粘贴在试件表面上的应变片因环境温度的变化引起电阻增量的变化，其分析如下：

当基长为 L_n 的电阻应变片粘贴在被测构件上并随构件一起变形时，如果温度改变 Δt，则构件的线胀伸长量为 $\Delta L_g=\alpha_{lg}L_n\Delta t$（$\alpha_{lg}$ 为构件材料的线胀系数）。

如果应变片处于自由状态，那么在温度同样改变 Δt 时，也将产生伸长量 $\Delta L_n=\alpha_{ln}L_n\Delta t$（$\alpha_{ln}$ 为电阻应变片材料的线胀系数）。由于应变片随构件一起变形，当 $\Delta L_n\neq\Delta L_g$ 时，应变片产生附加变形 $\Delta L_t''=(\alpha_{lg}-\alpha_{ln})L_n\Delta t$，这一变形将引起应变片电阻的变化。

另一方面，由于电阻丝本身存在一定的电阻温度系数 α，温度改变 Δt 时，电阻也发生变化（$\Delta R_t'$）。因此，由温度影响而引起的电阻变化为

$$\Delta R_t=\Delta R_t'+\Delta R_t''=R\alpha\Delta t+Rk(\alpha_{lg}-\alpha_{ln})\Delta t=R[\alpha+k(\alpha_{lg}-\alpha_{ln})]\Delta t \tag{5-3}$$

以康铜丝应变片贴在钢制构件上为例，当温度变化1℃时，所引起的“虚假”应力（即误差）的大小为1220kPa，为此必须采用温度补偿措施来消除由温度变化引起的误差，以求出仅由载荷作用引起的正应力。

常用的温度补偿方法有桥路补偿和应变片自补偿两大类。

（1）桥路补偿　桥路补偿法又称补偿片法，其电路原理如图5-2所示。两片具有相同特性的应变片，将其轴线相互垂直地粘在同一个弹性件表面上，应变片的纵轴 x-x 方向与受力方向一致的为工作片，另一片为补偿片，因两片位置靠得很近，故可认为两者所处的温度相同。将两应变片接入电桥相邻的两臂，当电桥平衡时，即无输出电流时的条件为 $R_aR_2=R_bR_1$。固定电阻 R_1、R_2 的阻值相等。当环境温度变化时，两个应变片上的电阻增量 ΔR_a、ΔR_b 不仅符号相同，而且数值也相等，因此仍能保持平衡，消除了温度变化的影响。这样，电桥的输出完全是由于在外载荷作用下工作片随弹性件一起变形引起 R_a 数值改变而产生的。不过，补偿片由于弹性件受载引起泊松效应，使其受到横向应变作用。横向应变符号与主应变相反，因此还可稍增加电桥的输出值，即相当于灵敏系数增大了 $(1+\mu)$ 倍，这里 μ 是反映弹性体横向变形程度的泊松比。

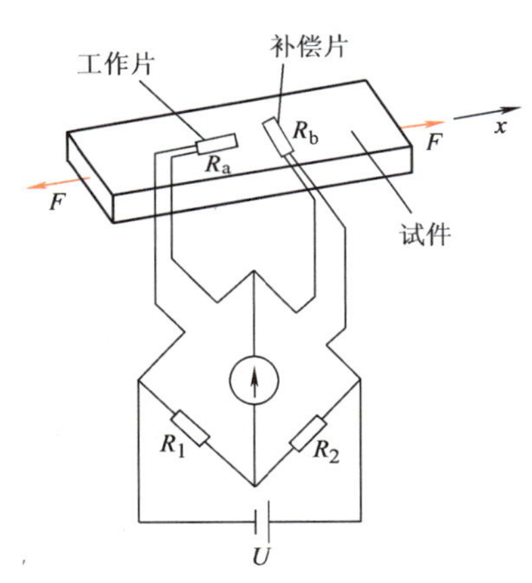

图5-2　桥式补偿电路原理

这种温度补偿的方法简单，在常温下补偿效果较好。但当试件的温度梯度较大时，两应变片的温度难以保持一致，补偿效果将会受到影响。

（2）应变片自补偿　这类方法是采用粘贴在试件表面上的一种特定的应变片，当温度变化时，使其电阻增量等于零或相互抵消。这种利用温度自补偿应变片来实现温度补偿的方法，称为应变片自补偿。常用的方法如下：

1）选择特定的应变片。使应变片实现温度自补偿的原理是当环境温度改变时，使应变片不产生电阻变化，即由式（5-3）得

$$\Delta R/R=[\alpha+k(\alpha_{lg}-\alpha_{ln})]\Delta t=0$$

于是有

$$\alpha=-k(\alpha_{lg}-\alpha_{ln}) \tag{5-4}$$

已知被测构件所用的材料，就可选择合适的应变片电阻丝材料以满足上式的要求，从而

实现温度自补偿。其优点是简便实用，在检测同一材料构件或精度要求不高时尤为适用。其缺点是具有一种 α 值的应变片只适用于一种构件材料，因此局限性很大。

2）采用双金属丝敏感栅自补偿应变片。这种应变片又称组合式自补偿应变片，它是利用两种不同电阻丝材料电阻温度系数不同的特点，将两者串联绕制成敏感栅，如图 5-3 所示。如果两段敏感栅的电阻值 R_1 和 R_2 由于温度变化而产生的电阻变化 ΔR_1 和 ΔR_2 大小相等，方向相反，则可以实现温度补偿。这种方法的补偿效果比选择特定应变片要好，但敏感栅的绕制比较麻烦。

3）热敏电阻补偿。如图 5-4 所示，热敏电阻 R_t 处在与应变片相同的温度条件下，当应变片的灵敏度随着温度的升高而下降时，R_t 的阻值也会下降，使电桥的供桥电压随温度的升高而增加，从而提高了电桥的输出，补偿了应变片引起的输出下降，通过选择分流电阻的 R_5 值，就可以得到良好的补偿效果。

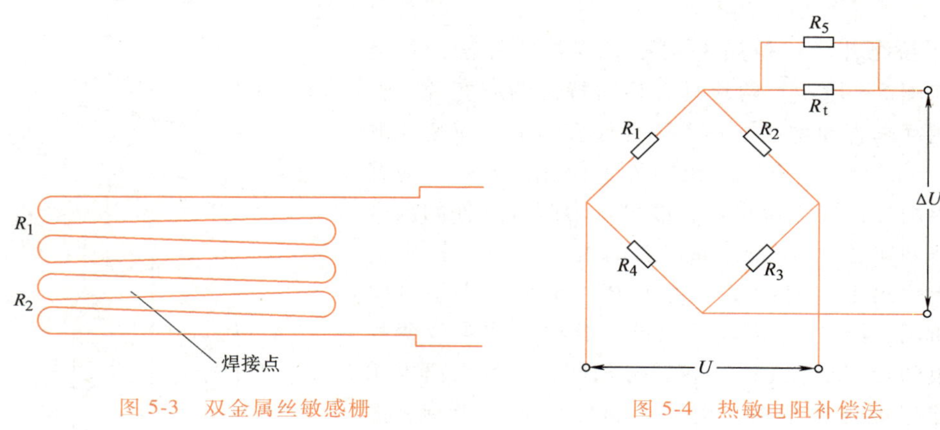

图 5-3　双金属丝敏感栅　　　图 5-4　热敏电阻补偿法

5.2.2　电容式传感器

电容式传感器是通过将力作用下位移的变化转换为电容量的变化进行力与压力测量的。电容式传感器具有功率小、阻抗高、动态特性好、结构简单等优点，且可用于非接触式测量，特别适用于差压的直接测量。

由物理学可知，当用两平行极板组成一个电容器时，如不考虑边缘效应的影响，则两极板间的电容量为

$$C=\frac{\varepsilon A}{d} \tag{5-5}$$

式中，A 为两极板相互遮盖的面积；d 为两极板间的距离；ε 为极板间介质的介电常数。

如果将式中的介电常数 ε 用相对介电常数 ε_r 来表示（$\varepsilon_r=\varepsilon/\varepsilon_0$，真空介电常数 $\varepsilon_0=8.854\times10^{-12}\mathrm{F/m}$），则

$$C=\frac{\varepsilon_r\varepsilon_0 A}{d}=\frac{\varepsilon_r A}{d}\times 8.854\times10^{-12}\mathrm{F/m} \tag{5-6}$$

由式（5-6）可见，在电容式传感器中，ε_r、d 和 A 都影响着电容量 C。改变这三个参数中的任意一个，都会引起电容量的变化。测力或压力的传感器通常固定 ε_r 和 A，通过测量

极板间隙 d 的变化进行测量，即变极板间隙型电容传感器。图 5-5 为这种传感器的结构，它的特性曲线如图 5-6 所示。

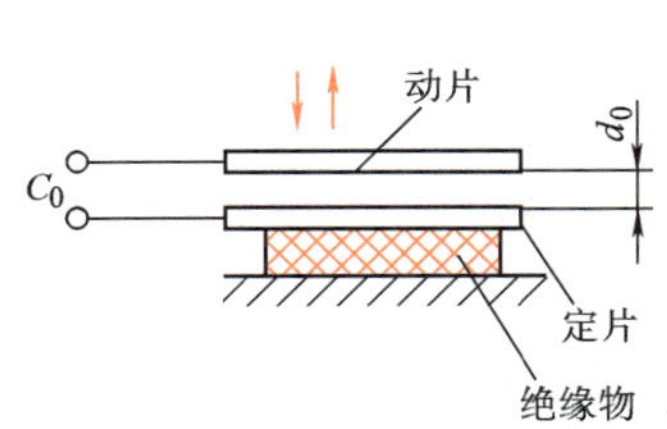

图 5-5　变极板间隙型电容传感器结构

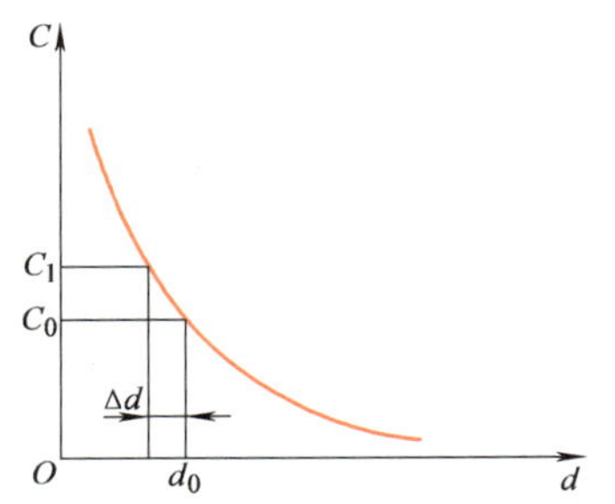

图 5-6　变极板间隙型电容传感器的特性曲线

在实际应用中，为了提高传感器的灵敏度，并克服电源电压和环境温度等因素对测量精度的影响，常在结构上采用对称配置的差动式电容传感器，并用交流电桥测量其输出。其工作原理如图 5-7 所示，中间一片为动片，两边是定片，当动片移动距离 Δd 后，一边的间距变为 $d+\Delta d$，另一边变为 $d-\Delta d$，即电容为差动变化。

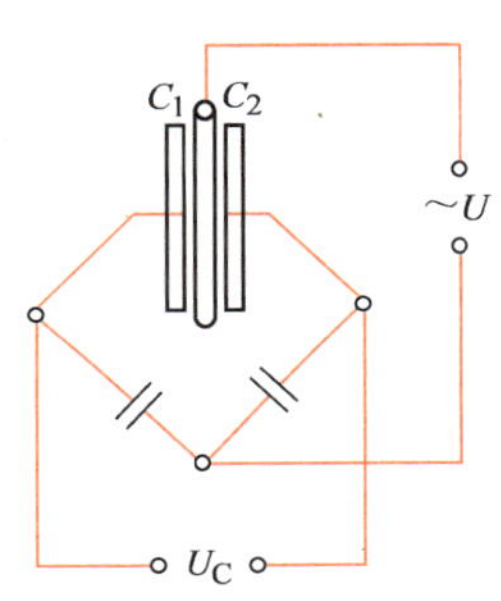

图 5-7　差动式电容传感器连接成电桥测量电路

当动片在外力作用下产生位移 Δd 时，电容量 C_1 和 C_2 分别为

$$C_1=\frac{\varepsilon_r A}{d+\Delta d}\times 8.854\times 10^{-12}\,\mathrm{F/m}$$

$$C_2=\frac{\varepsilon_r A}{d-\Delta d}\times 8.854\times 10^{-12}\,\mathrm{F/m}$$

即

$$\Delta C=C_1-C_2=\frac{-2\varepsilon_r A\Delta d}{d^2-\Delta d^2}\times 8.854\times 10^{-12}\,\mathrm{F/m} \tag{5-7}$$

这种差动式电容传感器与适当的测量电路配合，当 $\Delta d/d$ 在±33%的范围内变化时，其输出特性偏离直线的误差不超过1%，因而既扩大了线性范围，又比单组式传感器灵敏度提高了一倍。图 5-8 为一种用于测量差压的电容式传感器结构示意图，传感器的外壳由高强度金属制成，壳体内部浇注玻璃绝缘子 5，绝缘子内侧磨成光滑的球面。在球面上用真空镀膜工艺镀上均匀的金属膜，作为电容的固定极板。中心感压膜片 3 为电容的动极板，其周边与壳体密封并焊接在一起，它与两球面之间的空腔充以硅油 4，并分别由各自的引油孔与被测压力连通。被测压力 p_1、p_2 分别加在膜盒两侧的隔离膜片 6 上，通过腔体内所充硅油的传递，作用在中心感压膜片的两侧。

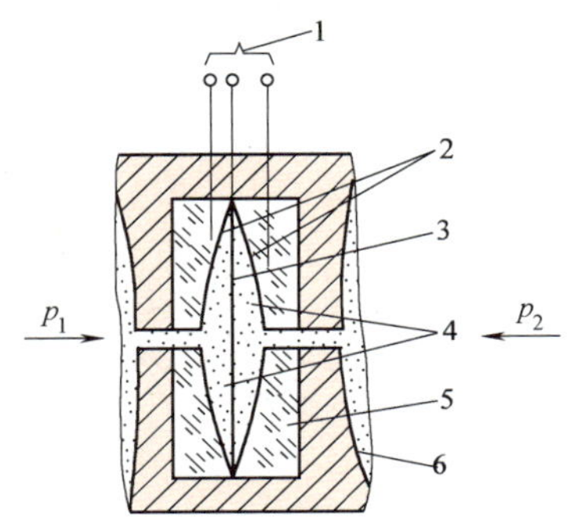

图 5-8　电容式差压传感器结构示意图

1—电极导线　2—球形或弧形电极　3—中心感压膜片　4—硅油　5—玻璃绝缘子　6—隔离膜片

中心感压膜片和两球面内壁镀膜，分别形成电容 C_1

和 C_2，当 $p_1=p_2$ 时，中心感压膜片在中心位置，此时 $C_1=C_2$；当差压 $\Delta p=p_1-p_2\neq 0$ 时，其差压与两电容器电容间的关系为

$$\Delta p=K_C\frac{C_1-C_2}{C_1+C_2} \tag{5-8}$$

式中，K_C 为常数；C_1、C_2 分别为高、低压侧电容器的电容量。

由式（5-8）可知，测量电容量的变化即可得到被测差压。

电容式差压传感器具有结构简单、耐振动冲击、测量范围宽、可靠性和精度高等优点，尤其适用于高工作压力、低差压的测量。

影响电容式差压传感器测量精度的主要因素是线路寄生电容、电缆电容和温度、湿度等外界条件。如果没有良好的绝缘和屏蔽，电容式差压传感器将无法正常工作，这在过去长时间内限制了它的应用。随着集成电路技术的发展和新材料、新工艺的应用，上述因素对测量精度的影响大大减小，为电容式差压传感器的应用开辟了广阔的前景。

5.2.3　压电式传感器

压电式传感器的工作原理是基于某些物质的压电效应，这些物质在外力作用下表面会产生电荷，经过电荷放大器的放大，可以实现电测的目的，一般用于动态压力的测量。

1. 工作原理

某些结晶物质，当沿它的某个结晶轴施加力的作用时，其内部将出现极化现象，从而在表面形成电荷集结，电荷量与作用力的大小成正比，这种效应称为压电效应。相反，在晶体的某些表面之间施加电场，在晶体内部也会产生极化现象，促使晶体产生变形，这种现象称为逆压电效应。具有压电效应的晶体称为压电晶体。用作压电式传感器材料的压电晶体主要有石英晶体、酒石酸钾钠、钛酸钡和钛酸铅等铅系多晶体烧结而成的陶瓷等。

各种压电材料产生压电效应的机理是不完全相同的，下面仅以石英晶体为例说明压电效应产生的原因。

石英晶体作为压电元件，其性质随晶体轴切割方向的不同有很大的差异。在图 5-9a 中，垂直于 x 轴的晶体切片可用作压电元件，此时 x 轴称为电轴。在晶体切片的电轴方向对其施加压力和拉力时，都会在垂直于该轴的表面上集结电荷，电荷可从紧贴于晶体两面的金属极板用引线传出，作为压电式传感器的输出，其等效电路如图 5-9b 所示。垂直于 z 轴切割出的晶片没有压电效应，称 z 轴为光轴。若沿力轴 y 方向施加压力，则在与 x 垂直的平面上产

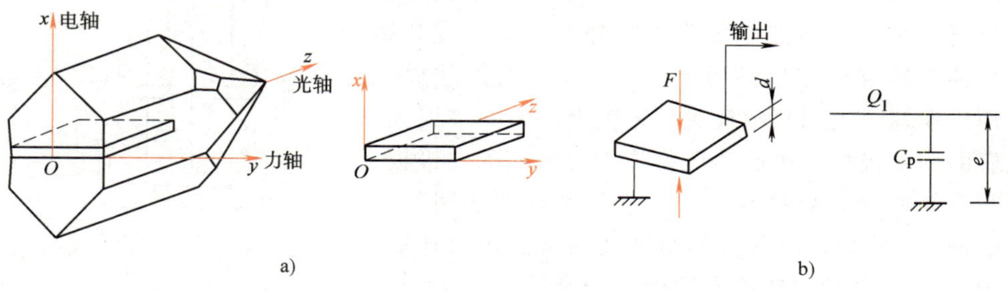

图 5-9　石英晶体

a）石英晶体的结晶形状与切片方向　b）压电元件受力简图与等效电路

生极性相反的电压。

为了增强输出信号，在压电式传感器中，一般很少使用单片压电晶体，往往是将多片压电晶体组合在一起组成一个传感器。由于压电晶体是有极性的，所以有两种组合方式：一种是将晶体切片同极性的晶面紧贴在一起作为一个输出端，两边的电极用导线连接后作为另一个输出端，形成“并联组合”（图 5-10a、c）；另一种是将正负电荷集中在上、下极板，而中间晶面上的电荷则互相抵消，形成“串联组合”（图 5-10b）。

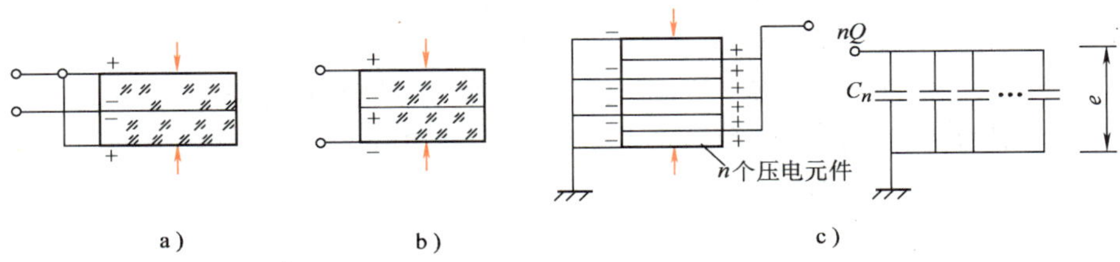

图 5-10　压电晶体切片的组合方式

a）并联组合 1　b）串联组合　c）并联组合 2

对比上述两种组合方式可以看出，并联组合中输出电荷大，适用于电荷作为输出的场合，因为它的电容大、时间常数大，多用于测量缓变信号。串联组合输出电压大，适用于电压作为输出的场合，因为它的电容小、时间常数小，多用于测量瞬变信号。

图 5-11 所示为热能与动力工程中测量气体压力时常用的石英晶体压电式传感器结构。

测压时，被测压力压向弹性膜片 1，其压力通过传力件 2 作用于石英片 4 上。石英片一般为三片，与传力件接触的一片为保护片，以防止另外两片工作片被挤破。两片工作片之间有金属箔 9 把负电位传导给导电环 8，其正极通过壳体接地。导电环 8 上的负电荷由导线穿过玻璃导管 5 和胶玻璃导管 6 接到引出导线接头 7 上。测量时，石英片在脉动压力的作用下产生交变的电荷。两片石英片可以并联，也可以串联。并联的优点是传感器有较高的电荷灵敏度，串联的优点是电压灵敏度较高。

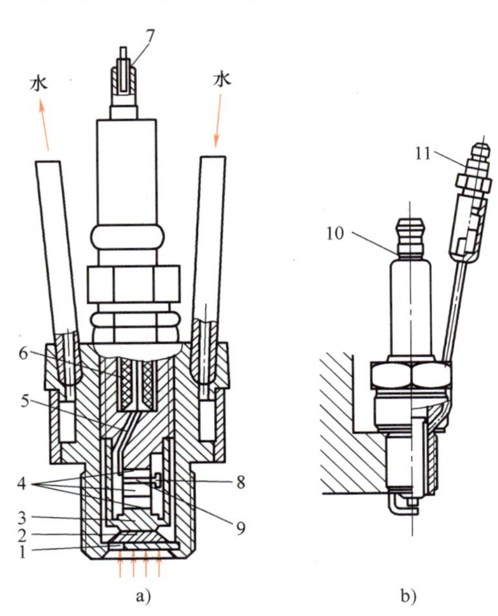

图 5-11　石英晶体压电式传感器结构

a）普通型　b）与火花塞做成一体的石英压电晶体传感器

1—弹性膜片　2—传力件　3—底座　4—石英片　5—玻璃导管　6—胶玻璃导管　7—引出导线接头　8—导电环　9—金属箔　10—火花塞　11—传感器

若被测介质温度高于室温，例如，测量内燃机缸内气体压力时必须采用畅通的冷却水进行冷却，否则高温会改变传感器的灵敏度，甚至造成传感器的损坏。

石英压电晶体传感器一般不能用作静态压力测量，多用于测量 10~20kHz 的脉动压力。

图 5-11b 所示为与火花塞做成一体的石英压电晶体传感器，用它来测量汽油机的气缸内

压力非常方便。

2. 压电式传感器的测量电路

压电式传感器产生的电荷量较少，无法用一般的仪表进行测量。因为一般仪表的输入阻抗有限，压电晶片上产生的电荷将通过测量电路的输入电阻泄漏掉。测量电路的输入阻抗越高，被测参数的变化越快（即频率越高），测量结果越接近电荷的实际变化。由此可见，为了减少测量误差，在压电式传感器测量电路中必须采用高输入阻抗的放大器。为此，通常在传感器与放大器之间加入高阻抗的前置放大器。压电式传感器的输出有电压和电荷两种形式，故应分别采用电压放大器和电荷放大器与之匹配。

（1）电压放大器　图 5-12a 所示为压电式传感器、电缆和电压放大器组成的等效电路。图中 C_p、R_p 分别为传感器的电容和绝缘电阻值；C_c 是电缆的分布电容；C_i、R_i 分别为放大器的输入电容和输入电阻。图 5-12b 所示为简化的等效电路，其中等效电容 $C=C_p+C_c+C_i$，等效电阻 $R=\dfrac{R_pR_i}{R_p+R_i}$。

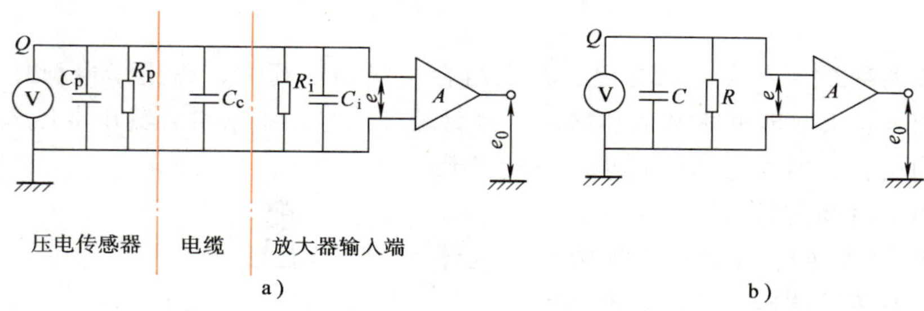

图 5-12　传感器、电缆、放大器输入端的等效电路

压电晶片产生的总电荷量 Q 为

$$Q=K_pF$$

式中，K_p 为压电常数；F 为作用在压电晶片上的交变力。

由于所产生总电荷量的一部分 Q_1 使电容 C 充电而获得电压 e，即 $e=Q_1/C$；另一部分电量 Q_2 经电阻 R 漏损掉，并在电阻 R 上产生电压降，其大小也应该是 e，即 $e=\dfrac{\mathrm{d}Q_2}{\mathrm{d}t}R$。因此可写成

$$Q=Q_1+Q_2=K_pF$$

显然，压电式传感器所产生的电压等于电容 C 充电的电压加漏损压降，有

$$\frac{\mathrm{d}Q}{\mathrm{d}t}R=\frac{\mathrm{d}Q_1}{\mathrm{d}t}R+\frac{\mathrm{d}Q_2}{\mathrm{d}t}R$$

$$RC\frac{\mathrm{d}e}{\mathrm{d}t}+e=K_pR\frac{\mathrm{d}F}{\mathrm{d}t}$$

设作用在压电晶片上的力是交变的，即 $F=F_m\sin\omega t$，故有

$$RC\frac{\mathrm{d}e}{\mathrm{d}t}+e=K_pR\frac{d}{\mathrm{d}t}(F_m\sin\omega t)$$

以上微分方程的特解为

$$e_m = \frac{K_p F\omega R}{\sqrt{1+(\omega RC)^2}} \tag{5-9}$$

由式（5-9）可知：

1）当 $\omega=0$ 时，放大器的输入电压 $e_m=0$，这说明电压放大器与压电式传感器相配不适合测量静态信号。

2）当 $\omega \ll 1/(RC)$ 时，即在测量低频动态参数时，由式（5-9）求出的输入电压 $e_m = K_p F R\omega$。在这种状态下，电压放大器的输入电压与力 F 和频率 ω 成正比，但是随频率下降，电压放大器的输入电压也随着下降，即电压放大器的低频特性差。

3）当 $\omega \gg 1/(RC)$ 时，即在测量高频动态参数时，由式（5-9）求出的输入电压 $e_m = K_p F/C$。这说明对于高频参数，电压放大器的输入电压不再随着输入参数的频率而变化，而是只随作用力的大小而变化，即电压放大器的高频特性好。

（2）电荷放大器　电荷放大器是一种与输出电荷量成正比的前置放大器。在采用电荷放大器的情况下，压电式传感器可视为一个电荷源。电荷放大器是一个高增益的、具有反馈电容 C_f 的运算放大器，其等效电路如图 5-13 所示，图中运算放大器的开环增益为 A。

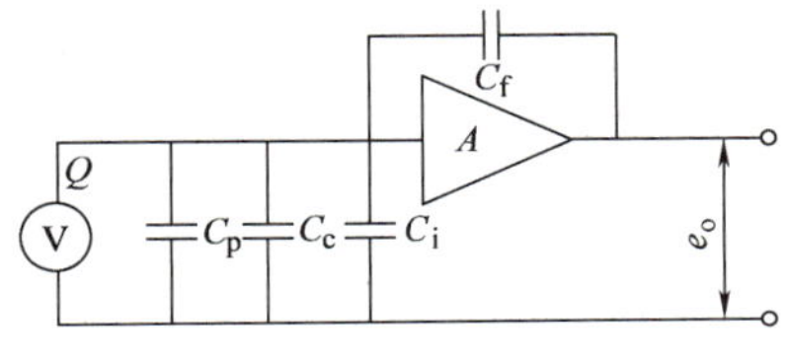

图 5-13　电荷放大器等效电路

由图 5-13 可知，电荷放大器是一个电压并联负反馈电路。从放大器输入端看，相当于 $C_f(1+A)$ 的反馈输入阻抗和输入端阻抗并联。反馈电容 C_f 对输入端的作用增加了（1+A）倍，这就增大了输入回路的时间常数。当压电式传感器受外力作用产生电荷 Q 时，将向所有电容充电，此时放大器输入端的电压 e_i 为

$$e_i = \frac{Q}{C_p + C_c + C_i + (1+A)C_f} \tag{5-10}$$

当 A≫1 时，有

$$e_i = \frac{Q}{C_f A} \tag{5-11}$$

放大器的输出电压 e_o 为

$$e_o = -e_i A = -\frac{Q}{C_f} \tag{5-12}$$

式中，“-”号表示本级的输出与输入极性相反。

式（5-12）说明，电荷放大器的输出电压仅与电荷量及反馈电容量有关，增益 A 及电缆分布电容 C_c 的变化不影响放大器的输出，这是电荷放大器的显著特点。一般长电缆时取 $AC_f>100C_c$，可使电缆分布电容对测量的灵敏度无明显影响，但是 C_f 值选得过大也会使灵敏度下降。此外，当电荷放大器与压电式传感器连接使用时，其下限频率（时间常数）仅取决于电荷放大器。国内生产的电荷放大器的下限频率已达 1.6×10^{-6}Hz，这对实际测量和准静态标定是很重要的。

5.2.4　液柱式压力计

液柱式压力计是利用工作液的液柱重力与被测压力平衡，根据液柱高度确定被测压力大

小的压力计。其工作液又称为封液，常用的有水、酒精和水银等。液柱式压力计的主要结构形式如图 5-14 所示。

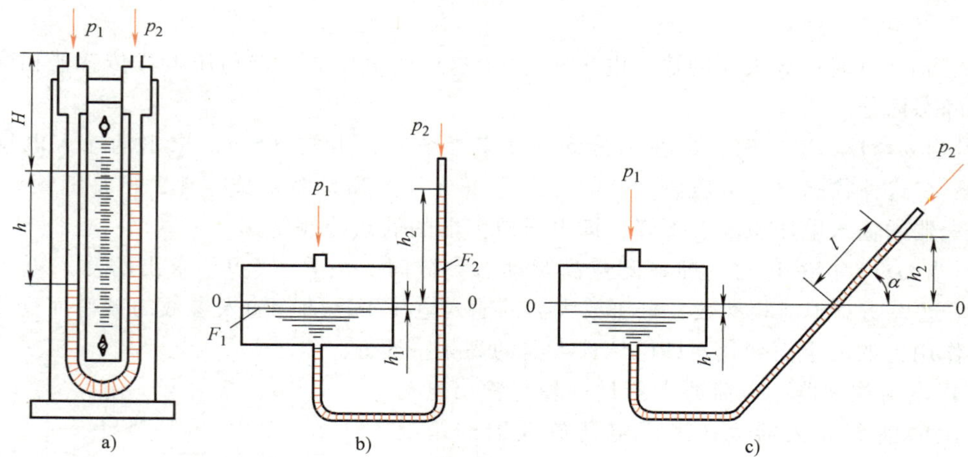

图 5-14　几种液柱式压力计的结构

a）U 形管压力计　b）单管压力计　c）斜管微压计

1. U 形管压力计

U 形管压力计的结构如图 5-14a 所示，两侧压力 p_1 和 p_2 与封液液柱高度 h 间有如下关系

$$\Delta p = p_1 - p_2 = gh(\rho - \rho_1) + gH(\rho_2 - \rho_1) \tag{5-13}$$

式中，ρ_1、ρ_2、ρ 分别为两侧介质及封液的密度；H 为右侧介质高度；h 为封液液柱高度；g 为重力加速度。

当 $\rho_1 \approx \rho_2$，且 $\rho \gg \rho_1$ 时，有

$$\Delta p = p_1 - p_2 = \rho g h \tag{5-14}$$

根据被测压力的大小及测量要求，封液可采用水或水银，有时为了避免细玻璃管中的毛细现象，其封液也可选用酒精或苯。U 形管压力计的测压范围最大不超过 0.2MPa。

2. 单管压力计

单管压力计的结构如图 5-14b 所示，其两侧的压力差为

$$\Delta p = p_1 - p_2 = g(\rho - \rho_1)(1 + F_2/F_1)h_2 \tag{5-15}$$

式中，F_1、F_2 分别为容器和测压管的横截面面积；h_2 为封液液柱高度。

当 $F_1 \gg F_2$，且 $\rho \gg \rho_1$ 时，有

$$\Delta p = p_1 - p_2 = \rho g h_2 \tag{5-16}$$

贝兹（Bates）微压计就是利用单管压力计的工作原理制成的，其结构如图 5-15 所示。宽断面容器 3 中部

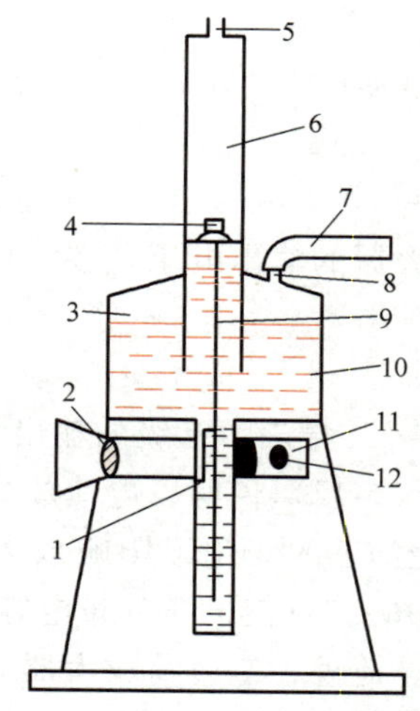

图 5-15　贝兹微压计的结构

1—毛玻璃片　2—目镜　3—宽断面容器　4—浮子　5、8—压力接头　6—升降管　7—软管　9—玻璃刻度板　10—测量液体　11—投影装置　12—灯泡

插有一根升降管 6，被测压力通过升降管接入微压计。当容器内的压力高于环境大气压时，升降管中的液面上升，升降管中的浮子 4 也随之上升。浮子下端挂有玻璃刻度板 9，投影仪将刻度的一段放大约 20 倍后显示在具有游标的毛玻璃片上。相邻两刻线相差 1mm，用游标尺读数的方法可精确读出 1Pa（0.1mm）的压力。

3. 斜管微压计

斜管微压计的结构如图 5-14c 所示，其两侧压力差为

$$\Delta p = p_1 - p_2 = \rho g l \sin\alpha \tag{5-17}$$

式中，l 为液柱长度；α 为斜管的倾斜角度。

由式（5-17）可知，斜管微压计的刻度比 U 形压力计的刻度放大了 $1/\sin\alpha$ 倍，更便于测量微压，一般这种压力计适合测量 2~2000Pa 范围内的压力。

4. 液柱式压力计的测量误差及其修正

实际使用时，影响液柱式压力计测量精度的因素很多，对影响较大的因素，必须进行修正。

1）环境温度变化的修正。当环境温度偏离规定的温度时，封液的密度、标尺的长度等都会发生变化。由于封液的体胀系数比标尺的线胀系数大 1~2 个数量级，所以一般只考虑封液密度变化的影响。

当环境温度偏离规定的温度 20℃时，封液密度改变对压力计读数影响的修正公式为

$$h_{20} = h[1 - \alpha_V(t - 20)] \tag{5-18}$$

式中，h_{20} 为 20℃时的封液液柱高度；h 为温度 t 时的封液液柱高度；α_V 为封液的体胀系数（$℃^{-1}$）；t 为测量时的实际温度（℃）。

2）重力加速度变化的修正。当测量地点的重力加速度与标准重力加速度相差太大时应进行修正，修正公式为

$$g_\varphi = \frac{g_N(1 - 0.00265\cos 2\varphi)}{1 + 2H/R} \tag{5-19}$$

式中，H、φ 分别为测量地点的海拔高度（m）和纬度（°）；$g_N = 9.80665\text{m/s}^2$ 为标准重力加速度；$R = 6356766\text{m}$ 为地球的公称半径。

3）毛细现象的影响。封液在管内由于毛细现象引起表面形成弯月形，使液柱产生附加的升高或降低，并且会引起读数误差，误差的大小取决于封液的种类、温度、管径等因素，很难精确求得。因此，实际使用时，常常通过加大管径的方法减少毛细现象的影响。当封液为酒精时，要求管子内径 $d \geqslant 3\text{mm}$；当封液为水或水银时，要求管子内径 $d \geqslant 8\text{mm}$。

4）其他误差。使用液柱式压力计时，应使压力计处于垂直位置，接头处不得有泄漏，否则会产生安装误差。读数时，眼睛应与封液凹面或凸面持平并沿切线方向读数，否则会产生读数误差。当封液为水和酒精时，眼睛应与凹面持平；当封液为水银时，眼睛则应与凸面持平。

5.2.5 弹性测压元件

1. 弹性压力计的分类

弹性元件受压后产生的弹性与压力大小有确定的关系，这是弹性测压计的工作原理。这种压力计结构简单、可靠，读数方便、准确、稳定，价格便宜，在工业上得到广泛应用。根

据所用弹性元件的不同，弹性测压计主要有以下几种。

（1）弹簧管压力计　弹簧管压力计主要由弹簧管、齿轮传动机构、指针和刻度盘组成，如图 5-16 所示。

弹簧管是弹簧管压力计的感压元件，弹簧管的横截面呈椭圆形或扁圆形，是一根空心的金属管，其一端封闭为自由端，另一端固定在仪表的外壳上，并用与被测介质相通的管接头连接。当具有压力的介质进入管的内腔后，在压力的作用下，弹簧管会发生变形。由于椭圆形短轴方向的内表面积比长轴方向大，因此受力也大，管子截面趋于变圆，产生弹性变形，使弯成圆弧状的弹簧管向外伸张，在自由端产生位移，通过拉杆带动齿轮传动机构，使指针相对于刻度盘转动。当变形引起的弹性力与被测压力平衡时，变形停止，指针指示出被测压力值。

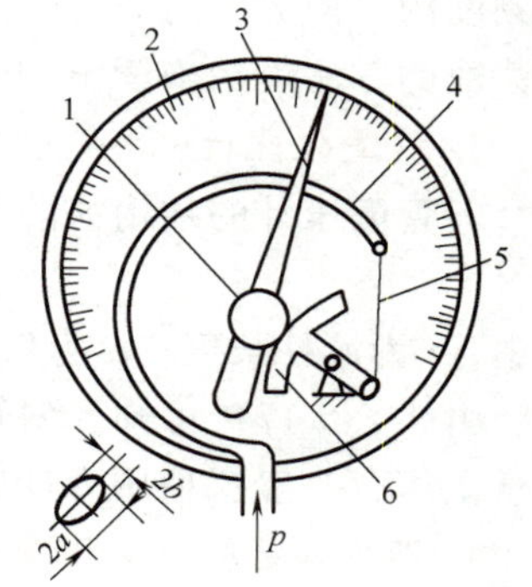

图 5-16　弹簧管压力计

1—小齿轮　2—刻度盘　3—指针　4—弹簧管　5—拉杆　6—扇形齿轮

齿轮传动机构的作用是把自由端的位移转换成指针的角位移，使指针能指示出被测值。

弹簧管的测压范围很大，可以测量从真空到 10^9Pa 的压力。

（2）膜式压力计　膜式压力计分为膜片压力计和膜盒压力计两种。它们的敏感元件分别为膜片和膜盒，其形状如图 5-17 所示。

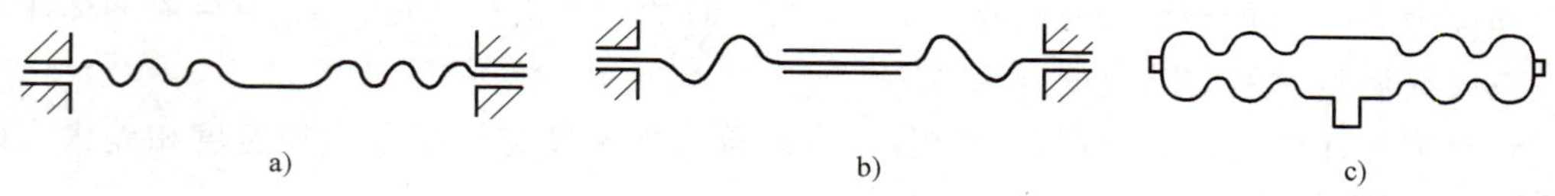

图 5-17　膜片和膜盒

a）弹性膜片　b）挠性膜片　c）膜盒

膜片可分为弹性膜片和挠性膜片两种，如图 5-17a、b 所示。膜片呈圆形，一般由金属制成，常用的弹性波纹膜片是一种压有环状同心波状的圆形薄片，它四周固定。测压时，膜片向压力低的一面弯曲，其中心产生的位移量即反映出压力的大小，通过传动机构带动指针转动，指示出被测压力。挠性膜片一般只起隔离被测介质的作用，它本身几乎没有弹性，是由固定在膜片上的弹簧来平衡被测压力的。

膜片压力计常用于测量腐蚀性介质或非凝固、非结晶的黏性介质的压力，适用于真空至 6MPa 的压力测量。

为了增大膜片中心的位移，提高测压灵敏度，把两片金属膜片的周边焊接在一起成为膜盒，如图 5-17c 所示，有时还可以把多个膜盒串接在一起，形成膜盒组。

膜盒压力计灵敏度高，常用于测量气体的负压和微压，测压范围为-40~40kPa。

膜式压力计被测介质直接作用于膜片的两侧，可用于差压的直接测量。

（3）波纹管式差压计　波纹管的外形如图 5-18 所示，薄壁管外周沿轴向有深槽形波纹状皱褶，可沿轴向伸缩。波纹管受压时的线性输出范围比受拉时大，因而常在压缩状态下使用。

波纹管式差压计以波纹管为感压元件来测量差压信号，有单层波纹管和多层波纹管两种。单层波纹管结构简单，多层波纹管内部应力小，可承受较高的压力，但各层间存在的摩擦力增大了其迟滞误差。

波纹管易变形，因此测量低压时灵敏度高于弹簧管和膜片，但由于其迟滞性强，使用时常将弹簧置于管内，可极大程度地改善其迟滞性。

2. 弹性压力计的误差分析

由于测压时环境的影响，仪表的结构、加工精度和弹性材料性能的不完善，弹性压力计测压有多种误差，以下分析主要的误差来源及减小误差的方法。

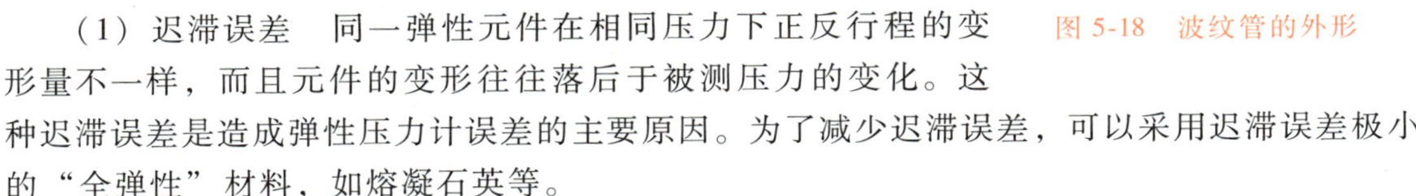

图 5-18　波纹管的外形

（1）迟滞误差　同一弹性元件在相同压力下正反行程的变形量不一样，而且元件的变形往往落后于被测压力的变化。这种迟滞误差是造成弹性压力计误差的主要原因。为了减少迟滞误差，可以采用迟滞误差极小的“全弹性”材料，如熔凝石英等。

（2）温度误差　仪表精度的标定是在标准温度下进行的，当使用环境的温度偏离标准温度很多时，弹性元件的弹性模量会产生变化，因而造成较大的误差。解决方法是采用温度误差很小的“恒弹性”材料制作弹性元件，如合金 Ni42CrTiA、Ni36CrTiA 等。

（3）间隙和摩擦误差　弹性压力计中传动机构间的间隙和摩擦阻力会引起附加误差。此外，这种误差的产生还与仪表的安装不当有关。为减少这种误差，可以采用新的传动技术，减少或取消中间传动机构，如采用电阻应变转换技术等；还可以采用无干摩擦的弹性支承或磁悬浮支承。

5.3　压力测量系统的动态特性

热能和动力工程涉及的压力测量中，很多情况下需要测量快速变化的压力，即动态压力测量。与静态压力测量相比，除测量精度外，动态特性是测量动态压力时必须考虑的因素。

在动态压力测量系统中，压力传感器安装在需要进行压力测量的部位，其间有空腔和管道的情况是很多的，甚至是无法避免的。这会严重影响传感器的动态特性，造成动态压力测量的失真，这一点在进行动态压力测量时必须考虑。

5.3.1　容腔效应

在动态压力测量系统中，压力传感器是按动态参数测量的要求设计制造的，它的固有频率很高，响应速度也很快，但由于感压元件前的空腔和导压管的存在，必然会导致压力信号的幅值衰减和相位滞后，这种效应称为动态压力测量的容腔效应。由于这种效应使整个测量系统的响应速度低于传感器的响应速度，降低了系统的动态性能。实际上，测量系统的动态特性主要取决于传感器以外的部分。因此，为了改善测量系统的动态性能，除了选择固有频率高的传感器外，更应注意使导压管尽量短，内径尽量大，感压元件前的空腔尽量小。

感压元件前空腔和导压管合在一起的固有频率 f 近似为

$$f=\frac{3ad}{\pi\sqrt{(l+\delta+0.85d)V}} \tag{5-20}$$

式中，a 为气体在工作温度下的声速；d 为导压管的内径；l 为气柱长度；δ 为空腔高度；V 为空腔容积。

由式（5-20）可见，空腔的容积越大，导压管越长，内径越小，则固有频率越低。在动态压力测量中，要特别注意这种容腔效应的影响。

5.3.2 传输管道的数学模型和频率特性

压力传输管道从根本上讲是一个阻容系统。设被测压力为 p_0，空腔压力为 p_1。在静态时，有 $p_0=p_1$；而在动态测量时，如前所述，因空腔和导压管的存在，使测量结果产生滞后，即 $p_0\neq p_1$。

对测量系统中的压力和密度变化，设

$$p_0=p_{00}+\Delta p_0$$
$$p_1=p_{10}+\Delta p_1$$
$$\Delta p=p_0-p_1$$

式中，p_{00} 和 p_{10} 是静态时的被测压力和空腔压力。

由质量平衡定律可得以下微分方程

$$V_1\frac{\mathrm{d}\rho_1}{\mathrm{d}t}=\Delta G \tag{5-21}$$

式中，V_1 为空腔的容积；ρ_1 为空腔内气体的密度；ΔG 为由于压差 Δp 的存在而引起的对空腔的充气量。

由于密度 ρ_1 难以测量，希望能用压力 p_1 的变化表示 ρ_1 的变化。当把充气过程看成是多变过程时，有

$$p_1\rho_1^{-n}=K$$

式中，n 为多变指数；K 为常数。

对上式两边微分可得

$$\mathrm{d}\rho_1=\frac{\rho_1}{np_1}\mathrm{d}p_1$$

由气体状态方程 $p_1=\rho_1R_gT_1$ 可得

$$\mathrm{d}\rho_1=\frac{1}{nR_gT_1}\mathrm{d}p_1 \tag{5-22}$$

式中，R_g 为气体常数；T_1 为空腔内的温度。

充气流量 G 的大小和压差 Δp 的大小成正比，此外还和导压管的流阻 R_f 有关。流阻 R_f 的定义为 $R_f=\dfrac{\mathrm{d}(\Delta p)}{\mathrm{d}G}$，则有

$$\Delta G=\frac{\Delta p_0-\Delta p_1}{R_f} \tag{5-23}$$

将式（5-22）和式（5-23）代入式（5-21），得

$$C\frac{\mathrm{d}p_1}{\mathrm{d}t}=\frac{\Delta p_0-\Delta p_1}{R_f}$$

式中，C 为容室贮存气体的能力，即容室内每升高单位压力所需增加的空气贮存量，$C=\dfrac{V_1}{nR_gT_1}$。

则

$$R_fC\frac{\mathrm{d}\Delta p_1}{\mathrm{d}t}=\Delta p_0-\Delta p_1$$

用增量相对值的无因次量表示上述方程，定义为

$$\frac{\Delta p_1}{p_{10}}=x_{p1}, \quad \frac{\Delta p_0}{p_{00}}=x_{p0}$$

动态压力测量案例

则

$$T\frac{\mathrm{d}x_{p1}}{\mathrm{d}t}=x_{p0}-x_{p1} \tag{5-24}$$

式中，T 为时间常数，$T=R_fC$。

式（5-24）的传递函数方程为

$$\frac{x_{p1}}{x_{p0}}=\frac{1}{T_s}+1 \tag{5-25}$$

显然，这是一个惯性环节，时间常数的大小由流阻 R_f 和 C 的大小决定，它反映了动态压力测量时的滞后程度。导压管的长度越大、内径越小时，流阻 R_f 越大。腔容积 V_1 大时，时间常数增大。测量时压力滞后越大，对动态压力测量的影响越大，所以要从导压管和空腔着手减少滞后。

5.4 测压传感器的标定

为了保证测量的准确性，测压传感器在首次使用前必须进行标定，对于长期使用的测压系统其传感器也要定期标定。标定分为静态标定和动态标定两种。

5.4.1 测压传感器的静态标定

当被测压力恒定时，传感器的输出量和输入量之间的关系称为传感器的静态特性。通过试验确定传感器静态特性的工作称为静态标定。

静态标定是根据静压平衡原理，利用活塞式压力计、标准弹簧压力计或液柱式压力计进行的。

活塞式压力计是最常用的测压传感器标定工具，其结构及工作原理如图 5-19 所示。标定过程中用于确定面积上的砝码重力平衡被测压力，由于砝码的精度很高，作用面积也可以精确确定，因此活塞式压力计具有很高的精度。标定时，被标定传感器安装在阀门 11 的接头上，打开油杯 4 的阀门 10，

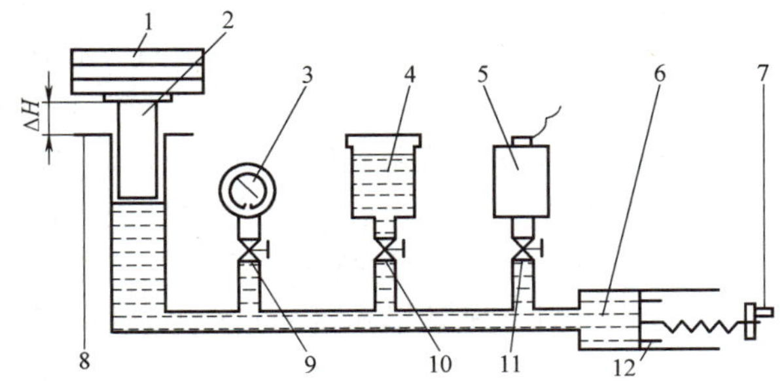

图 5-19　活塞式压力计结构及工作原理

1—盘形标准砝码　2—测量柱塞　3—压力表　4—油杯　5—被标定传感器　6—压力油缸　7—手轮　8—柱塞座　9、10、11—阀门　12—活塞

逆时针转动手轮 7，活塞 12 右移，油杯 4 中的液压油进入压力油缸 6 中，然后关闭油杯阀门 10，测量柱塞 2 上放置相应的盘形标准砝码 1，再顺时针旋转手轮 7 压缩压力油缸中的液压油，直至标准砝码被顶起至某一高度 ΔH，标准压力表显示值等于标定值时，被标定传感器的输出值即为其静态特性中该标定值对应的输出量。

5.4.2　测压传感器的动态标定

对于测量动态压力的测压仪表的传感器，除了静态标定外，还要进行动态标定，其目的是得到它的频率响应特性，以确定它的适用范围、动态误差等。

动态标定有两种方法：一种是输入标准频率及标准幅值的压力信号与传感器的输出信号进行比较，这种方法称为对比法，例如，将测压管装在标定风洞上的标定；另一种是通过激波产生一个阶跃的压力并施加于被标定的传感器上，根据其输出曲线求得它的频率响应特性，这种激波管动态标定是一种最为基本的动态标定方法。

图 5-20 是激波管标定系统图。

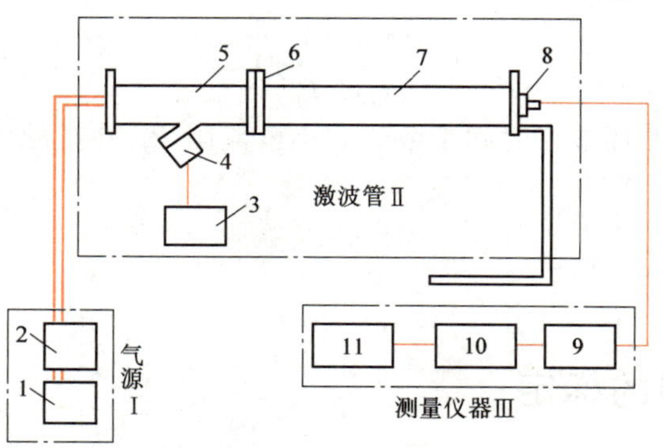

图 5-20　激波管标定系统图

1—气瓶　2—控制器　3—直流电源　4—撞针机构　5—高压段　6—膜片
7—低压段　8—被标定的传感器　9—动态应变仪　10—示波器　11—信号时标

系统由气源Ⅰ、激波管Ⅱ及测量仪器Ⅲ三部分组成。激波管作为压力源，为传感器动态标定提供一个上升时间极快的大幅值的压力阶跃。激波管是一个两头封闭的圆管（直径一般为 30~70mm），它由两段组成，左边较短的一段是高压段 5，右边较长的一段是与大气相通的低压段 7，两段之间由法兰连接并通过一膜片分开。激波管高压段的高压气一般采用氮气或空气，整个激波管必须牢牢固定，以避免振动对被标定传感器输出的影响。

膜片可采用金属箔或其他硬塑膜。当激波管开始工作时，直流电源 3 接通吸动撞针机构 4，使撞针捅破膜片，高压气流向低压端。激波管内的工作过程如图 5-21 所示。

由图 5-21 可知，在膜片被捅破后，高压气（压力为 p_4）流向低压段。由于其压比 p_4/p_1 大大高于临界压比，故流动速度为超声速。由于低压段管有一定长度，在管内必然会形成一移动激波，激波强度与激波速度 v_s 之间的关系为

$$\frac{p_2}{p_1}=1+\frac{2\kappa_1}{\kappa_1+1}(Ma_s-1) \tag{5-26}$$

式中，p_2、p_1 分别为激波前沿扫过后，波后与波前气体的压力；κ_1 为状态 1 时空气的等熵

指数；Ma_s（$Ma_s=v_s/c_1$）为激波前沿移动的马赫数（此时激波移动速度 v_s 是指压力波传播速度而不是气体的运动速度）；c_1 为当地声速。

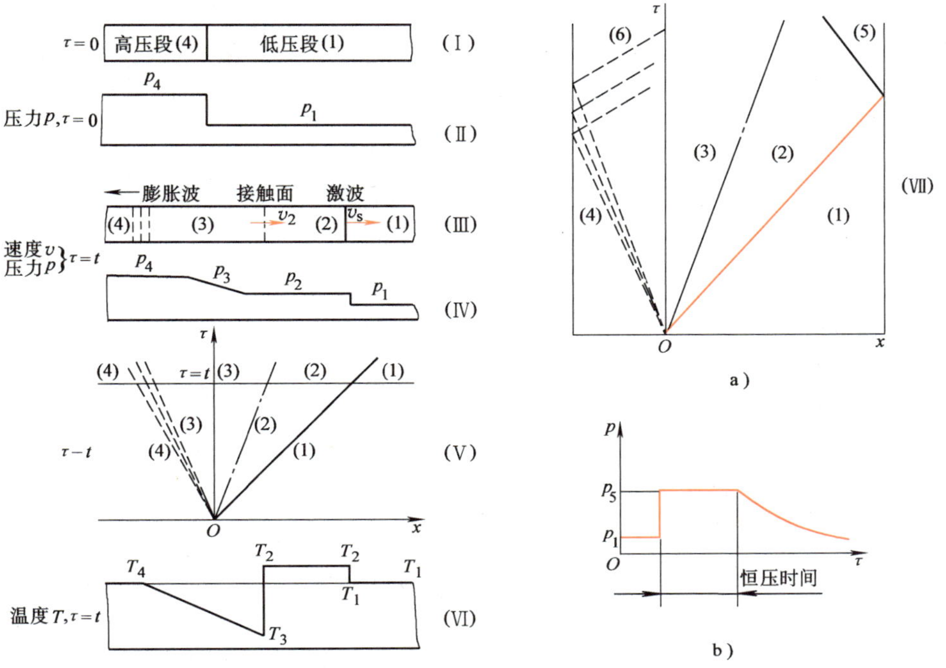

图 5-21 激波管内的工作过程

a）压力传播过程 b）压力-时间图

激波前沿以超声速向右传播，其扫过的压力为 p_2，同时在高压段内不断产生膨胀波，此膨胀波扫过管段的压力逐步下降，如图 5-21 中 p_3，激波前沿未到之处为 p_4。当时间 $t=\tau$ 时，管内压力分布如图中（Ⅳ）和（Ⅴ）所示，（Ⅵ）为温度分布曲线。当激波到达右端的壁面后，从壁面上反射出一道激波，激波的前后压力比 p_5/p_2 为

$$\frac{p_5}{p_2}=\frac{\dfrac{\kappa+1}{\kappa-1}+2+\dfrac{p_1}{p_2}}{1+\dfrac{\kappa+1}{\kappa-1}\dfrac{p_1}{p_2}} \tag{5-27}$$

式中，κ 为空气的等熵指数。

另一方面，膨胀波经过左端壁仍反射出一膨胀波束，波后压力为 p_6，激波与膨胀波在管内某处相交后贯穿而过继续朝前移动，当激波开始反射直至膨胀波到达安装传感器的右壁这段时间内，该处压力维持为 p_5。只有当膨胀波到达之后，此压力才逐渐降低。右壁面上的压力随时间变化的关系如图 5-21b 所示。p_5/p_1 称为阶跃压力比，壁面上维持压力不变的这段时间称为恒压时间。恒压时间应足够长，以使传感器所产生的振荡在这段时间内消失。

根据空气动力学理论，可以求得欲达到此阶跃压力与激波强度的初始压力比为

$$\frac{p_4}{p_1}=\frac{p_2}{p_1}\left[1-\frac{(\kappa_4-1)(c_1/c_4)(p_2/p_1)}{\sqrt{2\kappa_1}\sqrt{2\kappa_1+(\kappa_1+1)(p_2/p_1-1)}}\right]^{-\frac{\kappa_4}{\kappa_4-1}} \tag{5-28}$$

式中，κ_1、κ_4 分别为状态 1 和 4 时气体的等熵指数；c_1、c_4 为该状态下的声速。

根据被标定传感器的要求（阶跃压力、恒压时间），可由式（5-26）、式（5-27）和式（5-28）求得激波管的初始压力比以及其他参数。由于被标定的传感器是齐平于低压段端面内壁安装的，膜片所受压力和壁面所受压力相同，因此若输入信号为阶跃压力 p_5，则输出信号如图 5-22 中的曲线 $U=f(t)$ 所示。

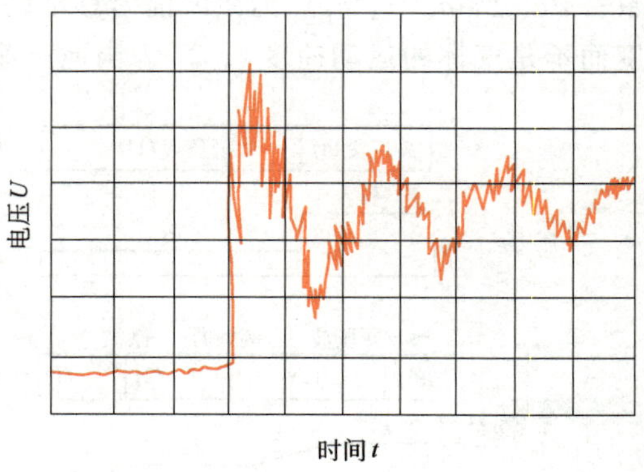

图 5-22　激波管标定系统传感器的输出曲线 $U=f(t)$

有了传感器的输出曲线 $U=f(t)$ 以及算出的激波管阶跃压力，就可以求得被标定传感器的频率响应特性。

思考题与习题

5-1　有一 U 形管压力计，封液为水，测量时封液液柱高度 $h=500\text{mm}$，求左右两端介质的压力差。

5-2　简述应变式、电容式、压电式压力传感器结构特点及应用范围。

5-3　进行动态压力测量时有哪些误差来源？如何减少误差？

第6章

6

流速测量

在热能与动力工程中，常常需要测量工作介质在某些特定区域的流速，以研究其流动状态对工作过程和性能的影响。被测流体包括冷空气、热空气、冷却水、燃烧火焰以及排放气体，测量区域包括进排气管道、冷却水通道、燃烧室，流动性质有一维、二维、三维、湍流、涡流、微风、超声速等。因此，对测量方法和装置有不同的要求。迄今为止，热能与动力工程中最常用的是皮托管和热线风速仪测速技术，此外，激光多普勒测速和粒子图像测速等先进技术在相关科研工作中的应用也逐渐普遍。本章将简要介绍这些测量方法的基本原理及技术特点。

6.1 皮托管测速技术

皮托管是以其发明者——法国工程师 Hcnri Pitot 的名字命名的，它由总压探头和静压探头组成，利用流体总压与静压之差，即动压来测量流速，故也称动压管。由于其主要测量对象为气体，因此又有风速管之称。

皮托管的特点是结构简单，制造使用方便，价格低廉，而且只要精心制造并经过严格标定和适当修正，即可在一定的速度范围内达到较高的测量精度。所以，虽然皮托管的出现已有两个多世纪，但其至今仍是热能与动力机械中最常用的流速测量手段。

皮托管测取的是流场空间某点的平均速度。由于是接触式测量，因而探头的头部尺寸决定了皮托管测速的空间分辨率。受工艺、刚度、强度和仪器惯性等因素的限制，目前最小的皮托管头部直径为 0.1~0.2mm。

6.1.1 基本构造和测速原理

图 6-1 所示是直角形（L 形）皮托管。根据不可压缩流体的伯努利方程，流体参数在同一流线上有着如下关系

$$p+\frac{1}{2}\rho v^2=p_0 \tag{6-1}$$

式中，p_0、p 分别为流体的总压和静压；ρ 为流体密度；v 为流体流速。

由式（6-1）可得

$$v=\sqrt{\frac{2(p_0-p)}{\rho}} \tag{6-2}$$

可见，通过测量流体的总压 p_0 和静压 p，或它们的差压（p_0-p），就可以根据式（6-2）计算流体的流速，这就是皮托管测速的基本原理。考虑到总压和静压的测量误差，利用它们的测量读数进行流速计算时，应进行适当的修正。为此，引入皮托管的校准系数 ζ，式（6-2）改写为

$$v=\zeta\sqrt{\frac{2(p_0-p)}{\rho}} \tag{6-3}$$

实际上，通过合理调整皮托管各部分的几何尺寸，可以使总压、静压的测量误差接近于零。例如，图 6-1a 所示的标准皮托管是迄今为止最为完善的一种，其校准系数为 1.01～1.02，且在较大的流动马赫数（Ma）和雷诺数（Re）范围内保持定值。

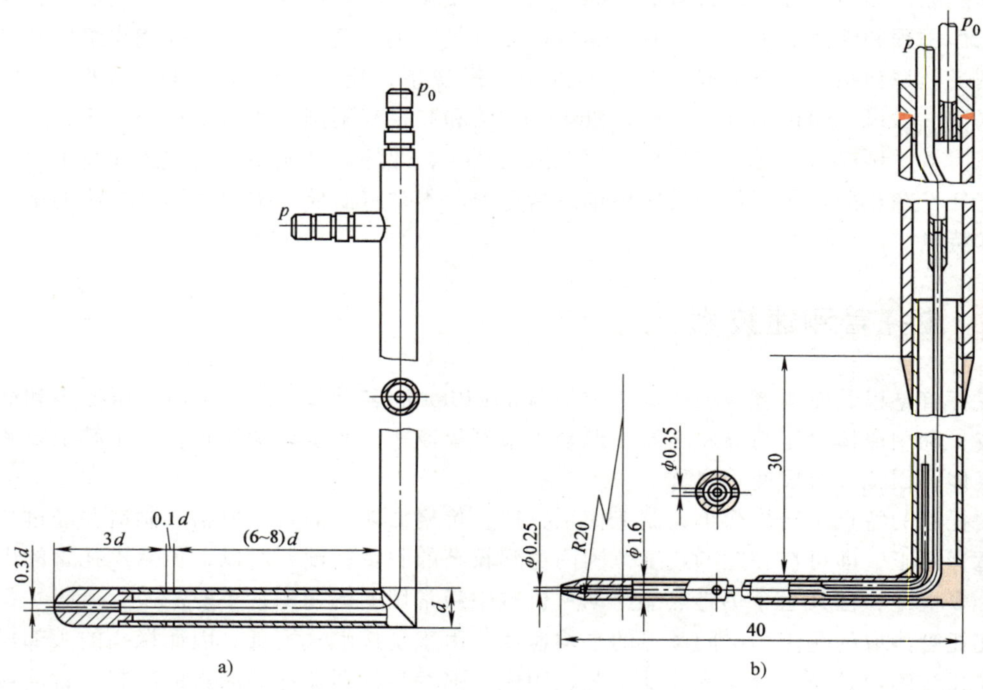

图 6-1　直角形（L 形）皮托管

a）带半球形头部的标准皮托管　b）带锥形头部的皮托管

p_0—总压　p—静压　d—皮托管头部直径

当被测流体为气体，且流动的马赫数 $Ma>0.3$ 时，应考虑压缩性效应。这时的流速计算公式如下

$$v=\zeta\sqrt{\frac{2(p_0-p)}{\kappa\rho(1+\varepsilon)}} \tag{6-4}$$

式中，κ 为气体的等熵指数，对于空气，$\kappa=1.40$；ε 为气体的压缩性修正系数，可由表 6-1 查取。

表 6-1　压缩性修正系数与 Ma 的关系

Ma	0.1	0.2	0.3	0.4	0.5	0.6	0.7	0.8	0.9	1.0
ε	0.0025	0.0100	0.0225	0.0400	0.0620	0.0900	0.1280	0.1730	0.2190	0.2750

对于可压缩气体，其绝对流速还与温度有关。为了避免测温的麻烦，一般用 Ma 表示气流的速度，即

$$Ma=\zeta\sqrt{\frac{2(p_0-p)}{\kappa\rho(1+\varepsilon)}} \tag{6-5}$$

用普通的皮托管测速时，一般要求流动 Ma 小于临界马赫数 Ma_c。对于高 Ma（Ma 接近 1）下的流动，为避免在皮托管的头部附近发生脱体激波，可采用细长的锥形探头，如图 6-1b 所示，这类管子适用于 Ma 达 0.8~0.85 的流速测量。测量超声速气流的流速时，还会碰到测压管引发波阻损失等特殊问题，需要选用特定形式的总压和静压探头，并进行严格的标定。

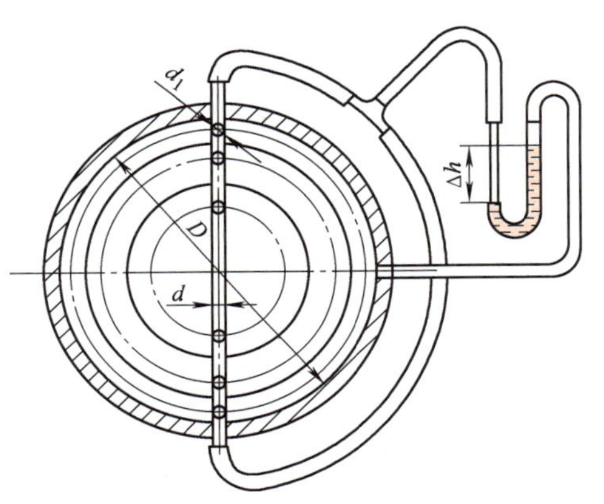

图 6-2　笛形皮托管

除了使用最广泛的标准皮托管外，在一些特殊的场合还经常用到其他形式的皮托管。例如，测量尺寸较大的管道内的平均流速时，可以采用图 6-2 所示的笛形皮托管；而对于锅炉等设备管道中含尘浓度较高的气流测量，可以采用吸气式、遮板式或靠背式皮托管，如图 6-3 所示。这些皮托管在使用前都必须经过严格标定。

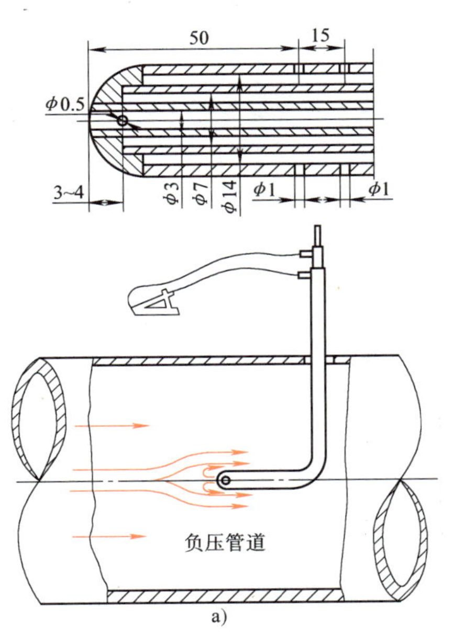

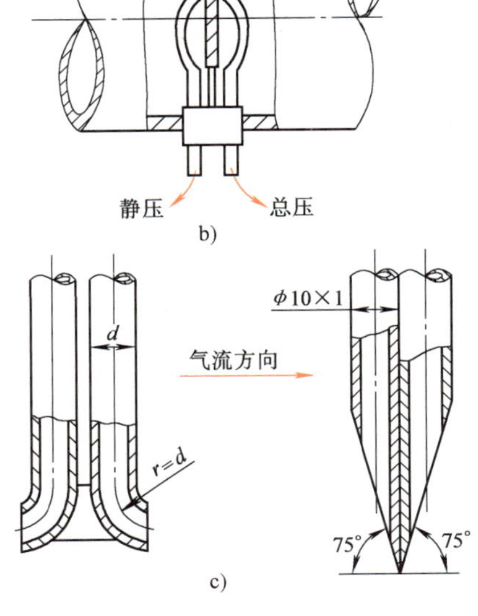

图 6-3　测量高含尘量气流的皮托管

a）吸气式　b）遮板式　c）靠背式

6.1.2　二维气流速度的测量

对于平面流动，可以采用三孔测速管测量其流速的大小和方向。三孔测速管主要由三孔探头、干管、传压管和分度盘等组成，如图 6-4 所示。其中探头可以做成各种形状，如图 6-5 所示的圆柱形、球形、尖劈形等。在探头的三个感压孔中，居中的一个为总压孔，两侧的孔用于探测气流方向，故也称方向孔。当两个方向孔的压力相等时，则认为气流方向与总压孔的轴线重合。可见，两个方向孔所在的位置必须对气体的流动方向十分敏感。即当气流方向与两方向孔的角平分线方向出现微小偏差时，两个方向孔上的压力就会出现显著的差异。下面就以圆柱形三孔测速管为例，说明其方向孔的开设原则及测速原理。

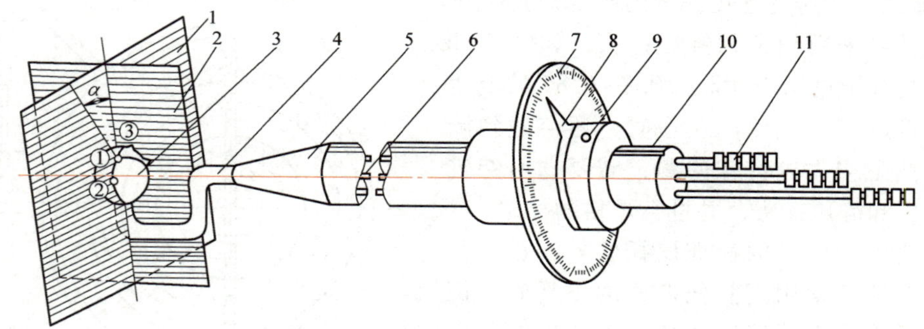

图 6-4　三孔测速管构造

1—赤道面　2—子午面　3—三孔感压球形探头　4—接管　5—干管
6—传压管　7—分度盘　8—指针　9—锁紧螺钉　10—键槽　11—接嘴

如图 6-6 所示，设两个方向孔中心线之间的夹角为 2ϕ，气体的流动方向与两个方向孔的角平分线方向偏离 $\Delta\phi$。根据绕流物体的表面压力分布规律，两个方向孔的压力分别为

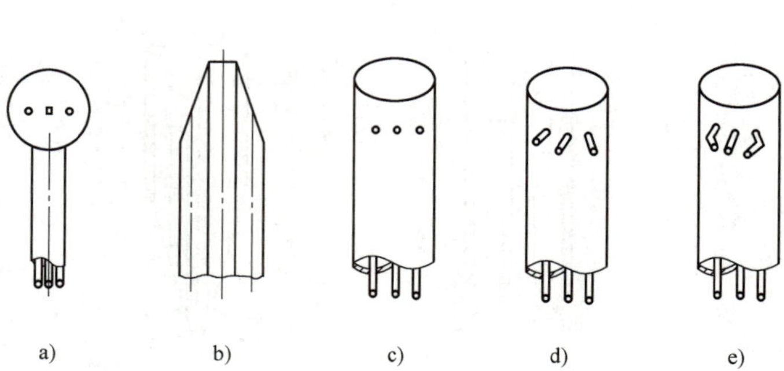

图 6-5　三孔测速管感压探头的形状

a）球形　b）尖劈形　c）普通圆柱形　d）发散圆柱形　e）聚合圆柱形

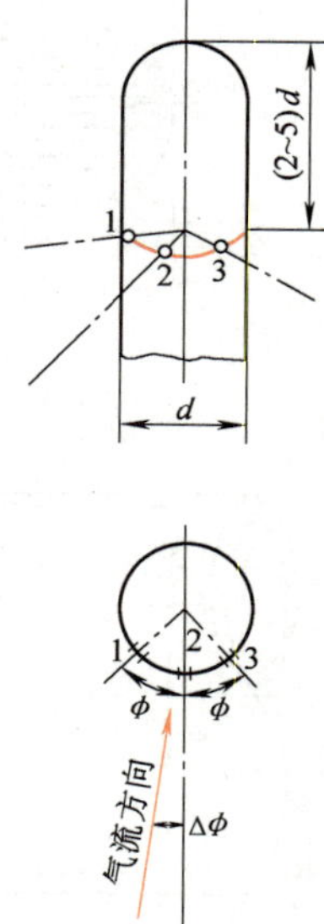

图 6-6　三孔测速管上的感压孔布置

1、3—方向孔　2—总压孔

$$p_1-p=\frac{1}{2}\rho v^2[1-4\sin^2(\phi+\Delta\phi)] \tag{6-6}$$

$$p_3-p=\frac{1}{2}\rho v^2[1-4\sin^2(\phi-\Delta\phi)] \tag{6-7}$$

式中，p 为静压。

因此，两个方向孔的压力差为

$$\begin{aligned}p_1-p_3&=-2\rho v^2[\sin^2(\phi+\Delta\phi)-\sin^2(\phi-\Delta\phi)]\\&=-2\rho v^2\sin(2\phi)\sin(2\Delta\phi)\end{aligned} \tag{6-8}$$

对式（6-8）关于 ϕ 求极值，并令$\partial(p_1-p_3)/\partial\phi=0$ 得

$$4\rho v^2\cos(2\phi)\sin(2\Delta\phi)=0 \tag{6-9}$$

由于 p_1-p_3 的最大值应该在 $\Delta\phi\neq0$ 时出现，所以要求

$$\cos(2\phi)=0 \tag{6-10}$$

即 $2\phi=90°$，或者说 $\phi=45°$。

可见，两个方向孔在同一平面内呈直角分布时对气流的方向最为敏感。因此，三孔测速管探头的感压孔位置应该是两个方向孔在同一平面内按 90°夹角布置，总压孔则布置在两个方向孔的角平分线上。

实际测量时，将上述测速管探头插入气流中，慢慢转动干管，直到两个方向孔的压力相等。这时，气流方向与总压孔的轴线平行，总压孔和两个方向孔的压力分别为

$$p_2-p=\frac{1}{2}\rho v^2 \tag{6-11}$$

$$p_1-p=\frac{1}{2}\rho v^2(1-4\sin^2 45°)=-\frac{1}{2}\rho v^2 \tag{6-12}$$

$$p_3=p_1 \tag{6-13}$$

式（6-11）和式（6-12）相减可得

$$p_2-p_1=\rho v^2 \tag{6-14}$$

或

$$v=\sqrt{\frac{p_2-p_1}{\rho}} \tag{6-15}$$

以上所述即为三孔测速管测量流速大小和方向的工作原理。由此可见，流速的方向是根据两个方向孔的压力平衡情况来判断的，而流速的大小可以根据总压孔与方向孔之间的压力差进行计算。

实际上，由于制造方面的因素，感压孔的位置和尺寸等可能存在偏差，因而各个感压孔的真实压力并不能严格满足上述理论，即从严格意义上讲，式（6-15）不能直接成立。为此，每根测速管在使用前都必须经过标定，而且每根测速管的标定结果一般都不会相同。

类似上述平面气流流速的测量方法，三维空间气流速度的大小和方向可用五孔测速管测量，当气流方向变化较大时，还可以采用七孔测速管进行测量。

6.1.3　皮托管的标定

如前所述，各种皮托管由于结构上的不同和制造上的差异，在制造后或使用前都必须经过标定。皮托管的标定是在校准风洞中进行的，校准风洞有吸入式、射流式、吸入-射流复

合式以及正压式等多种类型，其中最常用的是射流式校准风洞，如图6-7所示。射流式校准风洞的工作段是开式的，由稳流段和收敛器构成，稳流段内装有整流网和整流栅格。压缩空气先通过稳流段，再通过收敛器后形成自由射流。

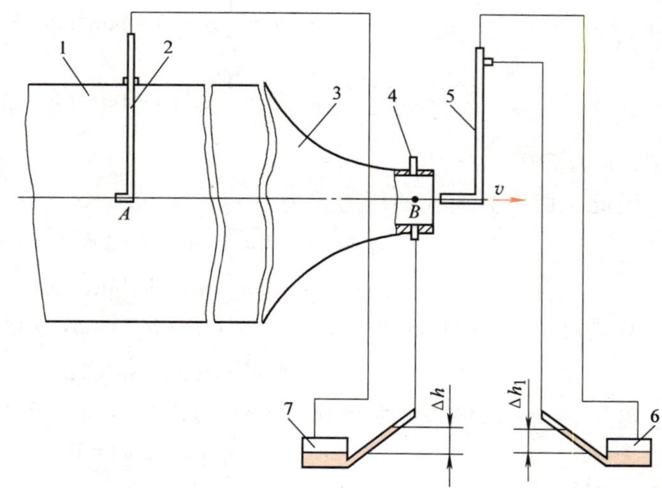

图6-7　射流式校准风洞测量系统

1—稳流段　2—总压管　3—收敛器　4—静压测孔　5—被校测速管　6、7—微压计

标定时，被标定的皮托管探头置于风洞出口处，其动压读数为Δh_1。标准动压Δh在射流段B处测量。这里需要说明，测量Δh时，之所以将总压管安装在稳流段的A处，是因为该处容易布置总压管，而且由于风洞的收敛器采用维托辛斯基型面，流线光顺，加上AB两截面距离很短，故可以认为AB段内的流动损失接近零，即可以认为A处和B处的总压相等。另外，之所以要在B处测量标准动压，是因为A处截面大、风速低，总压和静压很接近，动压很小；而B处截面缩小，流速增大，动压也大，其量值通常是A处的16^2倍左右。因此，采用B处的动压可以提高标定精度。

皮托管标定的基本步骤可以概括为：

1）将被标定的皮托管按图6-7所示的位置进行安装，安装时要保证皮托管的总压孔轴线对准校准风洞的轴线，然后连接好测量管路。

2）合理选择标定流速范围，记录各稳定气流流速下校准风洞的标准动压值Δh和被标定皮托管的动压值Δh_1。

3）整理记录数据，或拟合成标定方程，或绘制成标定曲线，以备查用。当Δh与Δh_1之间呈线性关系时，可以直接求出皮托管的校准系数ζ，即

$$\zeta=\sqrt{\frac{\Delta h}{\Delta h_1}} \tag{6-16}$$

在没有校准风洞的情况下，对用于一般场合测速的皮托管，可以采用自制的平直风管进行标定。这种风管的长径比要求大于20，为使风压更稳定，可以在风机出口处加一稳压箱。标定时，将标准皮托管（$\zeta=1$，结构如图6-1a所示）和被标定皮托管分别置于风管的出口处，以标准皮托管感受的动压作为标准动压，标定步骤同上所述。

6.2　热线（热膜）测速技术

热线（热膜）测速是一种热电式测速技术，其相应的测量装置通常称为热线风速仪。热线或热膜为感应流速信号的探头，由于其几何尺寸及热惯性均较小，因此可用于微风

（如冷库和空调房内的风速）、脉动速度（如内燃机燃烧室内的湍流强度和压气机的旋转失速）以及皮托管难以安装的场合（如附面层、压气机级间）的流速测量。特别是将热线风速仪与计算机联用后，不仅可以简化繁琐数据的人工整理工作，还可以使流速的量程扩大到500m/s、脉动频率上限提高到80kHz，从而大大扩展了热线风速仪的应用范围。

6.2.1　热线风速仪的基本构造

热线风速仪由探头、信号和数据处理系统构成。探头选用热敏电阻材料，结构上分热线和热膜两种形式。另外，对分别适用于一维、平面和空间流场流速测量的探头，又分别称为一元、二元和三元探头，常见的热线探头结构形式如图6-8所示。

热线探头的热敏材料多选用铂丝或钨丝，其几何尺寸范围为直径3.8~5μm，长度1~2mm。这种十分纤细的热丝被焊接在两根支杆上，通过绝缘座引出接线。为了减少支杆绕流的扰动影响，热线靠近支杆的两端经常镀覆合金，仅留中间部分作为敏感元件。

热膜探头采用铬或铂金属薄膜，用熔焊的方法固定在楔形或圆柱形的石英骨架上，其机械强度比热线探头高，可承受的电流也较大，能用于液体或带有颗粒的气流流速的测量。但其尺寸相对较大，因而响应速度不及热线探头高。

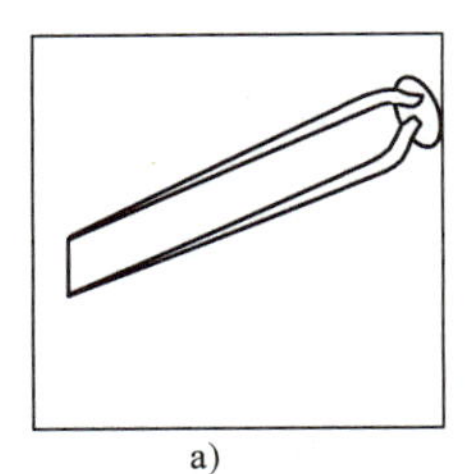

a)

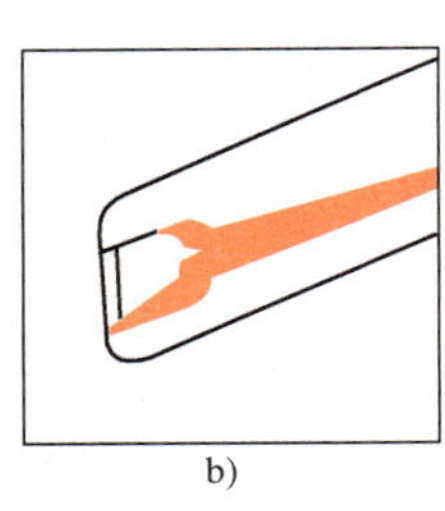

b)

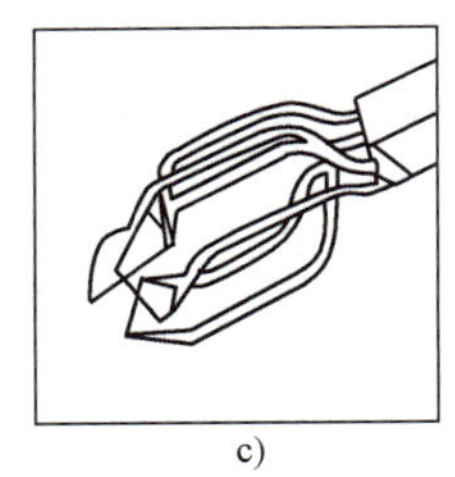

c)

图6-8　热线探头

a）一元热线探头　b）热膜探头　c）三元热线探头

6.2.2　热线风速仪的工作原理

热线风速仪是根据通电的探头在气流中的热量散失强度与气流速度之间的关系来测量流速的。工作时，若通过热线（含热膜，下同）的电流为 I，热线的电阻为 R_w，相应的热线温度为 T_w，则热线产生的焦耳热为 I^2R_w。假定热线在流体中的热量散失主要靠其与流体间的强迫对流换热，而不考虑热线的导热和辐射损失，则在热平衡条件下有

$$I^2R_w = hF(T_w - T_f) \tag{6-17}$$

式中，h 为热线与被测流体之间的表面传热系数，与流体的流速、热导率、黏度等参数有关；F 为热线的换热面积；T_f 为被测流体的温度。

对于与流体流动方向垂直放置的热线探头，其单位时间内散失的热量与因电流流过在其上产生的焦耳热之间的关系可表示为

$$I^2R_w = (a+bv^n)(T_w - T_f) \tag{6-18}$$

式中，a 和 b 为与流体参数及探头结构有关的常数；n 为与流速有关的常数。

由于热线的电阻 R_w 与其温度 T_w 是一一对应的，所以，式（6-18）反映的是在流体温度一定的条件下，流体的流速仅仅是热线电流和热线温度（或电阻）的函数，即

$$v=f(I,T_w) \tag{6-19}$$

或

$$v=f(I,R_w) \tag{6-20}$$

由此可见，只要固定 I 和 T_w（或 R_w）中的一个变量，流速就成为另一变量的单值函数。这样也就形成了热线风速仪的两种工作方式：恒流式和恒温（恒电阻）式，它们的工作原理如图 6-9 所示。

1. 恒流式

在热线风速仪的工作过程中，保持加热电流不变（I=常数），热线的表面温度随流体流速而变化，电阻值也随之改变。此时，测速公式（6-20）可改写为

$$v=f(R_w) \tag{6-21}$$

因此，通过测定热线的电阻值就可以确定流体速度的变化。

在图 6-9a 所示的恒流式测量电路中，假定热线尚未置入流场（即热线感受的流速为零）时，测量电桥处于平衡状态，检流计 G 指向零点，此时，电流表 A 的读数为 I_0。当热线被放置到流场中后，由于热线与流体之间的热交换，热线的温度下降，相应的阻值 R_w 也随之减小，致使电桥失去平衡，检流计偏离零点，当检流计达到稳定状态后，调节与热线串联于同一桥臂上的可变电阻 R_a，直至其增大量抵消 R_w 的减小量。此时，电桥重新恢复平衡，检流计回到零点，电流表也恢复到原来的读数 I_0（即电流保持不变）。通过测量 R_a 的改变量可以得到 R_w 的数值，进而根据测速公式（6-21）就可以计算出被测流速 v。

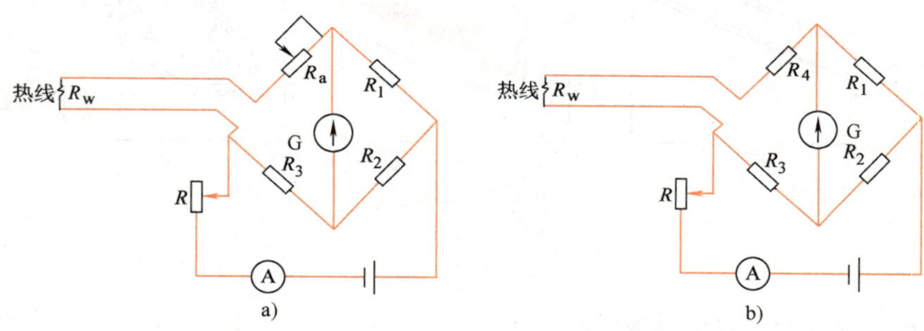

图 6-9　热线风速仪工作原理图

a）恒流式　b）恒温（恒电阻）式

2. 恒温（恒电阻）式

在热线风速仪工作过程中，通过调节热线两端的电压以保持热线的电阻不变，这样就可以根据电压值的变化，测出热线电流的变化，进而计算流速。此时，测速公式可改写为

$$v=f(I) \tag{6-22}$$

恒温式测量电路如图 6-9b 所示，其工作方式与前述恒流式的不同之处在于：当热线因对流换热出现温度下降，电阻减小，导致电桥失去平衡时，调节可变电阻 R，使 R 减小以增加电桥的供电电压，桥臂上的电流随之增大，热线的加热功率提高，温度回升，阻值增大，直至电桥重新恢复平衡。

在上述两种工作方式中，恒流式因热线热惯性的影响，存在灵敏度随流动变化频率减小而降低，而且会产生相位滞后等缺点。因此，现在的热线风速仪大多采用频率特性较好的恒温式风速仪。另外，在实际应用中，由于测速公式的函数关系不易确定，通常都采用试验标定曲线的方法，或把标定数据通过回归分析整理成经验公式。应用时，如果被测流体的温度

偏离热线标定时的流体温度，则需要进行温度修正，为此可以采用自动温度补偿电路。

6.2.3　差动式热线测速

为了将热线（含热膜）测速技术应用于气体小流速（微风）测量，进而拓展到 $10^{-4}m^3/s$ 量级的微小体积流量，可以采用双热线差动测量技术，即差动式热线测速技术。这种测速探头由两个相同的热线电阻 R_{w1}、R_{w2} 和一个加热电阻 R_H 构成，如图 6-10 所示，其工作原理是：R_{w1}、R_{w2} 布置在气体流动方向前后，R_H 安装在它们之间；R_{w1}、R_{w2} 接入双臂电桥；探头进入被测气流前，R_{w1}、R_{w2} 同时被 R_H 均匀加热，此时 $R_{w1}=R_{w2}$，电桥平衡，没有输出；探头进入被测气流后，位于气流前端的热线 R_{w1} 被冷却，而后置的 R_{w2} 继续被加热，$R_{w1}\neq R_{w2}$，电桥因此失去平衡，其对角线输出电压的大小取决于 R_{w1} 与 R_{w2} 的差值，显然这个差值的大小与气流速度成比例关系，因此通过测量电桥的输出可以测量气体流速。

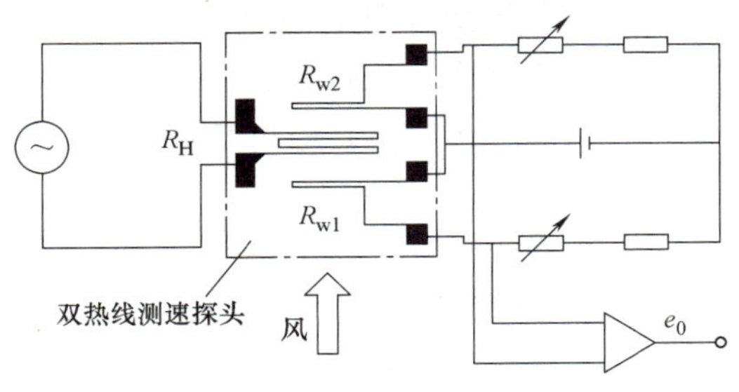

图 6-10　差动式热线测速原理

相比于单热线测速，上述差动式热线测速之所以能够拓展测量下限的原理就在于：在单热线方法中（图 6-9），直接或间接的检测量是热线电阻的变化量，对于低速流场，热线电阻与气流之间的换热强度是微弱的，因此热线的电阻值改变也是微小的，难以准确测量；而在双热线差动测速中，检测量是两个热线电阻的电阻值之差直接驱动的电桥输出电压。

6.3　激光多普勒测速技术

上面介绍的皮托管和热线风速仪都是接触式测速方法，它们的测量探头不仅会对流场产生干扰，还限制了测量的频率响应速度和空间分辨率，因此，其应用范围是有限的。

激光多普勒测速技术（Laser Doppler Velocimeter，LDV）自 20 世纪 60 年代初开始应用于测量管内水流以来，相关的研究工作得到了飞速发展。这种非接触式测速方法的主要优点有：①对流场无干扰；②输出特性的直线性相当好，不必进行标定；③除流体折射率外，测量精度不受其他物理参数的影响；④空间分辨率高，无惯性，因而频响特性好；⑤测速范围广，可以从 10^{-3}mm/s 级的低速到超声速；⑥测量方向特性稳定；⑦可以测量逆流现象中循环流的湍流速度成分。但是，从另一方面看，多普勒测速装置是一个比较庞大的测量系统，与皮托管相比，它不仅价格昂贵，而且使用操作复杂，同时还必须在流动管壁上设置激光观测窗口，在被测流体中加载能够充分响应流体速度的散射微粒等。

6.3.1　激光多普勒测速原理

顾名思义，激光多普勒测速的基础依据是激光多普勒效应现象。即当激光照射到跟随流体一起运动的微粒上时，微粒散射的散射光频率将偏离入射光频率，这种现象就叫激光多普勒效应，其中散射光与入射光之间的频率偏离量称为多普勒频移。多普勒频移与微粒的运动速度，即流体的流速成正比。因此，测量出多普勒频移就可以得到流体的速度。

图 6-11 为激光多普勒效应测速原理示意图。图中 LS 为固定的激光光源，其发射的单色平面光波频率为 f_i，波长为 λ_i；P 代表跟随流体一起运动的微粒，其运动速度为 $\boldsymbol{v}$（矢量），$\boldsymbol{v}$ 可以代表流体的流速；$\boldsymbol{K}_i$ 为射向被测流体的入射光传播方向上的单位矢量；PD 为固定的光波接收器（光电检测器），它接收运动微粒 P 的散射光波，其接收方向用单位矢量 $\boldsymbol{K}_s$ 表示。

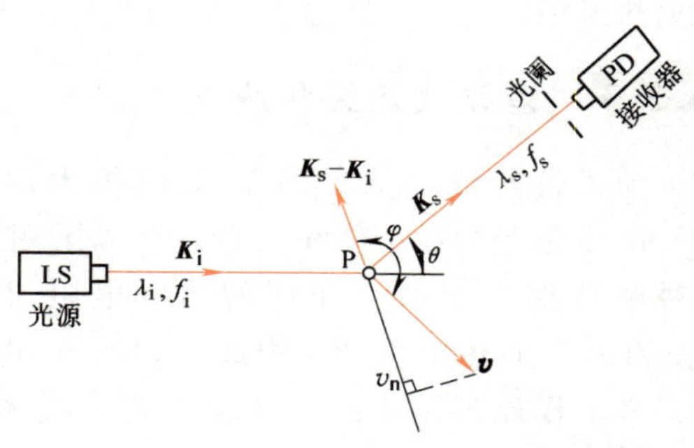

图 6-11　激光多普勒效应测速原理示意图

根据多普勒效应，对于固定光源 LS 发射的入射光，运动微粒 P（相当于入射光的接收器）所接收到的光波频率 f_P 为

$$f_P = f_i\left(1-\frac{\boldsymbol{v}\cdot\boldsymbol{K}_i}{c}\right) \tag{6-23}$$

式中，c 为光速。

对于运动微粒的散射光波（频率为 f_P），固定接收器 PD 接收到的光波频率 f_s 为

$$f_s = f_P\frac{1}{1-\boldsymbol{v}\cdot\boldsymbol{K}_s/c} \tag{6-24}$$

将式（6-23）代入式（6-24），并整理后得

$$f_s = f_i\left[1+\frac{\boldsymbol{v}\cdot(\boldsymbol{K}_s-\boldsymbol{K}_i)}{c-\boldsymbol{v}\cdot\boldsymbol{K}_s}\right] \tag{6-25}$$

接收器收到的光波频率与激光光源发射的光波频率之间的多普勒频移 f_D 为

$$f_D = f_s - f_i = f_i\frac{\boldsymbol{v}\cdot(\boldsymbol{K}_s-\boldsymbol{K}_i)}{c-\boldsymbol{v}\cdot\boldsymbol{K}_s} = \frac{f_i}{c}\ \frac{\boldsymbol{v}\cdot(\boldsymbol{K}_s-\boldsymbol{K}_i)}{1-\boldsymbol{v}\cdot\boldsymbol{K}_s/c} \tag{6-26}$$

因为微粒的速度 $|\boldsymbol{v}|\ll c$，故认为 $1-\boldsymbol{v}\cdot\boldsymbol{K}_s/c\approx 1$，将此连同 $f_i = c/\lambda_i$ 代入上式，得

$$f_D = \frac{\boldsymbol{v}\cdot(\boldsymbol{K}_s-\boldsymbol{K}_i)}{\lambda_1} \tag{6-27}$$

如图 6-11 所示，假设入射光波的方向矢量 $\boldsymbol{K}_i$ 与散射光波的接收方向 $\boldsymbol{K}_s$ 之间的夹角为 θ，速度矢量 $\boldsymbol{v}$ 与合成矢量 $\boldsymbol{K}_s-\boldsymbol{K}_i$ 之间的夹角为 φ，则

$$f_D = \frac{|\boldsymbol{v}|\,|\boldsymbol{K}_s-\boldsymbol{K}_i|}{\lambda_1}\cos\varphi \tag{6-28}$$

将 $|\boldsymbol{K}_s-\boldsymbol{K}_i| = 2\sin\dfrac{\theta}{2}$ 代入上式，得

$$f_D = \frac{2}{\lambda_1}|\boldsymbol{v}|\sin\frac{\theta}{2}\cos\varphi \tag{6-29}$$

再将速度 $\boldsymbol{v}$ 在 $\boldsymbol{K}_s-\boldsymbol{K}_i$ 方向上的分量大小记为 v_n，即 $v_n = v\cos\varphi$，代入式（6-29），得

$$f_D = \frac{2}{\lambda_1}\ v_n\sin\frac{\theta}{2} \tag{6-30}$$

或者

$$v_n = \frac{\lambda_1}{2\sin(\theta/2)} f_D \tag{6-31}$$

式（6-31）就是激光多普勒流速仪工作原理的基本表达式。由此可见，只要激光器发射的入射光波的波长 λ_i 以及入射光波方向 $\boldsymbol{K}_i$ 与散射光波接收方向 $\boldsymbol{K}_s$ 的夹角 θ 一定，微粒运动速度在 $\boldsymbol{K}_s-\boldsymbol{K}_i$ 方向上的分量大小 v_n 就与多普勒频移 f_D 成简单的线性关系。因此，测量出多普勒频移，即可以得到运动微粒在相应方向上的运动速度分量的大小。这也就意味着通过改变光源与检测器的相对位置，就可以测量出微粒速度在任意方向上的分量大小。

6.3.2　测量多普勒频移的基本光路系统

检测多普勒频移有两种基本方法，即直接检测和外差检测。直接检测法是通过直接测量散射光频率来求取多普勒频移，因受测量仪器频响特性的限制，只能用于有限的场合。目前常用的是外差检测法，这种方法是将多普勒频移的检测转换为两束光波之间频率差的检测。外差检测法的基本光路系统大致有三种，即参考光束系统、单光束系统和双光束系统。

1. 参考光束系统

参考光束系统也叫基准光束系统，图 6-12 为其光路示意图。分光镜以 1∶9 的分光比将来自同一光源的激光分成一束参考光和另一束信号光，其中参考光以单位矢量 $\boldsymbol{K}_r$ 的入射方向通过流体直接照射到光电检测器 PD 上，信号光则以单位矢量 $\boldsymbol{K}_i$ 的入射方向照射到流体中微粒 P 上，以产生散射光，该散射光经小孔光阑 N 及接收透镜 L_2 也聚焦到光电检测器 PD 上。由于光电检测器接收到的参考光频率就是光源发射的光波频率 f_i，因此，根据多普勒效应，可以推导出光电检测器接收到的散射光与参考光的差拍信号（两束光的频率差）正是式（6-30）所描述的多普勒频移 f_D。也就是说，系统可以利用式（6-31）求出微粒运动速度 $\boldsymbol{v}$ 在垂直于 θ 角平分线上的分量大小 v_n，θ 为参考光与信号光入射方向的夹角。

这里需要说明的是，光束经微粒散射后，其强度将大大削弱，因此，系统采用 1∶9 的比例将光源发射的光束分割成参考光与信号光，以使光电检测器接收到的参考光强度与被散射的信号发光强度具有相同的量级。因为只有这样才能得到高信噪比和高效率的多普勒信号。

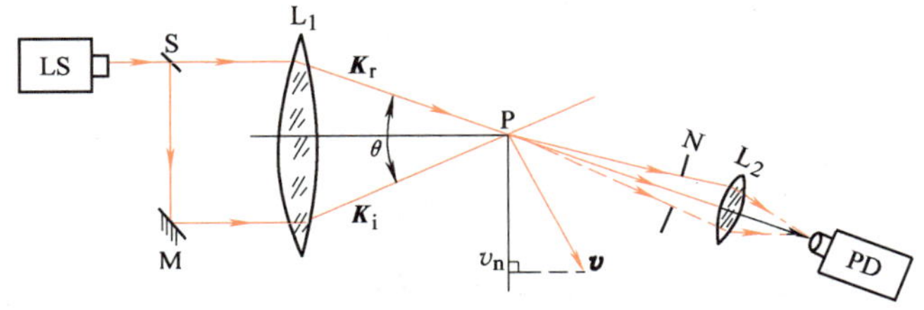

图 6-12　参考光束系统光路示意图

LS—激光器　S—分光镜　M—反射镜　L_1—透镜　P—运动微粒　N—光阑　L_2—透镜　PD—光电检测器

2. 单光束系统

单光束系统也称单光束双散射系统，图 6-13 为其光路示意图。沿 $\boldsymbol{K}_i$ 方向入射的激光光束照射到跟随流体一起运动的微粒 P 后产生散射光。系统从 $\boldsymbol{K}_{s1}$ 和 $\boldsymbol{K}_{s2}$ 这两个对称的方向接收散射光，而将其他方向上的光束加以遮挡。根据式（6-27），光电检测器检测到的两束散

射光之间的差拍信号为

$$f_{s1}-f_{s2}=\left[\frac{1}{\lambda_i}\boldsymbol{v}\cdot(\boldsymbol{K}_{s1}-\boldsymbol{K}_i)+f_i\right]-\left[\frac{1}{\lambda_i}\boldsymbol{v}\cdot(\boldsymbol{K}_{s2}-\boldsymbol{K}_i)+f_i\right]=\frac{1}{\lambda_i}\boldsymbol{v}\cdot(\boldsymbol{K}_{s1}-\boldsymbol{K}_{s2}) \tag{6-32}$$

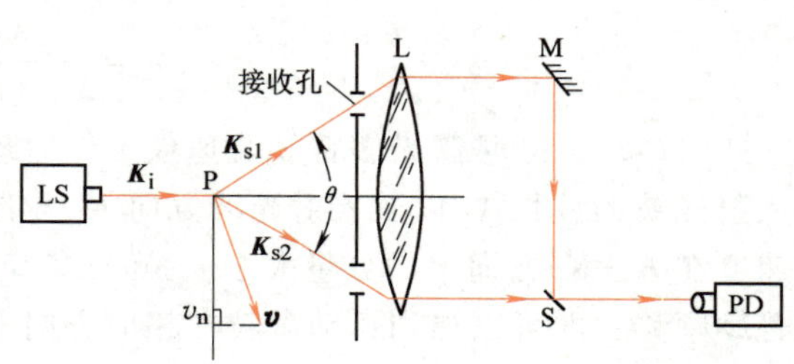

图 6-13　单光束系统光路示意图

LS—激光器　P—运动微粒　L—透镜

S—分光镜　M—反射镜　PD—光电检测器

式中，f_{s1} 和 f_{s2} 为光电检测器接收到的两束散射光的频率。

设 $f_D=f_{s1}-f_{s2}$，通过矢量表达式的几何运算，同样可以得出式（6-30）。因此，单光束系统的测速公式也可以写成

$$v_n=\frac{\lambda_i}{2\sin(\theta/2)}f_D \tag{6-33}$$

式中，v_n 为速度 $\boldsymbol{v}$ 在合成矢量 $\boldsymbol{K}_{s1}-\boldsymbol{K}_{s2}$ 方向上的分量大小，其所在方向与入射光轴线垂直；θ 为两散射光接收方向间的夹角。

单光束系统要求两散射光接收孔的孔径适当，孔径过大，会使光电检测器接收到的频率信号加宽；孔径过小，则会使检测器接收到的散射光信号太弱，都会降低测量精度。另外，这种系统对光能的利用率很低，且需要遮蔽周围环境的光线，目前已经较少应用。

3. 双光束系统

图 6-14 所示为双光束系统光路示意图。来自同一光源的激光由等强度分光镜 S 分成两相同光束，再经透镜 L_1 聚焦于流体中的某一测点。运动微粒 P 经过测点时，接收上述两束不同方向的入射光照射，产生多普勒效应而形成两束不同频率的散射光。两散射光束经光阑 N、透镜 L_2 会聚到光电检测器 PD，光电检测器接收到它们的差拍信号为

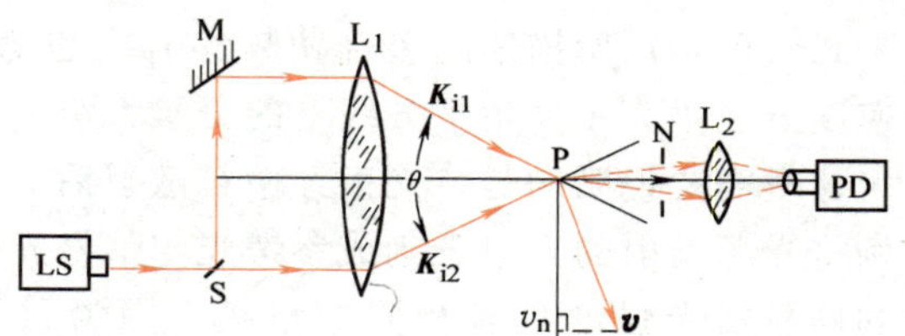

图 6-14　双光束系统光路示意图

LS—激光器　S—分光镜　M—反射镜　L_1—透镜

P—运动微粒　N—光阑　L_2—透镜　PD—光电检测器

$$f_D=\frac{1}{\lambda_i}\boldsymbol{v}\cdot(\boldsymbol{K}_{i1}-\boldsymbol{K}_{i2}) \tag{6-34}$$

设两束入射光的交角为 θ，流体在合成矢量 $\boldsymbol{K}_{i1}-\boldsymbol{K}_{i2}$ 方向，即垂直于 θ 角平分线方向上的分量大小为 v_n，则

$$v_n=\frac{\lambda_i}{2\sin(\theta/2)}f_D \tag{6-35}$$

可见，无论是双光束系统还是参考光束系统和单光束系统，速度分量 v_n 和差拍信号 f_D 之间的关系在表达形式上完全相同。但从以上推导过程可以看到：双光束系统有一突出的优点，即多普勒频移与光电检测器的接收方向无关，这也正是这种系统得到更广泛应用的原因。

上述三种测量系统都可以有前向散射型和后向散射型两种布置方案。前者的入射光路和接收光路布置在试验段的两侧，需要在两侧都开设信号窗口；而后者的入射光路和接收光路布置在试验段的同一侧，只需要在单侧开设信号窗口。目前较常用的是前向散射型布置方案，因为微粒的前向散射光强度较大，可以提高检测信号的信噪比。但在某些场合，由于受结构限制，试验段只能开单一信号窗口时，故只能采用后向散射型布置方案。

6.3.3　流速方向的判断

以上介绍的是多普勒流速仪的基本光学系统，检测量是两光束的差拍信号，没有正负之分。因此，对于大小相同、方向相反的流体速度，它们的测量结果是相同的。也就是说，这样的测量系统只能测量流体速度分量 v_n 的大小，而不能同时判断其流动方向，这就是所谓的普通多普勒流速仪的方向模糊性。

测量实际流场时，对流动方向已知的一维流动而言，无需考虑上述测量系统的方向模糊问题。但在许多情况下，事先并不能确定流场中的流动方向，有的流场还存在回流现象，速度方向会发生变化，这时需要采用具有方向判别功能的多普勒测量系统。

在多普勒测量系统中，通常利用光混合干涉条纹的移动特性来判断流速方向。图 6-15 所示为带有频移装置的双光束光路系统。

激光器 LS 发射的单色光波频率为 f_i、波长为 λ_i，经等强度分光镜 S 分成两束单色光，它们分别经声光器件 B_1、B_2 频移 Δf_{i1} 和 Δf_{i2} 后，成为频率各为 f_{i1} 和 f_{i2}、波长各为 λ_{i1} 和 λ_{i2} 的两束入射光波。即

$$f_{i1}=f_i+\Delta f_{i1} \tag{6-36}$$

$$f_{i2}=f_i+\Delta f_{i2} \tag{6-37}$$

$$f_s=f_{i2}-f_{i1}=\Delta f_{i2}-\Delta f_{i1} \tag{6-38}$$

图 6-15　带有频移装置的双光束光路系统

LS—激光器　S—分光镜　M—反射镜

B_1、B_2—声光器件　D—驱动源　L—透镜

P—运动微粒　PMT—光电倍增管　FT—频率跟踪装置

其中，Δf_{i1} 和 Δf_{i2} 的数值很小且恒定，即上述两束入射光波的频率相差（f_s）很小且数值恒定。当它们在流体测量区相交时，产生光混合而形成一组移动的干涉条纹，如图 6-16 所示。

上述干涉条纹的间距 D_F 和移动速度 v_s 可表达为

$$D_F=\frac{\lambda_{i1}\lambda_{i2}}{(\lambda_{i1}+\lambda_{i2})\sin(\theta/2)} \tag{6-39}$$

$$v_s=\frac{\lambda_{i1}\lambda_{i2}}{(\lambda_{i1}+\lambda_{i2})\sin(\theta/2)}f_s \tag{6-40}$$

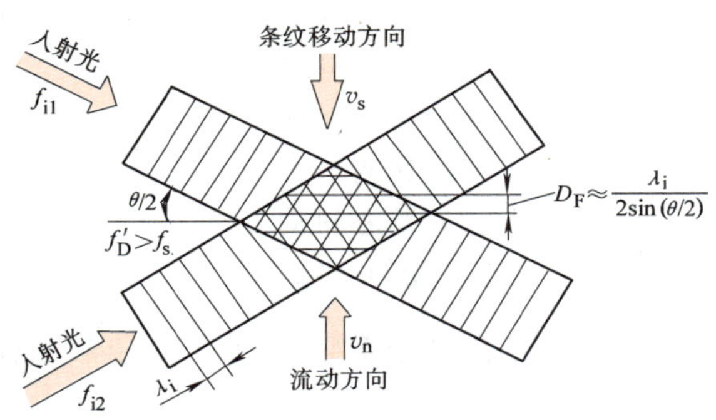

图 6-16　存在移动干涉条纹的测量区

由于频移量 Δf_{i1} 和 Δf_{i2} 很小，即 λ_{i1} 和 λ_{i2} 都十分接近 λ_i，因此，可以认为 $\lambda_{i1}\approx\lambda_{i2}\approx\lambda_i$，则式（6-39）和式（6-40）可分别简化为

$$D_F \approx \frac{\lambda_i}{2\sin(\theta/2)} \tag{6-41}$$

$$v_s \approx \frac{\lambda_i}{2\sin(\theta/2)} f_s \tag{6-42}$$

在这种情况下，当微粒 P 以 v_n 的速度大小垂直穿过测量区的条纹时，其散射光将出现忽明忽暗的闪烁现象，即位于明条纹处散射光加强，位于暗条纹处散射光减弱。根据条纹间距 D_F、条纹移动速度 v_s 以及微粒运动速度 v_n，可以推导出散射光的闪烁频率 f'_D 为

$$f'_D = \frac{|v_s| \pm |v_n|}{D_F} \tag{6-43}$$

式中，两速度绝对值之间的“+”号表示条纹移动方向与微粒运动方向相反，“-”号表示两者的运动方向相同。

将式（6-41）和式（6-42）代入上式，得

$$f'_D = f_s \pm \frac{2\sin(\theta/2)}{\lambda_i} v_n \tag{6-44}$$

根据式（6-44），通过测量散射光的闪烁频率 f'_D 和频差 f_s，不仅可以求出被测流速 v_n 的大小，还可以方便地判断其方向。即当 $f'_D = f_s$ 时，$v_n = 0$；当 $f'_D > f_s$ 时，v_n 的方向与条纹移动方向相反；当 $f'_D > f_s$ 时，v_n 的方向与条纹移动方向相同。这就是用频移装置识别流动方向的原理。

在实际的测量系统中，频移装置的频移元件通常采用声光器件（如 Bragg 盒）、旋转光栅和电光器件等。

6.3.4　多维流速的测量

以上介绍的多普勒流速仪的光学系统只能测量流体在一个方向上的流速，因此称其为一维多普勒测量系统。当需要同时测量多维流动在各个方向上的流体流速时，就必须采用二维或三维的多普勒测速系统。与一维多普勒测速系统一样，多维测速系统也有各种形式，如二维测速系统中有参考光束型、偏振光束型和频率型等。限于本书的篇幅，这里仅以二维参考光束型测速系统为例，简要介绍其光路的设计思想。

如图 6-17 所示，二维参考光束系统由一束强信号光（入射方向的单位矢量为 $\boldsymbol{K}_i$）和两束弱参考光（入射方向的单位矢量分别为 $\boldsymbol{K}_{r1}$、$\boldsymbol{K}_{r2}$）组成。它可以看成是两个一维参考光束光路的合成，通过测量两组多普勒频移，同时得到两个方向上的速度分量，这两个速度分量之间的夹角等于通过试验段的两束参考光的交角。

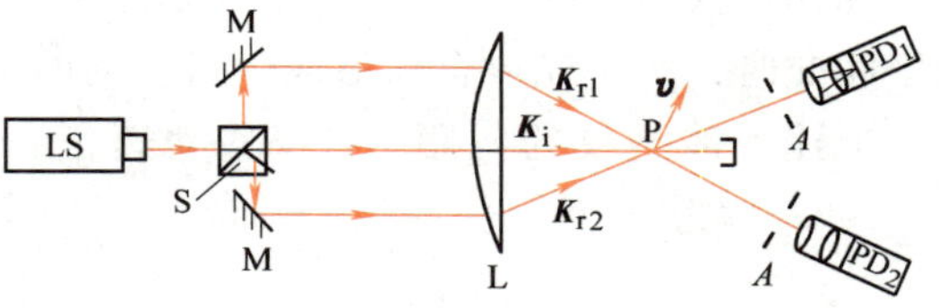

图 6-17　二维参考光束系统光路

LS—激光器　S—分光镜　M—反射镜　L—透镜
P—运动微粒　PD_1、PD_2—光电检测器

6.3.5　多普勒测速系统的激光器和散射微粒

无论采用哪一种类型的光路，激光多普勒测速仪器都由以下基本部分组成：激光器、光分束器（分光镜）、光聚焦发射系统（透镜）、光信号收集与检测系统（光阑和光电检测

器）、频率信号处理系统以及散射微粒等。光路系统的主要形式已在前面做了较为详细的介绍，有关频率信号的处理目前主要使用的有三类仪器：频谱分析仪、频率计数器和频率跟踪器，限于本书篇幅，以下只对激光器和散射微粒进行简要说明。

1. 激光器

激光多普勒测速仪所采用的激光器主要有两种：氦氖激光器（波长为 6328×10^{-10}m）和氩离子激光器（波长为 4880×10^{-10}m 或 5145×10^{-10}m），其中使用最多的是氦氖激光器。氩离子激光器虽然具有输出功率大、波长短的特点，但由于其使用条件比较复杂，价格相对昂贵，一般只用于多维流速测量系统和测量高速气流的后向散射型光路系统。

2. 散射微粒

如前所述，激光多普勒流速仪是以流体中的微粒为媒介来测量流体流速的。对于水或一般的流体，其中自然存在的杂质足以作为散射微粒。但在不少情况下（如燃烧火焰传播速度和高速风洞中的风速测量等），由于被测流体中自然存在的微粒大小或其浓度不能满足测量的需要，或者测量光路的布置形式受到限制而需要增加被测流体的散射强度时，就有必要人为地添加散射微粒。

在流动测量中，合格的散射微粒应该具备以下基本特性：

1）能够很好地跟随流体的运动。这是为了保证微粒的运动速度和方向能够真正代表流体的速度和方向。微粒跟随流体的程度主要取决于微粒的直径、质量和流体的黏度、密度等。

2）具有高的散射效率。提高微粒的散射效率，有利于得到高信噪比的散射光，这样方便信号处理，提高测量精度。光路系统确定后，微粒的散射效率与其直径密切相关，同时还受微粒颜色、形状等物理性质的影响。

3）具有良好的物理化学性质。人为添加的散射微粒应该满足无毒、无刺激性，对流动管道无腐蚀或磨蚀，化学性质稳定等要求。具体要求与被测对象有关。表6-2列出了各种被测流体所适用的散射微粒。

表 6-2　散射微粒及其适用的被测流体

被测流体	可添加的散射微粒	被测流体	可添加的散射微粒
水	滑石粉、聚苯乙烯、脱脂牛奶	空气	硅油、水蒸气、香烟或蚊香的烟气
油	氧化铁	火焰	氧化钛、氧化镁

由上述要求可见，散射微粒直径的选择十分重要。通常，微粒的直径最好为干涉条纹宽度的1/2或条纹间距的1/4左右，这样可以获得最佳质量的多普勒信号。当被测流体为空气等气体，而微粒与流体的质量比达到 $10^3\sim10^4$ 时，必须充分考虑微粒尺寸对其流动跟随性的影响。据资料介绍，当微粒直径为0.4~0.8μm时，能够响应10kHz的湍流运动；当微粒直径增加到1~3μm时，仅能测量脉动频率在1kHz以下的湍流运动。因此，测量涡流和高速气流时，希望尽可能采用小尺寸微粒，但这时必须加大激光器的功率，以改善散射光的强度。另外，还应该注意的是，微粒直径过小时将产生布朗运动，从而会降低测速精度。还有，当被测流体为液体时，由于微粒与被测流体之间的密度差较小，故没有必要用过小的微粒。

同样，散射微粒的添加浓度也应该合适。浓度过低时，会因为散射光强度微弱而减少多普勒信号的数据量；而浓度过高时，会有大量微粒同时通过干涉条纹，这样，即使微粒的运动速度相等，也难免会产生相位差，从而造成多个光信号重叠，导致速度信号失真。此外，微粒浓度过高时，附着在测定窗口上的微粒也会很快增多，容易污染窗口、产生噪声。应该注意的是，正确的微粒浓度与被测流体的性质、光路的布置方式以及信号处理系统等因素有关。例如，测量水流时，对散射微粒的添加量要求不高，有时甚至不必添加微粒；双光束光路对散射微粒浓度的要求较低，而参考光束光路则要求较高的散射微粒浓度；用频率跟踪器处理多普勒信号时，需要一定的微粒浓度，以保证得到更接近连续的多普勒信号，而用频谱分析仪和计数型处理器处理多普勒信号时，需要的微粒浓度相对较低。

6.4 粒子图像测速技术

利用示踪粒子的图像来测量流体速度的方法都可以称为粒子图像测速技术（Particle Image Velocimetry，PIV）。PIV 技术的产生具有深刻的科学背景。首先，瞬变流场测量需要发展一种新的技术，如燃烧火焰的全场测试和对高湍流中不断改变的空间结构的观测等，由于局部点的信息和平均的数据无法准确反映这些流场的特性，因此传统的测量技术不再适用。另外，对于某些特殊的稳定流场，如狭窄流场，虽然流动本身是稳定的，但由于流场狭窄，采用热线风速探头会破坏流场状态，而激光多普勒系统的测量光束难以相交成理想的测量区域。PIV 技术的发展较好地解决了上述几方面的测量问题，其突出优点是能够测量整体流场的瞬时速度信息，包括流体流动中的小尺度结构，且对流场无扰动。

6.4.1　粒子图像测速（PIV）原理

1. PIV 的基本原理

PIV 的基本原理是通过测量流场中示踪粒子在某一时间微元 Δt 内的位移来计算流体速度，其中作为粒子位移信息载体的是 t 和 $t+\Delta t$ 时刻的粒子图像。

如图 6-18 所示，双脉冲激光器以时间间隔 Δt 发出脉冲光束，激光光束通过圆柱形光学透镜形成平面光，照亮待测量的流场区域。待测区域中预先撒布的示踪粒子受激光照射后会产生散射，光学成像器件（如照相机或 CCD）将拍摄到两次激光脉冲所对应的待测区域粒子散射图像。处理器根据这两幅图像信息和一定的算法算得每个粒子在 Δt 时间内的实际位移 Δx 和 Δy，进而计算出每个粒子的移动速度。假设示踪粒子能够很好地跟随流体的运动速度和方向，且 Δt 足够小，则被测流体的速度可表示为

$$v_x=\frac{\mathrm{d}x(t)}{\mathrm{d}t}\approx\frac{x(t+\Delta t)-x(t)}{\Delta t}=\frac{\Delta x}{\Delta t}\tag{6-45}$$

$$v_y=\frac{\mathrm{d}y(t)}{\mathrm{d}t}\approx\frac{y(t+\Delta t)-y(t)}{\Delta t}=\frac{\Delta y}{\Delta t}\tag{6-46}$$

2. PIV 系统的组成

图 6-19 所示是 PIV 系统的基本组成，主要有作为光源的激光器、形成平面光的柱面镜、用来拍摄粒子图像的照相机或 CCD、进行数据保存和处理的计算机，以及用于控制激光脉冲与照相机快门同步的电子控制器等。

常用的激光器有红宝石激光器和掺钕钇铝石榴石（Nd：YAG）激光器。红宝石激光器

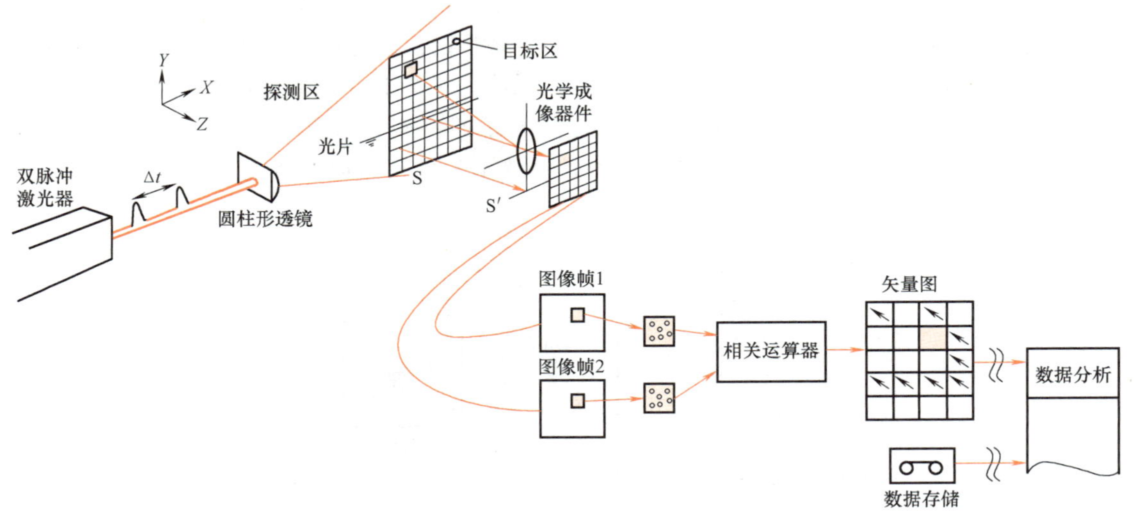

图 6-18　PIV 测速原理

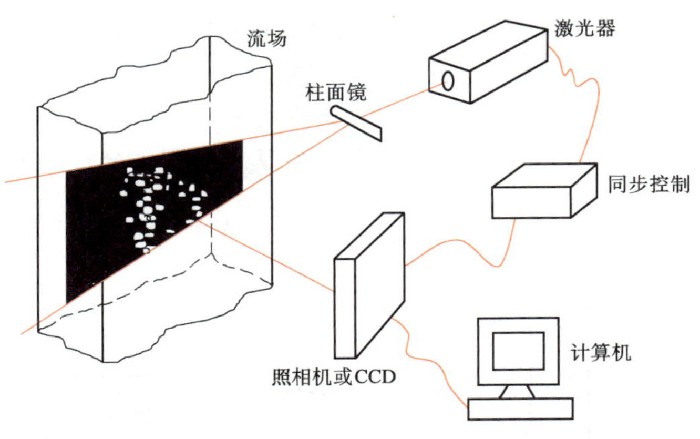

图 6-19　PIV 系统的基本组成

的优点在于脉冲光能量大，但脉冲间隔调整范围有限，难以适应低速流动测量，而且再次充电时间长，不能连续产生光脉冲。与之相比，Nd：YAG 激光器的脉冲光能量较小，但能够连续发射光脉冲。一般 PIV 的成像系统采用两台 Nd：YAG 激光器，用外同步装置分别触发产生光脉冲，然后再用光学系统将两路光脉冲合成，脉冲间隔可调范围很大，从 1μs 到 0.1s，因而可以实现从低速到高速流动的测量。

在二维流动测量中，一般采用胶片照相机和 CCD 拍摄粒子图像。对于三维测量，可以采用两个以上的照相机（或 CCD）和全息摄影技术等。

为了获得好的测量结果，PIV 系统对示踪粒子的种类、粒径、播散量，激光脉冲间隔、片光源的厚度和高度，查询区域的大小等都有具体要求，使用时应该严格遵照。

6.4.2　粒子图像测速（PIV）信号处理

从粒子图像中提取速度信息要解决的关键问题是粒子对关系和位移方向的判断。就图像分析算法而言，自相关分析和互相关分析都可以用来分析粒子对关系，但它们各有特点。

自相关分析采用单帧多脉冲法拍摄的图像，通常将两次曝光的粒子图像记录在一张底片上，承载粒子对相关信息的区域具有三个明显的峰值：一个中央自相关峰值和位于其两侧的两个位移峰值，两个位移峰值对应的位置决定了粒子的位移，如图 6-20 所示。由于自相关的对称性，位移方向具有二义性，即存在类似于激光多普勒测速中所述的速度方向模糊性问题。

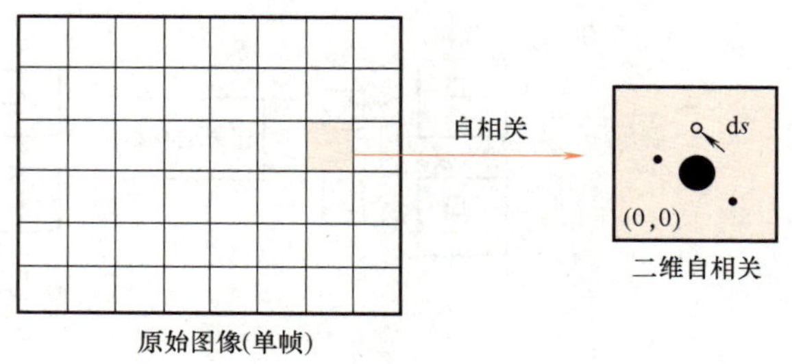

图 6-20　粒子图像查询区自相关分析

互相关分析采用多帧单脉冲法拍摄的图像，即进行相关处理的两幅图像是独立存在的，如图 6-21 所示。互相关分析的优势是可以自动识别粒子移动方向，测量范围也比自相关分析方法大得多，且容易实现高精度和高空间分辨率测量。重要的是快速充放电 CCD 和快速传送接口的出现突破了对最大流速的测量限制，使基于互相关分析的 PIV 系统成为市场上的主流产品。

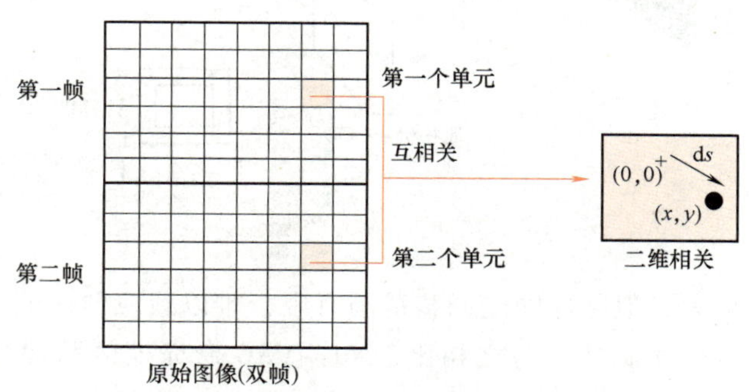

图 6-21　粒子图像查询区互相关分析

6.4.3　粒子图像测速（PIV）技术的应用

图 6-22 是应用 PIV 技术测量内燃机缸内流场的试验装置示意图。它主要由激光光源、光路调节装置、电子控制系统、粒子浮选及加入装置、光学发动机、图像拍摄装置，以及数据分析处理系统等构成。

激光光源采用双脉冲 Nd：YAG 激光器，可产生间隔可调的两个脉冲激光片，激光脉冲能量为 120mJ，工作频率为 15Hz，波长为 0.532μm，脉冲宽度为 3~5ns，光片厚度在 1mm 左右。

图像拍摄装置采用 CCD 相机，分辨率为 1280×1024 像素，像素尺寸为 6.7μm ×6.7μm，

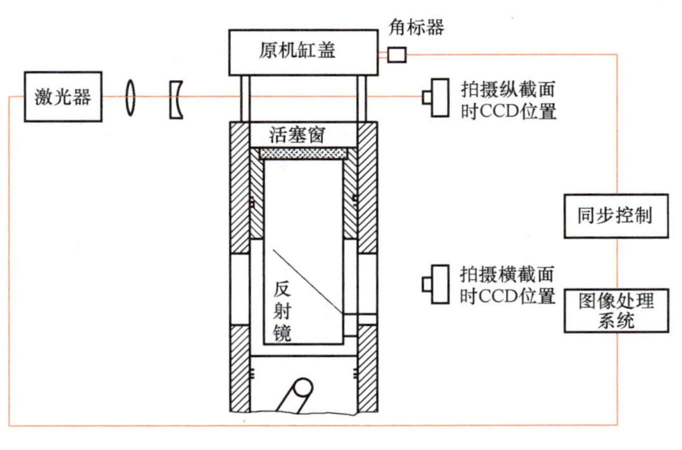

图 6-22 内燃机缸内流场 PIV 测量试验装置示意图

CCD 有效区域为 8.6mm×6.9mm，两帧最小时间间隔为 300ns，采集速度为 8 帧/s，以 256 级灰度方式识别示踪粒子。

电子控制系统主要用来控制 PIV 系统在任意曲轴转角下进行连续拍摄。在程序界面输入所要求的曲轴转角，根据装在凸轮轴上的传感器采集的信号控制 PIV 系统激光器和 CCD 同步工作。

考虑到散射性、跟随性以及实验室的条件等因素，选择液态示踪粒子——硅油粒子作为示踪粒子。采用高压泵将粒子发生器中的粒子以喷雾方式喷入气缸内。

测量中，双曝光时间间隔 Δt 的选取也非常重要，通常需要考虑待测流场速度的大小和流场的变化等特性。上述试验中采用的时间间隔是 150μs。

图 6-23 所示为发动机缸内流场的部分测量结果，反映了单气门和双气门两种进气条件下缸内流场的差异，对应发动机转速 600r/min，上止点后 150°曲轴转角时刻。

PIV 技术由于其在精度上的优势，已在许多领域得到了应用。随着数字采样系统和图像处理技术的发展，DPIV（用 CCD 相机做记录）逐渐取代了 FPIV（用胶片做记录），PIV 技术的应用范围也越来越广。另外，全息 PIV 技术（HPIV）正在发展之中，它利用全息摄影和再现技术，可以实现三维流场测量。

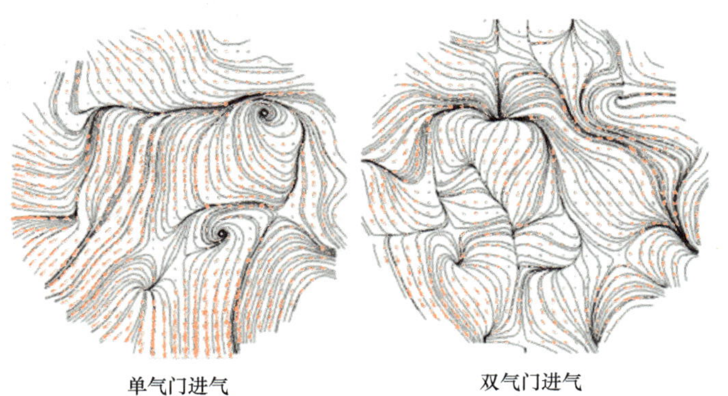

图 6-23 单、双气门进气气缸内纵截面气体速度流线图对比

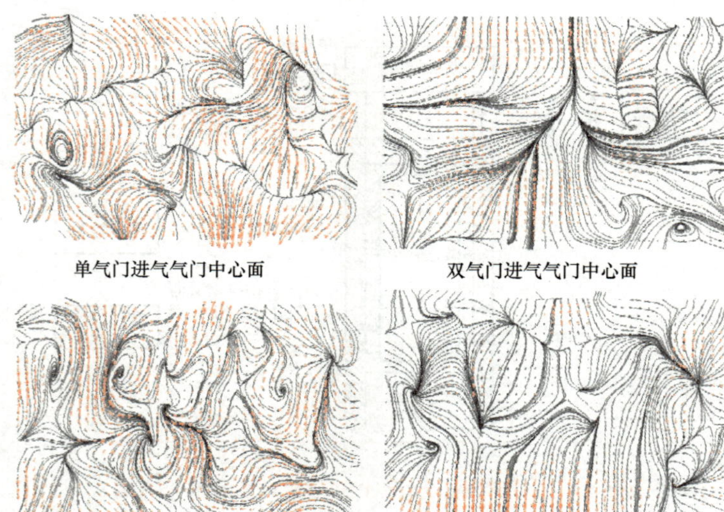

图 6-23　单、双气门进气气缸内纵截面气体速度流线图对比（续）

思考题与习题

6-1　用皮托管——U 形管装置测量空气流动，测得压差为 19.7kPa，绝对静压为 100kPa，空气温度 15℃，皮托管的校正系数为 1，试计算以下情况下的空气流速：

1）假设空气可压缩。

2）假设空气不可压缩。

［提示：气流马赫数 Ma 可按公式$\frac{p_0}{p}=\left(1+\frac{\kappa-1}{2}Ma^2\right)^{\frac{\kappa}{\kappa-1}}$计算］

6-2　试述热线风速仪的两种基本工作方式，并对比分析各自的特点。

6-3　从信号处理、实际应用等角度，对比分析 LDV 三种基本光路系统的特点。

6-4　论述 PIV 技术的特点，并根据测量原理，比较 PIV 与 LDV 对示踪粒子的要求。

第 7 章

流量测量

7.1 概述

7.1.1 流体与流量

流体是指具有流动性能的物质，一般可以认为是气体和液体的总称。但在热能与动力机械中，流体的种类及其流动情况较为复杂，从单相气体、液体到气液混合流体（如燃料油与空气、水与蒸汽等），还有气固两相的混合流动（如火力发电厂中用空气带动煤粉的流动）等。

流量通常是指单位时间内通过某有效流通截面的流体数量，称为瞬时流量。它可用质量单位表示，也可用体积单位表示，分别称为质量流量 q_m(kg/s) 和体积流量 q_V(m^3/s)。质量流量与体积流量之间的换算关系为

$$q_m = \rho q_V \tag{7-1}$$

式中，ρ 为流体密度（kg/m^3）。

在工程实际中，有时还需要知道某一段时间间隔内通过某流通截面的流体总量，这就是所谓的累计流量。累计流量除以相应的时间间隔，则为该段时间内的平均流量。

在表示和比较流量大小时，必须注意单位和量纲的统一，同时，还必须考虑压力和温度等状态参数对流体体积的影响。也就是说，对于体积流量，应该标明相应的流体压力和温度。为了便于比较流量的大小，还常常将体积流量换算成某统一约定状态下的值，如标准状态（20℃，0.10133MPa）下的标准体积流量。

7.1.2 流量计的类型

测量流体流量的仪表统称为流量计或流量表。流量计的品种繁多，分类基准也有所不同，但根据测量方法的基本特点，一般可将目前所使用的流量计归纳为三大类型。

1. 容积型流量计

容积型流量计通过计量单位时间内被测流体充满或排出某一定容容器的次数来计算流量，即

$$q_V = nV \tag{7-2}$$

式中，V 为定容容器的容积；n 为单位时间内被测流体充满或排出定容容器的次数。

容积型流量计的工作原理比较简单，测量结果受流动状态的影响较小，精确度较高，适用于测量高黏度、低雷诺数的流体，但不宜用于高温高压和脏污介质的流量测量。属于这种类型的流量计有椭圆齿轮流量计、腰轮流量计（罗茨流量计）、刮板式流量计、伺服式容积流量计、皮膜式流量计和转筒流量计等。

2. 速度型流量计

速度型流量计以流体一元流动的连续方程为理论依据，即当流通截面确定时，流体的体积流量与截面上的平均流速成正比。因此，通过测量流通截面上的流体流速或与流速有关的各种物理量就可以计算出流量。这类流量计有着良好的使用性能，可用于高温高压流体的测量，且精确度较高。但是，由于它们以平均流速为测量依据，因此，测量结果受流动条件（如雷诺数、涡流，以及截面上的流速分布等）的影响很大，这给精确测量带来了困难。

属于这种类型的流量计很多，如节流式流量计、转子流量计、涡轮流量计、电磁流量计和超声波流量计等，其中节流式流量计应用最广。

3. 质量型流量计

这类流量计以测量与流体质量有关的物理效应为基础，分为直接型、推导型和温度压力补偿型三种。

直接型质量流量计利用与质量流量直接有关的原理（如惯性系中的牛顿第二定律）进行测量，目前常用的有量热式质量流量计、角动量式质量流量计、振动陀螺式质量流量计、马格努斯（Magnus）效应式质量流量计和科里奥利（Coriolis）力式质量流量计等。

推导型质量流量计是同时测取流体的密度和体积流量，通过运算而推导出质量流量的。它一般由速度型流量计和密度计组合而成。

温度压力补偿型质量流量计也可看成是一种推导型质量流量计，只是它不使用密度计，而是利用温度、压力与密度之间的关系，将温度、压力的测量值转换为密度，再与体积流量进行运算而得到质量流量。由于连续测量温度、压力比连续测量密度容易，因此，目前工业上所用的推导型质量流量计大多属于温度压力补偿型。

7.1.3　流量计的选用原则

由于流量计的种类多，适用范围各不相同，因此，正确选用流量计对保证流量测量精度十分重要。下面介绍流量计选型的一般性准则。

1. 根据被测流体的性质选择

不同类型的流量计对被测流体的适应性不同，选择时需要明确了解被测流体的物理状态及其特性。一般而言，测量水蒸气可选用节流式流量计或金属转子流量计；测量洁净的液体或气体，可选用节流式流量计、转子流量计、腰轮流量计、椭圆齿轮流量计、靶式流量计；测量浆液，可选用靶式流量计和电磁流量计；测量黏性液体，可选用腰轮流量计、椭圆齿轮流量计和旋转活塞流量计；测量腐蚀性流体，可选用转子流量计；测量脏污的液体或气体，可选用电磁流量计和靶式流量计。

2. 根据用途选择

不同流量计的功能、测量精度和价格不同，而不同的使用场合对流量计的这些要求有所侧重。通常，作为计算依据，当要求测量精度较高时，可选用腰轮流量计、椭圆齿轮流量计、旋转活塞流量计和涡轮流量计；工业生产过程中要求有指示记录，并能进行流量自动控制时，可选用节流式流量计、转子流量计、靶式流量计和电磁流量计；要求流体测量的压力损失较小时，可选用转子流量计和涡街流量计（旋涡流量计）等。

3. 根据工况条件选择

工况条件包括被测流体的流量变化范围、温度和压力的高低等。这里需要特别说明的是关于流量计流量上限的刻度问题。通常，液体流量计的流量上限采用 20℃ 的水作为介质来刻度，而气体流量计的流量上限则以 20℃、0.10133MPa 的空气作为介质进行刻度。因此，在实际流量测量中，当被测流体的密度、温度、压力和其他特性与流量计刻度时所用介质的参数值不同时，必须将被测流体在实际状态下的流量变化范围换算成流量计刻度状态下相应介质（如水或空气）的流量，以此作为流量计量程的选择依据。

4. 其他因素

除上述问题外，选择流量计时还应该考虑流量计的安装条件，包括安装位置、安装尺寸以及流通管路的振动情况等，有时还要考虑测量过程产生的永久压力损失带来额外能耗费用的大小。例如，对于大口径输送管道，其泵送费用昂贵，故流量测量应该选用永久压力损失系数较小或无阻挡式的流量计，虽然这种流量计的价格较贵，但能够减少附加的泵送费用，因而从长远来看是合算的。

总而言之，没有一种流量计能够适用所有的流体和流动状况。因此，选用流量计时，还需要对各类测量方法和仪表特性有所了解，在全面比较的基础上选择合适的类型。以下介绍热能与动力工程领域常用的流量计。

7.2 节流式流量计

7.2.1 测量原理与流量方程

当流体流经管道中急骤收缩的局部截面时，将产生增速降压的节流现象，流体的流速越大，即在相同流通截面积条件下的流量越大，节流压降就越大。以这种节流现象作为流量测量依据的仪表简称节流式流量计，由于其输出信号为差压，故也称差压式流量计。

节流式流量计由节流装置、差压信号管道（导压管）和差压计三部分组成。流体通过节流元件所产生的差压信号经导压管传入差压计，差压计根据具体的测量要求把差压信号以不同的形式传递给显示仪表，从而实现对被测流体差压或流量的显示和记录。

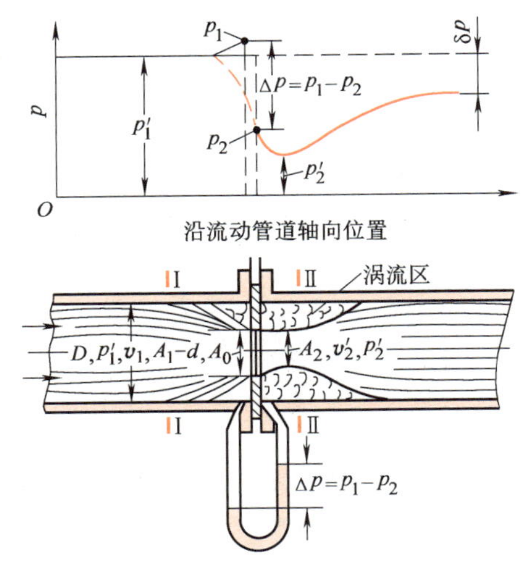

图 7-1　流体流经节流孔板时的流动状况

图 7-1 所示为流体通过节流元件（如节流孔板）时的流动状况。根据流动的连续性方程和伯努利（Bernoulli）方程，可推导出反映流量与节流压降关系的流量方程为

$$q_V=\alpha\varepsilon\frac{\pi}{4}d^2\sqrt{\frac{2\Delta p}{\rho}}=\alpha\varepsilon\frac{\pi}{4}\beta^2D^2\sqrt{\frac{2\Delta p}{\rho}} \tag{7-3}$$

式中，q_V 为流体的体积流量（m^3/s）；d 为节流元件的开孔直径（m）；D 为流动管道内径（m）；$\beta=d/D$ 为直径比；$\Delta p=p_1-p_2$ 为流体流经节流元件前后的差压（Pa）；ρ 为流体在工作状态下的密度（kg/m^3）；α 为流量系数，与节流装置的形式、直径比 β、流动状态（雷诺数 Re_D）以及管道内壁粗糙度等诸多因素有关；ε 为流体膨胀校正系数，与节流元件前后的压比 p_2/p_1（或 $\Delta p/p_1$）、被测流体的等熵指数 κ 以及直径比 β 等因素有关，对于不可压缩流体，$\varepsilon=1$。

7.2.2 节流装置

1. 基本组成

节流装置由节流元件、取压装置、节流元件上下游的局部阻力元件和直管段以及连接法兰等组成。

常用的节流元件有孔板、喷嘴、文丘里管、文丘里喷嘴等。

取压装置由取压方式决定。视取压孔的位置不同，取压方式有角接取压、法兰取压、径距取压、理论取压和管接取压等。

2. 标准节流装置

由于流量方程中的流量系数 α 和流体膨胀校正系数 ε 与节流装置的形式有关，因此，对于不同的节流装置，流量和压差的关系需要单独标定。为了解决这种使用上的不便，1932 年国际上统一了节流元件的标准形式，其后各国也制定了相应的标准，内容包括各种标准节流装置的试验数据以及与试验相符合的几何相似条件和流体动力学相似条件。

我国国家标准 GB/T 2624 规定的标准节流装置有三种：角接取压标准孔板、法兰取压标准孔板和角接取压标准喷嘴。

标准节流装置可以根据相关标准规定的条件和提供的数据进行设计计算、制造使用，其流量与压差的关系不必单独标定。但是，对于采用非标准节流装置的流量计，则必须用试验方法进行单独标定。

3. 标准节流装置的使用范围与条件

选用标准节流装置时，需要对其适用范围和使用条件进行核对。

（1）流体条件

1）流体在圆管内流动，并且充满和连续地流经管道。

2）流体是单相的，并且在流经节流装置时不会发生相变。

3）流速稳定，不存在旋涡，流量随时间的变化缓慢。

标准节流装置的适用范围见表 7-1。

表 7-1　标准节流装置的适用范围

标准节流装置类型	适用范围		
	D/mm	β	Re_D
角接取压标准孔板	50~1000	0.22~0.80	5000~10^7
法兰取压标准孔板	50~750	0.10~0.75	8000~10^7
角接取压标准喷嘴	50~500	0.32~0.80	2×10^4~10^6

（2）管道条件　为了使流体的流动在节流元件前 1D 处达到充分发展的湍流速度分布，

要求：

1）节流元件前后必须各有一段足够长的直管段，它们的长度与节流元件上下游局部阻力元件的结构以及直径比 β 有关，具体数值可查相关标准。

2）直管段的截面必须为圆形，而且其圆度要求很高。在节流元件前 $2D$ 范围内，分别于 0、$0.5D$、$1D$ 和 $2D$ 处的 4 个截面上，以角等分方式各测取 4 个管道内径，共 16 个测量值，记为 D_i（$i=1$，2，…，16），偏差要求为

$$\left|\frac{D_i-\overline{D}}{\overline{D}}\right|\times 100\% \leqslant 0.3\% \tag{7-4}$$

其中

$$\overline{D}=\frac{1}{16}\sum_{i=1}^{16}D_i$$

对于节流元件后 $2D$ 范围内的管道，其圆度也有严格的要求，一般要求上述偏差不超过 ±2%。

（3）安装要求

1）节流元件前端面必须与管道轴线垂直，垂直度误差不得超过±1°。

2）节流元件的开孔必须与管道同心，同心度误差不得大于 $0.015D(1/\beta-1)$。

3）节流元件在受热时能够自由膨胀，以防止变形。

4）调节流量用的阀门最好安装在节流元件后最小直管段长度以外。

（4）选型　下列测量场合中优先选用标准喷嘴：

1）所测流体易沉淀或有腐蚀性。

2）对节流元件的压力损失有严格要求。

3）被测管道内壁比较粗糙（如果采用孔板，则应优先选择法兰取压方式）。

4）高参数、大流量生产管道的长期在线检测。

4. 标准节流装置主要参数 α 和 ε 的确定

（1）流量系数 α　通常所提供的各种标准节流装置的流量系数是原始流量系数 α_0，它是在光滑管道内，$Re_D \geqslant Re_c$（临界雷诺数）的稳定流动状态下，用新的节流元件进行试验获得的。因此，实际测量时，如果出现 $Re_D<Re_c$、管壁粗糙度超出允许范围或者节流元件的开孔出现磨损等情况，则应该对流量系数进行修正，表达式为

$$\alpha=K_1K_2K_3\alpha_0 \tag{7-5}$$

式中，K_1 为黏度修正系数；K_2 为管壁粗糙度修正系数；K_3 为孔板磨损修正系数，对于喷嘴、文丘里管以及新的节流元件，$K_3=1$。

各种标准节流装置的 K_1、K_2、K_3 值可从有关流量测量标准和手册中查到。

（2）流体膨胀校正系数 ε　可压缩流体流经节流元件时，压力的变化将引起流体体积的变化。所以，应用节流装置测量可压缩流体时，应该考虑流体体积变化对流量测量结果的影响，为此引入流体膨胀校正系数 ε。

标准节流装置的 ε 值与节流元件前后的压比 p_2/p_1（或 $\Delta p/p_1$）、被测流体的等熵指数 κ 以及直径比 β 等因素有关。以下介绍国家标准 GB/T 2624 给出的有关经验公式，相应的数据表格可以查阅该标准。

采用角接取压标准孔板时，在 $p_2/p_1 \geqslant 0.75$，$50\text{mm} \leqslant D \leqslant 1000\text{mm}$ 和 $0.22 \leqslant \beta \leqslant 0.8$ 范围

内，可压缩流体的膨胀校正系数 ε 为

$$\varepsilon=1-(0.3707+0.3184\beta^4)\left[1-\left(\frac{p_2}{p_1}\right)^{\frac{1}{\kappa}}\right]^{0.935} \tag{7-6}$$

采用法兰取压标准孔板时，在 $p_2/p_1 \geqslant 0.75$，$50\text{mm} \leqslant D \leqslant 750\text{mm}$ 和 $0.1 \leqslant \beta \leqslant 0.75$ 范围内，可压缩流体的膨胀校正系数 ε 为

$$\varepsilon=1-(0.41+0.35\beta^4)\frac{\Delta p}{p_1}\frac{1}{\kappa} \tag{7-7}$$

对于标准喷嘴，在 $p_2/p_1 \geqslant 0.75$，$50\text{mm} \leqslant D \leqslant 750\text{mm}$ 和 $0.1 \leqslant \beta \leqslant 0.75$ 范围内，可压缩流体的膨胀校正系数 ε 为

$$\varepsilon=\left[\left(1-\frac{\Delta p}{p_1}\right)^{\frac{2}{\kappa}}\left(\frac{\kappa}{\kappa-1}\right)\frac{1-(1-\Delta p/p_1)^{\frac{\kappa-1}{\kappa}}}{\Delta p/p_1}\frac{1-\beta^4}{1-\beta^4(1-\Delta p/p_1)^{\frac{2}{\kappa}}}\right]^{\frac{1}{2}} \tag{7-8}$$

式（7-6）、式（7-7）和式（7-8）是根据空气、水蒸气和天然气的试验得出的，也适用于其他气体。

在实际测量中，由于 $\Delta p/p_1$ 在一定范围内变化，即使用同一标准节流装置测量同一流体，其 ε 值也会产生波动，从而引起测量误差。因此，在一般设计计算时，应当取常用流量 q_u 下的 $(\Delta p/p_1)_u$ 值计算 ε 值。常用流量所对应的差压 Δp_u 可按式（7-9）确定

$$\Delta p_u=\left(\frac{q_u}{q_{max}}\right)^2\Delta p_{max} \tag{7-9}$$

式中，q_{max}、Δp_{max} 分别为选用流量计的流量刻度上限值以及与此对应的差压计的刻度上限值。在没有给出常用流量值 q_u 的情况下，可取流量计流量刻度上限的70%作为常用流量进行计算。

7.2.3　差压计

差压计是节流式流量计的信号检出部分。差压计的种类很多，按其工作原理分为浮子式、环秤式、钟罩式、双管式、波纹管式、膜片式和电容式等，其中，后三种形式的差压计由于结构紧凑、测量精度和自动化程度都很高，因而得到了较广泛的应用。

7.2.4　节流式流量计测量结果的修正

用节流式流量计进行流量测量时，对其装置的设计、制造、安装和使用都有严格的要求，任何一个环节不符合规定条件都将引起测量误差。因此，选用这类流量计时必须严格遵照有关标准和规程。如果某些要求无法满足，则必须根据实际情况对测量结果进行修正。以下主要介绍当被测流体的成分、工作状态（温度和压力）偏离流量计的设计条件时，测量结果的修正方法。

流量方程式（7-3）是节流式流量计流量标尺刻度的基本依据，其中除差压 Δp 为直接检测量外，流量系数 α、流体膨胀校正系数 ε、流体密度 ρ 以及节流元件开孔直径 d 均属设计参数。关于 α 和 ε 的影响因素及其确定时应该注意的问题已在前面部分做了论述，下面只介绍 d 和 ρ 的修正方法。

1. 节流元件开孔尺寸 d 因温度变化的修正

被测流体的工作温度偏离室温较多时，应该考虑材料热胀冷缩现象对节流元件开孔尺寸的影响，修正方法为

$$d'=d[1+\alpha_l(T'-T)] \tag{7-10}$$

$$c_d=\left(\frac{d'}{d}\right)^2 \tag{7-11}$$

$$q'_V=c_d q_V \tag{7-12}$$

式中，T、T'分别为节流元件设计状态下的温度和被测流体的实际工作温度；d、d'分别为节流元件在 T、T'温度下的开孔直径；α_l 为节流元件材料的线胀系数；c_d 为节流元件孔径变化的流量修正系数；q_V 和 q'_V分别为流量计的流量指示值和修正值。

2. 被测流体密度 ρ 变化的修正

引起被测流体密度变化的主要因素包括成分、温度和压力，该项修正系数可统一表达为

$$q_V=c_\rho q_V \tag{7-13}$$

$$c_\rho=\sqrt{\frac{\rho}{\rho'}} \tag{7-14}$$

式中，ρ、ρ'分别为设计状态下的流体密度和被测流体在工作状态下的实际密度；c_ρ 为被测流体密度变化的修正系数。

当被测流体为气体时，其工作状态下的实际密度可用下式计算，即

$$\rho'=\rho_0\frac{T_0p'}{T'p_0}\frac{Z_0}{Z'} \tag{7-15}$$

式中，ρ_0、T_0、p_0 和 Z_0 分别为被测气体在标准状态下的密度、温度、压力和压缩系数；ρ'、T'、p'和 Z'分别为被测气体在工作状态下的密度、温度、压力和压缩系数。

当流量计按气体的标准状态设计时，修正系数为

$$c_\rho=\sqrt{\frac{T'p_0}{T_0p'}\frac{Z'}{Z_0}} \tag{7-16}$$

3. 综合修正系数

当同时考虑上述两项影响因素时，流量测量结果可按下式修正，即

$$q'_V=cq_V \tag{7-17}$$

$$c=c_dc_\rho \tag{7-18}$$

式中，c 为考虑被测流体的工作状态参数偏离设计值时的流量综合修正系数。

7.2.5 节流式流量计的应用

应用节流式流量计通常会遇到两类实际问题：一是已知管道条件（内径、表面粗糙度、材料等）、被测流体的性质、工作状态和流量范围，要求选择合适的节流装置和差压计；二是已知管道条件、节流装置的形式及其开孔直径 d、差压测量读数 Δp 以及被测流体的性质和工作状态，要求计算被测流体的实际流量。下面主要介绍解决这两类问题的基本思路。

1. 根据已知条件选择合适的节流装置和差压计

首先，根据管道情况、被测流体性质和流量范围选择合适的节流装置形式。由流量方程

可知，问题的实质是确定节流元件开孔直径 d（或 β 值）以及差压计上限值 $\Delta p_{\max}$。通常的方法是先选定 $\Delta p_{\max}$，然后迭代计算 β。

（1）差压计上限值 $\Delta p_{\max}$ 的确定　选择 $\Delta p_{\max}$ 时，需要考虑的主要因素有：

1）在给定的流量范围内，$\Delta p_{\max}$ 的选择结果尽可能使 β 值在 0.1～0.3 之间。这样可以使节流装置的测量范围较宽，α 的精度较高，最小直管段较短，流速分布较均匀，输出差压信号较强，但压力损失也较大，对节能不利，故需要权衡考虑。

2）考虑压力损失的要求时，选择的 $\Delta p_{\max}$ 应满足：

对于标准孔板 $\Delta p_{\max} \leqslant (2 \sim 2.5)\delta p$

对于标准喷嘴 $\Delta p_{\max} \leqslant (3 \sim 3.5)\delta p$

δp 是流体流过节流元件的压力损失，一般由试验方法确定，也可按公式估算，即

$$\delta p = \frac{1-\alpha\beta^2}{1+\alpha\beta^2}(p_1 - p_2) \tag{7-19}$$

3）当被测流体是液体时，应保证液体在选择的 $\Delta p_{\max}$ 下通过节流元件时不发生汽化，即 $p_2 = p_1 - \Delta p_{\max}$ 必须大于被测流体在工作温度下的饱和压力 p_s，一般要求

$$\Delta p_{\max} \leqslant p_1 - (1.2 \sim 1.3)\,p_s \tag{7-20}$$

被测流体是可压缩流体时，要求

$$\Delta p_{\max} \leqslant 0.25 p_1 \tag{7-21}$$

（2）关于 β 值的迭代计算

1）根据已知条件计算 Re_{D}。计算公式为

$$Re_{\mathrm{D}} = \frac{4q_V}{\pi D'\nu} \tag{7-22}$$

或

$$Re_{\mathrm{D}} = \frac{4q_m}{\pi D'\eta} \tag{7-23}$$

式中，D' 是管道在实际工作温度下的内径（m），考虑管道材料的热胀冷缩效应；q_V、q_m 分别是被测流体的体积流量和质量流量；ν 是工作状态下被测流体的运动黏度（$\mathrm{m^2/s}$）；η 是工作状态下被测流体的动力黏度（Pa・s）。

2）根据相关的已知条件，应用式（7-9）计算常用流量 q_u 所对应的差压 Δp_u。

3）将相关的已知条件和 D'、Δp_u 代入流量方程（7-3），并设 $\varepsilon = 1$，计算 $\beta^2\alpha_0$ 的第一次近似值 $(\beta^2\alpha_0)_1$。

4）根据 $(\beta^2\alpha_0)_1$，从节流装置的相关数据图表中查出对应的 β_1^2 和 α_{01}；并根据式（7-5）计算流量系数 α_1。

5）计算 $(\beta^2\alpha_1)_1$，并将结果和给定的常用流量值 q_u 代入流量方程（7-3），计算 ε 的第一次近似值 ε_1。

6）求 $\beta^2\alpha_0$ 的第二次近似值 $(\beta^2\alpha_0)_2 = (\beta^2\alpha_1)_1/\varepsilon_1$。

7）重复步骤 4）和 5）。

8）验算流量。将 $(\beta^2\alpha_2)_2$ 和 ε_2 代入流量方程计算流量，将计算结果与给定的常用流

量值 q_u 进行比较，当两者的相对偏差小于±0.2%时，迭代计算结束，β 值确定。

最后，根据确定的 β 值计算节流元件的开孔直径 d，并检验其他要求是否满足。

2. 根据已知条件计算被测流体的实际流量

在这类问题中，通常已知被测流体的工作状态、节流装置的形式、管道情况以及差压计测量读数，即流量方程中的 β 和 Δp 已知，ε 也可以从相关的数据图表中查取。因此，计算实际流量的关键是流量系数 α 的确定。由于 α 与 Re_D 有关，因此，通常的方法是：

1）先假定一个初始值 $(Re_D)_1$。

2）根据 $(Re_D)_1$ 和 β 值查表得 α_{01}，结果代入式（7-5）计算相应的 α_1 值，并将计算结果代入流量方程（7-3），计算流量 q_{V1} 或 q_{m1}。

3）将 q_{V1} 代入式（7-22），或将 q_{m1} 代入式（7-23），计算 $(Re_D)_2$。

4）重复第2）、第3）步，当相邻两次计算得到的流量值的相对偏差小于±0.2%时，迭代计算结束，所得结果即为要求计算的流量值。

7.3 涡轮流量计

7.3.1 工作原理

涡轮流量计是一种典型的速度型流量计，图7-2和图7-3分别是它的系统框图和变送器结构。

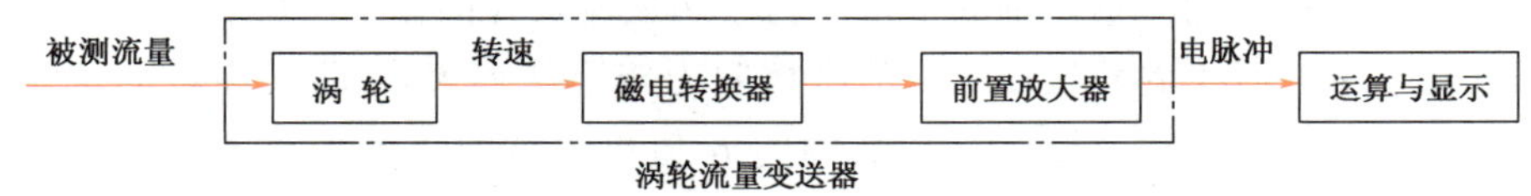

图7-2 涡轮流量计系统框图

当被测流体流经涡轮时，推动涡轮转动，高导磁性的涡轮叶片随之周期性地通过磁电转换器的永久磁铁，使磁路的磁阻发生相应的变化，导致通过感应线圈的磁通量改变，在线圈中产生交变的感应电动势，从而获得交流电脉冲信号的输出。显然，该脉冲信号的变化频率 f 就是涡轮叶片通过永久磁铁的频率，它与涡轮的转速 n 成正比，为

$$f=zn \tag{7-24}$$

式中，f 为磁电转换器输出的电脉冲频率；z 为涡轮的叶片数目；n 为涡轮转速。

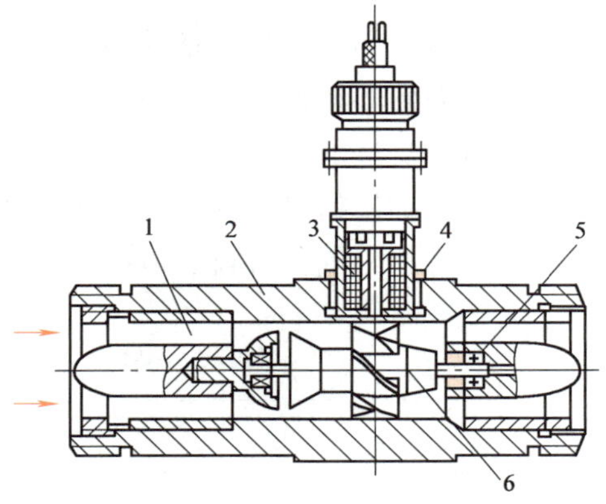

图7-3 涡轮流量变送器结构
1—导流器 2—壳体 3—感应线圈 4—永久磁铁 5—轴承 6—涡轮

根据涡轮的旋转运动方程可以推出，涡轮的转速 n 与被测流体的平均流速 v 成正比，也就是与被测流量的大小成正比。因此，转换器输出的电脉冲频率与被测流量 q_V 之间的关系可表达为

$$q_V=\frac{f}{K} \tag{7-25}$$

式中，K 为流量计的仪表常数，也称流量系数，它与涡轮流量变送器的结构以及被测流体的性质等因素有关，一般通过试验标定的方法确定。

由此可见，测量出涡轮流量变送器输出的电脉冲频率，并进行相应的运算，就可以求得被测流量。

7.3.2　涡轮流量计的基本特性

涡轮流量计的特性可从多个角度加以描述，这里仅就线性特性和压力损失特性两个主要方面做简要的介绍，供选用流量计时参考。

1. 线性特性

由式（7-25）可知，当涡轮流量计的仪表常数 K 是一恒定不变的常数时，被测流量 q_V 与相应的脉冲信号频率 f 之间具有理想的线性关系；否则 q_V-f 的函数关系是非线性的。因此，涡轮流量计的线性特性反映了仪表常数 K 在流量测量范围内的变化特性，可用 K-q_V 曲线表示，如图 7-4 所示。

理想的 K-q_V 曲线是一条平行于 q_V 轴的直线，表明 K 值为不随流量大小变化的常数。但是，由于流体水力特性的影响，再加上涡轮承受阻力矩的作用，使得实际的 K-q_V 曲线具有高峰特征，其峰值一般出现在流量计上限流量的 20%～30%范围内。很明显，这种曲线高峰的存在限制了流量计可测流量范围的下限。为了拓展流量计的测量下限，设计流量计时，应尽量减小叶轮质量，减少涡轮转动部分的摩擦阻力矩，使得 K-q_V 曲线高峰的位置前移、峰谷压平，以延长线性工作段，使小流量范围的 K 值也为常数。另外，选用流量计时，应尽量使测量范围位于流量计 K-q_V 特性曲线的线性段。

2. 压力损失特性

当流体流经涡轮流量计推动涡轮转动时，需要克服各种阻力矩，从而产生了压力损失。流量越大，涡轮的转速越高，相应的惯性力矩和摩擦阻力矩也就越大，引起的压力损失相应增加；同时，流体的黏度越大，产生的黏滞阻力矩越大，压力损失也就越大。此外，压力损失还与流量计的结构尺寸和工艺水平有关。图 7-5 所示是一条涡轮流量计的试验数据曲线，它反映了压力损失 δp 与体积流量 q_V 之间的关系。

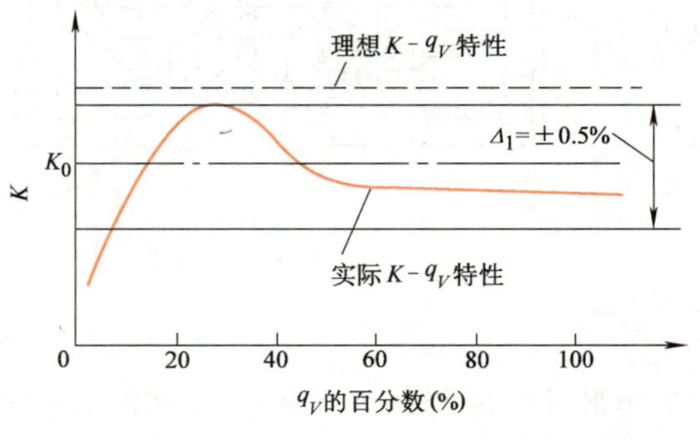

图 7-4　涡轮流量计的线性特性

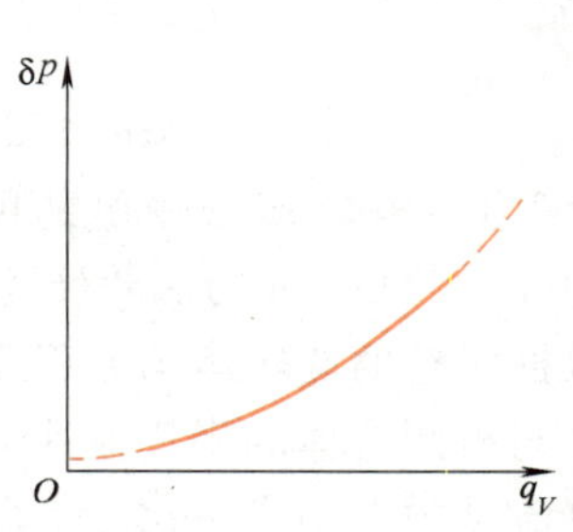

图 7-5　涡轮流量计的压力损失特性

7.3.3 影响涡轮流量计测量结果的主要因素

涡轮流量计的仪表常数 K 是流体物性参数和涡轮变送器结构特征尺寸的函数。对于确定的涡轮变送器，其 K 值是在特定的状态下采用特定的介质标定的。因此，当被测流体的性质和工作状态偏离标定条件时，流量计的特性将发生变化，从而引起测量结果的误差。所以，对有关影响因素应予以重视，必要时应对测量结果进行修正。

1. 流体黏度的影响

涡轮流量计的仪表常数 K 与流体的黏度密切相关，随着流体（尤其指液体）黏度的增大，流量计的线性测量范围缩小。用于测量液体的涡轮流量计，仪表制造厂所提供的仪表常数通常是用常温的水标定的。试验表明，这种仪表用于测量黏度为 $1\times10^{-6}\mathrm{m}^2/\mathrm{s}$ 左右的轻质油和其他液体介质时，可获得令人满意的结果，不必再做单独标定；用于测量黏度大于 $1\times10^{-6}\mathrm{m}^2/\mathrm{s}$ 而小于 $15\times10^{-6}\mathrm{m}^2/\mathrm{s}$ 的液体时，尽管流量计的仪表常数与标定时的数值有所偏离，但其测量精度尚能符合工业测量的要求。但是，当被测液体的黏度大于 $15\times10^{-6}\mathrm{m}^2/\mathrm{s}$ 时，流量计的测量误差明显增大，其变送器特性必须在实际工作条件下重新标定。

2. 流体密度的影响

涡轮流量计是一种速度型流量计，它根据流体速度的大小测量流体的体积流量。由其工作原理可见，流体推动涡轮旋转的过程实际上是将流体的动能转换为机械能的过程，也就是说，推动涡轮转动的力矩不仅与流体的流速成正比，还与流体的密度成正比。当被测流体的流速不变时，流体密度的变化也会引起涡轮转速的变化，从而引起涡轮流量计读数的测量误差。所以，当被测流体的密度值受状态参数（温度、压力）的影响而发生明显变化时，应在测量回路中加入密度（或温度、压力）补偿器，以补偿相应的测量误差。

3. 流体压力和温度的影响

当被测流体的压力和温度与流量计标定时的状态有较大偏离时，将使涡轮变送器的结构尺寸及其内部的流体体积发生变化，从而影响流量计的特性。对此，有关修正方法如下。

1）压力变化引起涡轮变送器结构尺寸变化的修正系数为

$$K_1 = 1+\Delta p\,\frac{(2-\mu)\,2R}{E(1-A/ER)\,2h} \tag{7-26}$$

式中，Δp 为涡轮变送器工作压力与标定压力之差；μ 为泊松比；R 为涡轮变送器的公称半径；E 为涡轮变送器壳体材料的拉伸弹性模量；A 为涡轮变送器叶轮的截面积；h 为涡轮变送器壳体厚度。

2）温度变化引起涡轮变送器结构尺寸变化的修正系数为

$$K_2 = (1+\alpha_1\Delta t)^2(1+\alpha_2\Delta t) \tag{7-27}$$

式中，α_1、α_2 分别为涡轮变送器壳体和叶轮材料的热胀系数；Δt 为涡轮变送器工作温度与标定温度之差。

3）压力变化引起涡轮变送器内部流体体积变化的修正系数为

$$K_3 = \frac{1-p_0Z_0}{1-pZ} \tag{7-28}$$

式中，p_0、p 分别为涡轮变送器的标定压力和工作压力；Z_0、Z 分别为被测流体在流量计标定温度和工作温度下的压缩系数。

4）温度变化引起涡轮变送器内部流体体积变化的修正系数为

$$K_4 = 1+\alpha\Delta t \tag{7-29}$$

式中，α 为被测流体的热膨胀系数。

因此，在流体压力和温度同时变化的情况下，对流量计测量结果的综合修正公式为

$$q_V' = K_1 K_2 q_V \tag{7-30}$$

$$q_m' = \rho \frac{K_3}{K_4} q_V' = \rho K_1 K_2 \frac{K_3}{K_4} q_V \tag{7-31}$$

式中，q_V'、q_m' 分别为修正后的被测流体的体积流量和质量流量；q_V 为未经修正的流量计读数；ρ 为被测流体在流量计标定状态下的密度。

4. 流动状态的影响

涡轮流量计的仪表特性直接受流体流动状态的影响，其中对涡轮变送器进口处的流速分布尤为敏感。进口处流速的突变和流体的旋转可使测量误差达到不能被忽略的程度，而这些流动状态的形成主要取决于该处的管道结构。为了改善进口处的流动状态，除了在涡轮变送器上安装导流器外，还必须保证其前后均有一定长度的直管段，一般要求上游的直管段长度为 $20D$，下游为 $5D$。

短小流道测量方法对比

7.4 光纤流量计

7.4.1 光纤差压式流量计

光纤差压式流量计实质上也是一种节流式流量计，它的特点是利用光纤传感技术检测节流元件前后的差压 Δp，其工作原理如图 7-6 所示。在节流元件前后分别安装一组敏感膜片和 Y 形光纤，膜片感受流体压力的作用而产生位移，Y 形光纤是一种光纤位移传感器，它根据输入、输出光强的相对变化测量膜片位移的大小。在这种传感器布置方式中，每一膜片的位移与其所受的流体压力成正比，即膜片 1 与膜片 2 的相对位移与节流元件前后的差压 Δp 成正比。因此，通过测量两膜片的相对位移可以得到节流差压 Δp，然后利用流量方程式（7-3）求出被测流量。

7.4.2 光纤膜片式流量计

光纤膜片式流量计的基本结构和工作原理如图 7-7 所示。这种流量计的工作原理是直接把流量信号转变为膜片上的位移信号，即流量越大，膜片受力而产生的向内挠曲变形（位移）越大，测量膜片的位移量就可以确定被测流量的大小。膜片位移的测量同样采用 Y 形光纤传感器。通常膜片可采用钢或铜等材料制成，为增加反射光强度，膜片内侧可镀铬或银。膜片的厚度根据流量的测量范围设计，一般为 0.05~0.2mm。

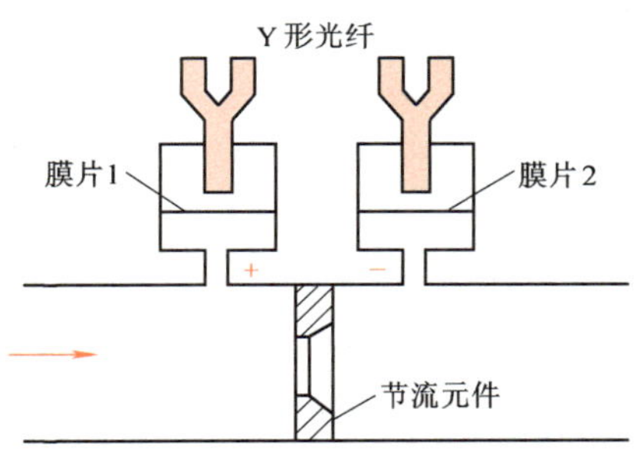

图 7-6　光纤差压式流量计工作原理

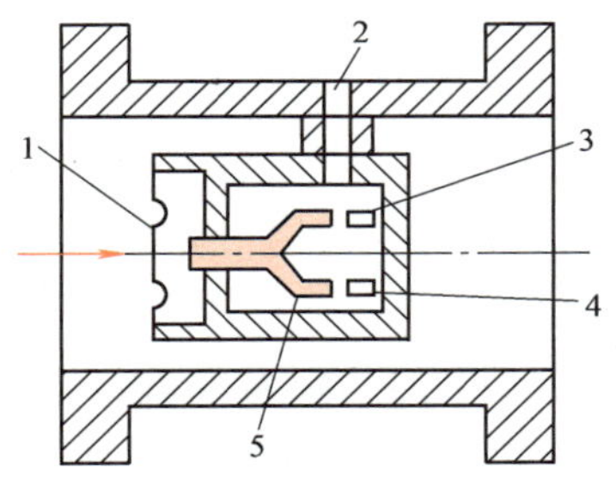

图 7-7　光纤膜片式流量计的基本结构和工作原理
1—膜片　2—引线孔　3—光电元件　4—光源　5—Y 形光纤

7.4.3　光纤卡门（Karman）涡街流量计

光纤卡门涡街流量计与普通涡街流量计的主要不同之处在于它采用了光纤传感技术测量旋涡频率。为此，首先介绍涡街流量计的基本工作原理。

图 7-8 所示为卡门涡街形成的情况。在流体中垂直插入一根具有对称形状的非流线型柱状物体（旋涡发生体）时，如果流体流动的雷诺数 $Re_D>5\times10^3$，则在旋涡发生体的下游会产生两列相互交替的内旋旋涡，该旋涡几乎与流体同速地向下游方向运动，形成一条街道形状，称为卡门涡街。若旋涡之间的距离为 l，两涡街之间的距离为 h，则当 $h/l=0.281$ 时，涡街是稳定的。大量试验表明，上述旋涡的频率 f 为

$$f=Sr\frac{v'}{d} \tag{7-32}$$

式中，v'为旋涡发生体两侧流体的流速；d 为旋涡发生体迎流面的最大宽度；Sr 为斯特劳哈尔（Strouhal）数，当流体流动的雷诺数在 $5\times10^3\sim5\times10^5$ 范围内时，Sr 为常数（$Sr=0.16\sim0.21$）。

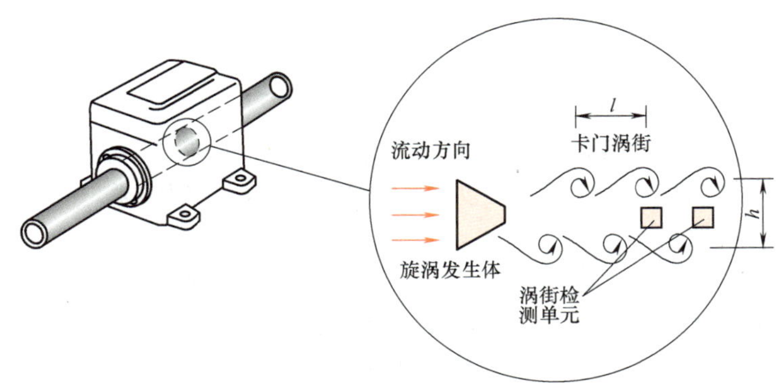

图 7-8　卡门涡街形成的情况

根据流动连续性原理

$$Av=A'v' \tag{7-33}$$

式中，A、v 分别为管道流通截面的面积和平均流速；A'为旋涡发生体两侧流通面积。

定义截面面积比 $m=A'/A$，由式（7-32）和式（7-33）可得

$$v=\frac{dm}{Sr}f \tag{7-34}$$

则流量为

$$q_V=Av=A\frac{dm}{Sr}f \tag{7-35}$$

式（7-35）即为涡街流量计的流量方程。它表明，当旋涡发生体尺寸一定时（即 d 为常数），通过测量旋涡频率 f 就能换算得到待测流量。

测量旋涡频率的方法很多，但从原理上可分为两类：流体振荡感测和压力变化感测。利用流体振荡感测原理的典型代表是超声波涡街流量计；而光纤卡门涡街流量计则利用了压力变化感测原理。

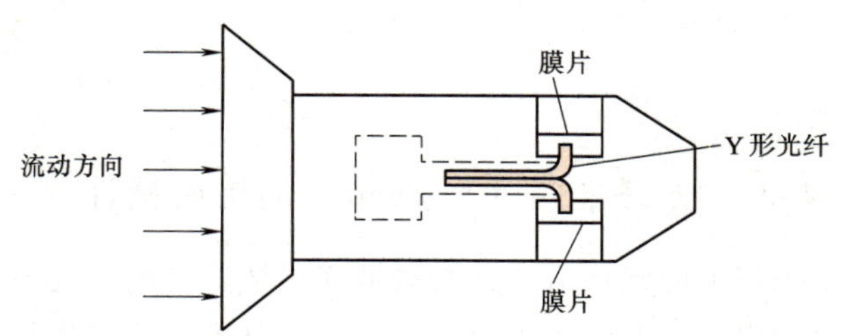

图 7-9　Y 形光纤压力传感器测量旋涡频率的装置示意图

光纤卡门涡街流量计测量装置如图 7-9 所示。如前所述，卡门涡街中的旋涡按左右交替的规律产生并随流体向下游运动，致使流体两侧压力大小随之交替变化，其交替变化频率与旋涡频率相同，测量装置中的左、右膜片感受到这种压力的变化而产生位移变化，并通过相应的 2 个 Y 形光纤传感器输出相应的光脉冲信号。显然，这一光脉冲信号的频率等于旋涡频率，它经光电元件转换成电脉冲信号，然后传送到数据处理单元，通过一定的换算，最终显示被测流体的流量。

7.5　超声波流量计

7.5.1　基本原理

与常规流量计相比，超声波流量计具有以下特点：

1）非接触测量，不扰动流体的流动状态，不产生压力损失。

2）不受被测流体物理、化学特性（如黏度、导电性等）的影响。

3）输出特性呈线性。

超声波流量计的测量原理是基于超声波在介质中的传播速度与该介质的流动速度有关这一现象。图 7-10 所示为超声波在流动介质的顺流和逆流中的传播情况。图中 v 为流动介质的流速，c 为静止介质中的声速，F 为超声波发射换能器，J 为超声波接收换能器。由图 7-10 可知，超声波在顺流中的传播速度为 $c+v$，在逆流中的传播速度为 $c-v$。可见，超声波在顺流和逆流中的传播速度差与介质的流动速度 v 有关，测出这一传播速度差就可求得流速，进而可换算为流量。测量超声波传播速度差的方法很多，常用的有时间差法、相位差法和频率差法，因此，也就形成了所谓的时间差法超声波流量计、相位差法超声波流量计和频率差法超声波流量计等。

图 7-11 所示为超声波在管道壁面之间的传播情况。当管道内的介质呈静止状态时，超声波在管壁间的传播轨迹如实线所示，其传播方向与管道轴线之间的夹角为 θ（由流动方向逆时针指向传播方向），传播速度为声速 c。当管道内的介质是平均流速为 v 的流体时，超声波的传播轨迹如虚线所示（其传播方向偏向顺流方向，简称顺流传播）。这时，超声波传播方向与管道轴线之间的夹角为 θ'，传播速度 c_v 为 v 和 c 的矢量和。通常 $c \gg v$，故可认为 $\theta \approx \theta'$，即传播速度的大小为

$$c_v = c + v\cos\theta \tag{7-36}$$

同样可以推导，超声波在管壁间逆流传播的速度大小为

$$c_v = c - v\cos\theta \tag{7-37}$$

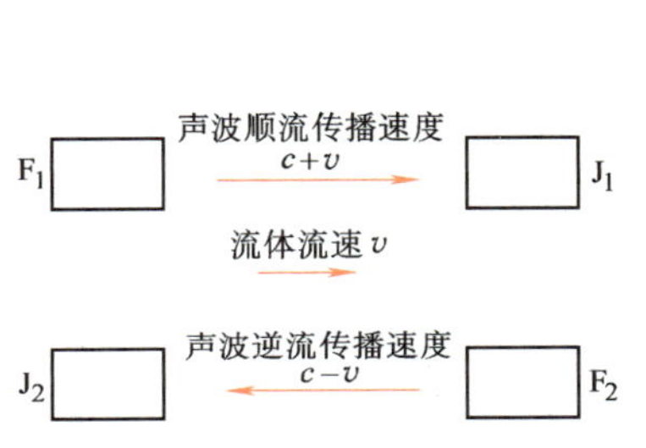

图 7-10　超声波在流动介质的顺流和逆流中的传播情况

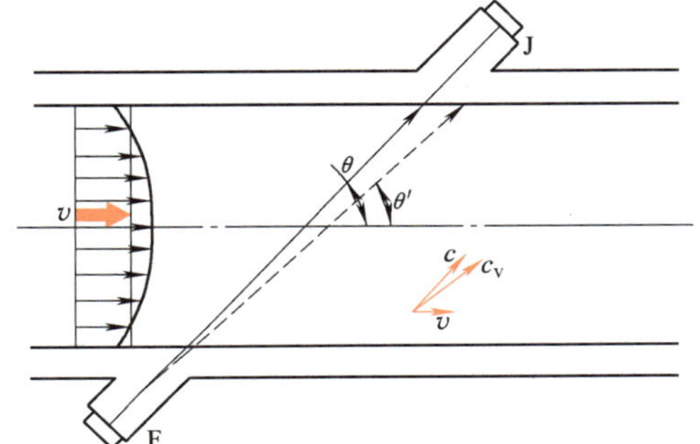

图 7-11　超声波在管壁之间的传播情况

式（7-36）和式（7-37）是超声波流量计中普遍采用的传播速度简化算式。下面以时间差法超声波流量计为例，具体说明超声波流量计的工作原理。

7.5.2　时间差法超声波流量计

图 7-12 为时间差法超声波流量计测量系统框图。安装在管道两侧的换能器交替发射和接收超声波，设超声波顺流方向的传播时间为 t_1，逆流方向的传播时间为 t_2，则有

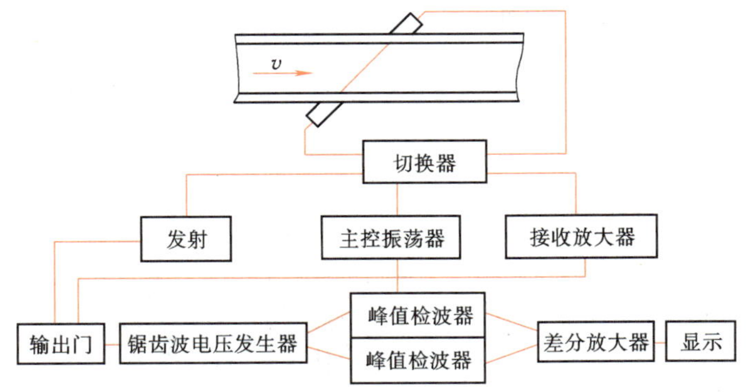

图 7-12　时间差法超声波流量计测量系统框图

$$t_1 = \frac{D/\sin\theta}{c + v\cos\theta} + \tau \tag{7-38}$$

$$t_2 = \frac{D/\sin\theta}{c - v\cos\theta} + \tau \tag{7-39}$$

式中，D 为管道直径；τ 为超声波在管壁厚度内传播所需的时间。

因此，超声波顺流和逆流传播的时间差为

$$\Delta t = \frac{2D\cot\theta}{c^2} v \tag{7-40}$$

则

$$v = \frac{c^2\tan\theta}{2D} \Delta t \tag{7-41}$$

管道内被测流体的体积流量为

$$q_V = Av = \frac{\pi D c^2 \tan\theta}{8} \Delta t \tag{7-42}$$

式中，A 为管道的流动截面面积。

对于已安装好的换能器和确定的被测流体，式（7-42）中的 D、θ 和 c 都是已知的常数，所以测得时间差 Δt 就可换算得到流量 q_V。

在图 7-12 所示的测量系统中，主控振荡器以一定的频率控制切换器，使安装在管道两侧的两个换能器以相应的频率交替发射和接收超声波。输出门得到超声波发射和接收的信号后，以方波的形式输出超声波发射与接收的时间间隔，即传播时间（方波的宽度与相应的传播时间成正比）。在输出门信号的控制下，锯齿波电压发生器产生相应的锯齿波电压，其电压峰值与输出门的方波宽度成正比。由于超声波顺流和逆流的传播时间不等，故输出门输出的方波宽度不同，相应产生的锯齿波电压峰值也不相等，显然，顺流时的电压峰值低于逆流时的电压峰值。峰值检波器分别将两种电压峰值检出后送到差分放大器中进行比较放大，最后输出与超声波顺、逆流传播时间差成正比的信号，并显示相应的流量值。

7.6 电磁流量计

7.6.1 电磁流量计的基本原理

电磁流量计（EMF）是基于法拉第电磁感应定律进行工作的。如图 7-13 所示，不导磁测量管布置在磁感应强度为 B 的磁场内，与磁场方向垂直；当作为导电体的液态流体以流速 v 通过测量管时，切割磁感应线，在与流动方向垂直的方向上产生与流体流量成正比的感应电动势，其表达式为

$$E = kBDv \tag{7-43}$$

式中，E 为感应电动势（V）；k 为无量纲常数，称为仪表常数；B 为磁感应强度（T）；D 为测量管内径（m）；

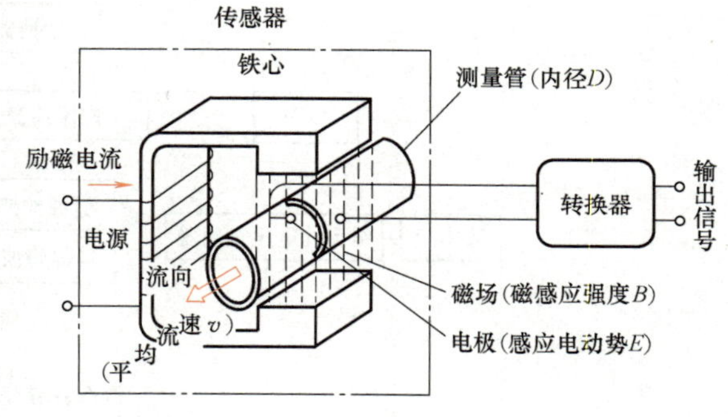

图 7-13　电磁流量计工作原理示意图

v 为测量管内电极截面轴向上的平均流速（m/s）。

通过测量上述感应电动势，E 就可以测得管中流体的流速 v，进而获得流体的体积流量 q_V，其结果为

$$q_V = \frac{\pi D^2}{4} v = \frac{\pi D E}{4 k B} \tag{7-44}$$

7.6.2　电磁流量计应用中的基础问题

为了保证电磁流量计测得的瞬时流量值与所产生的瞬时感应电动势成正比，即式（7-44）成立，应用上需要满足以下条件：

1）管道内的磁感应强度 B 均匀分布。

2）管道内的被测流体是导电的，其电导率是均匀的，并且在一定范围内不受电场、磁场以及流体流动的影响。

3）被测流体是非磁性的，其在流动过程中充满管道且速度呈轴对称分布。

4）测量管的内壁附上绝缘衬套。

目前，电磁流量计在实际工程中得到了广泛应用，其主要优点包括：

1）压力损失小。对比其他类型的流量计，电磁流量计的结构较简单，管道内部没有阻碍流体介质流动的部件，因此也不会产生附加的压力损失。

2）可以用于测量脏污、腐蚀性的介质。电磁流量计在工作过程中，被测流体只与管道内壁附上的绝缘衬套接触，因此只要选择合适的衬套材料，就可以对脏污、腐蚀性的流体介质的流量进行测量。

3）量程和口径的范围广。对于同种口径的电磁流量计，量程范围度可达到 1000：1。而在实际工程应用当中，电磁流量计的口径从几毫米到 3m，能够满足不同需求下的流量测量。

4）响应速度快。在实际工作过程中，电磁流量计输出电动势与流速变化同步，不存在机械惯性，因此响应速度快，能够对瞬时流量进行脉动测量，同时也能够对正、反两方向的流量进行测量。

5）测量精度高。电磁流量计的测量精度较高，准确度等级可达 0.1～0.2，重复性在 0.03%±0.08%范围内，适用于标准流量计和精密测量的场合。

但是，电磁流量计也存在一些不足，例如，不能测量那些电导率很低的流体，如酒精的流量；要求被测流体充满管道且其速度呈轴对称分布，因此，无法测量含有较大气泡的流体的流量，也无法测量蒸汽、气体的流量；只能对体积流量进行直接测量，无法对质量流量进行直接测量；受衬套材料的影响，不适合测量高温高压或者低温性质的流体介质的流量；抗外界电磁干扰的能力较差，往往需要采用必要的屏蔽措施。同时对高速的脉动流体测量，有一定的脉动频率限制。

7.7　质量型流量计

7.7.1　冲量式固体粉粒流量计

在火力发电厂中，煤粉燃料的流量测量与控制是一个非常重要的环节，它直接关系到电

厂生产的经济性。然而，这类固体粉粒介质的流量测量一直是流量测量领域的一个难题。尽管目前已经开发研究了多种固体粉粒流量的测量方法，如冲量法、充电法、摩擦生电法、相关法和热平衡法等，但技术上较为成熟、应用较多的只有冲量法。因此，本节只介绍基于冲量法的冲量式固体粉粒流量计。

1. 冲量式流量计的基本原理

冲量法是基于动量（冲量）定理进行流量测量的方法，与其相应的测量仪表称为冲量式流量计，其中较为典型的是水平分力式冲量流量计，这种流量计的基本工作原理如图 7-14 所示。当被测固体粉粒从一定的高度 h 自由下落到倾斜角为 α 的检测板上时，对检测板产生一个冲力 $\boldsymbol{F}$，其大小可根据动量定理求出

$$\boldsymbol{F}\Delta t = m\Delta\boldsymbol{v} \tag{7-45}$$

式中，m 为对检测板产生冲击作用的固体粉粒的质量；Δt 为作用时间；$\Delta\boldsymbol{v}$ 为下落固体粉粒对检测板的冲击速度与被检测板回弹速度的矢量差。

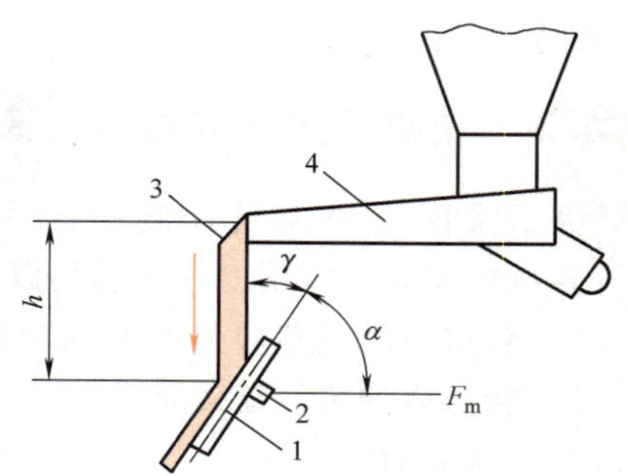

图 7-14　冲量式流量计的基本工作原理
1—检测板　2—检测板轴　3—固体粉粒　4—输送机

因此，冲力 $\boldsymbol{F}$ 为

$$\boldsymbol{F} = \frac{m}{\Delta t}\Delta\boldsymbol{v} = q_m\Delta\boldsymbol{v} \tag{7-46}$$

式中，q_m 为被测固体粉粒的质量流量。

可见，通过测量检测板所受冲力 $\boldsymbol{F}$ 即可得到相应的被测流量 q_m。顾名思义，水平分力式冲量流量计就是利用检测板所受冲力的水平分力进行流量测量的。通过对式（7-46）进行矢量分解等运算，可以得到水平分力式冲量流量计的流量方程为

$$q_m = kF_m \tag{7-47}$$

式中，F_m 为检测板所受冲力的水平分力的大小；k 为系数，它与固体粉粒下落高度 h、检测板倾斜角 α、粉粒对检测板的冲击速度和到检测板后的回弹速度等因素有关，当流量计的结构确定后，k 为常数。

2. 冲量式流量计的基本组成和工作模式

冲量式流量计由检测器以及流量显示和调节装置两大部分组成。

检测器部分的核心是检测头，它主要由检测板和变送器组成。检测板接收被测固体粉粒自由下落的冲力，变送器将该冲力转换成相应的位移信号或电信号，以供流量显示和调节。根据冲力信号的检测方式，检测头又分位移检测型和直接测力型。位移型检测头的变送器采用差动变压器，而直接测力型检测头的变送器采用测力仪（又称荷重传感器）。

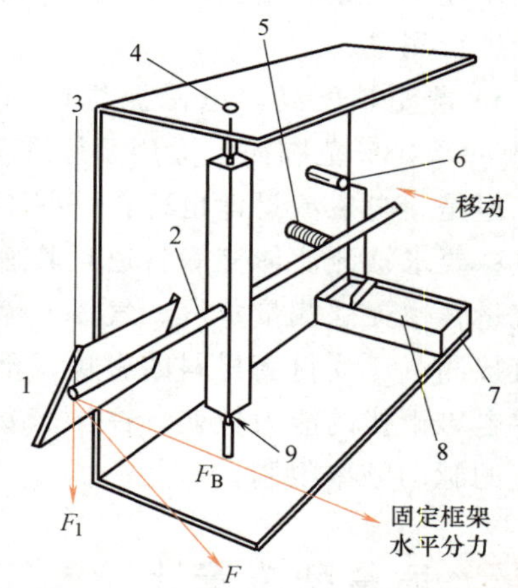

图 7-15　位移型检测头结构原理图
1—检测板　2—横梁　3—物料流
4—支点　5—测量弹簧　6—差动变压器
7—阻尼器　8—硅油　9—支点

图 7-15 所示为位移型检测头的结构原理。检测板所受冲力的水平分力使横梁产生平移，从而带动差动

变压器中的铁心产生位移。铁心的位移与检测板上的水平分力成正比，而该水平分力与被测固体粉粒的质量流量成正比，见式（7-47）。因此，差动变压器输出的电信号与被测固体粉粒的质量流量成正比。

冲量式流量计的显示和调节装置是将检测头输出的电信号经电路转换后，转换为相应的标准电流或电压，进行流量显示和积算的。为了适应现代工业应用中流量检测和自动调节的需要，新型的冲量式流量计一般都采用带调节器或微机控制系统的测量回路，它能够根据整定参数自动调节流量，同时实现流量的显示、计算和控制。

图 7-16 所示为冲量式流量计在煤粉的高精度定量给料装置中的应用实例。

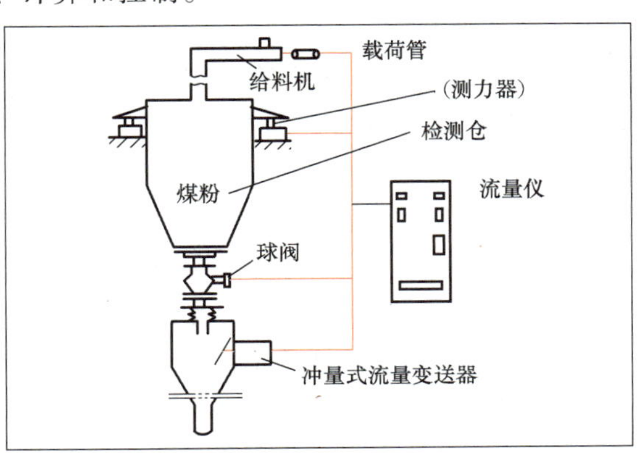

图 7-16　冲量式流量计在煤粉高精度定量给料装置中的应用实例

7.7.2　热式质量流量计

热式质量流量计是一种直接型质量流量计，它利用流体与热源（流体中加热的物体或测量管外加热体）之间的热量交换关系来测量流体流量，过去也称量热式流量计，当前主要用于测量气体流量。

热式质量流量计用得最多的有两种：一种是利用流体传递热量改变测量管壁温度分布的热分布式流量计；另一种是利用热消散（冷却）效应的浸入型或侵入型流量计。下面简单介绍这两种流量计的基本工作原理。

1. 热分布式热式质量流量计

图 7-17 是热分布式热式质量流量计基本组成和工作原理示意图。流量传感器由细长的测量管和绕在其外壁上的绕组（加热线圈和测温热电阻）等组成。加热线圈通常在测量管上居中布置，测温热电阻在加热线圈轴向两侧对称布置。加热线圈和测温热电阻组成测量电桥，由恒流电源供电。当测量管内没有流体流动时，被加热线圈加热的管壁的轴向温度关于加热线圈中心对称分布，如图 7-17 中的虚线所示，由于两个测温电阻在相同的温度状态下阻值相等，测量电桥处于平衡状态，输出为零。当测量管内有流体流动时，流体与管壁之间发生热量传递，流体在从管道上游到下游的流动过程中被逐步加热，流体与管壁之间的传热温差沿轴向逐渐减小，致使管壁的轴向温度分布发生变化，如图 7-17 中的实线所示。从机制上讲，这种管壁温度分布的变化形态与管内流体流量大小直接关联；从参数测量来看，这种温度分布的变化导致管壁

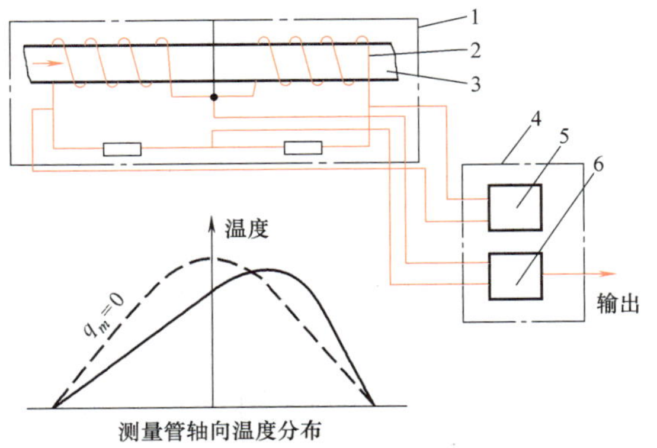

图 7-17　热分布式热式质量流量计基本组成和工作原理示意图

1—流量传感器　2—绕组　3—测量管　4—转换器　5—恒流电源　6—放大器

上两个测温电阻感受的温度出现差异，使阻值不再相等，电桥不再平衡，有信号输出，且输出信号的大小与两个热电阻测得的温差成比例。因此，可以根据热电阻测得的管壁上、下游温差推算流经管内的流体流量，即

$$q_m = k\frac{h}{c_p}\Delta T \tag{7-48}$$

式中，q_m 为待测流体的质量流量；k 为仪表常数；h 为流体与管壁之间的表面传热系数；c_p 为流体的定压比热容。

表面传热系数 h 与测量管管道结构材料和流体流动边界层有关。通常，测量管壁很薄且具有相对较高的热导率，仪表制成后其值不变，因此，h 的变化主要受流体边界层热导率变化的影响。对于适合的被测流体，h 和 c_p 均可视为常量，则质量流量仅与热电阻平均温度差成正比，如图 7-18 中的 Oa 段所示，这是流量计的正常测量范围。

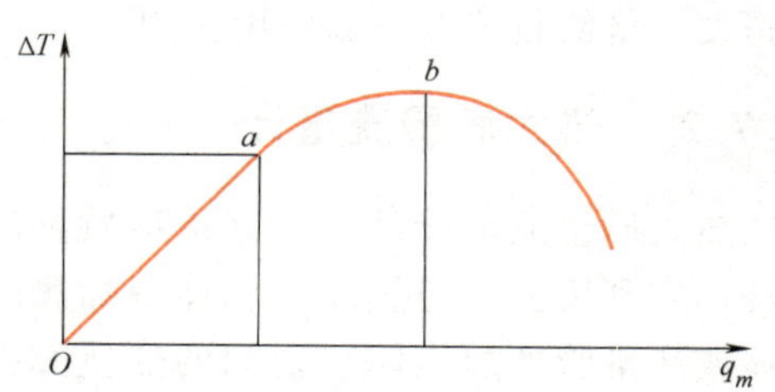

图 7-18　热分布式热式质量流量与绕组温差的关系

为了获得良好的线性输出，在确认被测流体定压比热容 c_p 关于特定压力温度范围相对稳定的同时，必须保持流体处于层流流动状态。一般都将测量管做成细长状，即有很大长径比，以使被测流体流速低、流量小。为了扩大测量流量和口径，常采用分流方式，在主管道内装层流阻流件（图 7-19），以恒定比值，分流部分流体到流量传感部件。

2. 浸入型热式质量流量计

如图 7-20 所示，两个热电阻分别置于管道内的流体中，一个热电阻用于测量流体温度 T，另一个热电阻作为加热元件（以下称为加热电阻），加热电阻的温度 T_R 高于流体温度 T。当流体流经加热电阻时，以对流换热方式带走热量。根据传热学理论，当流体流动形态、管道结构等因素确定后，流体带走的热量取决于流体的流量（流速、物性）和温差 $\Delta T=T_R-T$。因此，通过测量加热电阻的功率耗散或者温差 ΔT 可以推算出流体流量。固

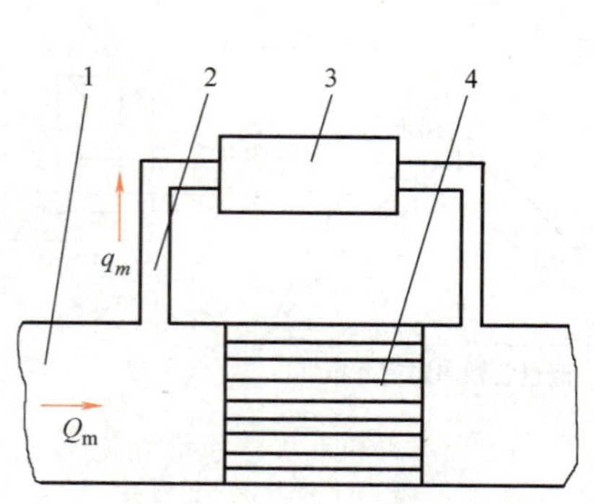

图 7-19　热分布式热式质量流量计测量系统示意图
1—主流道　2—分流道　3—流量传感器　4—层流阻流件

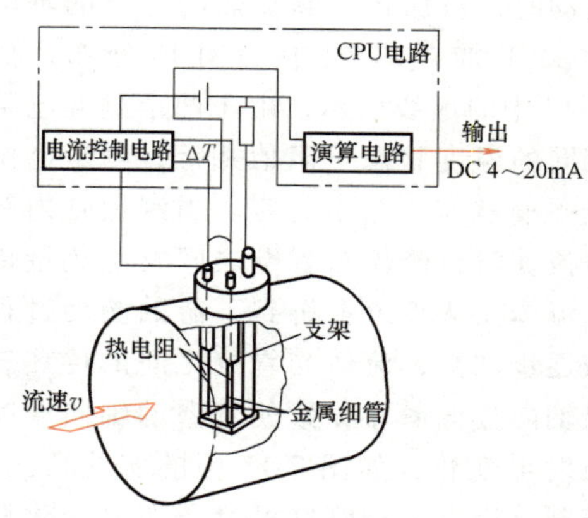

图 7-20　浸入型热式质量流量计工作原理示意图

定加热电阻加热功率（已知量），测量温差 ΔT 来推算流量的方法称为温度差测量法或温度测量法；保持温差 ΔT 恒定（已知量），控制并测量加热电阻加热功率变化的方法称为功率消耗测量法。

7.7.3 科氏力质量流量计

科氏力质量流量计的工作原理运用了科里奥利力现象，即流体质量流量对振动管振荡的调制作用机制。

如图 7-21 所示，质量为 m 的质点以匀速 u 沿着管道轴向移动，同时管道以角速度 ω 围绕着轴 P 转动，这个质点将获得两个加速度分量：①法向加速度 a_r，即向心加速度，其值为 $\omega^2 r$，方向指向轴 P；②切向加速度 a_t，即科里奥利加速度，其值为 $2\omega u$，方向与法向加速度方向垂直且正方向符合左手定则。

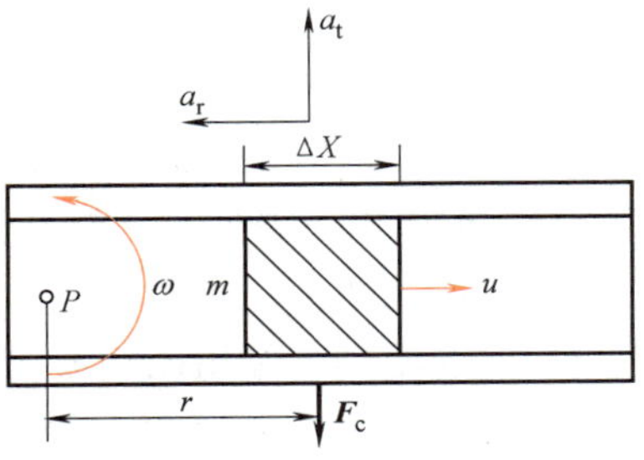

图 7-21 科里奥利力产生原理示意图

由牛顿运动定律可知，对于具有科里奥利加速度的质点，在其加速度方向存在一定的作用力，即科里奥利力，其值为

$$F_c = 2m\omega u \tag{7-49}$$

当密度为 ρ 的流体以速度 u 沿着管道流动时，对于任意一段长度为 ΔX 的管道，相应的科里奥利力值为

$$\Delta F_c = 2\omega u\rho A\Delta X \tag{7-50}$$

式中，A 为管道的横截面面积。

而质量流量为

$$q_m = \rho uA \tag{7-51}$$

因此，只要能直接或者间接地测量出在旋转管道中流动的流体作用于管道上的科里奥利力，就可以测得流体通过管道的质量流量，其值为

$$q_m = \frac{\Delta F_c}{2\omega\Delta X} \tag{7-52}$$

在实际工程中，流体管道一般需要固定安装，要使流体通过的管道旋转显然是不切合实际的，这也导致很长时间内这种流量计无法获得实际的工程应用。后来人们发现，当管道以一定频率上下振动时，也能使管道受到科里奥利力的作用，而且当充满流体的管道以等于或接近于其自振频率振动时，维持管道振动所需的驱动力很小，这一发现为科氏力质量流量计的应用打开了通道。

目前，科氏力质量流量计已经得到广泛应用，其种类和应用范围也各不相同。按照测量管道的形状分类，可以分为直管型和弯曲型；按照测量管道的段数分类，可以分为单管型和多管型（一般为双管型）。

与其他类型的流量计相比，科氏力质量流量计最主要的优点是：测量结果对流体的流速分布不敏感，不受层流和湍流工况的影响；同时，在安装时流量计的前后端不需要连接直管。

当然，科氏力质量流量计也存在一些不足。例如，成本较高，其价格一般为同口径的电磁流量计或涡流流量计的 2~8 倍；存在零点漂移现象；大部分型号的科氏力质量流量计的质量和体积都比较大等。

思考题与习题

7-1　流量有哪几种表示方式？常用流量测量方法和流量计有哪些？它们各有什么特点？选用时应考虑哪些主要因素？

7-2　根据节流式流量计的工作原理和误差分析理论，说明为什么对同一节流式流量计测量流量的上下限比值有一定的范围要求。

7-3　当被测流体的工作参数偏离节流式流量计的设计条件时，应该对测量值进行哪些修正？试设计一种对密度具有温度压力补偿的流量测量系统。

7-4　按照以下条件设计标准节流装置，并选配差压仪。

1）被测流体为过热蒸汽，工作压力为 1.35MPa，工作温度为 550℃。

2）流量范围：常用流量为 55kg/s，最大流量为 70kg/s，最小流量为 28kg/s。

3）允许压力损失为 6×10^4Pa。

4）管道材料为新 20 钢无缝钢管，内径为 233mm。

5）管路情况：上游第一阻力件为全开闸阀。

7-5　简述影响涡轮流量计特性的主要因素和使用涡轮流量计时应该注意的主要问题。

7-6　简述光纤流量计和超声波流量计的工作原理、特点及发展趋势。

7-7　理解各种质量流量计的工作原理，设计热式质量流量计的应用方案。

第8章

8

液位测量

从本质上讲，液位测量是一门检测液体-液体、气体-液体或者固体-液体之间分界面的技术，它在工程中的实际应用很多，包括液位和相界面的连续监测、定点信号报警和控制等。在热能与动力工程领域，也包含十分典型的液位测量技术，例如，锅炉中汽包水位的测量和控制，低温介质（如液氦、液氢等）在容器中的液面位置监测与报警，还有内燃机中根据液面的变化来测定燃油消耗量、冷却液量等。

液位测量的原理主要是基于相界面两侧物质的物性差异或液位改变时引起有关物理参数的变化。这些物理参数可能是电量的或非电量的，如电阻、电容、电感、差压以及声速和光能等，它们的共同特点是能够反映相应的液位变化并易于检测。实际应用时，根据所检测的物理量不同或所采用的敏感元件不同，形成了各种各样的液位测量方法和相应的测量仪表，主要的有沉浮式测量法（浮子液位计）、差压式测量法（差压式液位计）、电容式测量法（电容式液位计）、电阻式测量法（电阻式液位计）、电感式测量法（电感式液位计）、热感式测量法（热感式液位计）、激光测量法（激光液位计）、红外测量法（红外液位计）、超声波测量法（超声波液位计）、微波测量法（微波液位计）以及 γ 射线测量法（γ 射线液位计）等。

但是，以上方法的分类不是绝对的，有时为了适应具体的测量要求，可以将两种或两种以上的方法进行组合利用。例如，在利用沉浮式原理的液位测量方法中，浮子的位移可以应用差动变压技术进行测量，也可以通过适当的机构转换后采用光电检测技术。一般而言，选择测量方法的首要依据是被测液体的性质及其容器的特性，因为它们影响到检测信号的变化程度和测量仪表的安装与使用。具体地讲，选择合适的测量方法不仅要求能够获得最大信号量，同时，还应该考虑信号传送过程对被测液体安全性等方面的影响（如电源、光辐射可能加热低温液体或引爆易燃液体等），被测液体对敏感元件的污染、腐蚀以及所需仪表的成本、用户的使用条件等具体情况。

本章主要介绍热能与动力工程中应用较多的液位测量仪表，并简要介绍现代光纤传感技术在液位测量中的应用实例。

8.1 差压式液位计

8.1.1 差压式液位计的基本原理

差压式液位计的理论依据是不可压缩流体（液体）的静力学原理，因此也称为静压式液位计。

设液体的密度为 ρ，自由表面上的压力为 p_0，液面下某一点处距离自由表面的高度为 H，静压力为 p。根据静力学原理，液位 H 与静压力 p 或差压 Δp 之间满足以下关系

$$H=\frac{p-p_0}{\rho g}=\frac{\Delta p}{\rho g} \tag{8-1}$$

式中，g 为重力加速度。

可见，通过测量液体静压力 p 或差压 Δp 就可以确定相应的液位高度 H，这就是差压式液位计的基本工作原理。

实际应用时，差压式液位计的形式不尽相同，除了对差压信号的测量方法不同外，还必须根据液体的特性和容器的结构采用不同的差压信号引出方式。对于开口容器，一般利用液体静压力与大气压力之间的差压来测量液位，测量关系式为式（8-1），差压信号引出方式如图 8-1a 所示；对于密闭容器，可以利用容器内液体的静压力与蒸气的压力之差来测量液位，测量关系式为式（8-2），差压信号引出方式如图 8-1b 所示。

$$H=\frac{\Delta p-\rho_s gH_s}{(\rho-\rho_s)g} \tag{8-2}$$

式中，Δp 为差压计读数；ρ 和 ρ_s 分别为被测液体及其蒸气的密度；H 和 H_s 分别为图示液位高度和蒸气压力引出口的高度。

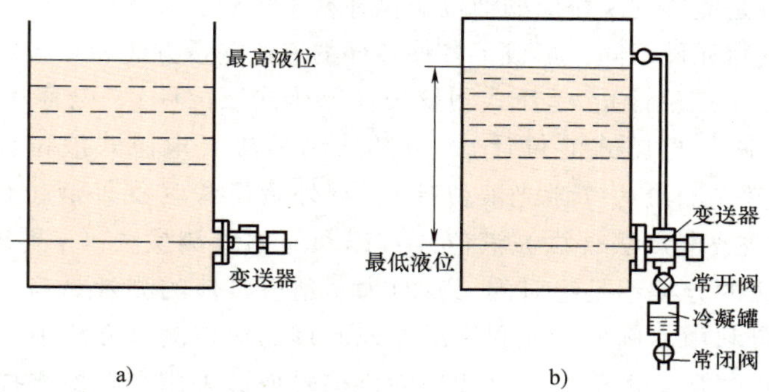

图 8-1　差压式液位计的基本原理

a）开口容器　b）密闭容器

必须指出，上述密闭容器液位测量采用的差压引出方式仅适用于密度 ρ 和 ρ_s 变化不大的场合，否则，液位与差压的关系将变化不定，差压的变化将不能完全反映液位的变化，下面介绍的锅炉汽包水位测量就是一个典型的例子。

8.1.2　差压式液位计测量锅炉汽包水位

差压式液位计是目前电厂锅炉汽包水位测量的常用仪表。使用时，受汽包中汽、水密度变化等许多因素的影响，容易引起较大的测量误差，因此，必须采取一些特别的补偿措施。

1. “水位-差压”转换原理

采用差压式液位计测量汽包水位时，实现水位和差压信号转换的装置叫作平衡容器，图 8-2 是双室平衡容器工作原理。

在平衡容器中，宽容器（正压室）2 的水面高度是恒定的，当其水位增高时，水可以通

过蒸汽侧的连通管溢出进入汽包1；水位降低时，则通过蒸汽冷凝得以补充。差压计4的正压管从宽容器引出，因此，当宽容器中水的密度一定时，差压计的正压头为定值（因为宽容器的水位为定值）。平衡容器的负压管（负压室）3与汽包连通，输出的压头为差压计的负压头，其大小反映汽包水位的变化。

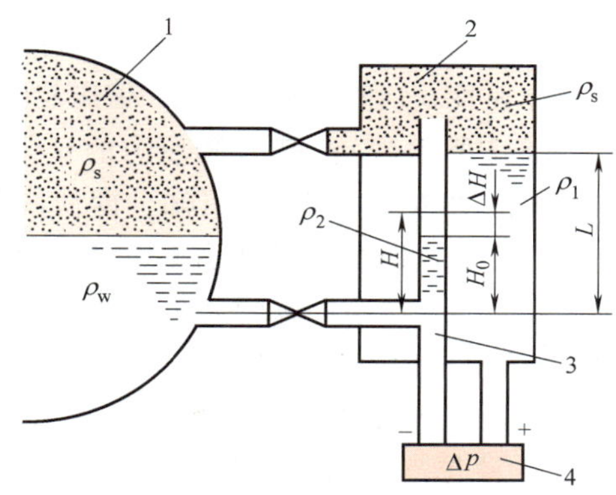

图8-2　双室平衡容器工作原理

1—汽包　2—宽容器（正压室）　3—负压管（负压室）　4—差压计

根据流体静力学原理，汽包水位处于正常水位H_0时，平衡容器的输出差压Δp_0为

$$\Delta p_0 = L\rho_1 g - [H_0\rho_2 g + (L-H_0)\rho_s g] \tag{8-3}$$

式中，ρ_s为汽包压力下饱和蒸汽的密度；ρ_1为宽容器内的水的密度；ρ_2为负压管内的水的密度。

假设汽包水位发生变化而偏离正常水位，汽包水位的变化量为ΔH，即变化后的汽包水位可表示为$H = H_0 \pm \Delta H$，其中"+"表示汽包水位增高；"−"表示汽包水位降低。则平衡容器的输出差压Δp为

$$\begin{aligned}\Delta p &= L\rho_1 g - [H\rho_2 g + (L-H)\rho_s g]\\ &= L\rho_1 g - \{(H_0 \pm \Delta H)\rho_2 g + [L-(H_0 \pm \Delta H)\rho_s g]\}\\ &= L\rho_1 g - [H_0\rho_1 g + (L-H_0)\rho_s g] - (\rho_2-\rho_s)g(\pm\Delta H)\end{aligned}$$

将式（8-3）代入上式，得

$$\Delta p = \Delta p_0 - (\rho_2-\rho_s)g(\pm\Delta H) = \begin{cases}\Delta p_0 - (\rho_2-\rho_s)g\Delta H & H = H_0 + \Delta H\\ \Delta p_0 + (\rho_2-\rho_s)g\Delta H & H = H_0 - \Delta H\end{cases} \tag{8-4}$$

可见，当汽包水位偏离正常水位时，平衡容器输出的差压随之变化。由于$\rho_2 > \rho_s$，因此，汽包水位增高时，平衡容器的输出差压减小；反之，汽包水位降低时，平衡容器的输出差压增大。

式（8-3）和式（8-4）是图8-2所示的平衡容器的基本工作原理，也是相应的液位计的分度依据，式（8-3）中的Δp_0通常与液位计的零水位刻度相对应。

2. 平衡容器的结构与测量误差

根据上述工作原理可见，图8-2所示的平衡容器的水位-差压转换关系受密度这一状态参数的影响，在实际使用时会引起汽包水位的测量误差。与此直接相关的问题包括：

1）由于向外散热的影响，平衡容器正、负压室中的水温从上至下逐渐降低，且不易测定，导致密度ρ_1和ρ_2的数值难以准确确定。因此，用式（8-3）和式（8-4）进行分度的差压式液位计用于现场测量时，ρ_1和ρ_2的数值会随着水温的变化而发生改变，致使液位计的读数出现误差。

为了减少密度变化对液位计分度基准的影响，一般都采用蒸汽套对平衡容器进行保温，使ρ_1和ρ_2都等于汽包压力下饱和水的密度ρ_w，即$\rho_1 = \rho_2 = \rho_w$。这时，平衡容器输出差压Δp与汽包水位H之间的关系为

$$\Delta p = L\rho_1 g - [H\rho_2 g - (L-H)\rho_s g] = (L-H)(\rho_w-\rho_s)g \tag{8-5}$$

式（8-5）表达了蒸汽套保温型双室平衡容器的水位-差压转换关系。可见，当汽包压力稳定时，这种转换关系是确定不变的。

2）一般来说，用于汽包水位测量的差压式液位计是在汽包额定工作压力（固定的 $\rho_w-\rho_s$）下分度的，因此，只有在相应工况下运行时仪表读数才是正确的。但当汽包压力偏离额定压力时，由于密度 ρ_w 和 ρ_s 随之变化，偏离液位计的分度条件，致使指示读数产生很大误差。

图 8-3 所示为 ρ_w 和 ρ_s 随压力的变化情况，总的趋势是随着压力降低，密度差 $\rho_w-\rho_s$ 增大。因此，根据式（8-5）可知，即使汽包的水位 H 恒定不变，只要压力发生变化，密度差 $\rho_w-\rho_s$ 就会随之改变，从而引起平衡容器输出信号的变化，产生液位读数误差。

由式（8-5）还可以看到，上述由密度差 $\rho_w-\rho_s$ 和汽包压力变化引起的液位测量误差还与水位 H 和平衡容器结构尺寸 L 有关，即 L 与 H 越大，$\rho_w-\rho_s$ 改变引起的差压输出量变化越大，液位计的指示误差也就越大。这也说明，当平衡容器的结构尺寸 L 确定后，汽包压力变化引起的液位计指示误差在低水位情况下更大。

根据以上分析可知，在锅炉的起动、停止过程中，由于汽包压力低于额定工作压力，差压式液位计的指示水位要比实际水位低。这种测量读数的负值误差，在中压锅炉中可达 -50～-40mm，在高压锅炉中可达 -150～-100mm。

为了消除或减小因汽包压力变动而造成的水位测量误差，可以采用具有压力补偿作用的中间抽头平衡容器，其工作原理如图 8-4 所示。另外，还可以通过测量汽包压力，并根据它与密度之间的关系，对差压信号进行修正运算，以获得更准确的水位测量数据。

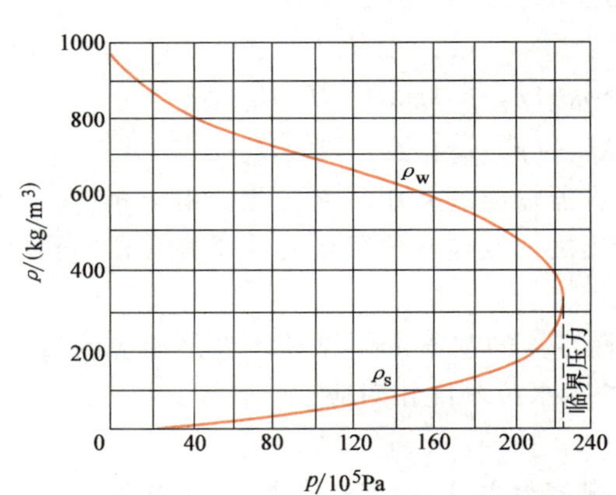

图 8-3　汽包压力与饱和水、饱和蒸汽密度之间的关系

p—汽包压力　ρ_w—饱和水密度　ρ_s—饱和蒸汽密度

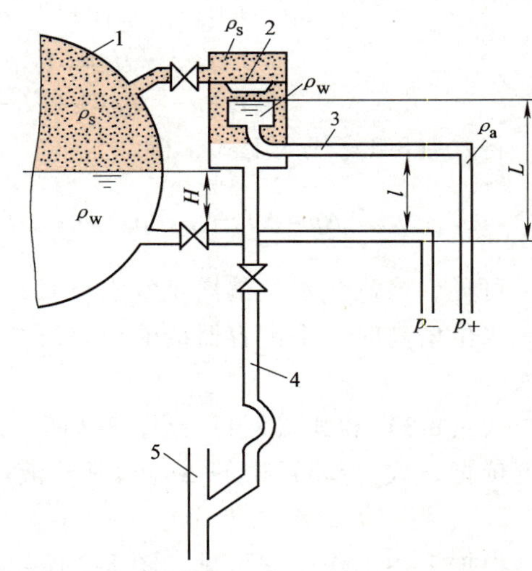

图 8-4　具有压力补偿作用的中间抽头平衡容器

1—汽包　2—凝结水漏盘　3—引出管　4—泄水管　5—下降管

对于图 8-4 所示的平衡容器，可以推导出其输出差压与汽包水位之间的关系为

$$\Delta p=L(\rho_w-\rho_s)g+l(\rho_a-\rho_w)g-H(\rho_w-\rho_s)g$$

或

$$H=\frac{L(\rho_w-\rho_s)g+l(\rho_a-\rho_w)g-\Delta p}{(\rho_w-\rho_s)g} \tag{8-6}$$

式中，$\rho_w-\rho_s$ 为汽包压力下饱和水和饱和蒸汽的密度差；$\rho_a-\rho_w$ 为室温下水和饱和水的密度

差；L、l 为平衡容器的结构尺寸。

若将两密度差近似地描述为汽包压力的线性函数，即

$$(\rho_w-\rho_s)g=K_1-K_2p$$

$$(\rho_a-\rho_w)g=K_3-K_4p$$

则，式（8-6）可改写为

$$H=\frac{L(K_1-K_2p)+l(K_3-K_4p)-\Delta p}{K_1-K_2p}=\frac{K_5-K_6p-\Delta p}{K_1-K_2p} \tag{8-7}$$

式中，K_1、K_2、K_3、K_4、K_5、K_6 均为常数，其中 $K_5=LK_1+lK_3$，$K_6=LK_2+lK_4$。

压力补偿范围较大时，上述常数可取不同的数值，即可以用多段折线来逼近密度差与汽包压力的关系。根据式（8-7）设计的差压式汽包水位测量系统框图如图 8-5 所示。

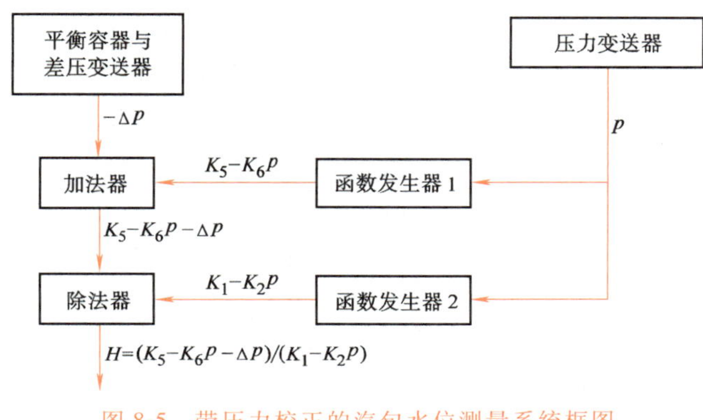

图 8-5　带压力校正的汽包水位测量系统框图

8.2　电容式液位计

电容式液位计包括液位传感器（液位-电容变送器）和测量、显示等主要部分。其中传感器部分实际上是一个可变电容器，这种电容器多为圆柱形，只是根据被测液体的不同性质，在具体结构和原理上有所差异。下面分别以导电液体和非导电液体为被测对象，主要介绍电容式液位传感器的基本工作原理。

8.2.1　测量导电液体的电容式液位传感器

测量导电液体的电容式液位计主要利用传感器两电极的覆盖面积随被测液体的液位变化而变化，从而引起电容量变化这种关系进行液位测量的，图 8-6 为传感器部分的结构原理图。从整体上看，不锈钢棒、聚四氟乙烯套管以及容器内被测的导电液体共同组成一个圆柱形电容器，其中不锈钢棒构成电容器的一个电极（相当于定片），被测导电液体则是电容器的另一个电极（相当于动片），聚四氟乙烯套管为两电极间的绝缘介质。液位升高时，两电极极板的覆盖面积增大，可变电容传感

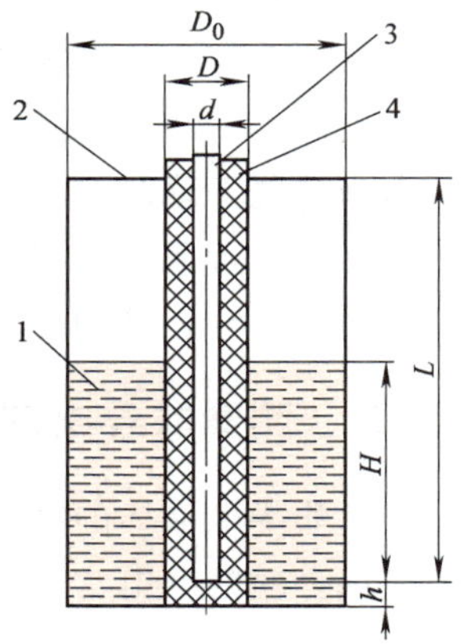

图 8-6　测量导电液体液位的可变电容传感器

1—被测导电液体　2—容器　3—不锈钢棒　4—聚四氟乙烯套管

器的电容量就成比例地增加；反之，电容量就减小。因此，通过测量传感器的电容量大小就可获知被测液体液位的高低。

当可测量液位 $H=0$，即容器内实际的液位低于 h（非测量区）时，传感器与容器之间存在分布电容，电容量 C_0 为

$$C_0=\frac{2\pi\varepsilon_0' L}{\ln D_0/d} \tag{8-8}$$

式中，ε_0'为聚四氟乙烯套管和容器内气体的等效介电常数；L 为液位测量范围（可变电容器两电极的最大覆盖长度）；D_0 为容器内径；d 为不锈钢棒直径。

当容器内的液位高度为 H 时，传感器的电容量 C_H 为

$$C_H=\frac{2\pi\varepsilon H}{\ln D/d}+\frac{2\pi\varepsilon_0'(L-H)}{\ln D_0/d} \tag{8-9}$$

式中，ε 为聚四氟乙烯的介电常数，$\varepsilon\approx 2$；D 为聚四氟乙烯套管的外径。

则当容器内的液位由零增加到 H 时，传感器的电容变化量 ΔC 为

$$\Delta C=\frac{2\pi\varepsilon H}{\ln D/d}-\frac{2\pi\varepsilon_0' H}{\ln D_0/d}$$

通常，$D_0\gg D$，而且 $\varepsilon>\varepsilon_0'$，因而上式中第二项的数值要比第一项小得多，可以忽略。则

$$\Delta C\approx\frac{2\pi\varepsilon H}{\ln D/d} \tag{8-10}$$

式（8-10）中，当电极确定后，ε、D 和 d 都是定值，故可以将公式改写为

$$\Delta C=KH$$

$$K=\frac{2\pi\varepsilon}{\ln D/d} \tag{8-11}$$

由此可见，只要参数 ε、D 和 d 的数值稳定，不受压力、温度等因素的影响，即 K 为常数，那么，传感器的电容变化量与液位的变化之间就存在良好的线性关系。因此，通过测量传感器电容量就可方便地确定待测的液位。另外式（8-11）还表明，当绝缘材料的介电常数 ε 较大和绝缘层厚度较薄（D/d 较小）时，传感器的灵敏度较高。

以上介绍的液位传感器适用于电导率不小于 10^{-2}S/m 的液体，但不适用于黏度大的液体。因为液位下降时，黏度高的液体会在电极的套管上产生黏附层，该黏附层将继续起着外电极的作用，形成虚假电容信号，以致产生虚假液位，使仪表指示液位高于实际的液位。另外，还需要注意，这种传感器的底部约有 10mm 左右的非测量区（图 8-6 中的 h）。

8.2.2　测量非导电液体的电容式液位传感器

测量非导电液体的电容式液位计，主要利用被测液体液位变化时可变电容传感器两电极之间充填介质的介电常数发生变化，从而引起电容量变化这一特性进行液位测量。适合的测量对象包括电导率小于 10^{-9}S/m 的液体（如轻油类）、部分有机溶剂和液态气体。传感器部分的结构原理如图 8-7 所示。两根同轴装配、相互绝缘的不锈钢管分别作为圆柱形可变电容传感器的内、外电极，外管管壁上布有通孔，以便被测液体自由进出。

当测量液位 H 为零时，两电极间的介质是空气，这时传感器的初始电容量 C_0 为

$$C_0=\frac{2\pi\varepsilon_0 L}{\ln D/d} \tag{8-12}$$

式中，ε_0 为空气的介电常数；L 为两电极的最大覆盖长度；D 和 d 分别为外电极的内径和内电极的外径。

当被测液体的液位上升 H 时，传感器的电容量 C_H 为

$$C_H=\frac{2\pi\varepsilon H}{\ln D/d}+\frac{2\pi\varepsilon_0(L-H)}{\ln D/d} \tag{8-13}$$

式中，ε 为被测液体的介电常数。

因此，当容器内的液位由零增加到 H 时，传感器的电容变化量 ΔC 为

$$\Delta C=\frac{2\pi(\varepsilon-\varepsilon_0)H}{\ln D/d} \tag{8-14}$$

可见，当电极给定后，参数 ε、D 和 d 均为定值，故传感器的电容变化量只是液位 H 的单值函数。于是，根据传感器的电容量就可以确定待测液位。

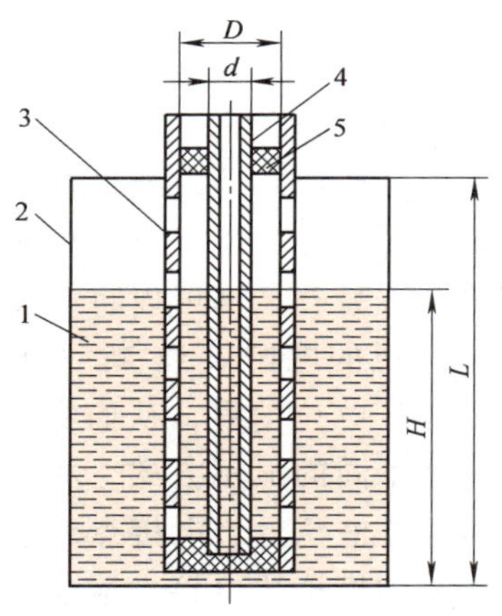

图 8-7　测量非导电液体液位的可变电容传感器

1—被测的非导电液体　2—容器　3—不锈钢外电极　4—不锈钢内电极　5—绝缘套

上述传感器的基本原理反映了电容式液位计工作时液位-电容量的转换过程。在此基础上，液位计的测量电路将完成电容量的测量并最终显示相应的液位。目前，电容量的测量方法很多，常用的有交流电桥法、充放电法、调频法和谐振法等，限于本书篇幅，这里不做详细介绍。

8.3 电阻式液位计

电阻式液位计主要有两类：一类是根据液体与其蒸气之间导电特性（电阻值）的差异进行液位测量，相应的仪表称为电接点液位计；另一类是利用液体和蒸气对热敏材料传热特性不同而引起热敏电阻变化的现象进行液位测量，相应的仪表称为热电阻液位计。

8.3.1 电接点液位计

电接点液位计的应用较广泛。例如，在锅炉汽包水位测量中，由于电接点液位计的测量结果受汽包压力变化的影响很小，故适用于变参数运行工况的测量。但是，由于其输出信号是非连续的，因此不能用于液位连续测量。

由于密度和所含导电介质的数量不同，液体与其蒸气在导电性能上往往存在较大的差别。例如，高压锅炉中的饱和蒸汽的电阻率要比水的电阻率大数万乃至数十万倍，比饱和蒸汽凝结水的电阻率也要大一百倍以上。电接点液位计就是通过测量同一介质在气、液状态下电阻值的不同来分辨和指示液位高低的。

电接点液位计的基本组成和工作原理如图 8-8 所示。为了便于测点的布置，被测的液位通常由金属测量筒引出，电接点则安装在测量筒上。电接点由两个电极组成：一个电极裸露在测量筒中，它和测量筒的壁面用绝缘子相隔；另一个电极为所有电接点的公共接地极，它与测量筒的壁面接通。由于液体的电阻率较低，浸没其中的电接点的两电极被导通，相应的显示灯（氖灯）亮；而暴露在蒸气中的电接点因蒸气的电阻率很大而不能导通，相应的显

示灯为暗。因此，液位的高低决定了亮灯数目的多少；或者反过来说，亮灯数目的多少反映了液位的高低。

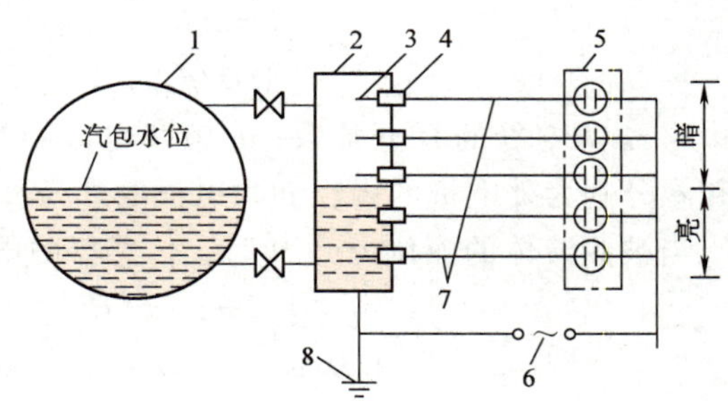

图 8-8　电接点液位计测量原理图
1—汽包　2—测量筒　3—电接点位于测量筒内的电极
4—电接点的绝缘子　5—显示器　6—电源
7—电缆　8—电接点的地极（公共极）

电接点液位计的液位指示除采用上述氖灯模拟显示外，还可以采用条形灯的双色模拟显示。另外，也可以将电接点浸没液体与否所表现的电阻“通-断”开关信号转换为“高-低”电位信号，从而实现数字显示。根据这些不同的显示方式，相应地也就有了电接点氖灯液位计、电接点双色液位计（以上两种统称模拟式电接点液位计）和数字式电接点液位计。但是，由上述工作原理可以知道，无论采用哪一种显示方式，均无法准确指示位于两相邻电接点之间的液位，即存在指示信号的不连续问题，这也就是电接点液位计固有的不灵敏区，或称为测量的固有误差。显然，这种误差的大小取决于电接点的安装间距。

用电接点液位计测量锅炉汽包水位时，除了上述问题外，测量筒内水柱的温降会造成筒内水位与汽包重力水位之间的偏差，因而应该对测量筒采取保温措施。

8.3.2　热电阻液位计

热电阻液位计利用通电的金属丝（以下简称热丝）与液、气之间传热系数的差异及其电阻值随温度变化的特点进行液位测量。一般情况下，液体的传热系数要比其蒸气的传热系数大 1~2 个数量级。例如，压力为 0.10133MPa、温度为 77K 的气态氮和相同压力下的饱和液氮，它们与直径为 0.25mm 的金属丝之间的传热系数之比约为 1 ∶ 24。因此，对于供给恒定电流的热丝而言，其在液体和蒸气环境中所受到的冷却效果是不同的，浸没于液体时的温度要比暴露于蒸气中的温度低。如果热丝（如钨丝）的电阻值还是温度的敏感函数，那么，传热条件变化导致的热丝温度变化将引起热丝电阻值的改变。所以，通过测定热丝的电阻值变化可以判断液位的高低。图 8-9 所示的热电阻液位计就是利用热丝的电阻值与其浸没在液体中的深度关系进行液位测量的。

利用热丝作为液位敏感元件，还可以非常简便地制成液位报警传感器，也称定点式电阻液位计。如图 8-10 所示，在存储液体的容器内，将热丝安置于液面下预定的检测点 A 处，并在其电路中并联一个小灯泡 R_0。选择正温度系数较大的热丝材料和合适的电源 E、灯泡 R_0，使热丝露出液面时的电阻值 $R_s \gg R_0$，在这样的参数匹配条件下，当液位正常时，热丝浸没于液体中，散热量较大，温度较低，电阻值较小，对回路电流起分流作用，使流经灯泡的电流减小，故灯泡较暗；当液位低于预定高度时，热丝露出液面，散热量减少，温度升高，电阻值增加至 R_s（$R_s \gg R_0$），这时，回路电流主要从 R_0 通过，即灯泡变亮。这样，就可以根据灯泡的亮度判断液位是否低于预定的高度。在这种检测回路中，当灯泡从暗变亮时，表示液位已低于预定高度。

同样道理，如果将热丝安置于容器液面上方某一预定的检测高度，则可根据灯泡的亮度变化判断液位是否超过预定高度。

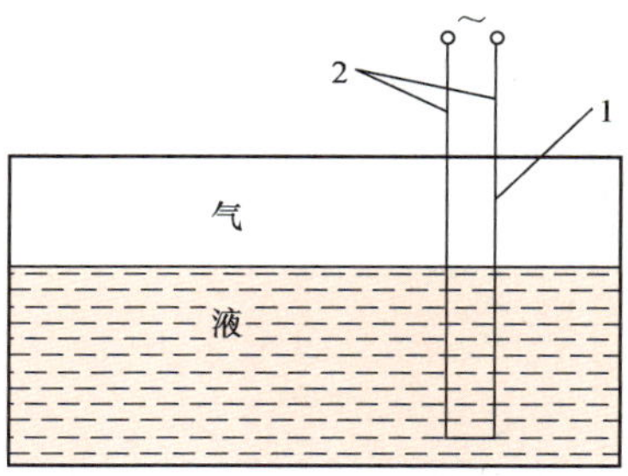

图 8-9　热电阻液位计工作原理图
1—热丝　2—导线

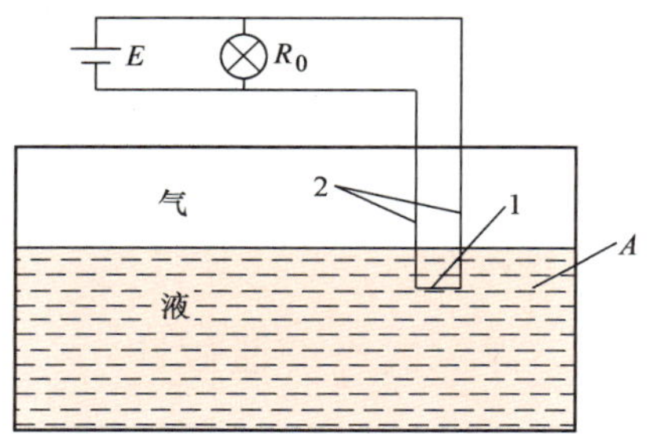

图 8-10　定点式电阻液位计工作原理图
1—热丝　2—导线　A—预定液位

8.4　光纤液位计

随着光纤传感技术的不断发展，其应用范围日益广泛。在液位测量中，光纤传感技术的有效应用，一方面缘于其高超的灵敏度，另一方面是由于它还具有优异的电磁绝缘性能和防爆性能，从而为易燃易爆介质的液位测量提供了安全的检测手段。下面简要介绍两种比较典型的光纤液位计。

8.4.1　全反射型光纤液位计

全反射型光纤液位计由液位敏感元件、传输光信号的光纤、光源和光电检测单元等组成。图 8-11 为全反射型光纤液位传感器结构原理图。粘接在两根大芯径石英光纤端部的棱镜是液位敏感元件。两根光纤中的一根光纤与光源耦合，称为发射光纤；另一根光纤与光电元件耦合，称为接收光纤。棱镜的角度设计必须满足以下条件：当棱镜位于气体（如空气）中时，由光源经发射光纤传到棱镜与气体界面上的光线满足全反射条件，即入射光线被全部反射到接收光纤上，并经接收光纤传送到光电检测单元中；而当棱镜位于液体中时，由于液体的折射率比空气大，入射光线在棱镜中的全反射条件被破坏，其中一部分光线将透过界面而泄漏到液体中去，致使光电检测单元接收到的光强减弱。通常，上述因介质折射率变化引起的光强变化量很大，例如，当棱镜（材料折射率为 1.46）由空气（折射率为 1.01）中转移到水（折射率为 1.33）中时，光强的相对变化量约为 1∶0.11；由空气中转移到汽油（折射率为 1.41）中时，光强的相对变化量为 1∶0.03。这样的信号变化相当于一个开关量变化，即一旦棱镜触及液体，传感器的输出光强立刻变弱。因此，根据传感器光强信号的强弱可以判断液位（液面）的高低。

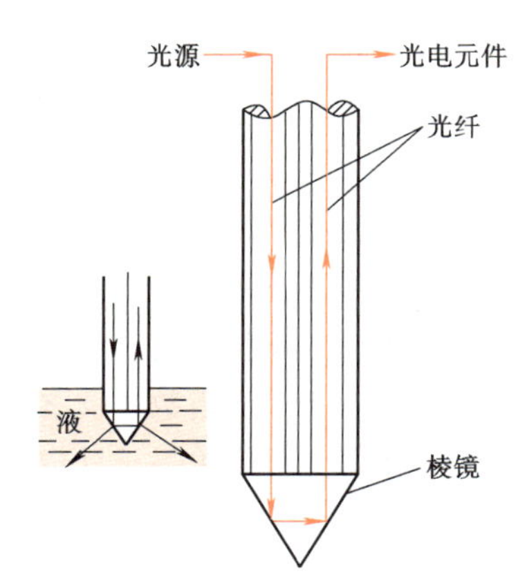

图 8-11　全反射型光纤液位传感器结构原理图

由上述工作原理可以看出，这是一种定点式的光纤液位传感器，适用于液位的测量与报警，也可用于不同折射率介质（如水和油）之间分界面的测定。另外，根据溶液折射率随浓度变化的性质，还可以用来测量溶液的浓度或液体中微小气泡的含量等。由于这种传感器还具有绝缘性能好、抗电磁干扰和耐蚀等优点，故可用于易燃、易爆或腐蚀性介质的测量。但应注意，如果被测液体对敏感元件（玻璃）材料具有黏附性，则不宜采用这类光纤液位传感器，否则，敏感元件露出液面后，由于液体黏附层的存在，将出现虚假液位，从而造成明显的测量误差。

8.4.2　浮沉式光纤液位计

浮沉式光纤液位计是一种复合型液位测量仪表，它由普通的浮沉式液位传感器和光信号检测系统组成，主要包括机械转换部分、光纤光路部分和电子电路部分，其工作原理以及测量系统如图 8-12 所示。

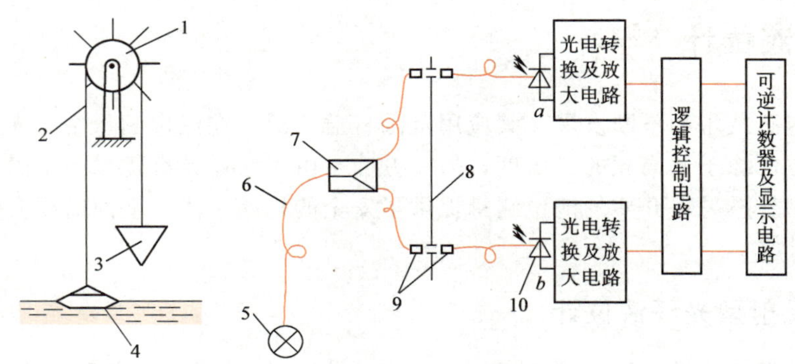

图 8-12　浮沉式光纤液位计工作原理图

1—计数齿盘　2—钢索　3—重锤　4—浮子　5—光源　6—光纤
7—分束器　8—齿盘　9—透镜　10—光电元件

1. 机械转换部分

机械转换部分包括浮子、重锤、钢索以及计数齿盘等，主要将浮子随液位上下变动的位移信号转换成计数齿盘的转动齿数。液位上升时，浮子上升而重锤下降，经钢索带动计数齿盘顺时针方向转动相应的齿数；反之，液位下降时，计数齿盘则按逆时针方向转动相应的齿数。通常将上述转换的对应关系设计成液位变化一个单位高度（如 1cm 或 1mm）时齿盘转过一个齿。

2. 光纤光路部分

光纤光路部分由光源（激光器或发光二极管）、等强度分束器、两组光纤光路和两个相应的光电检测单元（光电二极管）等组成。两组光纤分别安装在齿盘上下两边，每当齿盘转过一个齿，上、下两路光纤光路就被切断一次，各自产生一个相应的光脉冲信号。由于对两组光纤的相对位置作了特别的安排，从而使得两组光纤光路产生的光脉冲信号在时间上有一很小的相位差。通常，先导通的脉冲用作可逆计数器的加、减指令信号，另一光纤光路的脉冲则用作计数信号。

在图 8-12 中，当液位上升时，齿盘顺时针转动，假设是上一组光纤光路先导通，即相应光路上的光电元件先接收到一个光脉冲信号，那么，该信号经放大和逻辑电路判断后就提供给可逆计数器作为加法指令（高电位）。紧接着导通的下一组光纤光路也输出一个脉冲信号，该信号同样经放大和逻辑电路判断后提供给可逆计数器进行计数运算，使计数器加1。相反，当液位下降时，齿盘逆时针转动，这时先导通的是下一组光纤光路，其脉冲信号经放大和逻辑电路判断后提供给可逆计数器做减法指令（低电位），后导通的光路的脉冲作为计数信号，使计数器减1。这样，每当计数齿盘顺时针转动一个齿，计数器就加1；计数齿盘逆时针转动一个齿，计数器就减1，从而实现了计数齿盘转动齿数与光电脉冲信号之间的转换。

3. 电子电路部分

电子电路部分由光电转换及放大电路、逻辑控制电路、可逆计数器以及显示电路等组成。光电转换及放大电路主要是将光脉冲信号转换为电脉冲信号，再对信号加以放大。逻辑控制电路的功能是对两路脉冲信号进行判别，将先输入的一路脉冲信号转换成相应的“高电位”或“低电位”，并输出至可逆计数器的加减法控制端，同时将另一路脉冲信号转换成计数器的计数脉冲。每当可逆计数器加1（或减1）时，显示电路则显示液位升高（或降低）1个单位高度（1cm或1mm）。

以上简要介绍了浮沉式光纤液位传感器的基本工作原理和系统组成，由此可见，这种液位传感器可用于液位的连续测量，而且能够做到液体存储现场无电源、无电信号传送，因而特别适用于易燃、易爆介质的液位测量，本质上属于安全型传感器。

8.5 超声波液位计

超声波液位计是由微处理器控制的液位数字仪表。测量中超声波脉冲由传感器发出，声波经液体表面反射后被传感器接收，通过压电晶体或磁致伸缩器件转换成电信号，由声波发送和接收之间的时间来计算传感器到被测液体表面的距离。超声波液位计采用非接触测量，对被测介质几乎没有限制，可广泛用于液体、固体物料高度的测量。

目前，采用超声波测量液位的方法很多，有声波阻断式、脉冲回波法、共振法、频差法等连续液位测量方法，还有连续波阻抗式、连续波穿透式、脉冲反射式和脉冲穿透式等定点液位测量方法。

声波阻断式是利用超声波在气体、液体和固体中被吸收而衰减的情况不同，来探测在超声波探头前方是否有液体或固体物料存在。当液位达到预定高度位置时，超声波被阻断，即可发出报警信号或进行限位控制。这种方式主要用于超声波液位控制器中，也可用于运动体以及生产流水线上工件流转等的计数和自动开门控制中。

脉冲回波测距法是利用声波在同一介质中有一定的传播速度，而在不同密度的介质分界面处会发生反射，从而根据声波从发射到接收到液面回波的时间间隔来计算液位。根据超声波探头的安装位置不同，此方法又分为液介式、气介式和固介式三种。

1）液介式超声波发射探头置于最低液位以下，声波以被测液体为传播介质，在液面处发生反射，如图8-13所示。

2）气介式超声波发射探头置于最高液位之上，声波在液面上方的气体介质中传播，经被测液体表面反射，如图8-14所示。

3）固介式声波经固体棒或金属管传播，经液面反射后，再由固体棒传回接收换能器。这种方式由于有一定的局限性，所以应用得较少。

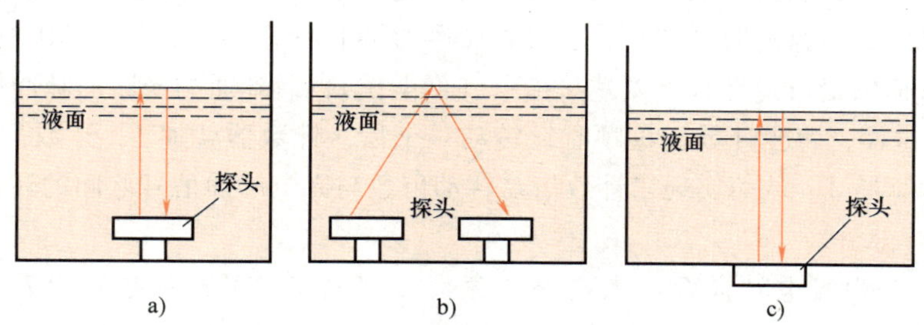

图 8-13　液介式超声波发射探头分类

a）液介式单探头　b）液介式双探头　c）底置探头

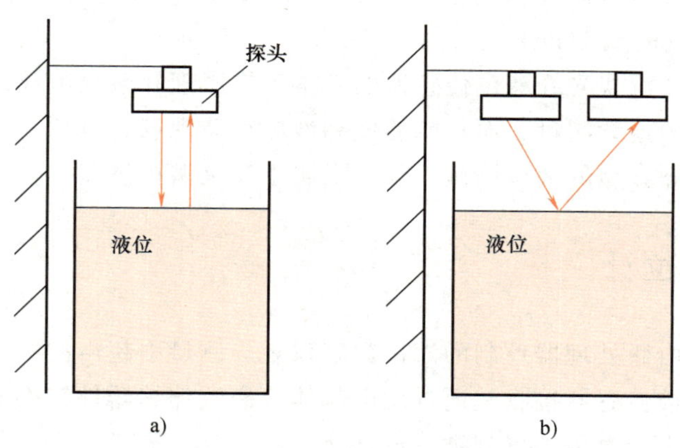

图 8-14　气介式超声波发射探头分类

a）气介式单探头　b）气介式双探头

思考题与习题

8-1　根据差压式液位计的基本工作原理，说明为什么对于密闭容器内的液位测量，当其中的液体及其蒸气的密度变化较大时，不能直接利用图 8-1b 和式（8-2）的测量方法。

8-2　比较分析用于导电液和非导电液的电容式液位传感器的不同结构，简述其各自的工作原理。

8-3　简述电阻式液位计的种类、工作原理及特点。试设计一套水位自动检测报警系统。

8-4　综述光纤传感技术在液位测量中的应用现状及发展趋势。

第 9 章

9

转速、转矩和功率测量

转速、转矩和功率是描述动力机械运转状况的重要技术参数，所有动力机械的工作能力与工作状况都可以用它们来描述。因此，转速、转矩和功率的精确测量具有十分重要的意义。

9.1 转速测量

转速测量的方法有很多，测量仪表的形式也多种多样，其使用条件和测量精度也各不同。根据工作方式的不同，转速测量可分为两大类：接触测量和非接触测量。前者在使用时必须与被测速转轴直接接触，如离心式转速表、磁性转速表及测速发电机等；后者在使用时不必与被测速转轴接触，如光电式、磁电式和霍尔式转速传感器等。下面介绍几种常用的非接触测量式转速传感器。

1. 光电式转速传感器

光电式转速传感器是利用光电元件（如光电池、光电管、光敏电阻等）对光的敏感性来测量转速的。光电式转速传感器有投射式与反射式两种。

投射式转速传感器的工作原理如图 9-1a 所示，遮光盘 2 安装在被测速转轴上，遮光盘上均匀分布 z 条狭缝。测速时，遮光盘间断地遮住光源 1 射向光电管 3 上的光束，使光电管集电极电流发生交替变化。遮光盘每一转，传感器发出 z 个脉冲信号。脉冲信号的频率 f(Hz) 为

$$f=\frac{n}{60}z \tag{9-1}$$

式中，n 为被测速转轴的转速（r/min）；z 为遮光盘上狭缝（或孔）的数目。

反射式转速传感器的工作原理如图 9-1b 所示，将光源 7 与光敏管 8 合成一体，在被测速转轴的某一部位，周向均匀涂上 z 条相间的反光条与不反光条，或间隔均匀贴上 z 条反光带。若光线的聚焦点正好落在被测速转轴的测量部分，则当被测速转轴旋转时，由于聚焦点间断在反光条和不反光条之间变动，光敏管随着光的强弱变化而产生相应的电脉冲信号。被测速转轴每转一转，传感器发出 z 个脉冲信号。

反射式转速传感器的光源也可用红外线发射管代替，这时光电元件要用红外线接收管代替，这样的转速传感器称为反射式红外转速传感器。

2. 磁电式转速传感器

磁电式转速传感器的结构如图 9-2 所示。

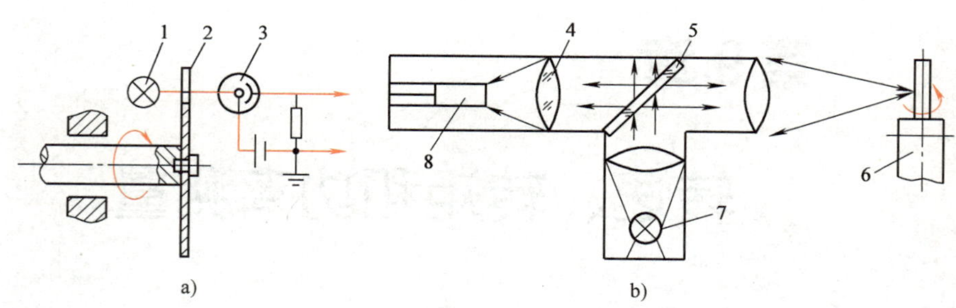

图 9-1　光电式转速传感器

a）双头投射式　b）单头反射式

1、7—光源　2—遮光盘　3—光电管　4—透镜　5—反光镜　6—被测速转轴　8—光敏管

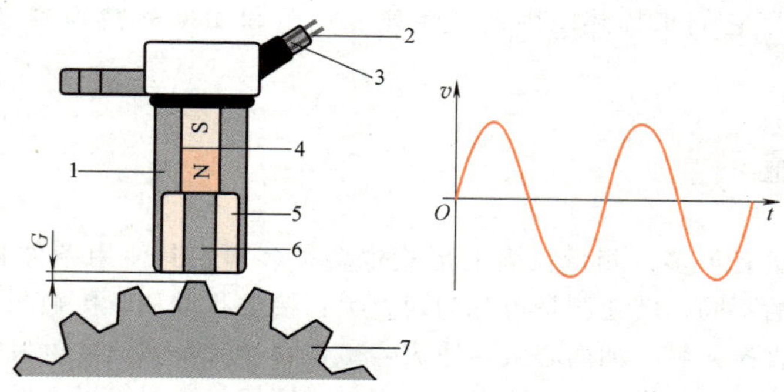

图 9-2　磁电式转速传感器的结构

1—传感器壳体　2—输出信号线　3—保护层　4—永磁体　5—感应线圈　6—杆销　7—触发齿轮　G—气隙

触发齿轮 7 由导磁材料制成，它有 z 个齿，安装在被测速转轴上。永磁体 4 和感应线圈 5 组成磁头，安装在紧靠齿轮边缘约 2mm 处。齿轮每转过 1 个齿就切割 1 次磁感应线，产生 1 个来自线圈感应电动势的脉冲信号。齿轮每转一圈发出 z 个电脉冲信号。

与光电式转速传感器相比，磁电式转速传感器结构简单，无需配置专门的电源装置，且脉冲信号不会因转速过高而减弱，测速范围广，因此使用范围非常广泛。

3. 霍尔式转速传感器

霍尔式转速传感器的工作原理是基于某些材料的霍尔效应。如图 9-3 所示，在和磁场垂直的半导体薄片中通以电流 I，设材料为 N 型半导体，则其中多数载流子为电子，电子 e 沿着和电流相反的方向在磁场中运动，因此受到洛仑兹力 F_L 的作用，电子在此力作用下向一侧偏转，并使该侧形成电子积累，与它相对应的一侧形成电子缺乏，这样就在两个横向侧面之间建立起电场 E，因此电子又要受到此电场的作用，其作用力为 F_E，最后当 $F_L = F_E$ 时，电子的积累就达到动平衡。这时在两个横向侧面之间建立的电场称为霍尔电场 E_H，两侧面间的电位差称为霍尔电压 U_H。

霍尔电压 U_H 与通过电流 I 和磁感应强度 B 成正比，即

$$U_H = K_H IB \tag{9-2}$$

式中，K_H 为霍尔灵敏度。它表示在单位磁感应强度和单位控制电流下得到的开路霍尔电压。对某一型号的霍尔元件 K_H 是常数。

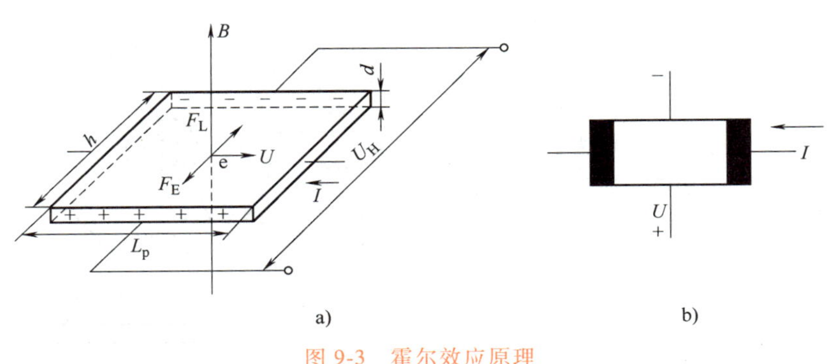

图 9-3　霍尔效应原理
a）工作原理　b）霍尔元件

9.2 转矩测量

转矩往往与动力机械的工作能力、能量消耗、效率、运转寿命及安全等因素紧密相关，是动力力学性能试验中需要测量的重要参数之一。

9.2.1 转矩测量方法分类

根据测量原理不同，转矩测量方法可分为传递法、平衡力法和能量转换法三大类。

1. 传递法

轴受到转矩作用时会产生变形、应力或应变，传递法就是通过测量变形、应力或应变来测量转矩的，它又可做如下分类。

1）根据传感器所感应的参数可分为变形型、应变型和应力型转矩传感器，分别感受转轴的变形、应变和应力。变形型转矩传感器主要包括光电式转矩传感器、感应式转矩传感器、钢铉转矩传感器、机械转矩传感器等；应力型转矩传感器包括光弹转矩传感器、磁弹转矩传感器、磁致伸缩式转矩传感器等；应变型转矩传感器则包括应变转矩传感器、圆盘转矩传感器、用电感集流环的转矩传感器等。

2）根据转矩信号的产生方式可分为电阻式、光学式、光电式、感应式、电感式、钢铉式、机械式转矩传感器等。

3）根据转矩信号的传输方式可分为接触式和非接触式两大类。接触式转矩传感器包括机械式、液压式、气动式、接触滑环式等；非接触式转矩传感器包括光波式、磁场式、电场式、放射线式、微波式等。

4）根据转矩传感器的安装方式可分串装式和附装式两类。串装式转矩传感器内部有一根弹性扭轴，测量时只需将其两端的联轴器与动力机械的转动系统连接起来即可进行测量；附装式转矩传感器则需将其附装到动力机械的传动轴上，通过测量该轴的扭转变形、应力或应变来确定该轴上传递的转矩。

2. 平衡力法

当匀速运转的动力机械的传动轴对外输出一定大小的转矩时，在其机壳上必然同时作用着大小相等、方向相反的平衡力矩。通过测量机壳上的平衡力矩来确定动力机械传动轴上工作力矩的方法称为平衡力法，又称支反力法。

动力机械试验中常用的测功机中转矩的测量方法就是典型的平衡力法。其原理如图 9-4 所示，机壳 1 安装在摩擦力矩很小的平衡支承 2 上，力臂杆 3 被固定在机壳上，力 F 通过测力机构 4 作用在力臂上。假设动力机械处于匀速运转状态，测得的平衡力矩 $T=Fl$ 必定与传动轴输出的转矩 T 大小相等。

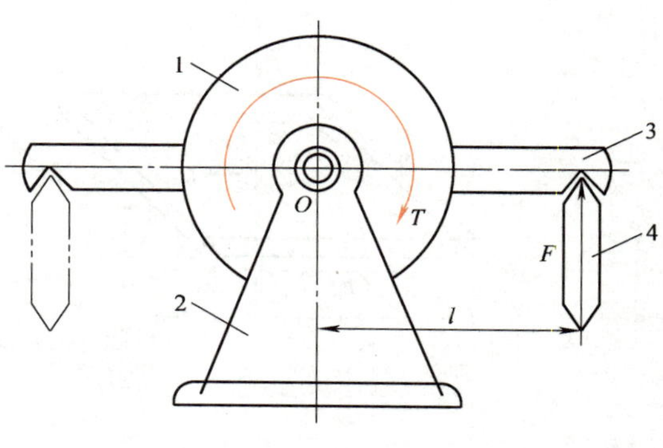

图 9-4　平衡力法测量转矩原理

1—机壳　2—平衡支承　3—力臂杆　4—测力机构

9.2.2　常用转矩测量仪器

如前所述，转矩测量仪器的种类很多，使用时需要根据精度、使用场合等进行选择。下面介绍几种常用的转矩测量仪器。

1. 钢弦转矩测量仪

钢弦转矩测量仪是根据弹性扭轴的变形引起钢弦伸缩，从而使钢弦振动的固有频率发生变化来测量转矩的。

钢弦的固有振动频率为

$$f=\frac{1}{2l_0}\sqrt{\frac{\sigma}{\rho}} \tag{9-3}$$

式中，l_0 为钢弦的自由长度；σ 为钢弦绷紧时的拉应力；ρ 为钢弦的密度。

钢弦转矩测量仪的原理如图 9-5 所示。

两只卡盘 2 固定在弹性扭轴 1 上，每只卡盘上有一凸臂 3，钢弦 4 的两端分别安装在两个凸臂上，钢弦与弹性扭轴相对固定。弹性扭轴在转矩的作用下发生弹性变形时，两只卡盘之间产生相对角位移，固定在卡盘凸臂上的钢弦长度发生变化，改变了钢弦的固有频率。

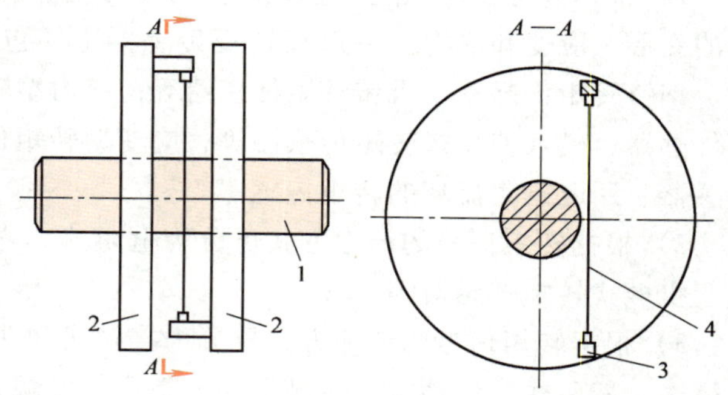

图 9-5　钢弦转矩测量仪的原理

1—弹性扭轴　2—卡盘　3—凸臂　4—钢弦

假设弹性扭轴处于自由状态时，钢弦的固有频率为 f_0，受转矩 T 作用时频率为 f，则

$$T=K'(f^2-f_0^2) \tag{9-4}$$

式中，K'是常数，它由弹性扭轴的刚度、钢弦的尺寸及测量仪的特性等决定。

测得频率 f，则可测量出转矩 T。

2. 光电式转矩仪

光电式转矩仪利用弹性扭轴两端的光学元件将转矩引起的弹性扭轴变形产生的相位差转换为电信号，再根据检测到的电信号确定作用于轴上的转矩。

图 9-6 为采用光栅的光电式转矩传感器示意图，图 9-7 所示为光栅盘结构。

光栅盘 3 和 3′通过套筒 1、5 分别固定在弹性扭轴 6 的 A、B 端，由两片直径相同的圆盘制成，沿径向做成放射状透光和不透光部分相间的图形。当弹性扭轴 6 没有受到转矩的作用时，光栅盘 3 上的透光部分正好与光栅盘 3′上的不透光部分重叠，光源 2 发出的光照射不到光电管 4 上，光电管输出电流为零；当弹性扭轴 6 受到转矩的作用时发生扭转变形，光栅盘 3 与 3′相对错开一定位置，形成一个透光口，此时光源发出的光能穿过两光栅盘，转矩越大，透光口的开度越大，光通量就越大。

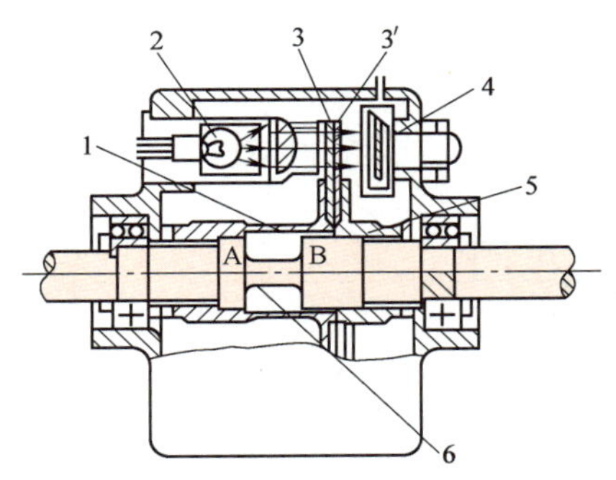

图 9-6　采用光栅的光电式转矩传感器示意图

1、5—套筒　2—光源　3、3′—光栅盘

4—光电管　6—弹性扭轴

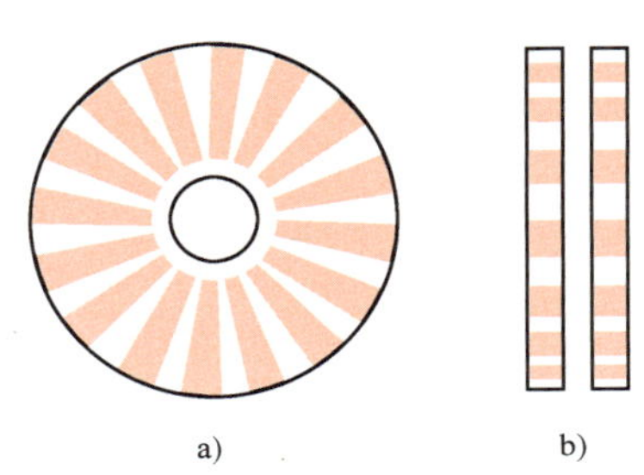

图 9-7　光栅盘结构

a）两光栅盘正视图　b）两光栅盘侧视图

（图示两光栅盘相互位置处于使光通量最大的位置）

图 9-8 所示为光电式转矩传感器输出波形图。图 9-8a 所示是弹性扭轴没有受到扭转时两光栅盘相对位置和光电管的输出电流波形，此时光电管输出电流为零；图 9-8b 所示是弹性扭轴受到扭转时两光栅盘的相对位置和输出信号波形，经放大整形后的电流波形为方波，电流幅值为 I，周期为 T，高电平宽度为 t；图 9-8c 所示是弹性扭轴受到最大扭转时，即传感器满量程时的波形。图 9-8a、b、c 中测量是在弹性扭轴同一转速 ω_1 下进行的，可见，光电流输出的波形周期相等，但高电平宽度不等，随转矩的增大，占空比（t/T）增大。图 9-8d、e、f 所示为转矩相同、转速不同时的测量结果，从图 9-8b 与图 9-8c 以及图 9-8e 与图 9-8f 之间的对比可见，虽然这时高电平宽度 t 随 ω 的不同而变化，但占空比不变，即方波信号的直流分量 $\overline{I_1}$ 和 $\overline{I_2}$ 不变。由此可知，光电流脉冲的占空比或直流分量只与弹性扭轴受扭转后的扭转角有关，而与弹性扭轴旋转的速度无关。

转矩测量结果的最后获取有两种方法：一是采用数字方法测量方波的占空比；二是用磁电式直流电流表测得脉冲电流的平均值，再根据标定的结果得到测量的转矩值。

3. 光学式转矩仪

图 9-9 为光学式转矩仪的结构和光路示意图。它由一个空心的扭转应变轴 3 和一个实心的弹性传递轴 4 组成，在空心轴的内壁和弹性传递轴上分别装有相对的两面小镜。光线从轴上的一个开孔射入，经过两面镜子反射后，从另一个小孔射出（该小孔为反射光线观察孔，在图 9-9 中看不到，因为它位于已剖去的半个空心的扭转应变轴上）。轴扭转后，其两端产生相对位移，此位移通过弹性传递轴使两面镜子也产生了相对位移，从而使光路发生变化，根据这个变化量即可测得转矩的大小。

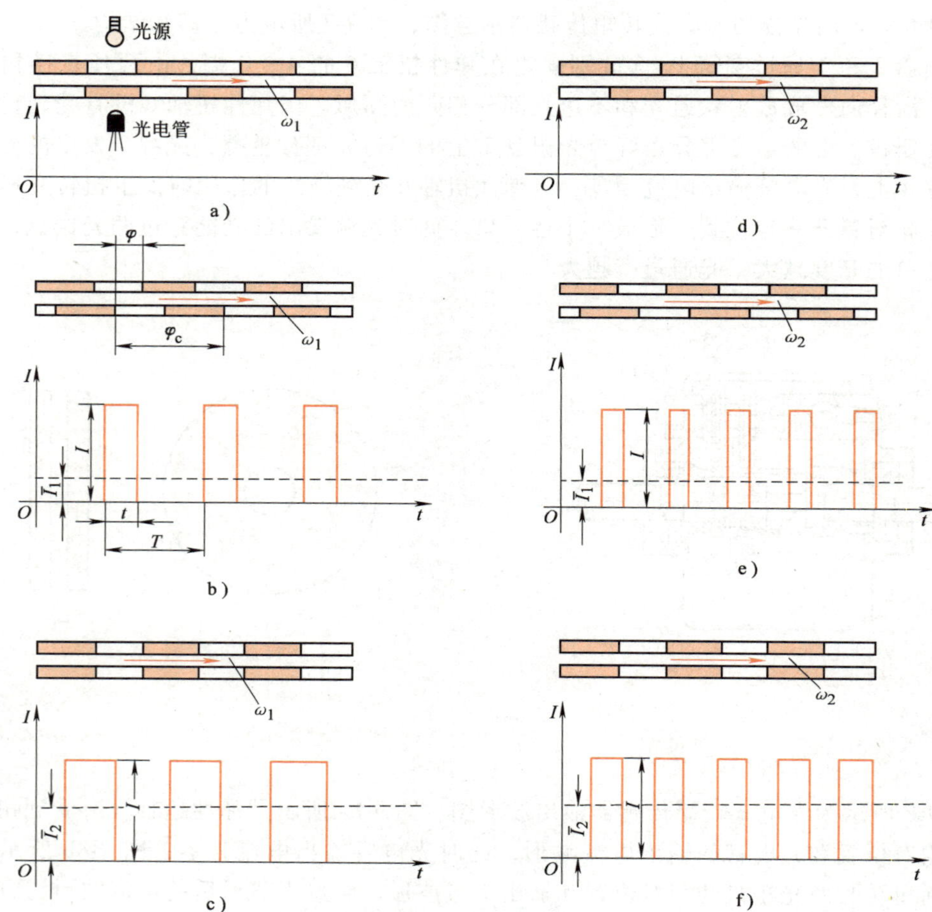

图 9-8　光电式转矩传感器输出波形图

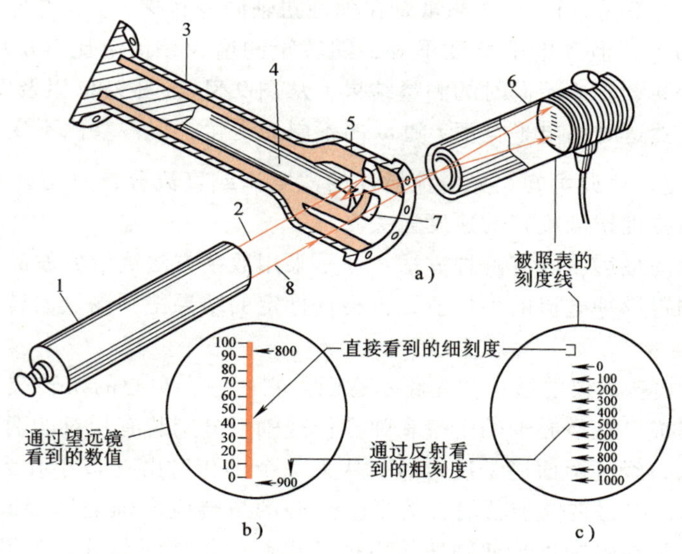

图 9-9　光学式转矩仪的结构和光路示意图

1—望远镜　2—反射光线　3—扭转应变轴　4—弹性传递轴　5—镜子　6—平行光线投射器　7—光线入射孔　8—直射光线

光学式转矩仪的读数是通过平行光线投射器和望远镜实现的。平行光线投射器的光通路上有一片刻有两种刻度的圆玻璃，一种是100等分的细尺度，一种是10等分的粗尺度，如图9-9b、c所示。平行光线投射器发射出两种光线：一种是绿色的，照射在细尺度上，通过空心扭转应变轴上的观察孔，由望远镜看到的是绿色的100等分尺度；另一种是黄色的，照射在粗尺度上，穿过空心扭转应变轴上的光线入射孔，经两面镜子反射后再穿过反射光线观察孔，由望远镜看到的是黄色的10等分尺度。轴扭转后，两面反光镜产生相对位移，使黄色尺度的成像产生移动，从望远镜中就能看到在不动的绿色尺度旁，黄色尺度移至某一数值的位置，这个数值表示所测量转矩的大小。

4. 磁电式转矩仪

磁电式转矩仪是实验室常用的转矩测量仪器，又称扭力仪，图9-10为其工作原理图。

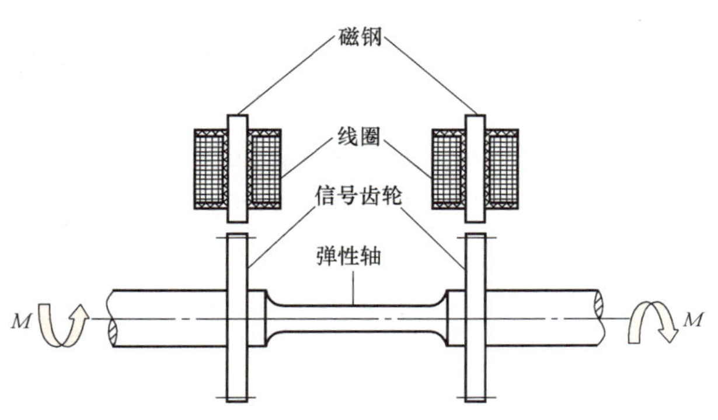

图9-10　磁电式转矩仪工作原理图

在相距L的两截面上装有两个齿轮以及两个相同的磁电式传感器，轴每转一转，传感器产生一列脉冲信号，在轴传递转矩而产生扭转变形时，从两个磁电传感器上所得的两列脉冲波形间将产生一个与扭转角成正比的相位差。测量此相位差信号并经数据处理后，即可求出所测量转矩。在实际使用中，由于两个传感器安装时有误差存在，因此，测量时所测得的两列脉冲波形间的相位差，是两列脉冲的初始相位差α_0与轴扭转所产生的相位差$\Delta\alpha$之和。为此，转矩仪应设有补偿初始相位差的调零装置。

图9-11是实际的磁电式转矩传感器结构示意图。两个齿轮2分别固定在弹性轴1的两端，在校准筒3上固定着与齿轮2相对的内齿轮，以及一对永磁体4。校准筒通过滚动轴承5安装在壳体6上，并可由电动机7通过带驱动。在壳体上镶嵌线圈8，当弹性轴上无负载时，相对旋转的齿轮对使磁路中的气隙不断变化，在线圈8中感应出交变的电动势；当承受

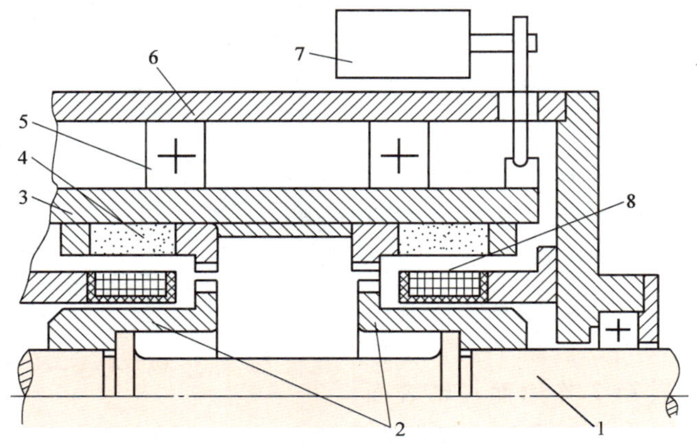

图9-11　实际的磁电式转矩传感器结构示意图

1—弹性轴　2—齿轮　3—校准筒　4—永磁体　5—滚动轴承　6—壳体　7—电动机　8—线圈

转矩时，弹性轴两端产生一转角，使线圈 8 中的感应电动势相位发生变化，变化的程度反映了待测转矩的大小。

当弹性轴的转速低于 600r/min 时，测量精度降低，用电动机 7 带动校准筒反向旋转，提高齿轮对之间的相对速度，可以提高转矩仪的测量精度。

5. 应变式转矩仪

应变式转矩仪是利用应变原理来测量转矩的。当被测轴受到转矩时，产生切应力，而最大切应力发生在轴的外圆周面上，两个主应力分别与轴线成 45°和 135°的夹角。因此把应变片贴在主应力方向上，测出应变值，从而测出转矩。从工作原理来看，只要沿被测轴偏角 45°和 135°方向（图 9-12）并接入到应变仪的半桥工作电路中，仪表指示的应变量就是剪切应变值，由该剪切应变值可换算被测转矩值。在工程应用中，为了提高转矩仪的综合技术指标，常采用下述措施。

1）以 90°的间隔在圆周方向布置四只应变片（图 9-12），并以全桥方式接入到应变仪电路中，以提高测量的灵敏度。

2）当被测轴为细长轴时，为了避免圆周方向四个应变片布置时空间位置拥挤，可将应变片沿轴向错落分散布置。

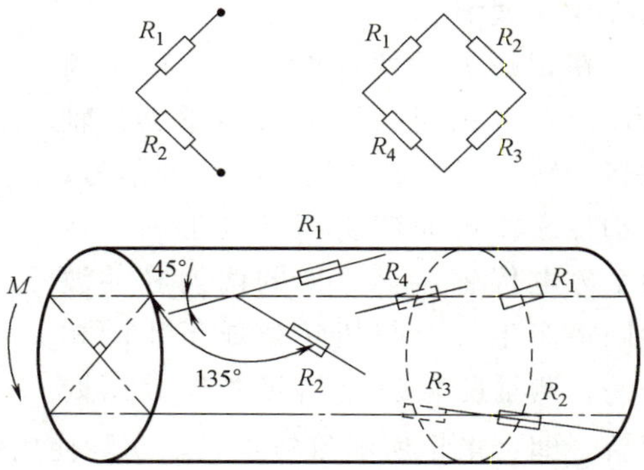

图 9-12　应变式转矩仪贴片方式

6. 磁致伸缩式转矩仪

铁磁物体的机械状态和磁状态相互作用引起的现象有两种：一种是铁磁物体的磁化特性在机械力作用下会发生显著变化；另一种是铁磁物体在外界磁场作用下会发生机械变形。这两种现象称为磁致伸缩效应。磁致伸缩式转矩仪就是利用这一效应来测量转矩的。

磁致伸缩式转矩仪的工作原理如图 9-13 所示。测量头为变压器形式，A 与 B 为绕在铁心上的交流励磁线圈（即一次侧线圈），C 与 D 为绕在铁心上的感应线圈（即二次线圈），两铁心成直角，测量头接近用铁磁材料制成的测量轴，铁心与测量轴表面有 1～2mm 的间隙。这样就组成一个图中所示的“磁桥”，其中 A'、B'、C'、D'分别为铁心和轴间的气隙磁阻，$R_1 \sim R_4$ 分别为轴表面的磁阻。工作时，用 50Hz 交流电向一次线圈励磁，如测量轴不受应力作用，且原磁通各向同性，则 $R_1=R_2=R_3=R_4$，桥路平衡，无信号输出。当测量轴受转矩 T 作用而在轴表面上产生与轴线成±45°的方向应力时，根据磁致伸缩效应，轴表面的磁导率发生变化，拉应力（$+\sigma$）使磁阻 R_1、R_4 减小，磁导率增加；而压应力（$-\sigma$）使磁阻 R_2、R_3 增加，磁导率减小，结果是产生一个不平衡磁通，由 C'和 D'在二次线圈中产生大小与转矩 T 有关的电动

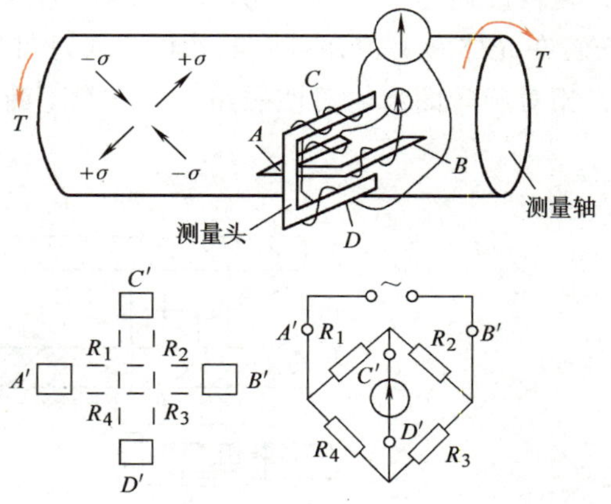

图 9-13　磁致伸缩式转矩仪的工作原理

势。根据标定的电动势信号与 T 的关系，可得到转矩值。

磁致伸缩式转矩仪具有无触点、坚固耐用、输出电压高（可达 10V）、对仪器材料无特殊要求（一般采用低、中碳钢即可）、对温度和干扰不敏感等优点，即使在被测动力机械瞬时转矩变化非常剧烈的情况下也能使用，故这种转矩仪在动力机械测功领域内获得了广泛应用。

转矩测量仪器在使用前要进行标定，标定时，标准转矩可由标准转矩装置或比待标定仪表等具有更高精度的转矩测量仪器产生。具体的标定方法及过程请参阅有关文献。

选用转矩仪时应当注意，其弹性扭转轴的机械强度应能承受被测动力机械的最大瞬时转矩。使用时，扭轴应安装在动力机械与负荷吸收装置之间，其间应采用弹性联轴器连接并注意保持同轴度；转矩仪在安装后，各感应元件之间的相对位置应保持恒定，以消除安装不良带来的误差。

9.3 功率测量

9.3.1 功率的基本测量方法

功率是动力机械中一个十分重要的性能参数。根据动力机械的类型和结构形式的不同，功率可用以下两类方法进行测量。

（1）通过电功率测量　又称损耗分析法，动力机械由电动机直接驱动，先测出电动机的输入功率，再利用损耗分析计算电动机的输出功率，即为动力机械的轴功率。

（2）通过转矩间接测量　由于动力机械的轴功率与转矩和转速的乘积成正比，故常采用间接测量方法，分别测量转矩和转速，再按下式求得功率，即

$$P=\frac{Tn}{9550} \tag{9-5}$$

式中，P 为功率（kW）；T 为被测动力机械的输出转矩（N·m）；n 为被测动力机械的输出轴转速（r/min）。

目前，动力机械的功率测量基本上都采取第二种方法，具体测量过程又可采用两种方法：一是用测功机作为负载进行功率测量，测功机作为负荷实现对被测动力机械工况的调节，它由制动器、测力机构和测速装置等几部分组成，制动器调节被测动力机械的负荷，同时把所吸收的功转化为热能或电能，测力机构和测速装置则分别测量被测动力机械的输出转矩及转速，再根据式（9-5）计算出功率值，这是动力机械功率测量最常采用的方法，也是本书介绍的重点；二是采用转矩仪测量转矩，将它安装在动力机械的输出轴和制动器转轴之间，由于转矩仪不消耗发动机输出的功率，故需要使用制动器调节负荷。

常用的测功机有电力测功机、水力测功机和磁粉测功机等。这些测功机都是根据测功机作用转矩与反作用转矩大小相等、方向相反的原理来测量转矩的，即前面所述的平衡力法。因此，所测转矩可以通过作用在测功机上的旋转力矩（即制动器外壳上的反力矩）来指示，也可以通过作用在被测动力机械上的反力矩来指示。目前，广为应用的所谓平衡式测功机就是应用上述原理，将制动器外壳（定子）支承在一对轴承上，使其可绕本身轴线做自由摆动。当被测动力机械输出转矩传递给制动器外壳时，就可通过与外壳相连的力臂将力传给测

力机构。若旋转中心到测力点的力臂长为 L，则测得的力 F 与 L 的乘积即为转矩值 T。

9.3.2　水力测功机

水力测功机利用水对旋转的转子形成的摩擦力矩吸收并传递动力机械的输出功率。

水力测功机的主体为水力制动器，它由转子和外壳组成，外壳由滚动轴承支承，因而可以自由摆动。固定在外壳上的力臂将作用在外壳上的力矩传递给测力装置。制动器的转子被封闭在外壳内，其间充以水。测功机工作时，水被转子带动获得动量矩并传递给外壳。这样，动力机械加给转子的转矩以同样大小作用于外壳上，动力机械的输出功率则通过水分子间的相互摩擦而转变成热能。

下面介绍两种常用的水力测功机。

1. 圆盘式水力测功机

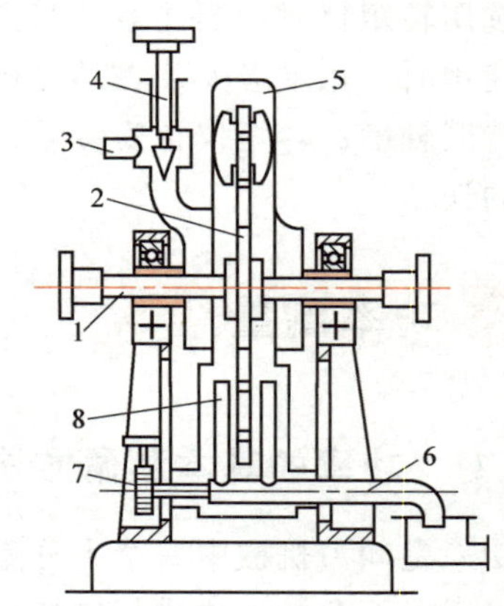

图 9-14　圆盘式水力测功机结构简图
1—转轴　2—转盘　3—进水口　4—进水阀
5—外壳　6—出水管　7—蜗轮　8—引水管

圆盘式水力测功机是通过改变水层厚度调节制动转矩的，图 9-14 为其结构简图。转盘 2 固定在转轴 1 上，构成测功机的转子。转子由轴承支承在外壳 5 内，外壳又由摆动轴承支承在支架上，可绕转子轴线自由摆动。工作时，转子通过联轴器与被测机械一起旋转。经进水阀 4 注入外壳中的水由转盘带动旋转并受离心力的作用被抛向外壳的内腔形成旋转的水环，水环的旋转运动受到外壳内壁摩擦阻力的作用。这样，水和壁面间的摩擦作用使被测动力机械输出的有效转矩由转子传递到外壳上。也就是说，水对测功机转子产生制动转矩的同时，有一大小相等、方向相反的反作用转矩作用于测功机的外壳上，再通过固定在外壳上的力臂传递给测力装置，从而指示出力的大小。为了不使水温过高，水应连续地流过制动器，从出水管 6 排出并带走热量。

在圆盘式水力测功机中，水并不始终充满壳体的内腔。当转子旋转时，由于离心力的作用，水被甩向转子外缘形成圆环，旋转着的转子只是部分地浸湿在圆环形的水层中。水层厚度越大，转子在水中浸湿越多，和水的摩擦面积也越大。因此，通过调节测功机的蜗轮、蜗杆使引水管绕出水管旋转，以改变放水半径，从而改变外壳内腔的水层厚度，便可以达到调节制动转矩的目的。

2. 涡流室式水力测功机

涡流室式水力测功机通过改变水压或改变作用面积调节制动转矩，前者通过控制排水阀的开度改变内腔水压及水量来调节制动转矩的大小；后者靠闸套的位置移动调节转矩，而内腔始终充满着水，这种水力测功机称为闸套式水力测功机。

图 9-15 为闸套式水力测功机的涡流室示意图，它的转子和外壳内腔设有若干个半椭圆形的小室。工作时，转子小室 1 内的水受离心力作用冲向外壳小室 3，并沿着室壁重新回到转子小室。水在小室内产生了回旋运动并获得能量，此能量消耗于水对室壁所做的摩擦功及流动所引起的冲击损失，并最终转变为热能使水温升高。依靠安装在转子与定子侧面间隙中的闸套 2 的位置来调节制动转矩。闸套为两个半圆形，可沿径向做水平移动。闸套移到中心

时，将转子完全与外壳隔开，测功机处于空转状态；当闸套向外移动时，转子与外壳的作用面积增加，测功机所吸收的功率也随之增大。这种可动闸套式测功机的结构较复杂，但不受水层厚度的影响，因而在低负荷的情况下工作较稳定。

水力测功机的工作范围为图 9-16 中线段 A、B、C、D、E 围成的面积。

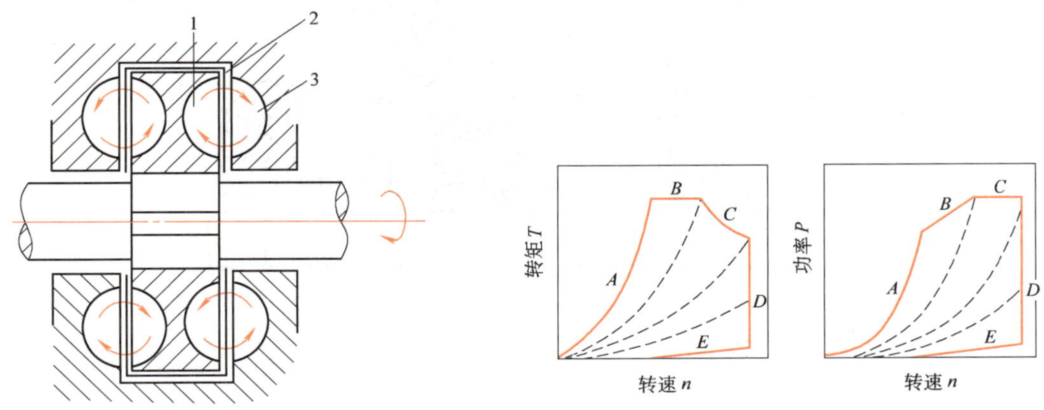

图 9-15　涡流室示意图

1—转子小室　2—闸套　3—外壳小室

图 9-16　水力测功机的工作范围

曲线 A 为测功机在最大负荷调节位置时的特性曲线，也称固有特性曲线，转矩和功率分别随转速的二次方和三次方增加。图中虚线为测功机在部分负荷调节位置时的特性曲线。

曲线 B 为测功机转子和轴允许的最大转矩下的强度限制线。

曲线 C 为测功机出水温度达到最大允许值时的功率限制线，即测功机能吸收和测量的最大功率。

曲线 D 为受离心力负荷或轴承允许转速所限制的最高转速限制线。

曲线 E 为测功机空转时能测量的最小转矩和功率，此时制动器内腔的水完全放掉，阻力矩仅由转子与空气之间的摩擦以及轴承的摩擦产生。

水力测功机结构简单、体积小、制造成本和使用成本都较低，曾在汽车发动机企业中被广泛使用。但由于其具有低速时制动力不足、低负荷工作时不够稳定、动态响应慢等缺点，目前逐渐被电力测功机所取代。

9.3.3　电力测功机

电力测功机的工作原理和电机基本相同，其转子和定子都是以磁通为传递媒介进行工作的。转子和定子之间的作用力和反作用力大小相等、方向相反，所以只要将定子做成能绕其轴线自由摆动的结构，便可测定转子的制动转矩，即定子的反力矩。

电力测功机分为直流电力测功机、交流电力测功机和电涡流测功机三种形式。

1. 直流电力测功机

直流电力测功机采用复式励磁的直流电机，利用外部励磁可以扩大测功机的转速调节范围。倒拖动力机械作为电动机使用时，有磁场方向和外励磁场一致的串励绕组，可以使测功机在低转速时有较大的转矩，这对动力机械的起动是非常必要的。

图 9-17 为直流电力测功机结构简图，最左端为输入轴，与被测动力机械相连。转速、

转矩传感器 4 用来测量被测动力机械的转速和转矩。

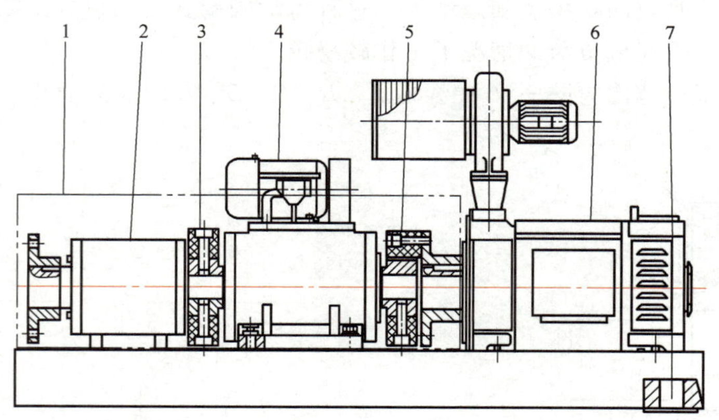

图 9-17　直流电力测功机结构简图

1—防护罩　2—轴承座　3、5—联轴器　4—转速、转矩传感器　6—直流电机　7—底座

当被测动力机械的输出轴与直流电力测功机的输入轴连接在一起旋转时，直流电机 6 的电枢绕组切割定子绕组磁场的磁感应线，在电枢绕组中产生感应电动势，即产生一个与旋转方向相反的制动力矩。此时，电机作为发电机运行，以实现作为负荷进行测功的目的。相反，当电枢回路有电流通过时，在磁场中会受到电磁力的作用而产生一个与转向相同的驱动力矩，这时电机作为电动机运行，用来拖动动力机械转动。

直流电机的感应电动势 E 为

$$E=K_1\Phi n \tag{9-6}$$

式中，K_1 为电机的电动势系数；Φ 为定子励磁绕组的磁通；n 为转速。

若在电枢回路中串联负载电阻 R，并忽略电枢内阻，则电枢回路中流过的电流 I 为

$$I=\frac{E}{R}=\frac{K_1\Phi n}{R} \tag{9-7}$$

当作为发电机运行（测功）时，由电磁力产生的制动转矩（即被测动力机械的输出转矩）T_t 与定子磁通 Φ 及电枢电流 I 成正比，即

$$T_t=k_2\Phi I \tag{9-8}$$

于是有

$$T_t=\frac{K_1K_2\Phi^2 n}{R}$$

$$P_e=\frac{K_3\Phi^2 n^2}{R} \tag{9-9}$$

式中，K_2、K_3 为比例系数。

由式（9-9）可知，测功机所测的功率 P_e 与 Φ^2 及 n^2 成正比，与负载 R 成反比。因此，改变其中任一参数均能改变作用在测功机外壳上的反作用转矩及测功机所吸收的功率值。

无论是作为发电机运行用于测功，还是作为电动机用于拖动，定子通过磁场受到转子转矩作用时，还受到一个与之大小相等、方向相反的反力矩的作用，此力矩可由测力机构测出。由于测功机外壳的摆动方向随测功机使用情况和转子的旋转方向而变化，而作用于测力机构上的

作用力只允许朝一个方向，故其力臂与测力机构之间一般通过四连杆机构连接。目前，广泛采用环形的拉压力传感器作为测力机构，这种测力机构可直接与测功机的力臂连接。

直流电力测功机的控制方式有负荷电阻控制方式和自动馈网控制方式两类，直流电力测功机的特性与控制方式有关，要根据动力机械的试验目的和试验方法以及电源和经济方面的多种因素综合考虑选定测功机的控制方式。

（1）负荷电阻控制方式　图 9-18 为以电阻作为负荷的控制方式的直流电力测功机电路简图。S_1 是直流电源 DC 与测功机之间的总开关，合上后，励磁绕组 F-F 中即有电流通过，电流的大小可由粗调节变阻器 W 和细调节变阻器 V 来调节。

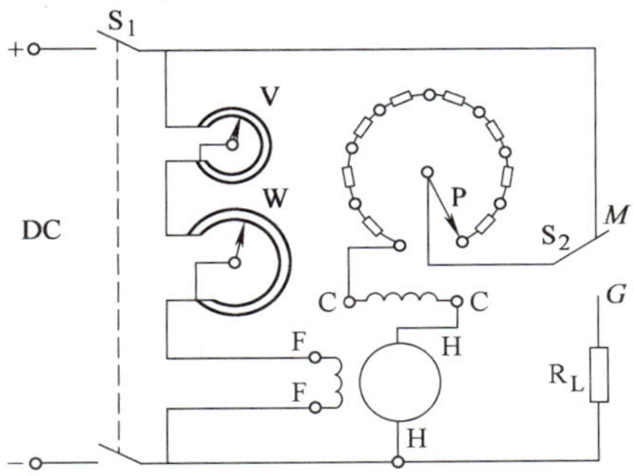

电机以发电机状态运行作为测功使用时，开关 S_2 合向 G 一边，这时电机产生的电能将消耗在主调节变阻器 P 的各档电阻和主负荷电阻 R_L 上，测功机作为被测动力机械的负荷。负荷的大小可通过变阻器 P、W、V 进行调整。

图 9-18　负荷电阻控制方式直流电力测功机电路简图

DC—直流电源　S_1、S_2—开关　V—细调节变阻器　W—粗调节变阻器　P—主调节变阻器　C-C—串励绕组　H-H—电枢　F-F—励磁绕组　R_L—主负荷电阻

当电机以电动机状态作为驱动使用时，开关 S_2 合向 M 一边，这时电源加到由主调节变阻器 P、串励绕组 C-C 和电枢 H-H 所组成的串联回路上。电枢电流的大小由主调节变阻器 P 调节。当主调节变阻器 P 的电阻值逐档减小时，主电流（电枢电流）逐级加大，电机的转速也逐级升高。进一步提高电机的转速，可通过调节粗调节变阻器 W 和细调节变阻器 V 以减小励磁绕组 F-F 电流的方式实现。显然，当变阻器 W、V 的电阻值最大时，电机达到最高转速。

负荷电阻控制方式直流电力测功机的基本特性如图 9-19 所示。图中同时给出转矩 T_t、测量功率 P_T、驱动转矩 T_m、驱动功率 P 与转速 n 的关系。在测功状态下，A 为最大电流线，此时对应于最大励磁电流和最小负荷电阻，即为负荷调节处于最大位置时的固有特性；A_1、A_2 分别为负荷调节处于中间位置时的固有特性；B 为最大转矩线，受电枢的机械强度限制；C 为最大功率线，受电机散热条件限制；D 为最高转速线，受旋转部分所能承受的最大离心力限制；E 为最小吸收转矩或功率线，此时虽无励磁电流通过，但仍存在轴承及空气阻力，因而在 E 线之下存在不能测定区（图上剖面线范围）。

从图 9-19 可见，直流电力测功机具有与转速成正比的吸收转矩特性，这一点在动力机械的试验中是非常有用的。例如，可以在试验台架上给发动机加上与汽车行驶阻力大致相似的负荷，以研究其瞬态特性。

他励电机的定子磁场强度几乎不受被测动力机械转速与负荷的影响，但磁场强度的变化会对被测动力机械工况变动的调节与控制起作用。因此，测功机所测功率的稳定性取决于磁场强度的稳定性，即取决于励磁电压的稳定性。

在作为电动机运行时，电机在工作范围内具有串励电机特性，如图 9-19 的 F 线所示。

这种控制方式结构简单，但测功机所测的功率基本上消耗在负荷电阻上，不能加以利用。因此，这种控制方式只适用于中、小功率动力机械的功率测量。

（2）自动馈网控制方式　图 9-20 为馈网式直流电力测功机控制线路简图。这种控制方

式可将所产生的电能自动反馈给电网。它的基本原理与上述用电阻做负荷的直流电力测功机相同，也采用他励式直流电机，以扩大转速调节范围和增大低速时的转矩，电力测功机 2 与其他电机都是借助电磁的交换作用来实现能量转换的，在一定转速下，改变磁通和负荷（对发电机）或端电压（对电动机），即可改变电机的功率。

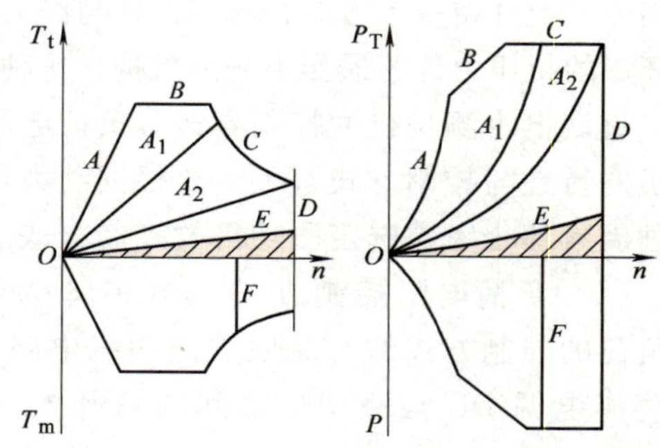

图 9-19　负荷电阻控制方式直流电力测功机的特性曲线

馈网式直流电力测功机包括一个由三相交流异步电动机和直流电机组成的主交流机组 3，当测功电机作为电动机运行时，它将三相交流电变为直流电向测功电机供电；当测功机作为发电机运行时，它将测功机输出的直流电变为交流电再反馈给电网。励磁电流的大小通过励磁调整电阻进行调节，励磁电流是由一个小型的励磁交流机组 4（将三相交流电变为直流电）提供的。

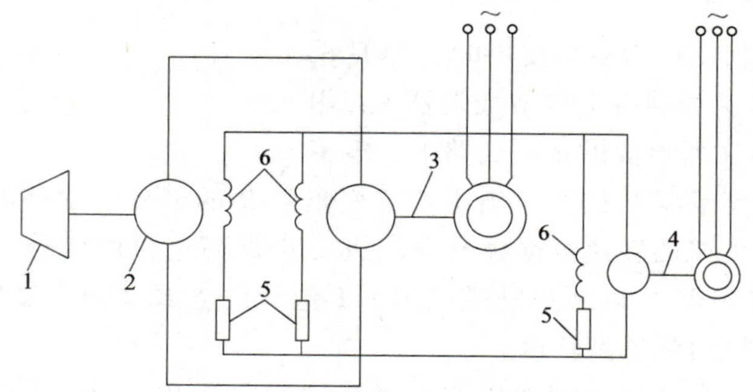

图 9-20　馈网式直流电力测功机控制线路简图

1—被测动力机械　2—电力测功机　3—主交流机组　4—励磁交流机组　5—励磁调整电阻　6—励磁绕组

由于馈网式直流电力测功机能够回收动力机械发出的能量，故适用于大功率动力机械的功率测量。

2. 交流电力测功机

直流电力测功机由于结构方面的限制，其功率容量均较小，一般用于测量中小功率动力机械。对大功率动力机械的功率测量，多采用交流电力测功机，如图 9-21 所示。

使用三相交流发电机测量动力机械功率有两种方法。第一种方法是用被测动力机械直接驱动三相交流发电机，测得的有效功率 P_e 为

$$P_e = \sqrt{3}\frac{UI}{1000\eta}\cos\varphi \tag{9-10}$$

式中，U 为交流发电机的电压（V）；I 为交流发电机的输出电流（A）；η 为交流发电机的效率；$\cos\varphi$ 为交流发电机的功率因数。

第二种方法与直流电力测功机相似，将交流电力测功机的定子外壳也做成可以绕转轴摆动的平衡式结构，通过测量动力机械的输出转矩和转速进行功率测量。

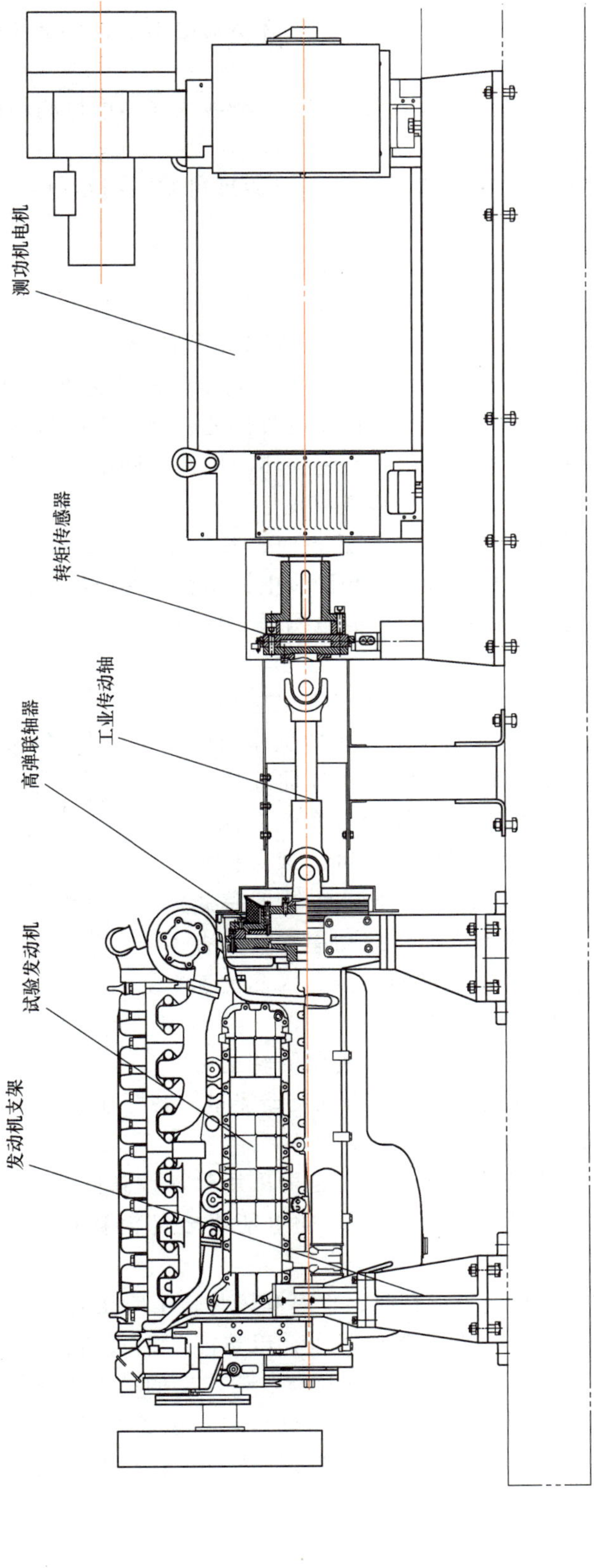

测功机电机

转矩传感器

工业传动轴

高弹联轴器

试验发动机

发动机支架

图 9-21 交流电力测功机结构简图

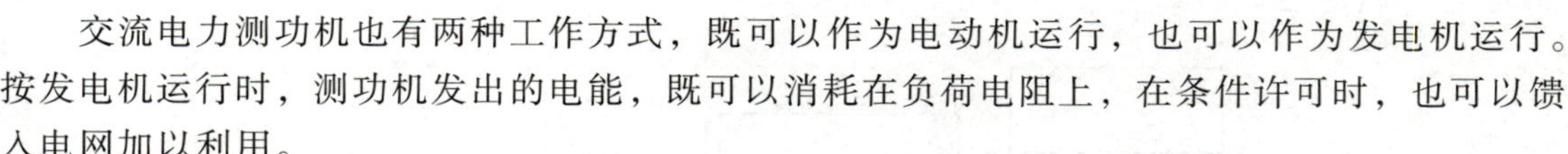

交流电力测功机也有两种工作方式，既可以作为电动机运行，也可以作为发电机运行。按发电机运行时，测功机发出的电能，既可以消耗在负荷电阻上，在条件许可时，也可以馈入电网加以利用。

交流电力测功机主要包括三相同步电机测功机、绕线式异步电机测功机和无换向器电机测功机三种。

（1）三相同步电机测功机　由同步电机的运行原理可知，同步电机的转速等于定子旋转磁场的转速，即同步转速为

$$n = \frac{60f}{z} \tag{9-11}$$

式中，z 为极对数；f 为定子供电频率（Hz）；n 为同步电机的转速（r/s）。

因此，在极对数不变时，改变定子供电频率成为同步电机调速唯一可行的方法。然而，目前所用变频方式多为他制式，其输出转速由系统外部的基准频率振荡器给定。这种控制方式往往效果不好，当频率突变或过载时电机容易失步。因此，同步电机测功机应精确控制供电频率，勿使电机在过载下工作，以防失步现象发生。

三相同步电机在同步转速下作为发电机运行时，其发出的电能可馈入外源电网加以利用，此时无法对转速进行调节，这是大型三相同步电机测功机在应用上的一大限制。在非同步转速下作为发电机运行时，因其频率与外源电网不一致而无法并网，这时发出的电能要用负荷电阻来消耗。

（2）绕线式异步电机测功机　绕线式异步电机常用改变转子电路中串联电阻的方法实现调速。当测功机作为电动机运行时，从图 9-22 所示电机转速-转矩特性曲线族可知，改变转子电路的电阻，即可改变临界转差率 S 而保持最大转矩不变。与转子电路串联的附加电阻可以通过接触器切换，其阻值越大，机械特性越软，电机的转差率越大，转速 n 越小。显然，这是依靠增加转差功率损耗的办法来降低转速的。由于损耗主要在电机的外部，因此低速时电机不会过热，但效率很低，经济性差。

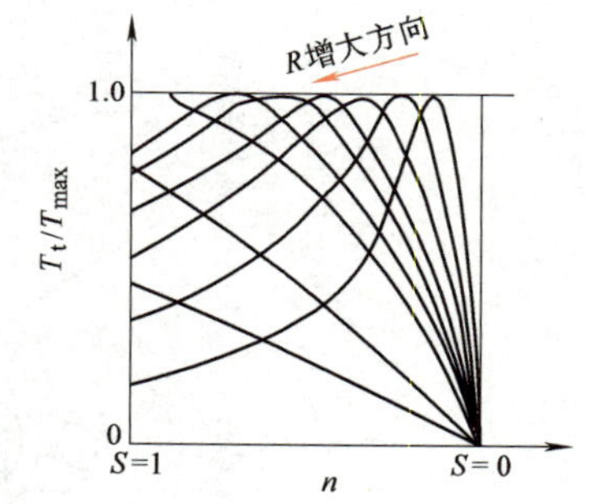

图 9-22　绕线式异步电机转速-转矩特性

当测功机作为发电机运行时，被测动力机械的转速必须高于电机的同步转速，这样才能发电和向电网反馈能量。若要在低于同步转速时仍能反馈电能，则必须配置变频系统。

测功机在低于同步转速的条件下测功时，也可采用整流设备向测功机定子供给励磁电流，电流的大小可以调节。此时，测功机发出的电能将全部消耗在转子电路中的负荷电阻上。

测功机在高于电机的同步转速下运行时，也可利用与转子串联的调速变阻器来调节被测动力机械的负荷与转速，调整变阻器的阻值越大，以热能的形式消耗于变阻器上的能量越多，输给外源电网的能量越少，电力测功机以及与之相连接的动力机械的转速越高；反之，当调整变阻器的阻值减小时，测功机和被测动力机械的转速逐渐降低并接近电机的同步转速。此时，只有少许能量损耗于变阻器，而大部分能量均将输入外源电网。

工作转速范围较窄是交流电力测功机的主要不足之处。变频技术在异步电机上的成功应

用，为交流电力测功机提供了足够宽的调整范围和良好的工作性能。

（3）无换向器电机测功机　无换向器电机又称晶闸管电机，是一种用可控硅控制的变频调速电机，其构造与同步电机基本相同，但没有换向器，其工作原理、特性及调整方式与直流电机相似。

无换向器电机的变频调速原理与同步电机的变频调速有着本质上的差别，其变频方式为自制式，基准频率振荡器置于系统内部，由电机的转速和频率所决定，因而不存在他制式变频方式的失步问题。

无换向器电机具有与直流电机一样的调速特性，且其结构简单，便于维护，容易制成大容量（可达数千千瓦）、高转速（每分钟可达数万转）的测功机，能简便地实现四象限运行（正转和反转，驱动和制动），在作为发电机工作时能将大部分能量回馈到电网中去，其输入端功率因数及效率也较高。由于没有换向器，所以使用时不会产生火花。

基于上述优点，无换向器电机用作电力测功机时，具有良好的控制特性，可以实现动力机械试验所需各种方式的自动控制。

3. 电涡流测功机

电涡流测功机具有结构简单、控制方便、转速范围和功率范围宽等特点，因此能满足各种动力机械功率测量的要求。但是电涡流测功机是将被测动力机械的功率所产生的电涡流转换成热能消耗掉，而不能发出电力反馈给电网。另外，它也不能作为电动机来倒拖驱动动力机械。

图 9-23 为电涡流测功机的结构简图，它的制动器主要由定子和转子两部分组成。定子 1 上装有励磁线圈 2 和涡流环 5；转子由带齿形凹凸的感应子 3 和转轴 4 构成。感应子的齿顶与涡流环的间隙很小，约为 0.05mm。转子由轴承 6 支承在定子中，而定子由定子摆动轴承 7 支承在轴承支架上。因此，定子能绕转轴轴线自由摆动，其摆动量由固定在定子外壳上的力臂输出。该力臂与测力机构相连，以测量转矩的大小。

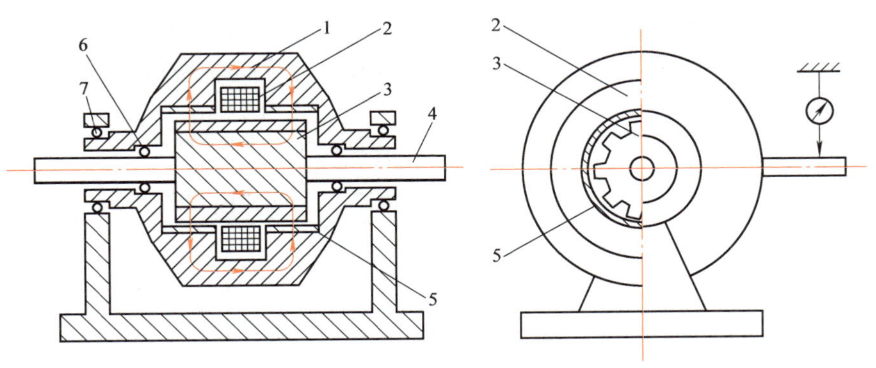

图 9-23　电涡流测功机结构简图

1—定子　2—励磁线圈　3—感应子　4—转轴　5—涡流环　6—轴承　7—定子摆动轴承

由于电涡流测功机所吸收的功全部转化为热能，所以必须对涡流环和励磁绕组的周围进行冷却，可以根据发热量大小和测功机结构等因素选择空气冷却或水冷却。

图 9-24 为电涡流测功机的基本组成与磁路图。电涡流测功机产生制动的原理是当励磁绕组 3 通过直流电流时，由感应子 6、空气隙 5、涡流环 4、磁轭定子 1 等形成的闭合磁路中

产生静止磁通。感应子的外圆制成齿形凹凸，齿顶处的空气间隙很小，磁通密度较大；齿槽处的空气隙较大，磁通密度很小。当感应子旋转时，涡流环相应部位的磁通密度不断产生增减变化。由电磁感应定律可知，此时在涡流环的表面将产生感应电动势而形成电涡流，力图阻止磁通的变化，从而对感应子产生制动作用。

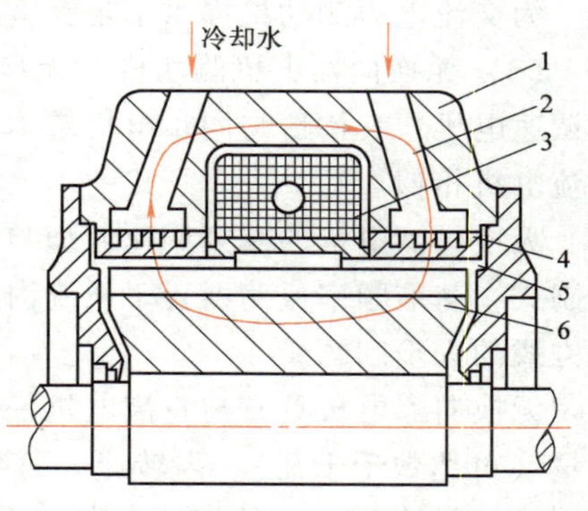

图 9-24 电涡流测功机的基本组成与磁路图

1—磁轭定子 2—磁力线 3—励磁绕组 4—涡流环 5—空气隙 6—感应子

在电涡流测功机中，涡流环和感应子都用高磁导率和高电导率的纯铁制成，转子的尺寸和质量与相同功率容量的直流电机相比要小得多，而且结构简单，因而允许在较高的转速下运转。

电涡流测功机在低转速区域内运行时，制动转矩随励磁电流和转速的增加而迅速增大。但当励磁电流一定时，随着转速的增加，转矩在某一转速附近达到饱和，当转速超过此转速而进一步增加时，转矩几乎不再增加。当转速不变时，转矩也随励磁电流的增加而增大，但当励磁电流增加到使磁路的磁通达到饱和时，继续增加励磁电流，转矩也不再增大。因此，电涡流测功机接近等转矩特性的范围很宽。在这种接近等转矩特性的转速范围内，单纯靠增减励磁电流来保持转速恒定是很困难的。所以，电涡流测功机除了用手动调整励磁电流的控制方式外，还应有自动控制装置，使励磁电流随转速自动变化。

电涡流测功机一般有三种控制模式：一是恒电流自动控制，使励磁电流保持一定，与转速、电源电压和励磁绕组的电阻等变化无关，其特性曲线如图 9-25c 所示；二是恒转速控制，测功机工作时，实时测量出实际转速与设定转速的偏差，再反馈到励磁回路中，控制励磁电流增减，以保持转速恒定在设定转速，其特性曲线如图 9-25d 所示；三是比例控制，使励磁电流与转速成比例增加，增加比例及调整范围可以任意选择，其特性曲线如图 9-25e 所示。

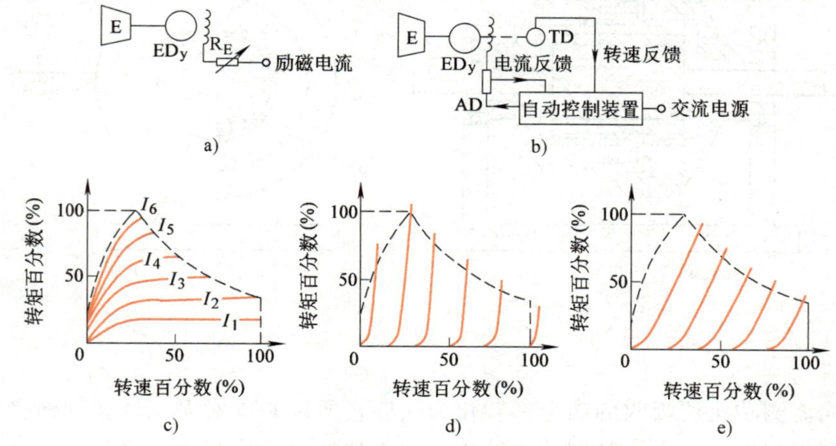

图 9-25 电涡流测功机的控制方式及其特性

a）手动控制 b）自动控制 c）恒励磁电流特性 d）恒转速特性 e）比例控制特性

E—被测动力机械 ED_y—电涡流测功机 R_E—励磁调节电阻 TD—转速传感器 AD—电流传感器

电涡流测功机消耗的励磁功率很小，只需变动励磁电流，就能有效地控制制动转矩，可以非常方便地实现自动控制。

电涡流测功机运转平衡，转动惯量小，体积小，吸收功率大，成本低于直流电力测功机，测试工艺比较成熟。与水力测功机一样，电涡流测功机只能吸收发动机能量，将其全部转化为热能通过冷却水带走，因此需要大量冷却水，而且需要进行软化处理，以免产生水垢堵塞通道；另外，水可能会导致设备腐蚀，同时还易受不利的冷却冲击。

9.3.4 测功机的选型

测功机的种类较多，动力机械的试验规范和要求也多种多样，因此，测功机的选型和使用对保证试验的顺利进行非常重要，下面介绍使用测功机时应注意的一些问题。

1. 测功机的选型依据

（1）工作范围　对于一台测功机，其工作范围是已知的，必须保证被测动力机械的特性全部落在所选测功机的工作范围之内并处于性能较佳的位置。

各种类型的测功机都有其被允许运行的工况范围。图9-26所示为电涡流测功机允许工作的制动功率范围。在该图所示的 *OABCO* 封闭曲线中，*OA* 段表示励磁电流最大时，吸收功率随转速上升的曲线，当功率达到一定值时（*A* 点），由于测功机热负荷（最高温度）的限制，吸收功率不能继续增加而保持恒定；当近乎恒定的功率保持到 *B* 点的转速时，达到测功机允许运行的最高转速，即 *BC* 段为测功机旋转件受离心力负荷或轴承允许转速限制的最高转速限制线；*AB* 段则为测功机能吸收和测量的最大功率限制线；在无励磁电流时（*OC* 段），测功机的特性曲线相当于不同转速下测功机的机械损耗特性曲线，这一曲线的下方部分是不能进行有效测试的。

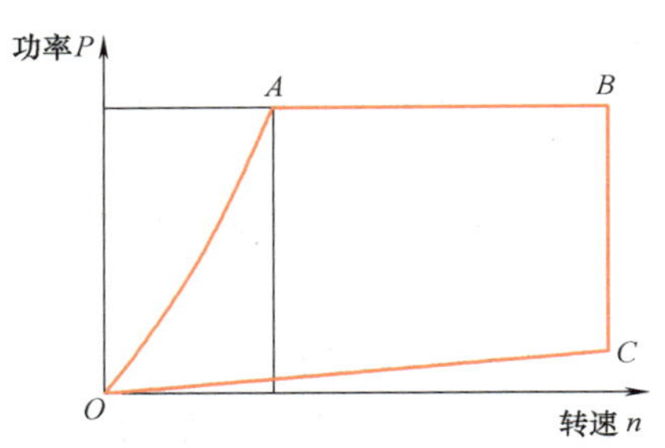

图9-26　电涡流测功机功率特性图

实际中，为保证安全，被测试发动机的最高功率、最大转矩以及最高转速都要小于上述限值，例如，最高功率通常为测功机最大功率的75%~80%。图9-27所示为某种型号的3种类型的测功机所允许的工况范围。图中曲线 *OABCDO* 或 *OABCO* 所包围的面积，即是测功机所允许吸收功率的范围。相应的发动机转矩也要落在测功机转矩工作范围内。此外，发动机的各项性能指标也不能远远低于上述限值，否则被测值相对测量量程会过小，从而导致测量误差加大。

（2）测量精度　测功机的测量精度应符合测量要求，在满足工作范围的条件下，应使测量尽可能接近满量程进行，以获得较好的测量准确度，通常被测动力机械的最大功率与测功机工作范围的最大功率之比应不低于3∶4。

（3）响应速度　对动力机械工况变化的响应速度是测功机的一个重要指标。一般来说，电力测功机的响应速度要快于水力测功机，直流和交流电力测功机的响应速度又快于电涡流测功机，选型时要根据试验的具体要求进行选择。

测功机的响应速度还和其外形尺寸有关。对于同一种测功机，外形尺寸越小，转子的转动惯量越小，则响应速度越快。另外，测功机的测力机构中力传感器的动态特性要好，这样

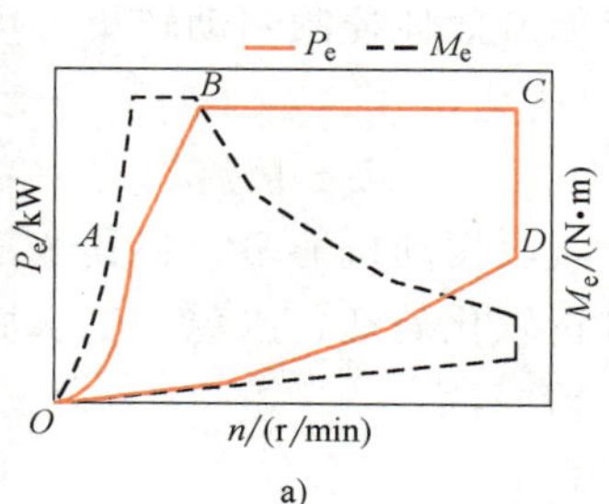

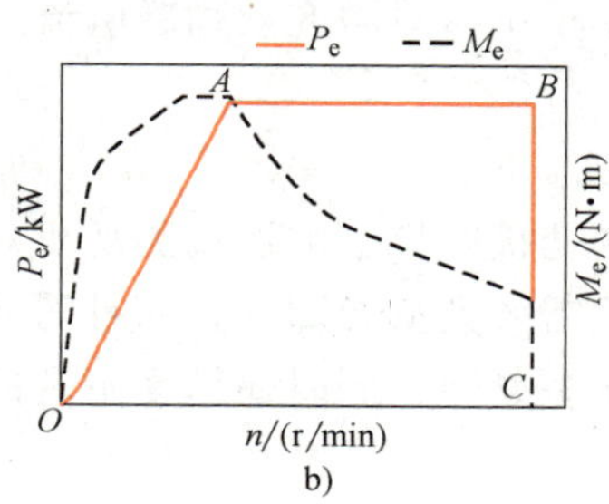

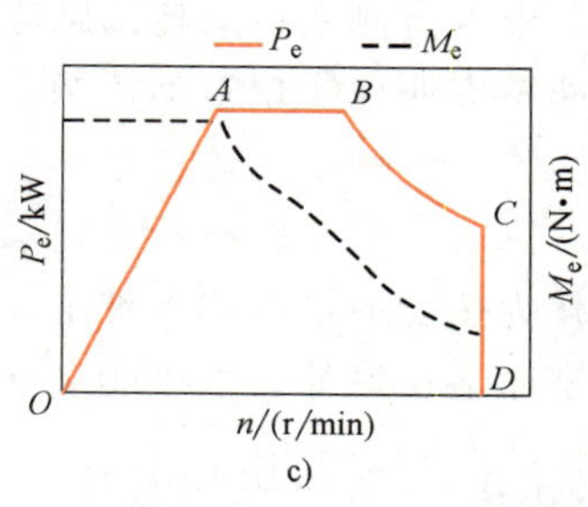

图 9-27　3 种测功机所允许的工况范围图

a）水力测功机　b）电涡流测功机　c）交流电力测功机

才能迅速、准确地反映被测动力机械的性能。

（4）工作稳定性　当动力机械的输出转矩与测功机的制动转矩平衡时，动力机械能在该转矩工况下稳定运转。测功机的工作稳定性是衡量其性能的另一项重要指标，它是指当被测动力机械和测功机的调节机构位置不变，而输出转矩与制动转矩间的平衡被破坏时，测功机自行进行负荷调整以减小转速波动，从而迅速返回平衡位置并保持等速运转的能力。

平衡工况的稳定程度主要取决于测功机的制动转矩与转速的关系，即取决于测功机的固有特性。下面以内燃机的台架试验为例进行说明。

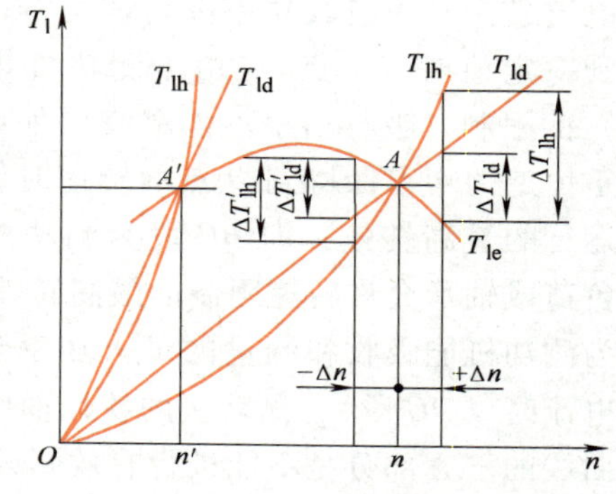

图 9-28　测功机的工况平衡图

图 9-28 为测功机的工况平衡图。T_{le} 为某动力机械的转矩特性曲线；T_{ld}、T_{lh} 分别为电力测功机和水力测功机的固有特性曲线，它们相交于平衡点 A。如果由于某一偶然因素的影响，出现了输出转矩与制动转矩的平衡受到暂时破坏的情况，此时若转速由 n 变化为 $n \pm \Delta n$，则测功机中将出现转矩差 $\pm \Delta T_l$，它将力图使动力机械恢复到原来的转速。ΔT_l 越大，恢复能力就越强。从图 9-28 可知，$\Delta T_{lh} > \Delta T_{ld}$，即水力测功机的转速恢复能力强于电力测功机。

测功机的工作稳定性还与制动转矩产生的原理有关。改变水层厚度的水力测功机的稳定性受到进水压头的波动和水层厚度微小变化的影响；电力测功机的稳定性则取决于电网电压的波动以及负载与励磁电流的稳定程度。

单纯从测功机固有特性的对比来看，水力测功机的工作稳定性最佳。然而，从制动转矩的产生过程分析，对于靠改变水层厚度来调节功率的水力测功机，只有在用稳压水箱供水且水层厚度较大的情况下，制动转矩的恒定性才是良好的。对于电力测功机，保证足够稳定的负荷和励磁电流是比较容易实现的，因此，其工作稳定性实际上不比水力测功机差。交流电力测功机具有持续等速运转的特性，几乎不受转矩变动的影响，故稳定性良好。

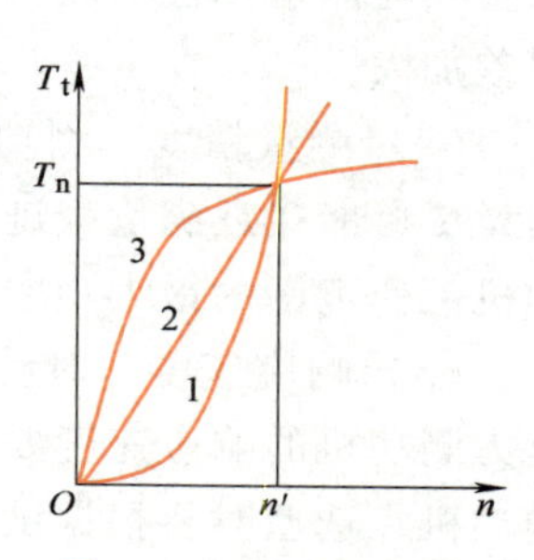

图 9-29　测功机低速制动性能的比较

（5）低速制动性　低速制动性也是测功机的一个重要性能指标。图 9-29 所示为三种不同测功机的固有特性曲线，它们在

转速 n' 时具有相等的最大制动转矩 T_n。曲线 1 为水力测功机的固有特性曲线，它的制动转矩随转速的二次方变化，因此当转速下降时，制动转矩将急剧减小；曲线 2 为直流电力测功机的固有特性曲线，它的制动转矩与转速成正比，故其低速区的制动性能比水力测功机好；曲线 3 为电涡流测功机的固有特性曲线，它的制动转矩随转速的变化关系在低速区域类似于对数函数的关系，故其低速制动性能最好。

表 9-1 给出了选择测功机的一般原则性意见，供参考。

表 9-1　选择测功机的一般原则性意见

测功机名称	综合结构尺寸	测量精度	适用转速范围	对安装及操作的要求	成本	低速制动转矩	工作稳定条件	其他说明
水力测功机	中	1%～2%	中等转速	安装、保养简单，操作方便	低	小	进水压头平稳	无
电力测功机	大	0.5%～1%	中等转速	安装简单，操作方便，调节精细	高	中	电网电压稳定	可以回收能量
电涡流测功机	小	2%（普通级） 0.5%～1%（精密级）	中高转速	冷却水和转子轴承精度等级要求高，精细保养	高	大	电网电压稳定	易于实现自动控制

2. 扩大测功机量程的方法

（1）采用组合测功机　采用组合测功机，不但可以扩大测功机的工作范围，还能改善其使用性能。通常是将水力测功机和电力测功机相连，以前者为主要测功机，后者为辅助测功机，这样就克服了水力测功机不能倒拖驱动动力机械以及低速时测量转矩小的缺点。

被组合的两台测功机可用爪式联轴器连接，这样，当辅助测功机无需投入运行时，可方便地把它与主测功机脱开。为了能共同使用一台测力机构，可将两台测功机摆动的外壳连成一体。

（2）采用变速器　在被测动力机械和测功机之间安装变速器，可以改变测功机的转速。对测功机进行减速，可使测功机固有特性曲线左移，以满足低速、大转矩的需要；对测功机进行增速，可使测功机固有特性曲线右移，以满足高速时测功的需要。不过，采用变速器来改变测功机的转速时，必须考虑其机械效率，以便对测功机读数进行修正。

3. 测功机转矩测量误差分析

在测功机的工作过程中，其外壳所受转矩应与测功机测量的转矩相等，即要求动力机械作用在测功机上的转矩全部传到定子上，定子得到的转矩全部传到测力装置上。然而，由于摆动阻力和测功机安装不当等原因，难免存在以下误差：

1）测功机中可摆动的定子通常用滚动轴承支承，定子的摆动首先要克服滚动轴承的摩擦转矩，然后才作用在测力机构上。因此，作用在测力机构上的转矩小于动力机械传递给定子的转矩。为此，要选用摩擦小的轴承。例如，选用角接触球轴承时，摩擦转矩只占制动转矩的 0.01%～0.02%，它所引起的最大误差也不超过±0.2%，对测量精度无明显的影响。

2）冷却水管和导线的刚性以及安装位置不当时会产生附加摆动转矩，给测量结果带来误差。因此，应使用柔性的水管和导线，并使导线尽可能在接近定子摆动中心处接入。冷却水进出测功机时应尽量通过轴心，以减少摆动阻力。

3）测功机主轴的水平度和摆动定子的平衡度也会引起误差，这种误差可通过仪器检查予以消除。

思考题与习题

能量流案例分析

9-1　非接触式转速表主要有哪几种类型？各有什么特点？

9-2　转矩测量有哪几种方法？各有什么典型测量仪器？

9-3　一台电力测功机力臂长度为1m，砝码指示力为10N，求发动机转速为3000r/min时的有效功率和转矩。

9-4　试介绍直流电力测功机的三种控制方式。

9-5　试叙述水力测功机工作范围图中各曲线的含义。

9-6　测功机的选型主要有哪几个依据？请分别介绍。

第10章 排气组分测量

10.1 概述

随着能源危机和环境污染问题的日益突出，改善热能与动力机械的燃料经济性以及减少有害物质的排放已成为关系到人类社会可持续发展的重要研究课题。因此，在有关的生产过程与科学研究中，排气组分的测量越来越受到人们的重视。人们通过对燃烧产物的测定判断燃烧情况的优劣，探讨其对排放质量的影响，最终实现对燃烧过程的优化控制。

在热能与动力机械中，常见的排气组分有 CO、HC、NO_x、SO_2、CO_2、O_2 和颗粒物等。对于众多排气组分，其分析方法和测量仪器也是多种多样的，需要根据具体要求来选用。例如，在电控喷射内燃机和锅炉中，需要在线测量燃烧产物中 O_2 的含量，以实时控制燃烧过程的过量空气系数，优化燃烧品质。这时，首先要求分析仪器能够适应工作现场的环境条件，在保证具有足够测量精度的同时，还要求具有快速的响应性能，以满足实时控制的要求。

必须指出，要想得到准确的测量结果，不仅要有精确的仪器，还要保证用来分析的气样具有代表性。采样的方法有很多种，如直接采样法（Direct Sampling）、全量采样法（Full Flow Sampling）、定容采样法（Constant Volume Sampling，CVS）等，应根据被测组分的特性和分析仪器的具体要求选用。对于燃烧产物分析，一般要求采样点设在燃烧过程已结束且不存在气体分层、停滞和循环流动的位置，同时还要考虑采样点处的温度应能被采样装置所承受。试验证明，对于大截面的排放通道，截面上的排气组分及其浓度分布是不均匀的，存在明显的分层现象，为此，最好设置多个采样点，然后取各点测量结果的平均值。当然这样做会增加测量时间，造成测量滞后，故有时就用试验方法获得一个具有代表性的采样位置作为经常测量的采样点。

目前，排气组分测量仪器的种类及其应用范围还在不断扩展，相关技术的研究也在进一步深入。本章介绍的只是热能与动力工程中常用的几种排气组分测量方法的工作原理及相应的分析仪器基本结构。

10.2 色谱分析技术

10.2.1 色谱分析的基本原理

1. 组分分离的基本原理

色谱分析是一种分离混合物组分的技术，其基本原理是：被分析的混合物在流动气体或液体

（称流动相）的推动下，流经一根装有填充物（称固定相）的管子（称色谱柱），因固定相的吸附或溶解作用，混合物中的各种组分在流动相和固定相中产生浓度分配。由于固定相对不同的组分具有不同的吸附或溶解能力，因此，混合物经过色谱柱后，各种组分在流动相和固定相中形成的浓度分配关系不同，最终导致从色谱柱流出的时间不同，从而达到组分分离的目的。

根据不同的流动相物态，色谱分析分为液相色谱分析和气相色谱分析两种类型。前者用液体作为流动相，后者用气体作为流动相。通常称气体流动相为载气。

色谱柱中的固定相也有两种状态，即固态和液态。因此，以气相色谱为例，有气-固色谱和气-液色谱之分。前者利用固态充填物对不同组分的吸附能力差别进行组分分离，后者则利用液态充填物对不同组分的溶解度差别实现组分分离。

通常都把利用色谱技术进行组分分析的仪器称为色谱分析仪。实际上，色谱柱完成的仅仅是组分的分离，组分的浓度检测还需要利用相应的检测器。因此，完整地讲，色谱分析仪是色谱分离技术与检测技术的结合。从这一意义上讲，利用色谱分析仪可以对混合物的各种组分进行定性或定量分析。对于内燃机、锅炉等热力机械的燃气或尾气排放等混合气体，其各种组分基本上都能采用气相色谱分析仪进行测量。

2. 气相色谱分析仪的系统组成和工作流程

典型的气相色谱分析仪的基本组成如图 10-1 所示。下面对其主要部分加以说明。

（1）载气源　载气就是气体流动相，用它来输送被测混合物。载气的选择与被测组分以及检测器类型有关，通常选用惰性大、不被固定相吸附或溶解、不同于被测组分，且在检测器中与被测组分的灵敏度相差较大的气体，如 H_2、He 及 Ar 等。

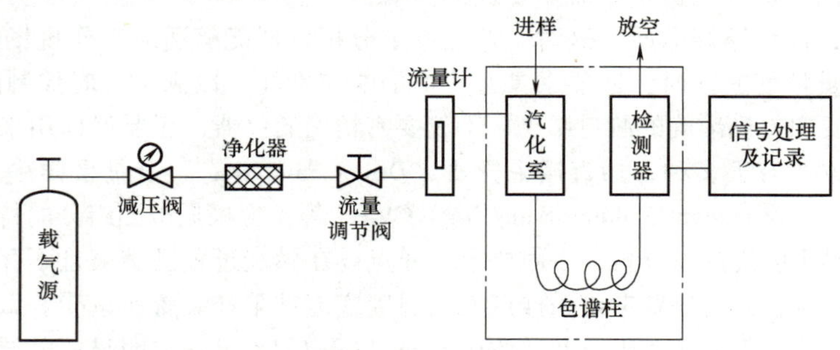

图 10-1　典型的气相色谱分析仪的基本组成

（2）色谱柱　色谱柱一般用玻璃管或不锈钢管制成，内部填充的固定相根据被测组分加以选择。气-固色谱常用粒状的氧化铝、硅胶、活性炭、分子筛和高分子多孔微球等作为固定相；气-液色谱采用的固定相有硅油、液态石蜡、聚乙烯乙二醇、甘油等。

色谱柱的分离效果不仅与本身的尺寸和固定相的性质有关，还受流量、温度的影响。当色谱柱的温度保持在被测组分沸点附近时，可以得到最好的效果。

（3）检测器　色谱柱分离出来的各种组分被载气依次送入检测器，由检测器完成其浓度测定。检测器的种类很多，常用的有热导检测器（TCD）、氢火焰电离检测器（FID）、电子捕获型检测器（ECD）和焰光光度检测器（FPD）等，测试时需要根据被测组分选择使用。通常，测量 CO 和 CO_2 等无机组分采用热导检测器；测量有机组分，特别是碳氢化合物（HC）时，则选用氢火焰电离检测器。另外，电子捕获型检测器适用于含卤和含氧成分的测量，焰光光度检测器适用于含硫成分的测量。

10.2.2 组分定性分析

经过色谱柱分离的气体组分可以采用多种方法进行定性分析和定量测量。关于定量测量常用检测器的工作原理将在下文介绍，本小节介绍对混合物进行组分判别的定性分析方法。

利用色谱进行混合物组分判别的基本依据是色谱流出曲线（色谱峰图）。常用的判别方法有两种：保留时间分析和加入纯物质比对分析。

1. 保留时间分析

保留时间是指从被测组分开始进入色谱柱到流出色谱柱后出现浓度最大值所需的时间，反映组分在色谱柱中滞留时间的长短。不同组分在保留时间上具有显著差别是组分分离的必要条件。同样，当相关条件不变时，同一组分的保留时间相同。组分与保留时间之间的一一对应关系正是进行组分定性分析的基础。具体做法是将实际测量得到的保留时间与已经建成的组分-保留时间数据库进行比较，搜索相同保留时间对应的组分，该组分即为待测组分。组分-保留时间数据库可以利用纯物质在相同的流程条件下进行色谱分析得到。

必须特别注意，上述分析方法对色谱流程中所有的操作条件都有严格的稳定性和一致性要求，否则将无法准确判别组分。

2. 加入纯物质比对分析

这种方法通常用来判别混合物中是否含有某种特定的组分。具体做法是：首先测取被测混合物的色谱峰图，然后在被测混合物中加入特定组分的纯物质，测取新的色谱峰图。比较前、后两幅色谱峰图，如果原来图中的某一峰值在新图中有所增高，则说明被测混合物中含有特定组分；如果在新的图中出现了原来图中不存在的峰，则说明被测混合物中不含特定组分。

10.3 红外气体分析技术

10.3.1 红外气体分析原理

在排放气体所含的主要成分中，除了同原子的双原子气体（H_2、N_2 和 O_2 等）外，其他非对称分子气体，如 CO、CO_2、H_2O、NO_x、SO_2 等在红外区均有特定的吸收带（波段）。这种特定的吸收带对某一种分子是确定的、标准的，其特性如同“物质指纹”。也就是说，根据特定的吸收带，可以鉴别分子的种类，这正是红外光谱分析的基本依据。利用这一原理制成的红外分光光度计是对混合气体进行定性分析、鉴别所含组分种类的理想检测器。这类检测器通过进一步利用光能吸收与组分浓度之间的关系，可以用于各组分含量的定量测量。

实际上，在热能与动力工程测量中，往往需要测定混合气体中某种已知组分的含量，如排放气体中 CO 或 CO_2 的含量等，将其作为判断或控制燃烧过程的重要依据。在这种情况下，可以采用不分光的方法，通过测量特定吸收带内待测组分对红外辐射的吸收程度，来确定其浓度。这种不分光测量方法的理论基础是朗伯-比尔（Lambert-Bill）定律，它描述了气体对一定波长的红外辐射的吸收强度与气体浓度之间的关系

$$E = E_0 \exp(-k_\lambda cl) \tag{10-1}$$

式中，E_0 为红外光源向气体的入射强度；E 为经气体吸收后透射的红外辐射强度；k_λ 为气体对波长为 λ 的红外辐射的吸收系数，对于某一特定的组分，k_λ 为常数；c 为气体的摩尔浓

度；l 为红外辐射透过的气体厚度。

根据式（10-1），当入射的红外辐射强度 E_0 以及待测组分的种类（k_λ）和厚度 l 一定时，透射的红外辐射强度 E 仅仅是待测组分摩尔浓度 c 的单值函数。因此，通过测量透射的红外辐射强度，就可以确定待测组分的浓度。基于上述测量原理的红外分析仪叫作不分光红外气体分析仪（Non-Dispersive Infrared Analyzer），简称红外气体分析仪。

红外气体分析在柴油车 SCR 催化小样活性评价中的应用案例

10.3.2　不分光红外气体分析仪的结构

图 10-2 所示为一种结构非常紧凑的不分光红外气体分析仪的基本组成。红外辐射光源 10 发射的红外辐射经抛物面反射镜 1 反射，聚成平行的红外光束。该红外光束通过扇形板截光器 2（由电动机带动）调制，以一定的频率交替地通过参比室 9 和测量室 4，然后分别经反射镜 6 和整体式滤光器 7（干涉滤光片）投射到半导体红外检测器 8 上。在测量过程中，半导体检测器交替接收透过参比室和测量室的红外辐射。其中，滤光器的作用是只允许某一狭窄波段的红外辐射通过，而该狭窄波段的中心波长预先选为待测组分特定吸收带的中心波长。因此，检测器所接收的只是该狭窄波段内的红外辐射。

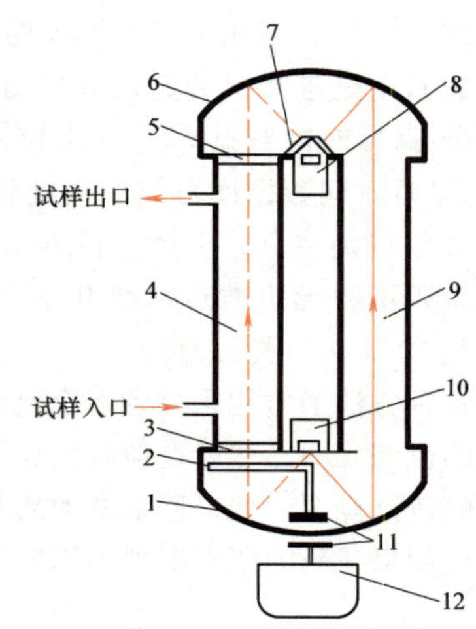

图 10-2　不分光红外气体分析仪的基本组成
1、6—反射镜　2—扇形板截光器　3、5—窗口　4—测量室　7—整体式滤光器　8—半导体红外检测器　9—参比室　10—红外辐射光源　11—电磁离合器　12—电动机

在上述测量系统中，参比室内封有某种不含待测组分的气体，称为比较气体。例如，分析排放气体中的 CO 浓度时，可用 N_2 做比较气体。测量室则通以被测混合气体，在被测气体进入测量室之前，两气室中均无待测组分，红外辐射在选定的狭窄波段（被测组分的吸收带）上未被吸收，这时，半导体检测器上交替接收到的红外辐射通量相等，检测器只有直流响应，检测电路中交流选频放大器的输出为零。进入测量状态后，当含有待测组分的被测气体流经测量室时，由于对特定波段红外辐射的吸收作用，使透过测量室的辐射通量减弱，减弱的程度取决于被测气体中待测组分的浓度。而透过参比室的辐射通量始终保持不变，所以透过测量室和参比室的红外辐射通量不再相等，半导体检测器接收到的是交变的红外辐射，交流选频放大器的输出不再为零。显而易见，交流输出信号的幅值随待测组分浓度的变化而变化。因此，经过适当标定，就可以根据输出信号的大小确定待测组分的浓度。

应该注意，红外气体分析仪要求被测气体是干燥而清洁的，因此，在测量内燃机等动力机械的排放组分时，需要对分析样品进行除湿、除尘处理。

10.4　常用气态组分浓度测量技术

除红外气体分析技术外，针对不同的气态排气组分，还可以采用其他方法进行测量。下

面针对常用的气态排气组分浓度测量分别进行介绍。

10.4.1　CO 和 CO_2 浓度测量

CO 和 CO_2 常采用热导检测技术进行浓度测量。热导检测器（Thermal Conductance Detector，TCD）是利用热传导性能随被测气体组分浓度改变而变化的原理实现测量的。

典型热导检测器的结构如图 10-3 所示。采用这种检测器时，通常用传热系数较大的 H_2 或 He 作为载气。工作时，流经参比室的是纯载气，而流经测量室的是从色谱柱流出的气体（载气与被测组分的混合物）。测量室和参比室内分别置有阻值相等的热敏电阻（钨丝或铂丝，以下称为热丝）R_1 和 R_3，它们分别接在测量电桥两个相邻的桥臂上。电桥的另外两个桥臂为固定电阻 R_2 和 R_4，桥路用恒定电源供电加热。在非测量状态下，电桥平衡。

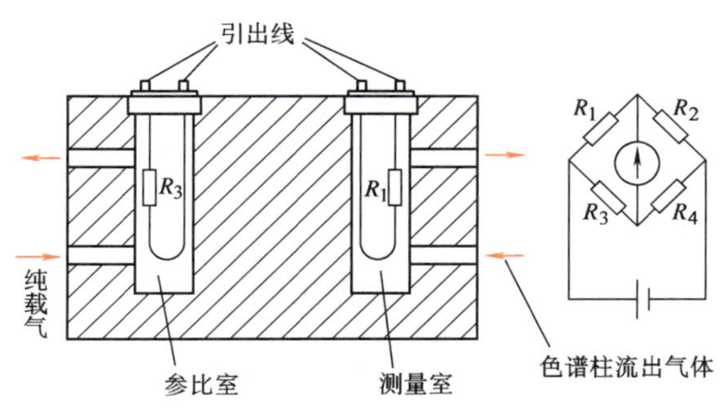

图 10-3　典型热导检测器的结构

通常热丝的长径比很大（一般大于 2000）。测量时，纯载气与从色谱柱流出的气体均以扩散的方式进入参比室和测量室，流经热丝的速度很小。另外，参比室和测量室的壁面与热丝之间的温差小于 200℃。因此认为，热丝与周围气体之间的对流换热及其与周围壁面之间的辐射换热可以忽略，热丝主要是通过周围气体以热传导的方式向外散热的。即 R_1 的热状态主要取决于色谱柱流出气体的热传导性能，而 R_3 的热状态主要取决于纯载气的热传导性能。当两路气体的热传导性能存在差异时，R_1 和 R_3 之间因散热程度不一而出现电阻差值，致使电桥失去平衡。实际上，参比室内纯载气的热传导性能是确定不变的，而测量室内被测气体的热传导性能随组分浓度的改变而变化。因此，参比室和测量室内气体热传导性能的差异大小与被测组分的浓度有关。显然，这种因被测组分浓度改变造成的两路气体热传导性能差异越大，R_1 与 R_3 的电阻差值就越大，电桥的输出也就越大。因此，通过测量电桥的输出信号可以确定被测组分浓度的大小。

热导检测器是一种通用型检测器，几乎对所有气体组分都具有敏感性，因此应用很广。为了提高仪器测量的灵敏度，可以采用双臂测量电桥，即把电阻 R_2 和 R_4 也分别置于参比室和测量室内，以成倍增大电桥输出。

在热能和动力工程中，热导检测器经常用来检测排放气体中 CO 和 CO_2 的浓度。

10.4.2　碳氢化合物浓度检测

氢火焰电离检测器（Flame Ionization Detector，FID）是一种专用的质量浓度检测器，其对无机组分不灵敏，主要适用于有机组分的测量，特别是用于碳氢化合物（HC）组分浓度测量时，不仅灵敏度高（约为热导检测器的千倍），而且线性范围宽。

氢火焰电离检测器利用 HC 在火焰中的电离现象进行浓度测量，其工作原理如图 10-4 所示。被测气体由载气推动进入喷嘴与 H_2 混合，混合后的气体在喷嘴出口处喷出时，在空气助燃下由电热丝点燃。在燃烧火焰中，HC 产生离子和电子，其数目随 HC 所含 C 原子数目的增加而增加。这些离子和电子在周围电场（收集电极与底电极间加有 100～300V 的电压）的作用下，按一定的方向运动而形成电流，电流的大小即反映了 HC 组分的浓度。

在实际应用中，氢火焰电离检测器不仅可以用作气相色谱分析仪的检测器，也可以单独作为全碳氢化合物分析仪使用。在内燃机废气成分分析中，世界上许多国家都将它作为测定 HC 排放总量的标准检测器。

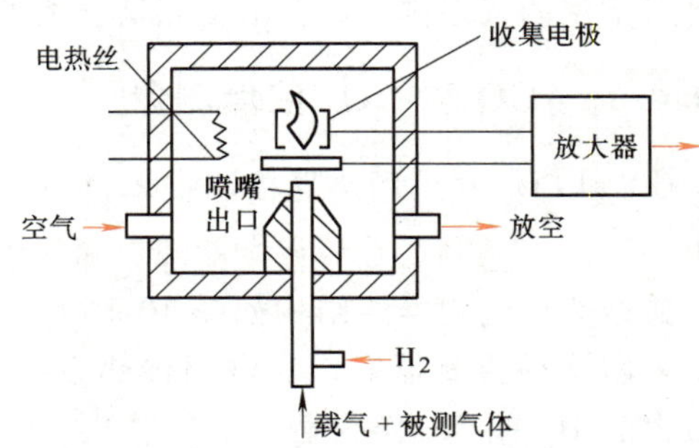

图 10-4　氢火焰电离检测器工作原理

10.4.3　氮氧化物浓度检测

在排放气体分析中，经常需要测定氮氧化物 NO_x（NO 和 NO_2）的浓度。对 NO 而言，尽管可以用红外分析法精确测定其浓度，但由于这种分析方法要求必须预先对样品进行稳定除湿等处理，故在实用上有很多不便之处；另外，NO_2 易溶于水或吸附于壁面，要求采样系统必须保持高温，并要防止水分冷凝。所以，到目前为止，NO_x 的测量主要还是依靠化学发光法，相应的仪器称为化学发光检测器（Chemiluminescent Detector，CLD）。通常，对采样袋中的样品和稀释的低浓度样品进行 NO_x 浓度测量时都采用化学发光法，因此，化学发光检测器有时也称为 NO_x 分析仪。

化学发光法是利用 NO-O_3 反应体系的化学发光现象测量 NO_x 浓度的，因此从原理上讲，该法只能直接测量 NO 浓度。但通过适当的转化，也可将 NO_2 先还原为 NO 再加以测量。这里首先对化学发光法的基本原理进行简要说明。

NO 和 O_3 在反应室中混合后将发生化学反应，反应中的过剩能量促成了激发态 NO_2^* 分子的产生。激发态 NO_2^* 分子在跃迁到基态而趋于稳定的同时，会发射波长范围为 0.6～3μm 的光子（$h\nu$），即近红外谱线。这种化学发光的反应机理可描述为

$$NO+O_3=NO_2^*+O_2,\quad NO_2^*=NO_2+h\nu$$

式中，h 为普朗克常数；ν 为光子的频率。

上述反应体系的化学发光强度（I）与反应物 NO 和 O_3 的体积分数 φ_{NO} 和 φ_{O_3} 成正比，即

$$I=k\varphi_{NO}\varphi_{O_3}$$

由此可见，只要 O_3 的含量足够大，以致可以忽略 φ_{O_3} 在反应过程中的变化，那么，就可以认为发光强度 I 与 φ_{NO} 成正比，即通过检测发光光强 I，就可以确定 φ_{NO}。

采用化学发光法测定 NO_2 含量时，需要通过适当的转化器先把 NO_2 还原为 NO（如用加热方法使 NO_2 分解为 NO），然后再进行测量。图 10-5 是用化学发光法测量 NO 和 NO_2 的流程示意图。该测量系统利用流动通路的自动或手动切换，使被测样品在进入反应器前可以经过转化器，也可以不经过转化器。当被测样品经过转化器时，样品中原来存在的 NO 和由 NO_2 转化而来的 NO 同时进入反应器，参加化学发光反应。因此，测量结果代表了样品中 NO 与 NO_2 的含量之和，即 NO_x。当被测样品不经过转化器时，参与化学发光反应的只是样

品中原有的 NO，因此，测量结果只代表 NO 含量。显而易见，上述两种情况下的测量结果之差就是待测的 NO_2 含量。

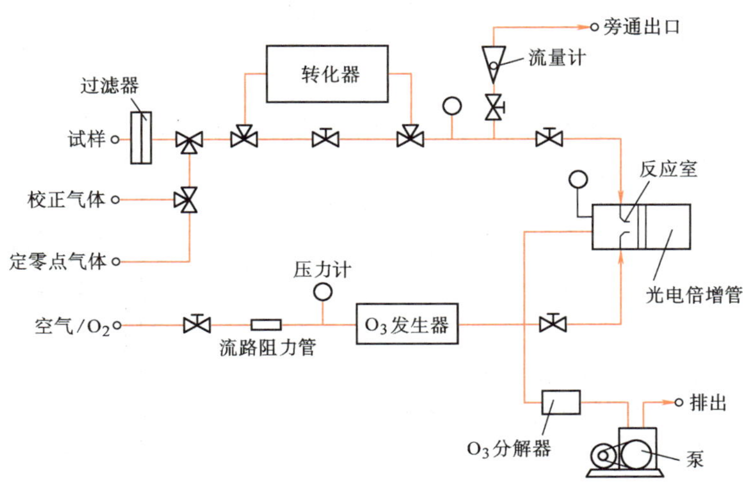

图 10-5 化学发光法测量 NO 和 NO_2 的流程示意图

为了提高测量 NO_x 的灵敏度和精确度，在尽量增大 O_3 含量的同时，还必须注意滤除或排除样品中其他成分的干扰，这些干扰因素包括 C_2H_4 成分与 O_3 反应所产生的发光光谱、NO_2^* 能量被 CO_2 和 H_2O 等成分转移而产生的淬灭（发光消失）现象等。对前一种干扰，可以采用在光电倍增管前布置滤光器的方法滤除；但要减小后一影响，则必须在取样时对有关成分进行过滤。另外，由于转化器的效率直接影响到测量精度，因此使用时应注意检查，当其转换效率低于 90%时就必须进行更新。

10.4.4 氧含量检测

在现代内燃机和锅炉运行过程中，往往需要通过判断过量空气系数的大小来控制燃料与空气的比例，维持良好的燃烧条件。由于 O_2 含量与过量空气系数之间的函数关系呈单值性，并很少受到燃料品种的影响，加上 O_2 含量的动态测量相对容易，所以，在燃烧过程监测与控制中，目前普遍通过 O_2 含量来判断过量空气系数的大小。

用来测量 O_2 含量的仪器称为氧量分析仪或氧量计，目前最常用的是氧化锆氧量分析仪，它具有结构简单、信号准确、使用可靠、反应迅速（反应时间小于 0.4s）等优点。

1. 氧化锆氧量分析仪的基本工作原理

氧化锆氧量分析仪是利用氧化锆浓差电池所形成的氧浓差电动势与 O_2 含量之间的量值关系进行氧含量测量的。

普通氧化锆（ZrO_2）为固体电解质，其在常温下为单斜晶体。当温度升高到 1150℃ 左右时，晶体发生相变，由单斜晶体变为立方晶体，同时产生约 9%的体积收缩。当温度下降时，反方向的相变又使其变成单斜晶体。因此，普通氧化锆晶体对温度的变化是不稳定的。此外，普通氧化锆晶体中所含的氧离子空穴含量很小，即使在高温下，虽然热激发会增加氧离子空穴，但其含量仍然十分有限，不足以作为良好的固体电解质。试验研究证明，若在普通氧化锆中掺入一定数量的其他低价氧化物，如氧化钙（CaO）或氧化钇（Y_2O_3）等，则不仅因为应力的改变而提高了晶体的稳定性，还因为Zr^{4+}被Ca^{2+}或Y^{3+}置换而生成了氧离子空穴。也就是说，在普通氧化锆中掺入氧化钙或氧化钇后，氧离子空穴含量将大大增加，当温度升高到800℃左右时，即成为一种良好的氧离子导体。以下将这种已成为氧离子导体的固体介质简称为氧化锆。

如图10-6所示，在氧化锆材料的两侧分别涂以多孔性的铂电极（也称铂黑），让一侧处于参比气体（如空气）中，另一侧处于被测气体（如烟气）中。设被测气体和参比气体的氧分压分别为p_1、p_2，并且$p_2>p_1$，即参比气体中的氧含量高于被测气体。

当氧离子通过氧化锆中的氧离子空穴，从氧含量高的参比侧向氧含量低的测量侧迁移时，两电极上将发生如下反应

$O_2+4e \longrightarrow 2O^{2-}$　　（阴极，还原反应）

$2O^{2-} \longrightarrow O_2+4e$　　（阳极，氧化反应）

式中，e为电子。

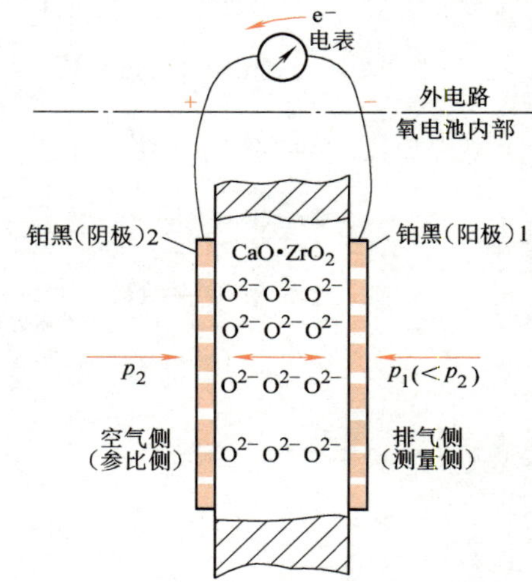

图10-6　氧浓差电动势产生原理

于是，电极上因电荷积累而产生了电动势。由于该电动势与氧化锆两侧气体的氧含量有关，故称为氧浓差电动势，相应的装置就叫氧化锆氧浓差电池。

上述氧浓差电动势的大小由能斯特（Nernst）方程给出，即

$$E=\frac{RT}{nF}\ln\frac{p_2}{p_1} \tag{10-2}$$

式中，E为氧浓差电动势（V）；F为法拉第（Faraday）常数，等于96484C/mol；R为摩尔气体常数，等于8.314J/(mol·K)；T为热力学温度（K）；n为一个氧分子输送的电子数，由电极反应式可得$n=4$。

若被测气体的总压与参比气体的总压均为p，则式（10-2）可改写为

$$E=\frac{RT}{nF}\ln\frac{\varphi_2}{\varphi_1} \tag{10-3}$$

式中，$\varphi_1=p_1/p$、$\varphi_2=p_2/p$分别为被测气体和参比气体中的氧含量（体积分数）。

在分析氧含量时，经常采用空气作为参比气体，即$\varphi_2=20.8\%$为定值。将此值以及R、n的数值代入式（10-3），再将自然对数变换成常用对数，可得

$$E=0.0496T\lg\frac{20.8}{\varphi_1} \tag{10-4}$$

式中，氧浓差电动势E的单位为mV；被测气体中的氧含量φ_1用体积分数（%）表示。

由此可见：

1）当氧化锆的工作温度T一定时，氧浓差电动势E与被测气体中的氧含量φ_1成单值关系。因此，通过测量氧浓差电动势，即可求得待测的O_2含量。

2）氧浓差电动势与氧化锆的工作温度有关，因此，实际的测量系统中必须采取保温措

施，或对温度变化带来的误差进行补偿。此外，当工作温度过低时，氧化锆内阻很高，难以正确测量其两极的电势，故应尽量将工作温度保持在 800℃以上。但是，氧化锆本身的烧结温度仅为 1200℃，所以工作温度还应控制在 1150℃以内。另外，当温度过高时，燃烧排放物中的可燃物质会与氧化合形成燃料电池，使输出增大，从而造成测量误差。

3）式（10-3）及式（10-4）是在参比气体总压与被测气体总压相等的条件下得出的，在使用时应保证这一条件成立。

2. 氧化锆氧量分析仪测量系统

氧化锆氧量分析仪由氧量传感器和相应的二次仪表组成。作为传感器的氧化锆管（氧浓差电池）有封头式和无封头式两种，如图 10-7 所示。在实际应用中，氧化锆氧量分析仪的测量系统有多种形式，例如，按氧化锆管的安装方式不同分为直插式和抽出式，按氧化锆管的工作温度不同分为恒温式和温度补偿式等。

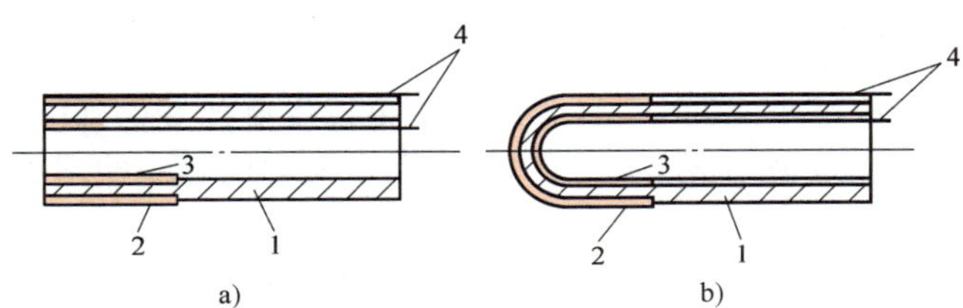

图 10-7　氧化锆管的结构形式

a）无封头式　b）封头式

1—氧化锆管　2—外铂电极　3—内铂电极　4—电极引出线

抽出式测量系统具有抽气和净化功能，能去除杂质和 SO_2 等有害气体，对保护氧化锆管有利。同时，氧化锆管处于稳定的工作温度（800℃）下，测量结果的精确度较高。但是，由于这种系统结构复杂，而且不能发挥氧化锆反应快的特点，故较少采用。与此相反，直插式测量系统不仅结构较简单，而且由于将氧化锆管直接插入排气管道（如烟道）的高温部位进行测量，因此系统的响应性能也较好。

为了稳定氧化锆的工作温度，以提高测量精度，可以在氧化锆管的外围安装电热丝，并用热电偶及温度调节器进行温度控制，使之稳定在某一数值（如 800℃）。如果不能保证氧化锆工作温度恒定，则需要采用温度补偿式测量系统，即根据测定的氧化锆工作温度对氧浓差电动势的输出进行相应的补偿。以 K 型热电偶为例，其热电动势 E_t(mV) 与温度 T(K) 的关系为 $E_t=0.041(T-273.5)$，即温度 T 可表示为 $T=E_t/0.041+273.5$。将这一关系式代入式（10-4）并整理后可得

$$\frac{E}{E_t+11.2}=1.21\lg\frac{20.8}{\varphi_1} \tag{10-5}$$

表 10-1 列出了在 700~800℃的温度范围内，$\varphi_1=2\%$（恒定）时，氧化锆氧浓差电动势 E 与温度的关系，同时还列出了各温度下 K 型热电偶输出的热电动势 E_t 以及比值 $E/(E_t+11.2)$。由表可见，随着温度的变化，比值 $E/(E_t+11.2)$ 几乎不变，因而在式（10-5）中 $1.21\lg(20.8/\varphi_1)$ 保持恒定的数值，即 φ_1 不变。因此，在氧化锆氧浓差电动势 E 基础上，通过 K 型热电偶热电动势 E_t 补偿，便可消除因氧化锆工作温度变化而引起的氧含量测量误差。

表 10-1　氧化锆氧浓差电动势和 K 型热电偶热电动势随温度的变化

温度/℃	氧浓差电动势 E/mV	热电动势 E_t/mV	$E/(E_t+11.2)$
700	145.56	28.70	3.6481
720	148.55	29.52	3.6481
740	151.54	30.34	3.6481
760	154.54	31.16	3.6483
780	157.53	31.98	3.6482
800	160.53	32.80	3.6484

10.4.5　二氧化硫浓度检测

在热能与动力工程领域，二氧化硫（SO_2）是常见的气态污染物之一，SO_2 浓度的常用检测方法主要有紫外气体分析、红外气体分析和定电位电解法等，其中红外气体分析原理已经在 10.3 节进行了介绍。下面介绍紫外气体分析和定电位电解法的基本工作原理。

1. 紫外气体分析

基于紫外气体分析检测 SO_2 浓度主要有不分光紫外吸收法（Non-Dispersive Ultra-Violet Spectroscopy，NDUV）和紫外差分法（Differential Optical Absorption Spectroscopy，DOAS）两种方法。

不分光紫外吸收法原理类似于不分光红外气体分析，其理论基础都是朗伯-比尔（Lambert-Beer）定律，主要利用 SO_2 对特定波长紫外光的吸收特性，通过测量吸收的光强度确定 SO_2 的浓度。

紫外差分法（DOAS）主要利用 SO_2 在紫外光段的窄带吸收特性，根据窄带吸收强度来确定 SO_2 的浓度。DOAS 检测原理图如图 10-8 所示。实际测量时，SO_2 吸收引起的紫外光强变化随波长快速变化，而干扰气体的瑞利散射和拉曼散射、粉尘和水汽的米氏散射等引起的紫外光强变化随波长缓慢变化。DOAS 通过将紫外吸收光谱经频谱分析方法分解为快、慢变化两部分，快变化代表 SO_2 气体吸收引起的高频特征部分，慢变化包含干扰气体、粉尘、水汽等散射引起的低频特征部分。随后，DOAS 通过高通滤波将慢变化从吸收光谱中剔除，得到与 SO_2 浓度成比例的差分光学密度，再根据差分光学密度通过计算即可获得 SO_2 气体浓度。

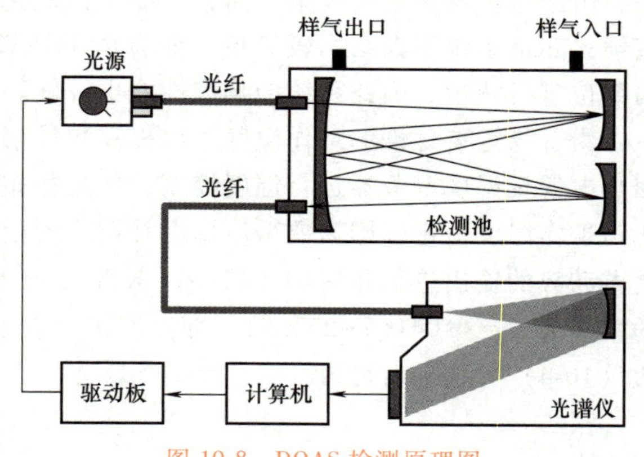

图 10-8　DOAS 检测原理图

2. 定电位电解法

定电位电解法的核心部件是 SO_2 电化学传感器。图 10-9 是 SO_2 电化学传感器基本结构示意图，其主要由扩散孔、渗透膜、工作电极、对电极、参考电极、电解液等组成。扩散孔用于限制待测气体扩散，保证适量气体到达工作电极参与反应。渗透膜起到渗透气体、防止电解液外泄和隔绝外界水汽渗入的作用。三个电极一般平行堆叠，工作电极用于提供三相界面并氧化待测气体，对电极用于平衡工作电极反应并形成电流回路，参考电极用于锚定工作电极电压，使工作电极和对电极之间保持电位恒定。

含有 SO_2 的待测气体经扩散孔进入传感器气室，通过渗透膜进入电解液池，被电解液扩散吸收，在工作电极与电解液三相界面处发生定电位电解反应并产生电解电流，电流通过电解液和对电极形成电流回路。电解电流大小与 SO_2 气体浓度成正比，因而通过电解电流的大小即可确定 SO_2 气体浓度。

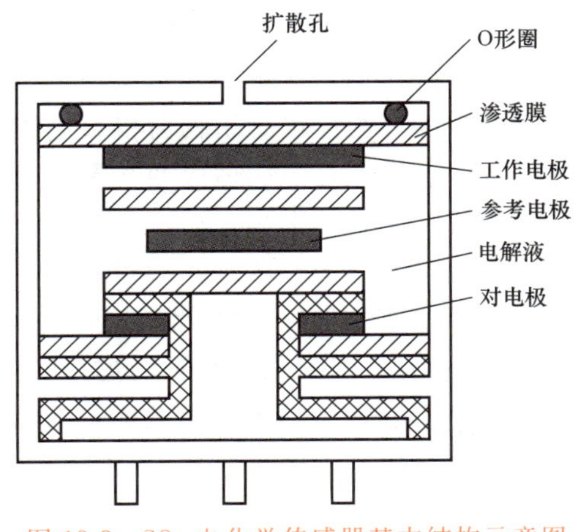

图 10-9　SO_2 电化学传感器基本结构示意图

10.5 颗粒物排放测量技术

颗粒物是指悬浮于空气中的细小的固体或液体颗粒，它是热能和动力机械燃烧过程排放的重要组成部分。随着空气污染，特别是雾霾现象的日益加剧，对颗粒物排放的严格控制成为各种排放法规的重要内容。

颗粒物中所含的成分十分复杂，与燃料种类及其燃烧条件有关。例如，内燃机排放中的颗粒物除碳质成分（碳烟）外，还含有硫酸盐、各种金属微粒、多环芳香烃等高沸点有机成分等。

目前，有关颗粒物测量技术的发展主要有两个方面：一方面是基于宏观表现的测量，如烟气浓度（烟度）测量、颗粒物总排放质量的测量等；另一方面是对颗粒物的成分、质量、数量、粒径分布等更加详细、具体的测量。

10.5.1 烟度测量

烟度的测量方法主要有两类：一类是先用滤纸收集一定量的烟气，再通过比较滤纸表面对光的反射率的变化来测量烟度，这种方法称为滤纸法，也称反射法；另一类是利用烟气对光的吸收作用，即通过测量光从烟气中的透过度来确定烟度，这种方法叫透光度法。这两种方法对应的测量仪器分别称为滤纸式烟度计（也称反射式烟度计）和透光式烟度计。下面介绍几种典型的烟度计结构及工作原理。

1. 博世（Bosch）烟度计

博世烟度计是一种典型的滤纸式烟度计，主要由定容采样泵（简称抽气泵）和检测仪两部分组成。抽气泵从排放气体中抽取固定容积的气样，并让气样通过装在夹具上的滤纸，使其中的碳烟沉积在滤纸上。由于抽取的气样数量（容积）恒定，故滤纸被染黑的程度（简称黑度）能够反映气样中碳烟的含量。博世烟度计检测仪部分的结构如图 10-10 所示。它是一种反射率检测计，当光源的光线射向滤纸时，一部分光线被滤纸上的碳烟所吸收，另一部分光线被反射到环形光电管上，使光电管产生光电流，光电流的大小反映了滤纸反射率的大小，而滤纸的反射率取决于滤纸的黑度。因此，光电流越小，滤纸的反射率越低，即滤纸的黑度越高，表明被测碳烟含量越高。

博世烟度的分度方法：0 为洁白滤纸的黑度，10 为全黑滤纸的黑度，显示仪表按洁白与全黑两种滤纸作用下产生的光电流进行线性分度。

博世烟度计的优点是结构简单，使用和调整方便，滤纸样品能够保存，可以用来测量碳烟的质量；其缺点是不能适应变工况下的连续测量，也不能测量蓝烟和白烟，测量结果的准确性受到滤纸品质的影响。

2. 哈特里奇（Hartridge）烟度计

哈特里奇烟度计是一种典型的透光式烟度计，其烟度分度方式为 0 表示无烟（通常用干净空气的透光度标定），100 表示全黑（透光度为 0）。这种烟度计除烟度显示记录部分外，其检测部分主要由校正装置、测量装置、光源与光电检测单元（光电池等）等组成，如图 10-11 所示。

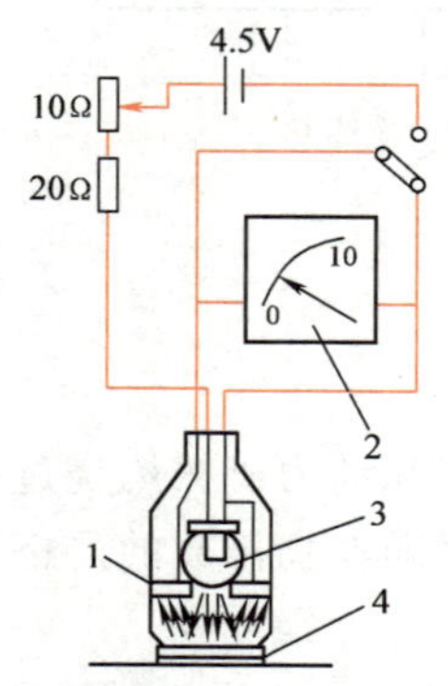

图 10-10　博世烟度计检测仪结构

1—光电管　2—烟度指示表

3—灯泡（3.8V，0.07A）　4—滤纸

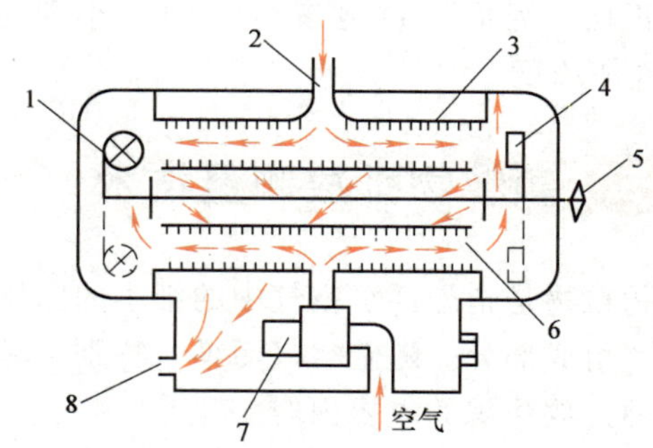

图 10-11　哈特里奇烟度计基本结构示意图

1—光源　2—排气入口　3—排气测试管　4—光电池

5—转换手柄　6—空气校正器　7—鼓风机　8—排气出口

测量前，将转换手柄转向校正位置（光源和光电池位于图中虚线所示位置），这时光源和光电检测单元分别位于校正管的两端，用鼓风机将干净的空气引入校正管，对烟度计进行零点校正。校正零点后，将转换手柄转向测量位置（光源和光电池位于图中实线所示位置），使光源和光电检测单元分别位于测量管的两端，接通被测排放气体导入管，让部分排放气体连续不断地流经测量管，光电检测单元即可连续测出排放气体对光源发射光的透过度（或衰减率）。通过显示记录仪表，可以观察到排放烟度随时间的变化情况。

这种烟度计不仅能够测量碳烟的烟度，也能够测量排放气体中水汽和油雾等成分形成的烟气烟度，如内燃机冷车起动时产生的白烟或蓝烟的烟度等。其特点是响应快、能够实现连续测量，但光学系统容易受到污染，使用时必须注意清洗，以免影响测量精度。此外，当被测对象（如内燃机）的排放气体流速变化时，如果不对采样压力加以控制，则会引起测量管中排放气体导入量的变化。这时，即便实际的排烟浓度没有改变，但烟度计显示烟度值也会变化。为此，这种烟度计通常采用控制采样压力（如不低于 500Pa）的方法来使排放气体导入量保持一定，以保证烟度测量值与被测对象的排放气体总流量及流速无关。

3. PHS 烟度计

PHS 烟度计也是一种透光式烟度计，其与哈特里奇烟度计的主要区别在于，它将被测的排放气体全部（而不是部分）导入检测系统。例如，用于内燃机排气烟度测量时，PHS 烟度计的检测部分直接放置在离排气口一定距离的排气通道上，如图 10-12 所示。显而易见，这种烟度计的测量值直接受排气管道直径及其排放流量的影响。例如，在实际烟度不变的情况下，当排气管道直径或排气流量增大时，通过光源与光电检测单元之间的烟层厚度或密度增加，其对光的衰减量随之增大（即对光的透过度减小），致使烟度测量值增大。为此，在使用PHS烟度计时，应根据被测对象的特征指标（在内燃机中通常指标定功率），按照规定来选用排气导入管的尺寸，以使测量结果具有一定的可比性。

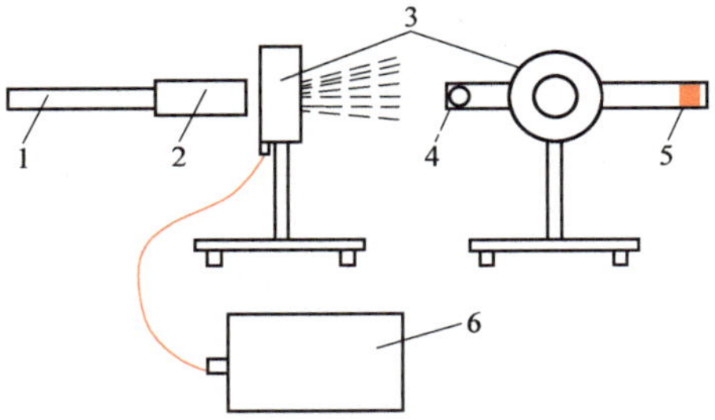

图10-12　用PHS烟度计测量排气烟度
1—排气管道　2—排气导入管　3—检测部分　4—光源　5—光电检测单元　6—烟度显示记录仪表

10.5.2　颗粒物测量

在热能和动力机械研究过程中，经常需要知道排放中的颗粒物质量。颗粒物的质量测量常采用称重法，使用颗粒物采样系统采集颗粒物，用微克级精密天平称得滤纸在收集颗粒物前后的质量差，即为颗粒物的质量。除质量外，经常需要进行颗粒物的数量和粒径分布测量。颗粒物粒径大小差异巨大，适用于不同粒径范围的测量方法也不相同。下面介绍三种常用的颗粒物测量仪器的工作原理。

1. 空气动力学粒径谱仪

空气动力学粒径谱仪主要用于粒径在1μm以上的颗粒物粒径尺寸及浓度分布的测量。随着技术的进步，空气动力学粒径谱仪的测量范围也不断拓展，目前已可以实现0.5~20μm粒径的测量。

空气动力学粒径谱仪通过测量颗粒物经过两束平行激光束的飞行时间来测得颗粒物的空气动力学粒径。图10-13所示是典型空气动力学粒径谱仪的结构及工作原理。

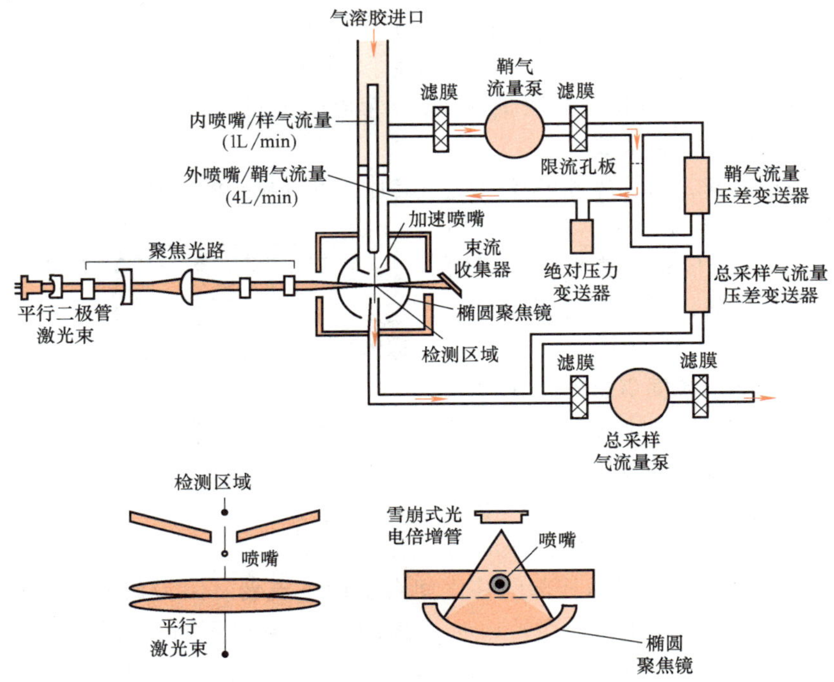

图10-13　典型空气动力学粒径谱仪的结构及工作原理

带悬浮微粒的气体（气溶胶）分流成为鞘气和样气，样气经喷嘴加速并在鞘气的包裹下通过检测区域。由于惯性作用不同，不同粒径的颗粒物经过加速喷嘴时产生不同的加速度，粒径越大，加速度越小。颗粒物飞出喷嘴后，在检测区域直线经过两束距离很近的平行激光束，产生如图 10-14 所示的单独连续的双峰信号，两峰之间的间隔称为飞行时间。颗粒物飞出加速喷嘴时的加速度不同，导致颗粒物通过检测区域的速度和时间不同，即飞行时间不同，故飞行时间包含了颗粒物的空气动力学粒径信息，通过测量飞行时间即可确定颗粒物的粒径。

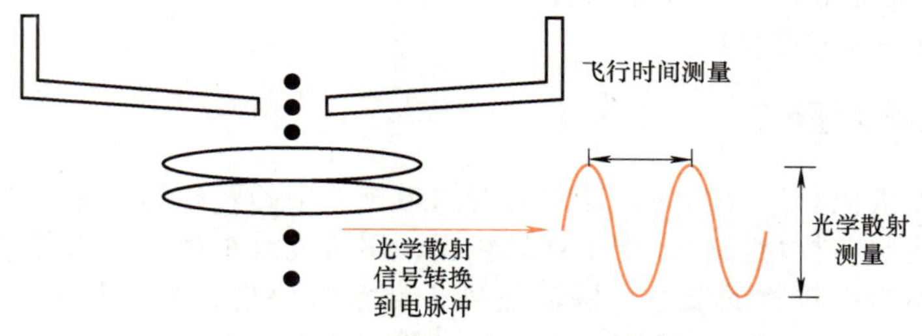

图 10-14 飞行时间测量示意图

2. 扫描电迁移率粒度谱仪

扫描电迁移率粒度谱仪一般用于 1μm 以下细颗粒物粒径分布的测量，其可测量的最小粒径可达 2.5nm，被公认为亚微米粒子的标准测量仪器。

扫描电迁移率粒度谱仪基于荷电粒子在电场中的电迁移特性进行测量。荷电是指带电离子或电子和中性粒子碰撞并使其带电的过程。当荷电粒子在电场的作用下运动时，其活动能力（电迁移率）Z_P 为

$$Z_P=\frac{\text{粒子速度}}{\text{电场强度}}=\frac{n_P eC}{3\pi\mu D_P} \tag{10-6}$$

式中，n_P 为荷电粒子数量与粒子总数量的比；e 为电子电量；μ 为气体黏度；D_P 为粒子的粒径；C 为坎宁安滑动校正系数。

由式（10-6）可知，当气体和电场强度一定时，荷电粒子的电迁移特性与粒子的粒径成反比，粒径越大，电迁移率越低，如图 10-15 所示。因此，电荷采集板在不同的区域对其粒子进行采集，即可获得不同粒径的分布。

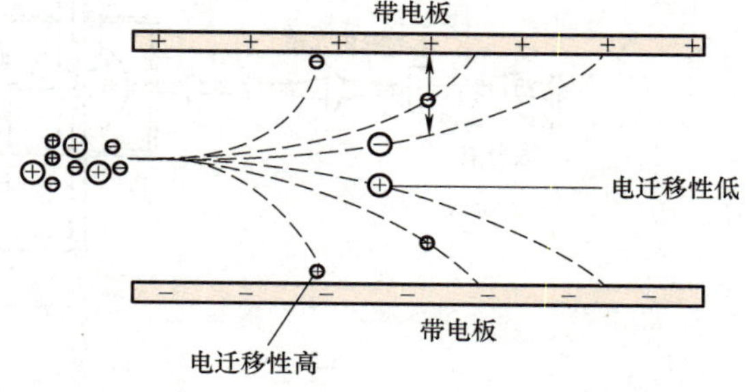

图 10-15 粒径与电迁移特性示意图

典型扫描电迁移率粒度谱仪的工作原理如图 10-16 所示。带悬浮微粒的气体（气溶胶）在进样口用旋风除尘器去除大粒径的颗粒，其余的样气在通过扩散荷电器时产生离子并使粒子荷电，气溶胶以及干燥洁净的鞘气在加有高压电场的中心极杆和外部圆柱之间自上而下流动。因为荷电粒子被中心极杆排斥，故其在中心极杆的作用下从内向外运动，由于粒子的粒径不同，其电迁移特性不同，因此，不同粒径的粒子到达外部圆柱时所处的区域也不同。外部圆柱体上设有多级静电计同时检测不同区域的电流，从而可以快速、准确地测量粒径分布。

3. 凝结核粒子计数器

传统光学方法无法直接测量粒径 100nm 以下的超细颗粒物，凝结核粒子计数器通过凝结增长使超细颗粒物增长至微米量级后再用光学方法来检测，可以实现超细颗粒物的间接和准确检测。凝结核粒子计数器能够对每一个颗粒物单独计数，因此检出限可低至零且分辨率极高，是目前最常用的超细颗粒物检测仪器。

根据过饱和蒸气生成方法不同，凝结核粒子计数器可分为绝热膨胀型、热混合型和热扩散型，其中热扩散型是目前最常用的凝结核粒子计数器类型。图 10-17 为以正丁醇为工作介质的热扩散型凝结核粒子计数器的结构及工作原理。

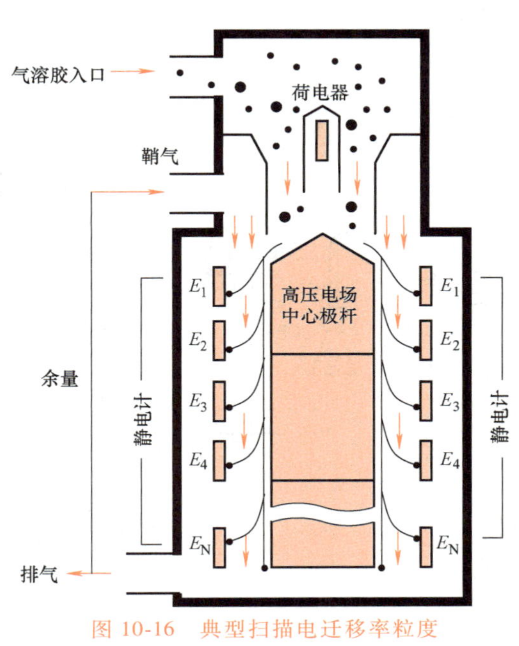

图 10-16　典型扫描电迁移率粒度谱仪的工作原理

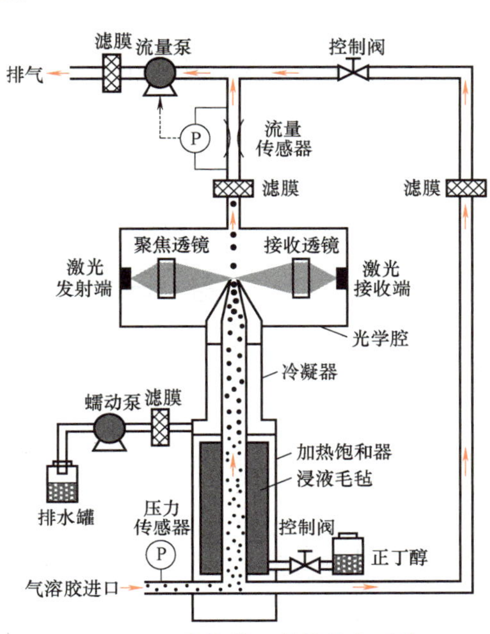

图 10-17　热扩散型凝结核粒子计数器的结构及工作原理

凝结核粒子计数器主要分为三个部分：由加热饱和器和冷凝器等构成的颗粒物凝结增长部分、由流量传感器和流量泵等构成的采样气流量控制部分、光学腔内的激光检测部分。凝结核粒子计数器工作流程如下：带悬浮微粒的气体（气溶胶）以恒定流速进入加热饱和器，在加热饱和器中与加热汽化的正丁醇混合，形成混合气；混合气流经冷凝器时，正丁醇蒸气会在每一个颗粒物表面发生凝结使其增大，完成颗粒物凝结增长；增长后的正丁醇凝聚颗粒通过喷嘴进入光学腔，由于激光束聚焦在喷嘴上方，颗粒进入时会导致激光被散射，通过捕获散射光并进行脉冲计数便可以获得颗粒物的数量。

10.6　排放测量采样方法

采样是排放测量过程的重要环节，排放废气的采样一般分三种方法：直接采样法、全量采样法和定容采样法。其中，直接采样法是在采样时，将采样探头直接插入排气口内，用采样泵直接采集一定量的气样，经粗、精细过滤器，送至气体分析仪进行浓度分析。全量采样法是将排放试验中的全部排气都收集到一个容积足够大的气袋中以供分析。定容采样（CVS）是汽车排放测量中常用的方法，是一种接近于汽车排气扩散到大气中的实际状态的采样法：被测车辆在底盘测功机上按规定的工况法测试循环运转，全部废气排入稀释通道中，按规定的比例与环境空气混合均匀，形成流速恒定的稀释废气，然后将其中部分按一定比例收集到采样气袋中，供分析仪分析。下面以汽车转鼓试验台和发动机台架试验常用的采样系统为例进行介绍。

10.6.1　汽车转鼓试验台的采样系统

我国排放法规规定，用于轻型车排放测试的转鼓试验台必须采用定容采样系统（CVS）进行采样，其系统组成如图 10-18 所示。

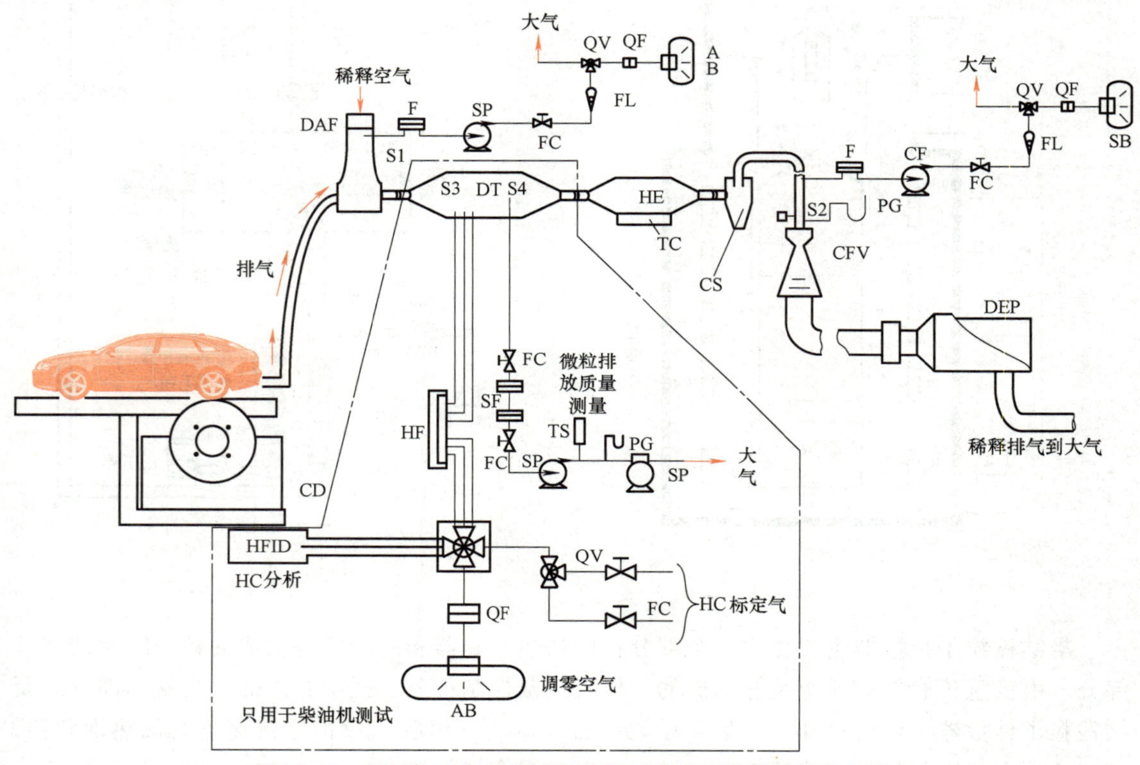

图 10-18　用于轻型车工况法排放测试的定容采样系统的组成

CD—底盘测功机　AB—空气采样袋　CF—积累流量计　CFV—文丘里管　CS—旋风分离器　DAF—稀释空气滤清器　DEP—稀释排气抽气泵　DT—稀释风道　F—过滤器　FC—流量控制器　FL—流量计　HE—换热器　HF—加热过滤器　PG—压力表　QF—快接管接头　QV—快速作用阀　S1～S4—采样探头　SB—稀释排气采样袋　SF—测量微粒排放质量的采样过滤器　SP—采样泵　TC—温度控制器　TS—温度传感器

被测车辆在转鼓试验台上按规定的工况法测试循环运转，全部排气排入稀释风道中，按规定的比率与空气混合，形成流量恒定的稀释排气，将其中一小部分收集到采样气袋中。美国 FTP-75 测试循环要求各阶段分别采样（3 个气袋），欧洲和日本的测试循环则全部采入 1 个气袋中。用排气分析仪测量采样气袋中各种污染物的浓度，同时用过滤器采集稀释样气中的微粒，用精密天平测量微粒质量。将各种污染物浓度乘以定容采样系统中流过的稀释排气

总量，并除以测试循环的总行驶距离，即可得到比排放量（g/km）。

10.6.2　发动机台架试验的采样系统

发动机台架试验进行排放测试时，用直接采样法测试气态排放（CO、HC、NO_x），即被测样气不经稀释直接进入排放分析仪进行浓度测试。为防止一些气体成分在常温下发生冷凝，必须对采样管等部分进行加热。

为了模拟排气管排出的废气在环境空气中被稀释的实际情况，采集颗粒物时首先要对排气进行稀释。颗粒物采集系统有两种，即全流式与部分流式稀释采样系统，如图10-19所示。

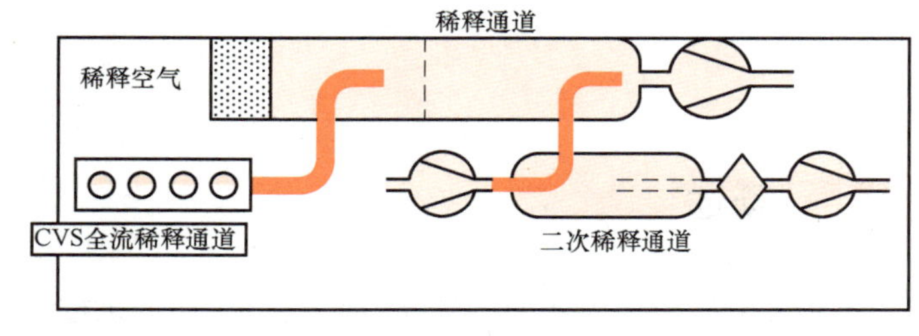

a)

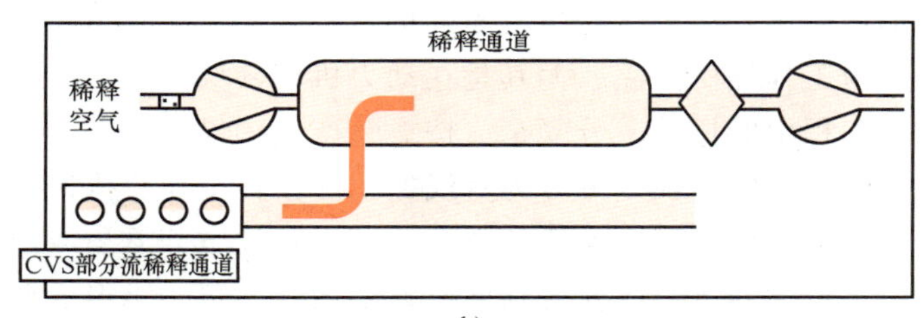

b)

图10-19　颗粒物采集系统示意图
a）全流式稀释通道　b）部分流式稀释通道

下面以全流式系统为例介绍颗粒物采集系统的工作原理，在CVS抽气泵的作用下，发动机排出的废气吸入稀释通道（也称稀释风道），同时环境空气经空滤器以恒定容积流量进入稀释通道，两者混合形成稀释样气，稀释比一般为8～10，温度控制在50℃左右。稀释样气在微粒采样泵的抽吸下以一定的流速流过微粒收集滤纸（一般为ϕ47mm的聚四氟乙烯树脂滤纸），微粒采样过程完毕。

全流式系统将全部排气引入稀释通道里，测量精度高，但整个系统的体积庞大、价格昂贵。部分流式系统仅将一部分排气引入稀释通道，因而系统体积小、价格便宜。这两种系统在欧洲及我国的重型车用柴油机排放法规中都允许使用。

思考题与习题

10-1　论述色谱分析仪在气体组分鉴别中的作用及工作原理。

10-2　简述不分光红外气体分析仪的工作原理和特点。

10-3　综述O_2、CO、CO_2、HC、NO_x以及SO_2等燃烧气体排放组分浓度的测量方法。

10-4　简述空气动力学粒径谱仪和扫描电迁移率粒度谱仪各自的工作原理。

10-5　简述凝结核粒子计数器的工作原理。

第11章 振动测量

11

11.1 概述

振动是工程中极为普遍的现象，特别是在动力机械中，由于不平衡质量的存在，在运转中会出现不平衡惯性力和力矩，这些交变的力和力矩将使机件产生振动，从而进一步引起许多不良后果，如产生噪声、影响机器正常运行，甚至导致零部件的损坏等。因此，振动问题一直为工程界所关注，尤其是在动力机械领域内。

工程中的振动十分复杂，按振动产生的原因，可分为自由振动、受迫振动和自激振动；按振动位移的特征，可分为直线振动和扭转振动；按振动的规律，可分为简谐振动、非简谐振动和随机振动等。上述各类振动可用各种微分方程或统计数学的方法加以描述，其中一部分简单振动问题可以获得精确解或采用数值解法求得近似解。但仍有许多工程振动问题因其弹性系统和振源复杂等原因，难以从理论上得到令人满意的解决方法，因而振动测量就成为解决振动问题和进行振动控制的重要手段。与此同时，随着生产、科研的发展，特别是各种先进传感技术和计算机科学的迅速发展，大大提高了测振效率和精确度，同时也促使振动测量技术更趋完善。

描述振动特征的主要参量为频率、振幅和相位，因此，振动测量最基本的目的就是测量这三个参量。在动力机械中，有时还必须对系统进行频谱和振型分析与测量等。

11.2 振动测量的基本原理

尽管测振仪种类繁多，但基本原理类似，图 11-1 所示为测振仪模型。它由惯性元件质量 m 和弹性元件弹簧 k 组成，并悬挂在刚性的框架上，框架安置在被测振动体上，并随振动体振动。这意味着弹簧顶部悬挂点的振动，即为被测振动体的振动。设振动体的振幅为 x_1，m 的振幅为 x_2，则 m 相对于框架的振幅为 x_2-x_1。如忽略阻尼，则描述质量 m 振动的微分方程为

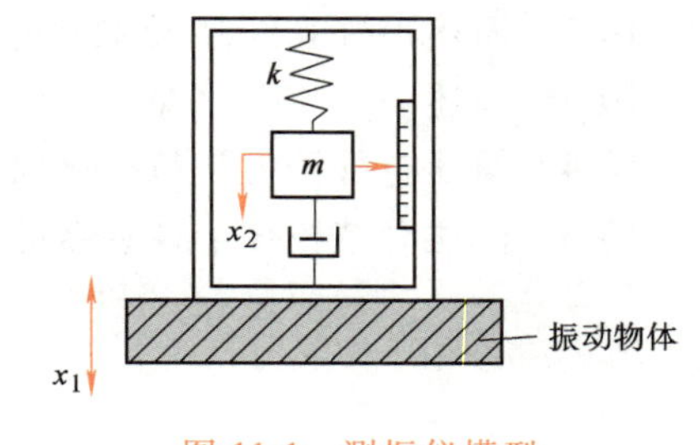

图 11-1 测振仪模型

$$m\ddot{x}_2+k(x_2-x_1)=0 \quad 或 \quad m\ddot{x}_2+kx_2=kx_1 \quad (11\text{-}1)$$

以 m 除以式 (11-1) 各项，并设被测物体的振动

$x_1=X_1\sin\omega t$，其中 X_1、ω 分别为被测振动体的振幅和频率。这一假设是合理的，尽管振动体的振动函数可能很复杂，但总可以通过傅里叶（Fourier）变换分解成若干阶简谐函数。于是式（11-1）可改写成

$$\ddot{x}_2+\omega_0^2x_2=\omega_0^2X_1\sin\omega t \tag{11-2}$$

式中，$\omega_0=\sqrt{k/m}$，为测振仪的固有频率。

由此可见，弹性系统的质量 m 越大，刚度 k 越小，则固有频率越低；反之，则固有频率越高。这是测振仪的一个十分重要的参数，它直接影响到测振仪的使用范围和测量精度。式（11-2）的解为

$$x_2=\frac{X_1\omega_0^2}{\omega_0^2-\omega^2}\sin\omega t \quad 或 \quad x_2=\frac{X_1}{1-(\omega/\omega_0)^2}\sin\omega t \tag{11-3}$$

于是质量和框架间的相对运动为

$$x=x_2-x_1=\left[\frac{X_1}{1-(\omega/\omega_0)^2}-X_1\right]\sin\omega t$$

即

$$x=X_1\frac{(\omega/\omega_0)^2}{1-(\omega/\omega_0)^2}\sin\omega t \tag{11-4}$$

令

$$X=X_1\frac{(\omega/\omega_0)^2}{1-(\omega/\omega_0)^2} \tag{11-5}$$

式中，X 为质量和框架间相对运动的幅值。

现在讨论三种重要情况：

（1）$\omega/\omega_0\gg1$ 的情况　这时振动体的频率 ω 远大于测振仪的固有频率 ω_0，则 $X\approx X_1$，即这时质量和框架间的相对运动幅值（测振仪的读数）近似为框架的振幅。这样，就可以利用这种测振仪测量振动体的振幅。一般称这类测振仪为位移计。当振动体的频率为一定值时，为了使 $\omega/\omega_0\gg1$，只能选择固有频率 ω_0 较小的测振仪。因此，通常位移计具有较大的质量和较软的弹簧，这时测振仪的固有频率 ω_0 较小。例如，惯性测振仪、电感式位移计、盖格尔（Geiger）扭振仪等均属此类位移计。虽然 ω/ω_0 的值越大，测量结果越精确，但过分降低 ω_0 会使仪器制造困难。一般 ω/ω_0 的值大于 2 即可满足测量精度的要求。

（2）ω/ω_0 极小的情况　由式（11-5）可看出此时其分母近似为 1，则

$$X\approx X_1\left(\frac{\omega}{\omega_0}\right)^2=\frac{1}{\omega_0^2}X_1\omega^2 \tag{11-6}$$

式中，$X_1\omega^2$ 为被测振动体的加速度幅值。

由式（11-6）可见，测振仪测得的读数 X 和被测振动体的加速度成正比，比例常数为 $1/\omega_0^2$，此常数取决于测振仪本身的参数 m 和 k。由上述分析可知，在 ω/ω_0 极小时，可利用这种测振仪测量振动加速度，此类测振仪称为加速度仪。

为实现上述要求，需要使仪器的固有频率 ω_0 远大于振动体的频率 ω，这样才能使 ω/ω_0 的比值变得极小，因而加速度仪必须采用很小的质量 m 和很硬的弹簧（k 很大）。例如，通常使用的压电晶体加速度传感器就属于这类测振仪。ω/ω_0 的值小于或等于 1/2 时（即加速度仪的固有频率比被测物的频率至少高出 2 倍），即可基本满足测量精度的要求。

（3）$\omega/\omega_0=1$ 的情况　被测振动频率和测振仪固有频率相等时，将出现共振；振幅 X 无限增大，将会导致仪器的损坏。因此，测量时应对被测对象的频率和其他振动参数有初步了解，才能进行测试，以避免共振现象的出现。但所有测振仪均有阻尼存在，即使在 $\omega=\omega_0$ 时，振幅也不致无限扩大，因而阻尼有助于防止共振引起的损坏。那么，阻尼的存在对前述两种情况会产生怎样的影响？试验和理论证明，在测振仪中取 $C/C_c=0.65\sim0.7$ 时（其中 C 为测振仪的阻尼系数；C_c 为临界阻尼，$C_c=2\sqrt{km}$），可提高测量精度，扩大测量范围，甚至减小相位失真等。因此，选择适当的阻尼系数，将有利于振动参数的测量。

11.3　振动测量系统分类及组成

11.3.1　振动测量系统分类

振动测量系统通常由能够感知振动参数并将其转换成适当物理量的传感器，信号变换、处理、放大、测量装置，分析设备和显示记录设备等组成，如图 11-2 所示。

常用的振动测量系统有机械振动测量系统、电子振动测量系统以及光学振动测量系统。其中，机械振动测量系统的使用日益减少，以下主要介绍电子和光学振动测量系统。

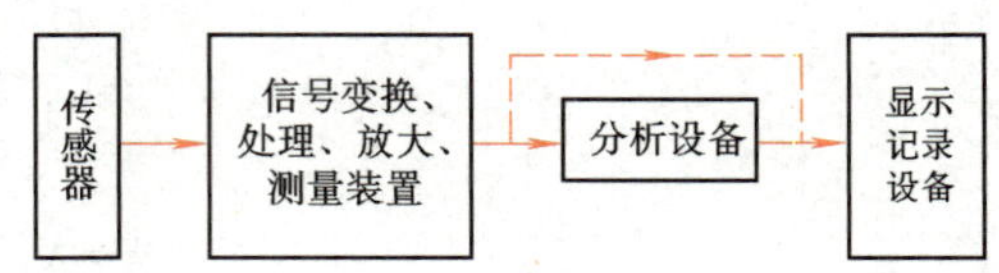

图 11-2　振动测量系统组成

1. 电子振动测量系统

电子振动测量系统可通过传感器将被测振动量转换成电量或电参量，经电测系统放大、处理、信号变换（如由微积分电路变换位移、速度和加速度）等显示或记录下来，或者通过分析、计算、实时处理等，把衡量振级参数的时间历程和频率谱等，以数字或图形的方式记录和绘制出来，使人一目了然。电子振动测量系统由于灵敏度高、频率范围和动态线性范围宽、便于分析和控制，是目前应用最广泛的振动测量系统，但该系统易受电磁场的干扰。

2. 光学振动测量系统

光学振动测量系统可利用读数显微镜、光杠杆和光干涉、激光多普勒效应等，记录并放大振动量，或者拍摄反映振动全貌的振型，如激光全息照片。这种振动测量系统的特点是不受电磁场的干扰，测量精度高，适合对质量小及不易安装传感器的振动体进行非接触精密测量。此外，它还用于对传感器、测振仪进行标定或校验。

振动测量系统常用的显示记录仪有示波器、数字记录仪等。用于振动测量的动态数据处理和分析仪有频谱分析仪、统计分析仪等。

11.3.2　振动传感器

振动传感器也称拾振器，是指能够感知振动参量（位移、速度和加速度）并将其转换成适当物理量的传感器。根据参考坐标的设定，振动传感器分为绝对式（即惯性）传感器和相对式传感器。绝对式传感器安装在试件上，以大地为参考基准；相对式传感器安装在参考坐标的支架上。根据被测量的参数，振动传感器又可分为振动位移、振动速度和振动加速度传感器。下一节中将具体介绍振动传感器。

11.3.3 信号放大器

信号放大器是测试系统中传感器与记录仪的中间环节，其输入特性必须满足传感器的要求，且其输出特性必须与记录仪相匹配。本节介绍压电加速度计常用的放大电路：电压放大器和电荷放大器，它们都是测量系统的前级放大，因此也称为前置放大器。

1. 电压放大器

电压放大器的作用是把压电式传感器的电荷变成电压，再进行放大，并将压电加速度计的高输出阻抗变成低输出阻抗，以便与主放大器连接。目前，通用的电压放大器的放大倍数很小，主要起阻抗变换作用，故又称为阻抗变换器。

图 11-3 所示为压电加速度计与电压放大器的组合电路。q_a 为压电加速度计产生的总电荷；C_a 与 R_a 为压电加速度计的电容与内电阻；C_i 与 R_i 为电压放大器的输入电容与输入电阻；C_c 为连接电缆电容。图 11-4 所示为图 11-3 的等效电路，其中 $C=C_a+C_i+C_c$；$R=R_aR_i/(R_a+R_i)$。

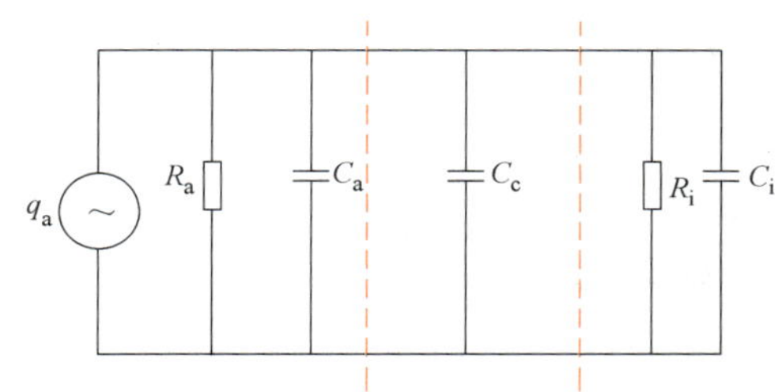

图 11-3　压电加速度计与电压放大器的组合电路

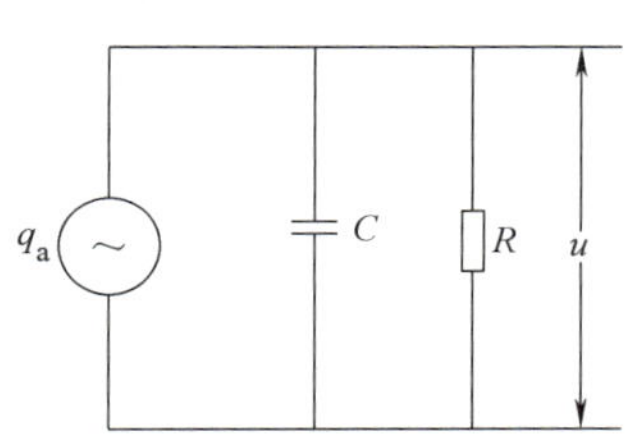

图 11-4　等效电路

图 11-4 称为诺顿等效电路，有

$$u=\frac{\mathrm{d}q_a}{\mathrm{d}t}\left|\frac{1}{1/R+\mathrm{j}\omega C}\right|=\frac{D\mathrm{d}F}{\mathrm{d}t}\frac{R}{\sqrt{1+(\omega RC)^2}} \tag{11-7}$$

式中，D 为压电晶体的压电系数；F 为作用于压电晶体上的周期力。

当被测量压电加速度计产生的周期力为 $F=F_0\sin\omega t$ 时，由线性系统的频率保持性和式（11-7）可知

$$u=\frac{DF_0\omega R}{\sqrt{1+(\omega RC)^2}}\sin(\omega t+\varphi) \tag{11-8}$$

由式（11-8）可看出：①当 $\omega=0$ 时，放大器输入电压 $u=0$，因此，电压放大器不能用于静态测量；②在低频段，电压 u 随着被测频率的增加而增加，当 $\omega RC\gg 1$ 时，可认为输入电压 u 与频率无关，按照-3dB（即 0.707 倍幅值时）确定其截止频率，可得下限频率 $f_x=1/(2\pi RC)$。

实际上，R_i 与 R_a 的值很大，相应的 R 值也较大。电压放大器输入电压的最大值为

$$u_m=\frac{DF_0}{C}=\frac{DF_0}{C_a+C_c+C_i} \tag{11-9}$$

因为 C_c 随着连接电缆的长度变化，所以放大器输入电压 u 也随之变化。若加长导线电缆，则灵敏度下降。因此，在采用电压放大器系统进行测试时，不得任意更换电缆，更不宜随意加长电缆。内装超小型阻抗变换器的压电式传感器可以避免这种电缆长度对加速度计灵

敏度的影响。

2. 电荷放大器

电荷放大器的输出电压与输入电荷成正比，它是一个具有电容负反馈的高输入阻抗的高增益运算放大器。压电加速度计与电荷放大器的等效电路如图 11-5 所示，其中 C_a、C_i 和 C_c 分别为传感器电容、放大器输入电容和连接电缆电容。

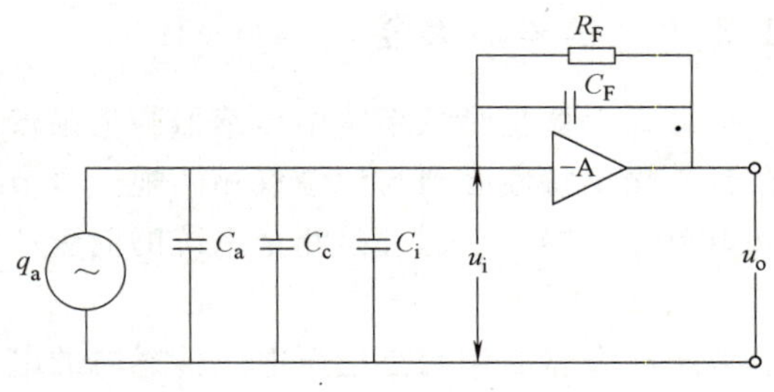

图 11-5　压电加速度计与电荷放大器的等效电路

图 11-5 所示反馈电容 C_F 上的电荷量为

$$q_F = C_F(u_i - u_o) = C_F\left(-\frac{u_o}{A} - u_o\right) = -C_F\frac{1+A}{A}u_o \tag{11-10}$$

而放大器的输入电压，即为电荷差在电容 $C(C=C_a+C_i+C_c)$ 两端形成的电位差 u_i，则有

$$u_i = \frac{q_a - q_F}{C} = -\frac{u_o}{A} \tag{11-11}$$

由式（11-10）和式（11-11）可得

$$u_o = \frac{-Aq_a}{C+(1+A)C_F} \tag{11-12}$$

因为$(1+A)C_F \gg C$，所以

$$u_o \approx \frac{-Aq_a}{(1+A)C_F} \approx \frac{-q_a}{C_F} \tag{11-13}$$

电荷放大器的优点如下：

1）式（11-13）表明，电荷放大器的输出电压与连接电缆的长度无关。

2）电荷放大器的低频截止频率取决于反馈网络参数。实际设计中，为使运算放大器工作稳定，常跨接一电阻 R_F。电荷放大器的下限频率 $f_x = 1/(2\pi R_F C_F)$，因此可以降低下限频率，最低可达 0.003Hz。

电荷放大器的缺点是对电路器件要求高、造价高。

11.4　典型振动参数测量

11.4.1　振动位移测量

1. 电感式传感器

图 11-6a 所示为电感式传感器原理。测振时，由于由弹簧支承的惯性质量和与被测对象相连壳体上的电磁体间的气隙 δ 发生变化，导致线圈周围的磁通发生变化而产生感应电动势。如果选择足够大的惯性质量和十分柔软的弹簧，则惯性质量和电磁体间气隙 δ 的变化就是振动体的振幅值，且电磁体内电感量的大小与 δ 成反比。这种传感器常在壳体上装有线圈铁心，线圈上供有交流电，交流电源的频率比所测振动的频率高，其波形如图 11-6c 所示。当壳体振动时，由于气隙变化而引起电感量的变化，即振动波形如图 11-6b 所示，两种波形叠加后的调制波形如图 11-6d 所示。在测试系统中，整流后即可得图 11-6e 所示波形，再经

滤波，最后可得图 11-6f 所示波形，即为实际振动波形。电感式传感器一般适合测量 20～1000Hz 范围内的振动信号。为了增加电感式传感器的灵敏度和提高测量精度，常采用桥式电路或制成差动式传感器。

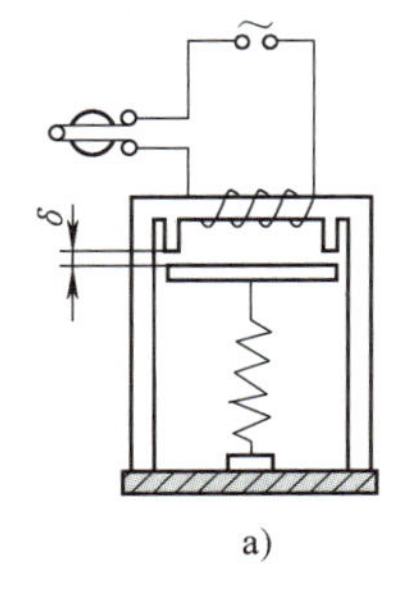

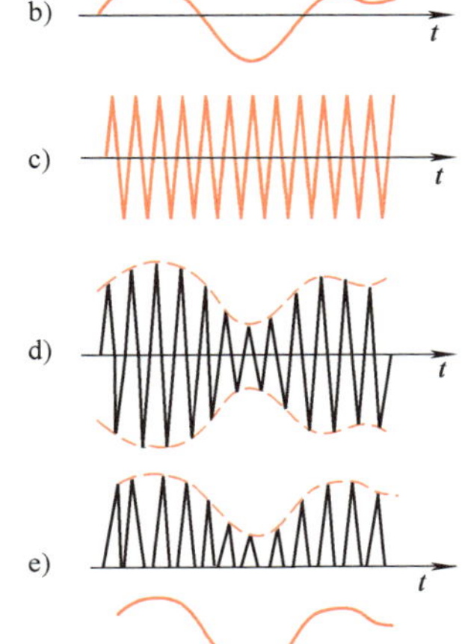

图 11-6　电感式传感器原理及记录波形

2. 电容式传感器

图 11-7a 所示为惯性式电容传感器，与惯性质量相连的平弹簧 2 与定片 4 构成电容的两极，两极间静态间隙为 δ_0。测振时基座 1 固定在被测振动体上，定片 4 随基座同步振动。由于平弹簧 2 十分柔软而惯性质量 3 相对较大，因而振动时惯性质量 3 几乎不动。于是平弹簧和定片间产生了相对位移，即电容两极间距离由 δ_0 变为 $\delta_0 \pm d\delta$。若电容两极相对面积 S 保持不变，则其电容量为

$$C=\frac{\varepsilon S}{\delta_0 \pm d\delta_0}=\frac{\varepsilon S(\delta_0 \pm d\delta_0)}{\delta_0^2 \pm d\delta_0^2} \tag{11-14}$$

式中，ε 为介电常数。

略去二阶微量，经适当变换可得电容变化量为

$$dC=\pm\frac{C_0}{\delta_0}d\delta \tag{11-15}$$

式中，$C_0=\varepsilon S/\delta_0$ 为未振动时的电容量。

由此可见，电容变化量 dC 与电容两极间气隙变化量 $d\delta$ 成正比。

图 11-7b 所示为另一种电容式传感器，振动时电容两极间间隙不变，而两极间重叠面积改变，用类似方法可得

$$dC=\frac{\varepsilon}{\delta_0}dS \tag{11-16}$$

可见，为了提高 dC，可以减小间隙 δ_0 或增大 dS。为此，可将传感器截面制成齿形。

电容式传感器的测量电路一般采用桥式电路、谐波电路或差拍线路，以提高测量灵敏度和精度。

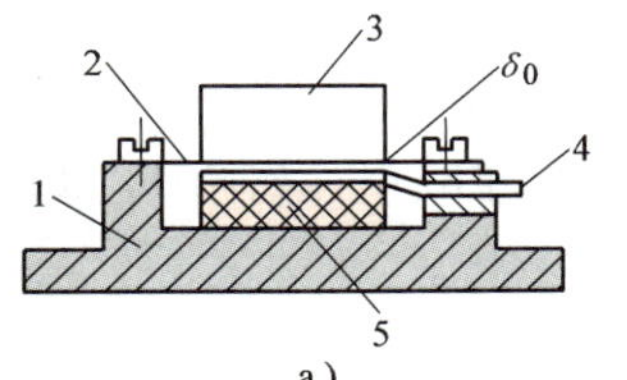

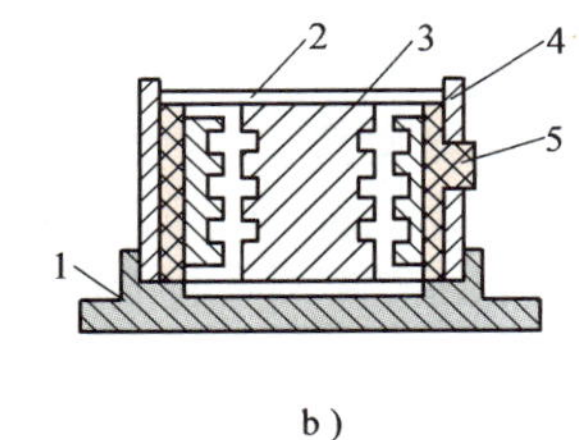

图 11-7　电容式传感器

1—基座　2—平弹簧　3—惯性质量　4—定片　5—绝缘物

上述惯性式电容传感器适合测量 10～500Hz 范围内的角位移和线位移（0.001～1mm）。它具有灵敏度高、结构简单等优点，但受温度、湿度以及电容介质等的影响较大。电容式传感器除上述形式外，还有相对非接触式电容式传感器。

3. 电涡流式传感器

电涡流式传感器是一种非接触式测振传感器，其基本原理是利用金属体在交流磁场中的涡流效应进行测量。当金属板置于变化的磁场或者在磁场中运动时，其内部会产生感应电流，因为电流在金属体内是闭合的，所以称为涡流。涡流的大小与金属板的电阻率、磁导

率、厚度、激励电流的大小及其角频率、金属板与线圈的距离等参数有关。若金属板为振动测量的对象，激励线圈作为传感器探头，被测量就是金属板与线圈的距离，即金属板的振动位移。

电涡流式传感器由探头、延伸电缆和前置器组成，前置器需要外接电源。传感器的输入为探头与被测金属件的距离，在适配器的输出端产生输出电压。与电缆一体化的探头如图 11-8 所示。涡流传感器的测量范围为±(0.5~10)mm，灵敏度阈值约为测量范围的 0.1%。常用的 ϕ8mm 探头与工件的安装间隙约为 1mm，其在±0.5mm 范围内有良好的线性，频响范围为 0~12kHz。

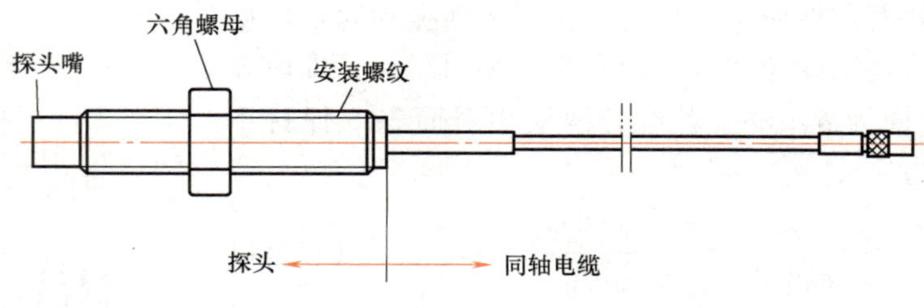

图 11-8　电涡流传感器的探头

涡流传感器可分为高频反射型和低频反射型两种。

（1）高频反射型涡流传感器　其工作原理如图 11-9 所示，线圈中的高频（一般为数兆赫兹以上）激励电流 i 产生的高频电磁场 $\boldsymbol{\Phi}$ 作用于金属板的表面，在金属板表面产生涡流 i_s。涡流 i_s 产生的反向磁场 $\boldsymbol{\Phi}_1$ 反作用于线圈，导致线圈自感或阻抗发生变化，如果激励电流的参数不变，则变化程度就取决于线圈与金属板之间的距离 δ。线圈连接的测量电路把这种自感或阻抗变化变换为电压信号。这种高频反射型涡流传感器常用于位移测量。

（2）低频反射型涡流传感器　其工作原理如图 11-10a 所示，发射线圈 ω_1 和接收线圈 ω_2 分别位于被测材料 G 的两侧，线圈 ω_1 中的低频（声频范围）电压 e_1 的磁感应线在被测材料 G 中产生涡流 i。因为涡流 i 损耗了部分能量，使贯穿 ω_2 的磁感应线减少，所以 ω_2 中的感应电动势 e_2 减小。e_2 的大小与 G 的厚度及材料性质有关，试验与理论证明，e_2 随着材料厚度 h 的增加，按照指数规律减小，如图 11-10b 所示。因此，可以根据 e_2 的变化确定材料的厚度。

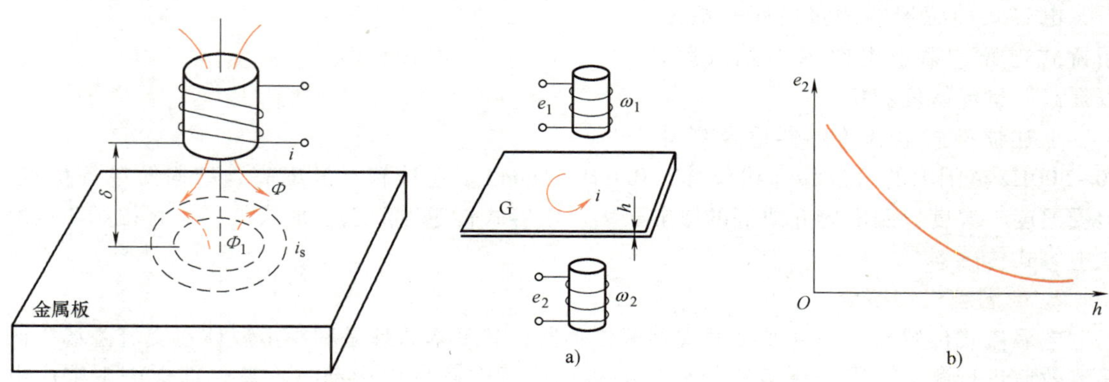

图 11-9　高频反射型涡流传感器

图 11-10　低频反射型涡流传感器

涡流传感器具有频响宽、线性测量范围宽、体积小、抗干扰能力强、安装使用方便、能长期连续稳定地工作和非接触测量等优点，而且探头可在水、油等介质中工作。利用这种变换原理，可构成多种传感器：以位移为变换量，有温度、材质等传感器；以材料的磁导率为变换量，有应力、硬度等传感器；考虑各参数的综合影响，可构成探伤设备。图 11-11 所示为涡流传感器的工程应用实例。

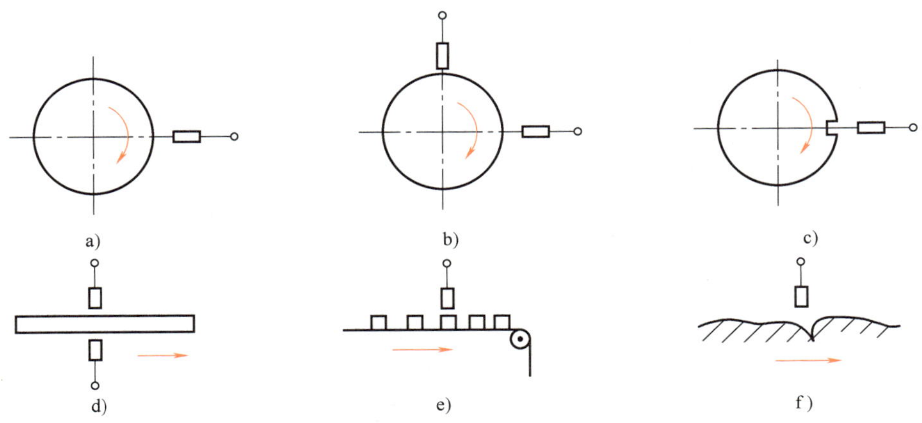

图 11-11　涡流传感器的工程应用实例

a）径向振动测量　b）轴心轨迹测量　c）转速测量　d）穿透式测量　e）零件计数器　f）表面裂纹测量

4. 激光位移传感器

（1）激光的优点　激光与普通光源相比，具有四项突出的优点，激光测量正是利用了这些优点。

1）高相干性。相干波是指两个具有相同方向、相同频率和相位差固定的波。普通光源是自发辐射光，是非相干光；激光是受激辐射光（处在高能级上的原子在外来光激发下发光，称为受激辐射光），所以激光器发出的光是相干光，具有高度的相干性。

2）高方向性。高方向性就是高平行度，激光光束的发散角很小，几乎与激光器的反射镜面垂直，因此，可以集中在狭窄的范围内朝特定的方向发射。例如，方向性很好的探照灯，其光束在几千米以外要扩散到几十米的范围，而激光束在几千米外的扩散范围不到几厘米。如配置适当的光学准直系统，其发射角可小到 10^{-4}rad 以下，几乎是一束平行光。

3）高单色性。从光的色散特性可知，不同颜色的光，只是波长不同。普通光源包含许多波长，所以具有多种颜色。对于可见光，其相应波长为 380~780nm。激光的高单色性是指它是谱线宽度很窄的一段光波。用 λ 表示光波的波长，$\Delta\lambda$ 表示谱线宽度，则 $\Delta\lambda$ 越小，单色性越好。在普通光源中，最好的单色光源是氪（Kr86）灯，其 $\lambda = 605.7$nm，$\Delta\lambda = 0.00047$nm；而氦氖激光（He-Ne）激光器产生的激光，其波长 $\lambda = 632.8$nm，$\Delta\lambda < 10^{-8}$nm。因此，激光是最好的单色光。

4）高亮度。由激光器发出的激光光束的发散角很小，光能在空间高度集中，所以有效功率和照度特别高。

因此，激光被广泛地应用于长距离、高准确度的位移测量。在工程测试中，激光还可以用于长度、位移、速度、转速、振动和工件表面缺陷的检测等。

（2）激光三角法测距原理 三角反射式激光位移传感器的主要组成部分包括激光器、聚光透镜、成像透镜、线性 CCD 阵列和信号处理器，如图 11-12 所示。其核心在于利用激光光源，通过精密的光学系统进行准直和聚焦，将激光照射到待测物体表面形成一个光斑。反射回来的激光束通过另一套光学系统，在 CCD（电荷耦合器件）图像传感器的光接收面上形成图像。由于光学成像的特性，当待测物体的位置发生变化时，反射光斑在 CCD 传感器上的位置也会相应变化。通过精确捕捉这些位置变化并将其转换为电信号，再进一步处理和分析，可以准确测量待测物体的距离。激光的入射和反射在几何上构成了一个光学三角形，因此这种方法被称为激光三角法。

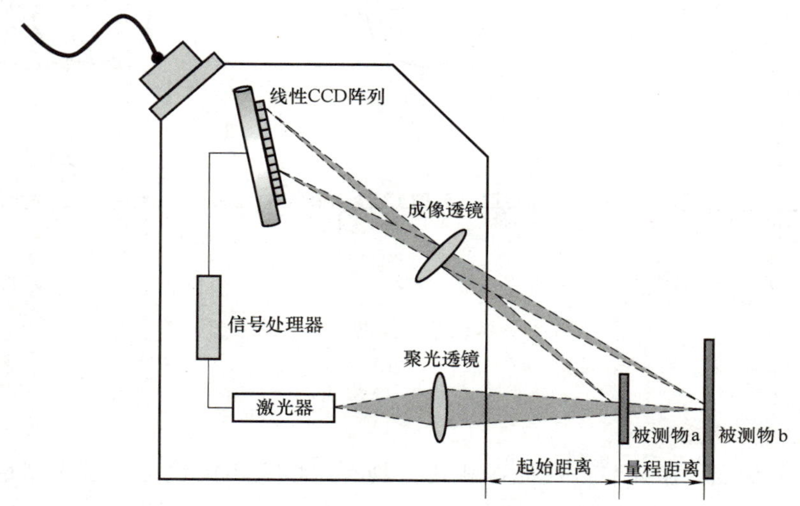

图 11-12 三角反射式激光位移传感器示意图

激光三角法测距是一种高精度的非接触式测量技术，根据激光的入射角度，激光三角法可以分为直射和斜射两种形式。在直射三角法中，激光垂直于被测物体表面进行入射，而斜射三角法中，激光以一定的斜角入射到物体表面。直射是斜射的特殊形式，当入射角 $\theta_1=0°$ 时，就是直射式。下面以斜射式为例讲解三角测距的具体原理，如图 11-13 所示。

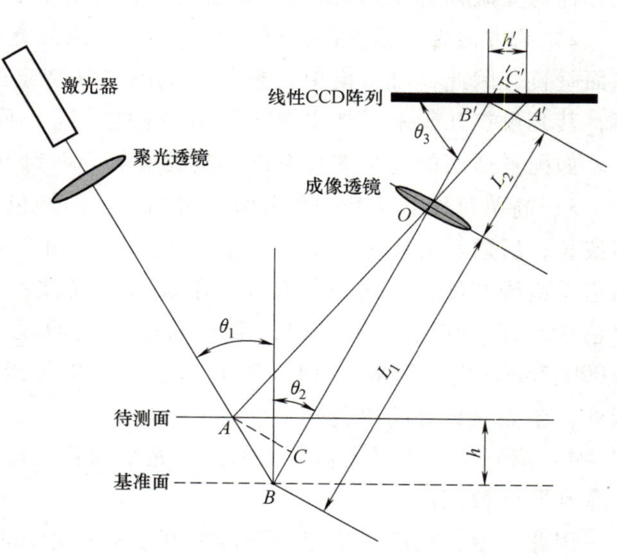

图 11-13 激光三角法测距原理

激光器发射的光束通过准直和聚焦后，以入射角 θ_1 照射到待测面形成一个清晰的激光光斑 A，该光斑反射经过 O 处成像透镜在 CCD 上形成成像光斑 A'。反射光线与法线的夹角为 θ_2，在基准面上的 B 点反射光线通过成像透镜后最终在线性 CCD 阵列上成像，形成光斑 B'。经过 B 点的反射光线与 CCD 光敏面的夹角为 θ_3。基准面到成像镜头组

光学中心 O 之间的距离为 L_1，称为物距，相对应，在 CCD 光敏面上成像点 B' 与成像镜头组光学中心 O'的距离为 L_2，称为像距。过 A 点作反射光线 BB' 的垂线交于点 C，过点 A' 作 BB' 的垂线交 BB'的延长线交于点 C'。根据物像点之间三角形相似的几何原理，可以得到$\triangle AOC \sim \triangle A'OC'$，根据相似关系，得出$\dfrac{AC}{A'C'}=\dfrac{OC}{OC'}$，则有式（11-17），整理后得出待测高度 h，见式（11-18）：

$$\frac{(h/\cos\theta_1)\sin(\theta_1+\theta_2)}{h'\sin\theta_3}=\frac{L_1-(h/\cos\theta_1)\cos(\theta_1+\theta_2)}{L_2+h'\cos\theta_3} \tag{11-17}$$

$$h=\frac{L_1 h'\sin\theta_3\cos\theta_1}{L_2\sin(\theta_1+\theta_2)+h'\sin(\theta_1+\theta_2+\theta_3)} \tag{11-18}$$

激光三角法测距的优点在于其为非接触测量方式，能够避免传统接触式测量方法可能带来的表面损伤或测量误差。此外，由于激光光束的高方向性和 CCD 阵列的高分辨率，该方法能够提供高精度的测量结果。激光位移传感器的快速响应特性，使其能够实时获取测量数据，适用于动态测量场景。这种方法在工业自动化、质量控制和表面检测等领域具有广泛的应用，极大地提高了测量效率和精度。图 11-14 为三角反射式激光位移传感器的工程运用实例。

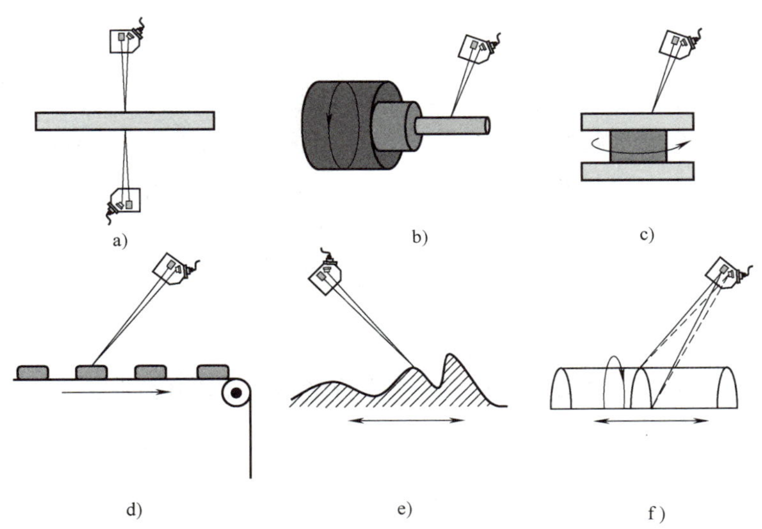

图 11-14　三角反射式激光位移传感器的工程运用实例

a）零部件厚度检测　b）轴向旋转件偏心度检测　c）径向旋转件偏心度和平面度检测

d）零件位置检测　e）零件表面粗糙度检测　f）工件表面轮廓检测

5. 光纤传感器

光纤是光导纤维的简称，它是利用石英、玻璃、塑料等光折射率高的介质材料制成的极细纤维，在近红外光至可见光范围内传输损耗极小，是一种理想的传输线路。光纤的实用结构一般由纤芯和包层组成，中心部分是具有大折射率 n_1 的纤芯，其直径为几微米至几百微米，材料主体为二氧化硅。为了提高纤芯的光学折射率，光纤中一般掺杂极微量的其他材料（如二氧化锗、五氧化二磷等）。围绕纤芯的是具有较小折射率 n_2 的玻璃包层。根据需要，包层可以是折射率稍有差异的多层，其总直径为 100～200μm。为了增加抗机械张力，防止腐蚀，在包层外加覆一层塑胶尼龙被覆层。由许多单根光纤组成的光纤束称为光缆。

光纤传感器的基本原理：光源经光纤送入调制区，在调制区内，外界被测参数与进入调制区的光相互作用，使光的光学性质，如光的强度、波长（颜色）、频率、相位、偏振态等，发生变化而成为被调制的信号光，信号光再经过光纤送入光探测器、调节器而获得被测参数。如图 11-15 所示，光纤传感器通常由光源、光调制器、光探测器、信号处理系统和光纤组成。光纤传感器具有灵敏度高、抗电磁干扰能力强、几何形状适应性强、体积小、质量小、频带宽、动态范围大等许多优点。

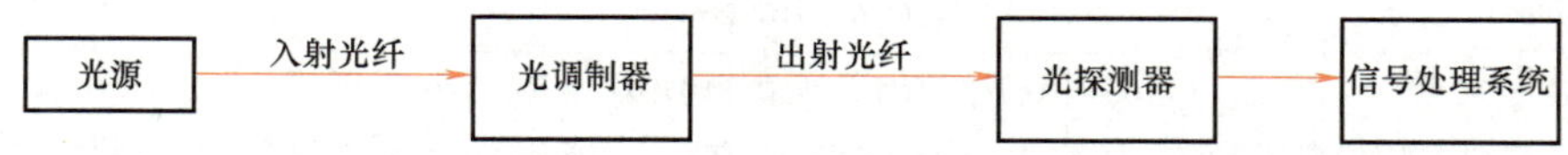

图 11-15　光纤传感器的组成

根据光纤在传感器中的应用，光纤传感器可以分为功能型光纤传感器、非功能型（传光型）光纤传感器和拾光型光纤传感器。按照光在光纤中被调制的原理，光纤传感器分为强度调制型、频率调制型、波长调制型、相位调制型和偏振态调制型五种形式。按照实际应用中的测量参数不同，光纤传感器可以分为光纤位移传感器、光纤温度传感器、光纤压力传感器、光纤流量传感器、光纤图像传感器等。其中，光纤位移传感器又可分为透射式光纤位移传感器、反射式光纤位移传感器和相位干涉式光纤位移传感器。

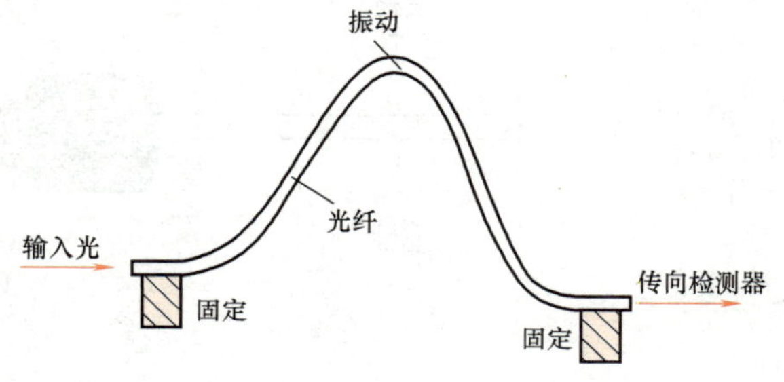

图 11-16　振幅调制光纤式传感器

在振动位移测量中，应用最广的是振幅调制光纤式传感器，其工作原理是当光纤由于振动而导致变形时，传输特性也会发生变化。例如，将光纤制成一个 U 形结构，如图 11-16 所示。光纤两端固定，中部可感受振动运动量，当振动发生时，输入光将受到振幅调制而在输出光中反映出来，通过测量输出光的变化可以检测振动量。

11.4.2　振动速度测量

1. 电磁式传感器

图 11-17 所示为电磁式传感器，它由磁铁 1、装有线圈的框架 5、平弹簧 2、支柱 3 和与被测表面安装在一起的底座 4 组成。测振时，底座、支柱和线圈随被测振动体振动。由于磁铁质量很大，而平弹簧很软，在振动过程中磁铁几乎保持原位置不动，因而线圈切割磁力线产生与速度成正比的电动势 e(V)，即

$$e=BL\frac{\mathrm{d}x}{\mathrm{d}t}\times 10^{-4} \tag{11-19}$$

式中，B 为磁感应强度（T）；L 为线圈导线总长（m）；$\mathrm{d}x/\mathrm{d}t$ 为线圈和磁场的相对运动速度（m/s）。

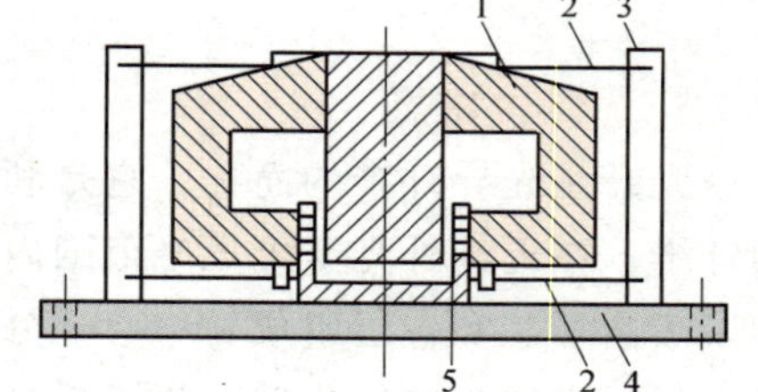

图 11-17　电磁式传感器

1—磁铁　2—平弹簧
3—支柱　4—底座　5—框架

由式（11-19）可见，电动势 e 和振动速度成正

比，因而此测振仪可用于测量振动体的速度，经一次微分可得振动体的加速度，经一次积分可得振动体的位移。电磁式测振仪可用于测量频率为10～500Hz的线速度或角速度，0.001～1mm的位移、0.01g～10g的加速度（g为重力加速度）的振动。这种测振仪灵敏度高，测量精度高，受温度、湿度影响小，低阻抗输出引起的干扰噪声小。但其结构尺寸和质量大，受磁场影响大，若采用永磁体，则其磁场衰减会导致灵敏度降低。

2. 多普勒效应振动传感器

多普勒效应振动传感器属于光纤传感器，它是一种非接触式传感器，可以用来测量高频、小振幅的振动。它是根据多普勒效应工作的，即振动物体反射光的频率变化与物体的速度有关，其工作原理如图11-18所示。当振动物体的振动方向与光纤的光线方向一致时，测知反射光的频率变化，即可测知振动速度。

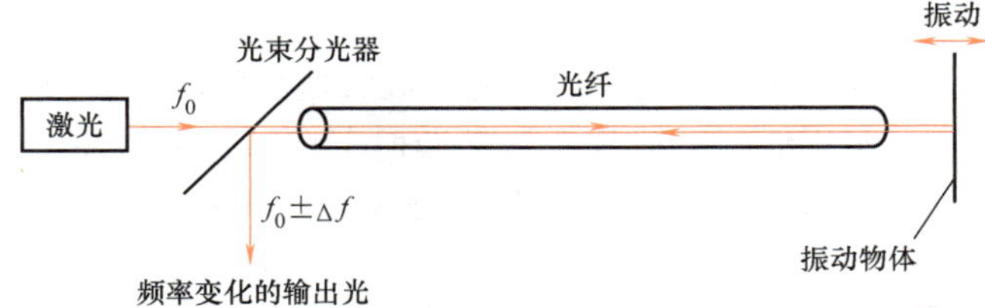

图11-18　多普勒效应振动传感器的工作原理

11.4.3　振动加速度测量

目前常用的加速度传感器是压电晶体式传感器，它是利用压电元件，如钛酸钡、锆钛酸铅、石英晶体等，在振动时受到惯性质量对其施加交变的压力而输出交变电荷（称为压电效应）的原理来测量振动的，其电荷输出量与振动加速度成正比。由于压电式传感器的灵敏度高、频率范围宽、结构尺寸和质量小，故目前应用很广。但它受温度、湿度等影响较大，必须和高阻抗前置放大器配合使用。

图11-19为压电式传感器结构。图中钛酸钡晶体1、电极9、绝缘圈5和弹簧膜片2由螺母3和盖子7压紧。底座可旋入外壳内以产生必要的预应力，这个预应力非常重要，因为当惯性质量振动时，必须保证晶体始终受到压力；其次是晶体的电压和压力之间的关系，其在压力很小时不是线性的。另外，即使晶体表面研磨得很好，也难以保证接触面的绝对平整，因此，如果没有足够的压力就不能保证全面积均匀接触，致使压电晶体在最初接触阶段的输出不是常数，而随着压力而变化，将影响灵敏度。反之，预应力也不宜过大，否则也会影响灵敏度。压电式传感器常用的固定方法是采用螺栓固定或用粘结剂粘接在被测对象表

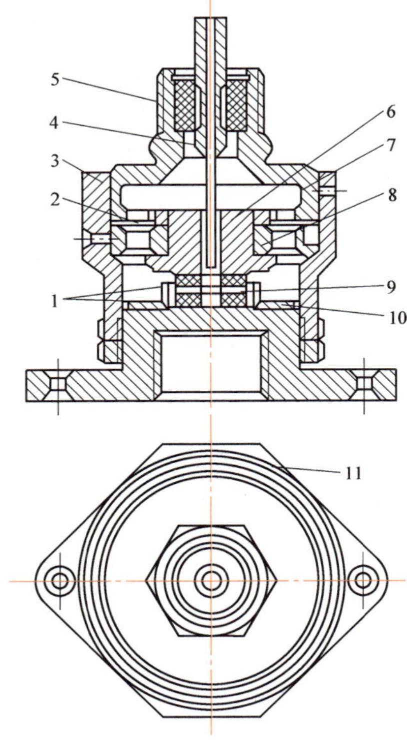

图11-19　压电式传感器结构
1—钛酸钡晶体　2—弹簧膜片　3—螺母
4—插件　5—绝缘圈　6—惯性块
7—盖子　8—挡圈　9—电极
10—座圈　11—外壳

面；需要绝缘时，可用绝缘螺栓和云母垫片来固定加速度传感器。

压电式加速度传感器的结构形式众多，图 11-20 所示为几种典型的形式。

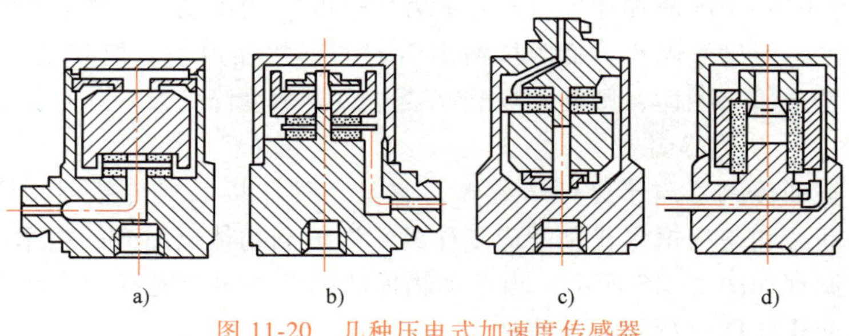

图 11-20　几种压电式加速度传感器

a）隔离压缩型　b）单端压缩型　c）倒置单端压缩型　d）剪切型

压电式加速度传感器适用的测频范围：与前置放大器配套时为 $2\sim10^4$Hz，与电荷放大器配套时为 $0.3\sim10^4$Hz（与专用低频电荷放大器配套时下限频率可达 0.001Hz）。可测加速度值为 $10^{-4}g\sim10^4g$（最大可达 $10^{-5}g\sim10^5g$），特别适用于冲击载荷的测量，经积分后可得速度和位移。

加速度传感器使用频率的上限取决于和传感器安装方法有关的安装谐振频率。国际标准中规定，用钢制螺栓将加速度传感器固定在体积为 1in^3（1in = 0.0254m）、质量为 180g 的振动体上所测得传感器的谐振频率作为该加速度传感器的安装谐振频率指标。从理论上讲，当振动体的质量与传感器的惯性质量之比为无穷大时，安装谐振频率与传感器固有频率相等，但实际上难以达到上述条件。只能在安装过程中提高安装刚度以提高安装谐振频率，从而保证加速度传感器的测频上限。一般要求安装谐振频率为传感器使用频率的 5 倍。实际上，采用淬火钢螺栓固定传感器可获得最高的安装谐振频率，并最符合加速度传感器的安装条件，可传递最大加速度。

由于压电式传感器的输出信号是微弱的电荷，而传感器本身内阻很大，故输出能量极小，它必须经高阻抗的前置放大器或电荷放大器放大、检测，才能进行测量。随着微电子技术的发展，已有把压电式加速度传感器与前置放大器集成的产品，同时还在压电式传感器基础上增加了积分电路，实现速度输出，从而更便于使用。

11.4.4　振动测量实例

配气机构是内燃机的主要运动件之一，其作用是按照内燃机的工作要求，定时开启和关闭内燃机各缸的进、排气门，从而顺利地实现进、排气。配气机构的好坏对内燃机功率的输出、燃油的消耗、污染物排放及振动噪声等都有很大的影响。

气门运动规律设计是配气机构设计中的关键，要求气门具有较低的落座速度和接触应力，且加速度曲线须连续、无突变，加速度值限定在允许的范围内。配气机构的飞脱转速也是设计过程中需要考虑的一个重要因素，飞脱转速的大小直接影响配气机构乃至整个发动机的寿命。

因此，通过试验的方式获取气门运动过程中的位移和加速度具有重要的意义。以下是气门位移和加速度这两个信号的采集应用实例。图 11-21 是配气机构模拟测试试验台示意图。试验中采用电动机带动凸轮轴转动，模拟发动机工作下配气机构的运动状况。通过试验控制系统调节凸轮轴转速，使其运行在发动机额定转速范围之内。通过编码器测得凸轮轴转速及上止点信号。激光位移传感器安装在气门挺柱上侧，用于测量气门运动位移；加速度传感器安装在气门上，用来测量气门加速度。图 11-22 所示是加速度和位移的试验测量结果。

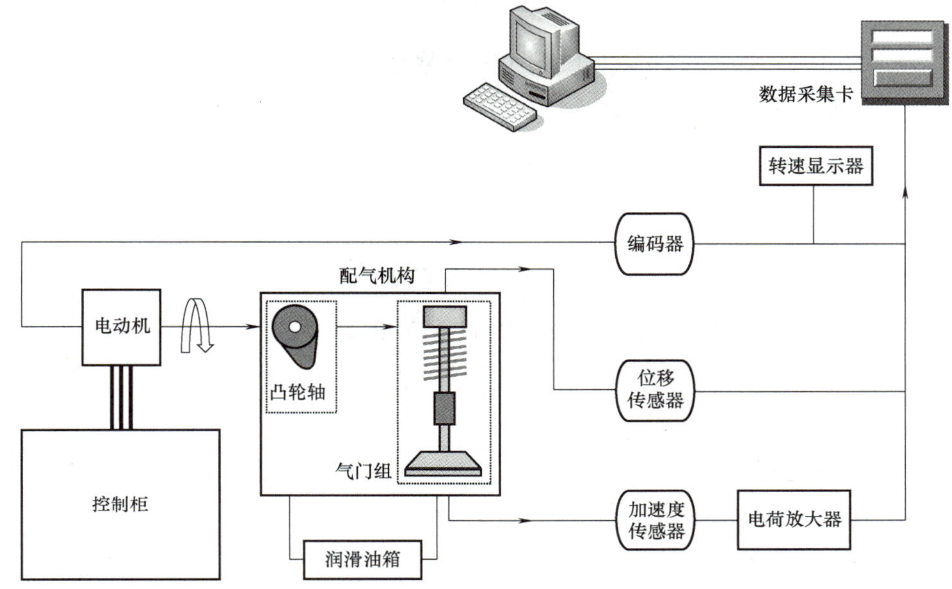

图 11-21　配气机构模拟测试试验台示意图

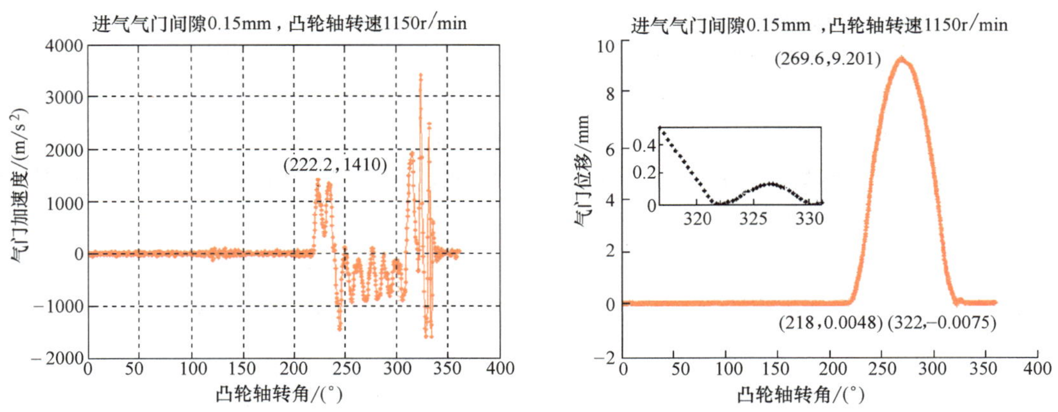

图 11-22　加速度和位移的试验测量结果

11.5 模态测量

11.5.1 模态测量基本原理

在模态测量中，为了测得机械系统的动态特性及其参数，可以通过测试机械系统在正常工作状态下的激励与响应来获得。在这种情况下，已知人为的激励输入和输出，求系统的动态特性。解决这类问题的途径是以某种激励作用在被测对象上，使之产生受迫振动，测出输入（激励）和输出（响应）的信息，从而确定被测系统的固有频率、阻尼比以及振动形态等动态特性参数，进而寻求系统的最优参数及其匹配。

对于一般的线性振动结构，考虑阻尼作用和外激振力，运动方程可以描述为

$$\boldsymbol{M}\ddot{\boldsymbol{X}}(t)+\boldsymbol{C}\dot{\boldsymbol{X}}(t)+\boldsymbol{K}\boldsymbol{X}(t)=\boldsymbol{f}(t) \tag{11-20}$$

利用傅里叶变换得到式（11-20）的频域形式

$$(-\omega^2\boldsymbol{M}+\mathrm{i}\omega\boldsymbol{C}+\boldsymbol{K})\boldsymbol{X}(\omega)=\boldsymbol{F}(\omega) \tag{11-21}$$

令

$$\boldsymbol{D}=-\omega^2\boldsymbol{M}+\mathrm{i}\omega\boldsymbol{C}+\boldsymbol{K} \tag{11-22}$$

$\boldsymbol{D}$ 称为动力矩阵，又称阻抗矩阵，则式（11-21）即为

$$\boldsymbol{D}\boldsymbol{X}(\omega)=\boldsymbol{F}(\omega) \tag{11-23}$$

动力矩阵 $\boldsymbol{D}$ 描述了结构的所有固有特性（共振频率和模态振型），可以用来计算、预测结构在任意激励下的振动响应。因此，测量出动力矩阵 $\boldsymbol{D}$，就能知道结构的固有特性。

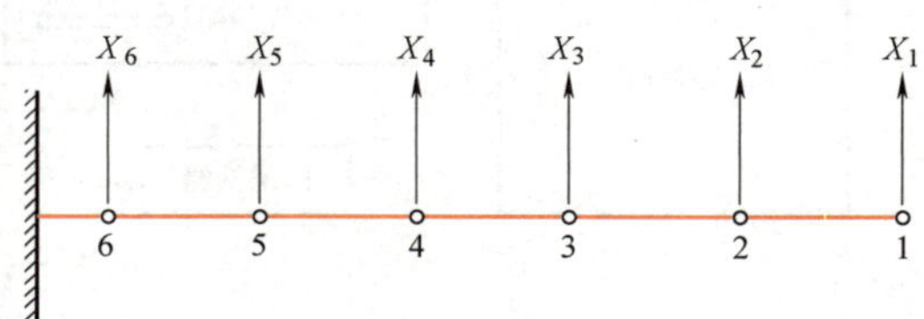

图 11-23　6 自由度悬臂梁

下面以图 11-23 所示的悬臂梁为例，来说明动力矩阵的测量方法。首先将悬臂梁离散化，用 6 个节点来近似描述悬臂梁的动力学特性，且只考虑悬臂梁在平面内的上下弯曲。

相应的物理坐标为 X_1、X_2、X_3、X_4、X_5、X_6，作用在 6 个作用点上的外力分别为 f_1、f_2、f_3、f_4、f_5、f_6。根据式（11-23），动力矩阵在频域将描述悬臂梁 6 个自由度的位移函数和外激振力联系起来，有

$$\begin{pmatrix} d_{11}(\omega) & d_{12}(\omega) & d_{13}(\omega) & \cdots & d_{16}(\omega) \\ d_{21}(\omega) & d_{22}(\omega) & d_{23}(\omega) & \cdots & d_{26}(\omega) \\ \vdots & \vdots & \vdots & & \vdots \\ d_{61}(\omega) & d_{62}(\omega) & d_{63}(\omega) & \cdots & d_{66}(\omega) \end{pmatrix}\begin{pmatrix} X_1(\omega) \\ X_2(\omega) \\ \vdots \\ X_6(\omega) \end{pmatrix}=\begin{pmatrix} f_1(\omega) \\ f_2(\omega) \\ \vdots \\ f_6(\omega) \end{pmatrix} \tag{11-24}$$

但对大多数实际结果来说，需要建立这样理想的试验装置：一方面在一个自由度上施加显著的位移；另一方面提供足够大的刚度来约束其他节点的位移为零，但很多实际结构的某些节点是无法进行约束的。即使能满足上面两个条件，对于稍微复杂一点的结构，对动力矩阵的测量工作量也是非常巨大的。

因此，在实际情况中，通常不测量动力矩阵，而是测量动力矩阵的逆矩阵，也就是频率响应函数（简称频响函数，Frequency Response Function，FRF）矩阵。实践表明，在一点施加激振力，然后同时测量各个点的振动响应（一般是加速度响应）是非常容易实现的。通过测量振动响应，可以一次得到频响函数矩阵的一列。所有频响函数构成的频响函数矩阵记为 $\boldsymbol{H}(\omega)$，就是动力矩阵的逆矩阵

$$H(\omega)=D^{-1}(\omega) \tag{11-25}$$

对于复杂结构，对每个自由度的位移响应进行测量是很难做到的，但是对加速度响应进行测量会容易许多。测得加速度之后，还需要将加速度转换为位移。在时域中，位移和加速度之间的关系为二阶微分或二阶积分的关系；在频域中，则是非常简单的代数关系

$$A(\omega)=-\omega^2X(\omega) \tag{11-26}$$

频响函数矩阵 $H(\omega)$ 中的任意一个元素 $h_{jk}(\omega)$ 可以表示为

$$h_{jk}(\omega)=\frac{X_j(\omega)}{f_k(\omega)} \tag{11-27}$$

式中，$X_j(\omega)$ 为作用在第 k 自由度的外力 $f_k(\omega)$ 在第 j 个自由度上产生的位移响应，它们都是响应时域测量结果的傅里叶变换。

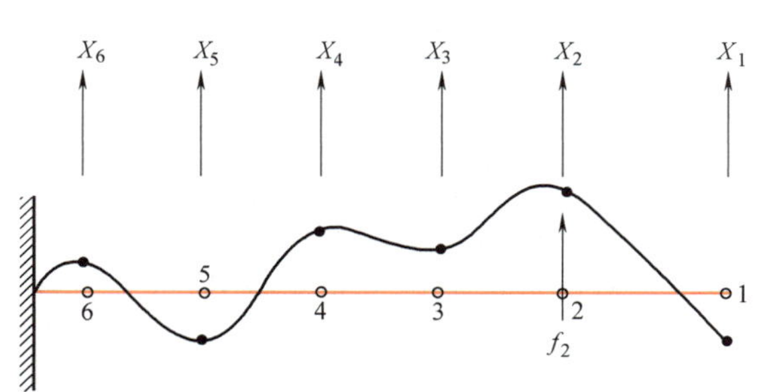

图 11-24　频响函数矩阵测量方法

如图 11-24 所示，在节点 2 上施加外力，同时测量各个节点的位移响应，可以计算得到频响函数的第二列。

然后依次激励各个节点的自由度，同时测量各个节点的位移响应，可以计算得到整个频响函数矩阵，即

$$H(\omega)=\begin{pmatrix} h_{11} & h_{12} & h_{13} & \cdots & h_{16} \\ h_{21} & h_{22} & h_{23} & \cdots & h_{26} \\ \vdots & \vdots & \vdots & & \vdots \\ h_{61} & h_{62} & h_{63} & \cdots & h_{66} \end{pmatrix} \tag{11-28}$$

对模态参数的测量，实质上是对频响函数的测量。频响函数和模态参数的关系由下式给出

$$\begin{pmatrix} h_{11} & h_{12} & h_{13} & \cdots & h_{1n} \\ h_{21} & h_{22} & h_{23} & \cdots & h_{2n} \\ \vdots & \vdots & \vdots & & \vdots \\ h_{n1} & h_{n2} & h_{n3} & \cdots & h_{nn} \end{pmatrix}=\sum_{r=1}^{m}\frac{1}{k_r-\omega m_r+\mathrm{j}\omega c_r}\left(\begin{pmatrix} \varphi_{1r} \\ \varphi_{2r} \\ \vdots \\ \varphi_{nr} \end{pmatrix}\begin{pmatrix} \varphi_{1r} & \varphi_{2r} & \cdots & \varphi_{nr} \end{pmatrix}\right) \tag{11-29}$$

式中，n 为测点数；m 为所取模态数，一般情况下 $n>m$，高阶模态作剩余影响处理；k_r、m_r、c_r 为模态参数；$(\varphi_{1r} \quad \varphi_{2r} \quad \cdots \quad \varphi_{nr})$ 为第 r 阶模态振型。

由式（11-29）可见，为了取得全部模态信息，仅需测量频响函数矩阵中的一行或一列就可以了。

11.5.2　激振器

在进行动力机械振动特性参数测试或对测振仪（传感器）进行标定时，需要对被测零件或传感器进行激振，此时必须使用激振器。现对常用的激振器的结构和工作原理简述如下。

1. 电磁式激振器

电磁振动台是最常用的一种激振器，它由振动台和电气控制系统两大部分组成。图 11-25 所示为一种典型的电磁振动台的结构。

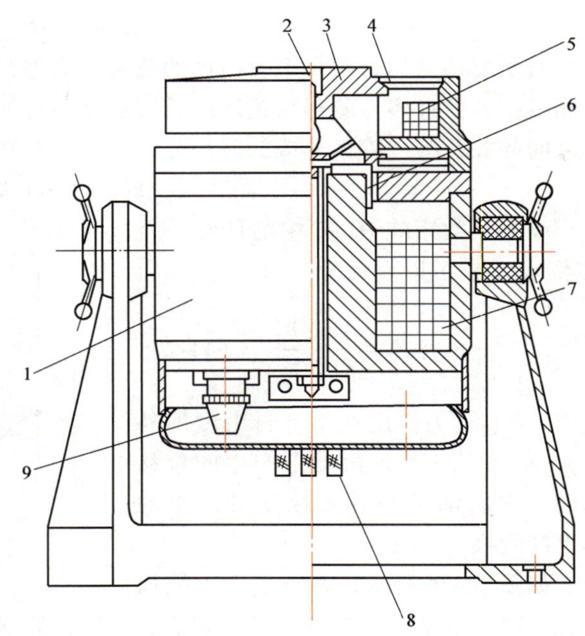

图 11-25　电磁振动台的结构

1—磁缸　2—压电晶体传感器　3—台面　4—弹簧片　5—消磁线圈　6—振动线圈　7—励磁线圈　8—输出引线　9—阴极输出器

磁缸 1 的主要作用是构成磁路及工作气隙。当置于磁缸内腔的励磁线圈 7 通以直流电源时，在工作气隙中便形成恒定的磁场。消磁线圈 5 的主要作用是减小由工作气隙扩散到工作台面附近的漏磁量。在磁缸内腔充满恒定磁场的气隙中安置振动线圈 6，它与台面 3 刚性地固结在一起，并通过弹簧片 4 悬挂在外罩上，当振动线圈中通以交流电时，即产生交变的激振力，推动工作台面 3 连同固定在台面上的被测试件一起振动。在工作台中央安置有压电晶体传感器 2，它与测量系统连接用于实时监测台面的振动加速度。同时，在振动线圈外侧还安置有速度传感器，用于测量振动位移。阴极输出器 9 与传感器配合用于观测波形，它是测量装置的一个组成部分。

与振动台相匹配的电气控制系统主要由电源、信号发生器、前置放大器和功率放大器等组成。它供给振动台不同部分的电源（如高中压电源、励磁及消磁电源等），信号发生器控制振动信号并通过放大器输给振动线圈，以产生所需要的激振信号。

利用电磁振动台测量试件频率时，实际上所测到的是试件与振动台组成的整个弹性系统的固有频率，而不是试件本身的固有频率。由振动理论可知，振动台和试件组成的系统是二自由度的受迫振动系统。经分析得出：当试件质量远小于振动台可动部分的质量时，所测到系统的固有频率十分接近于被测试件的固有频率。

电磁振动台是进行振动试验和研究的最基本的设备，它的激振频率范围为 5~1000Hz，激振力可达 1000N，台面负荷为 500N 或更大。在动力机械测试中它常用作激振器，来测定轮机叶片、叶轮及气缸的固有频率，也可用来模拟元件、构件以及仪器等在实际使用过程中所受的振动，以便对它们进行可靠性分析和试验。由于可以对振动台的频率、振幅、激振力任意地进行精确的调整，因而振动台还可以成为一些测振仪的标定设备。

2. 电动式激振器

电动式激振器的基本结构及工作原理与电磁振动台相似。图 11-26 所示为电动式激振器的两种典型结构。其中，图 11-26a 所示为励磁式激振器，图 11-26b 所示为永磁式激振器。动圈 3 固定在顶杆 1 上，处在磁极气隙中，气隙由永磁体 5 或励磁线圈 8 形成。顶杆由上下两组与壳体 7 相连的片弹簧 2 支承，当振动线圈中通以交流电时，动圈便在气隙中上下振动。测试时用顶杆顶住被测试件，便可激发振动。

必须指出，电动式激振器是一种接触式激振器。测试时顶杆与试件紧压在一起，因而激振器可动部分的质量、刚度以及阻尼必然附加于被测试件的相应部分，从而造成测量误差。

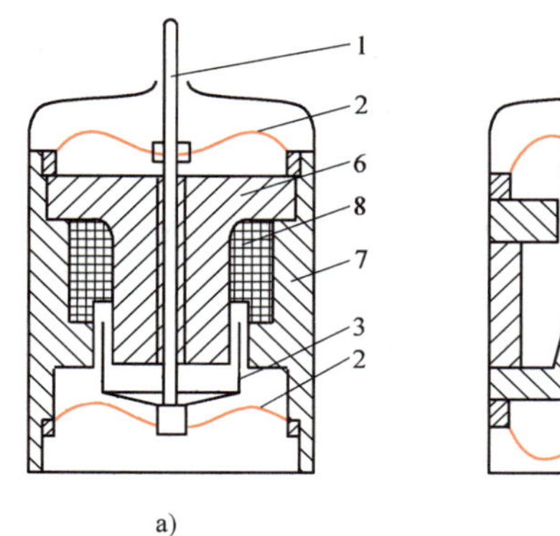

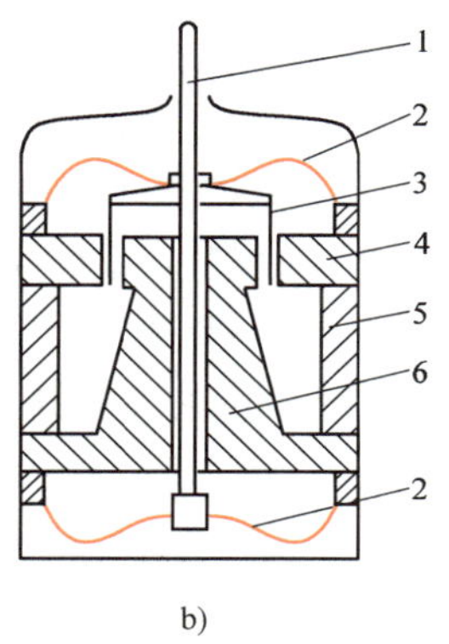

图 11-26　电动式激振器的两种典型结构

a）励磁式激振器　b）永磁式激振器

1—顶杆　2—片弹簧　3—动圈　4—磁极板

5—永磁体　6—中心磁场　7—壳体　8—励磁线圈

假定 f 为激振器与被测试件组合的弹性系统的固有频率；f_1 为试件的固有频率；f_2 为激振器可动部分的固有频率。通过对电动式激振器与被测试件系统的力学模型进行分析，可得到系统的固有频率为

$$f=\sqrt{\frac{f_1^2}{1+\alpha}+\frac{f_2^2}{1+1/\alpha}} \qquad (11\text{-}30)$$

式中，$\alpha=m_2/m_1$，其中 m_1 为试件的质量，m_2 为激振器可动部分的质量。

由式（11-30）可以证明：

1）当 $f_1=f_2$ 时，$f=f_1=f_2$，测得的频率即为试件的真实频率。

2）当 $f_1<f_2$ 时，$f>f_1$，即测得的频率比试件的实际频率高。

3）当 $f_1>f_2$ 时，$f<f_1$，即测得的频率比试件的实际频率低。在测量叶片振动时，一般叶片的固有频率比激振器可动部分的固有频率高（即 $f_1>f_2$）。因此，用电动式激振器测得的叶片频率比真实的固有频率要低些。

4）当 $\alpha\approx 0$ 时，$f=f_1$，即激振器可动部分的质量与试件质量的比值越小，测得的试件固有频率越精确。因此，用电动式激振器测量叶片的固有频率时，为减小激振器可动部分的质量及刚度的影响，宜将激振器顶在叶片根部（这里刚度大）或顶在试件上由振动时保持不动的点所组成的节线上。

此类激振器的工作频带较宽，可从几赫兹到几千赫兹，频响特性良好。但使用时一般受到三个方面的限制：首先，最大激振力受动圈中所允许通过的最大电流的限制；其次，测振时因结构原因受到最大位移的限制，因而常在激振器上装限位器；最后，试件与激振器顶杆靠激振器弹簧的静压力始终保持接触。为保证顶杆上试件在测振过程中不脱离，振动加速度应受到限制，即加速度值必须保证在测振过程中使激振器可动部分的质量所产生的惯性力小于弹簧的静压力。

3. 电液式激振器

所谓电液式激振器实际上就是液压激振器。在这种装置中，利用液压原理进行功率放大以产生很大的激振力。它的一个很大的优点是可以模拟实际载荷进行试验，因为它可以在加静载荷的同时加动载荷。当被试验的试件在实际工况下既承受振动载荷，又承受较大的静载荷时，使用该电液式激振器最合适。电液式激振器的另一个优点是可以产生较大的振幅，这是电磁式激振器所不能达到的。但是其工作频率较低，一般是 0~1kHz。

4. 脉冲锤

脉冲锤是进行试件模态测试时的激振源，是一个有力传感器的敲击锤（或称脉冲锤），其结构如图 11-27a 所示。进行试件模态测试时，使用该锤敲击试件，它对试件的作用力并不是一个理想的脉冲信号，而是近似的半正弦波如图 11-27b 所示，其有效频率范围取决于脉冲持续时间。锤头垫硬脉冲持续时间越短，频率范围越大，使用适当的锤头垫材料可以得到要求的频带宽度。改变锤头配重块的质量和敲击加速度，可以调节激振力的大小。图 11-28 所示为不同材料制成的锤头自功率谱。

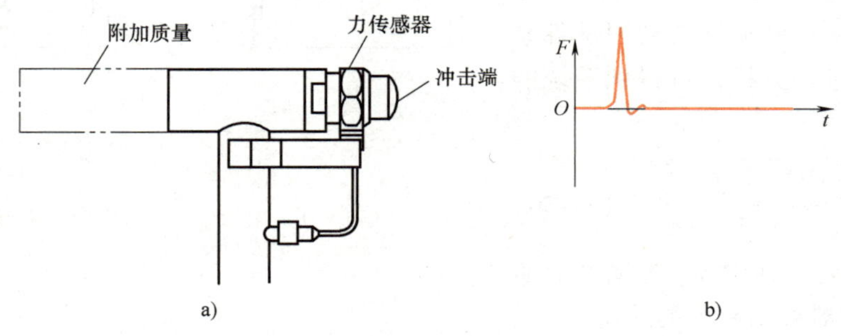

图 11-27　脉冲锤和典型的脉冲输入

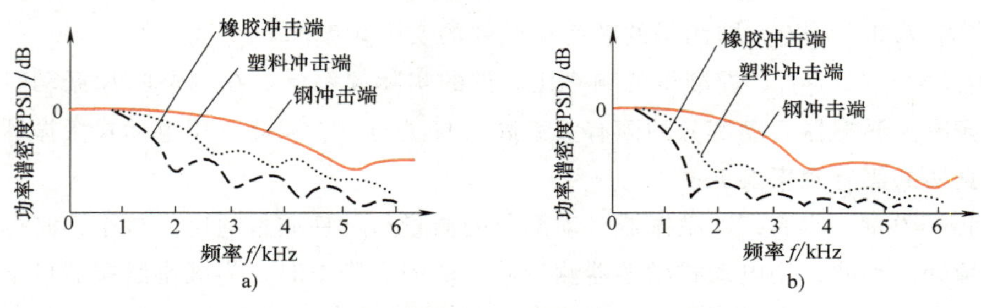

图 11-28　不同材料制成的锤头自功率谱

a）无附加质量　b）带附加质量

除了上述激振器外，还有高声强激振器、磁致伸缩激振器、压电晶体激振器、电动-液压式振动台等。

11.5.3　模态测量实例

1. 试件支承状态

轮毂模态测试实例

常见的试件支承状态一般分为两种：一种是自由状态，即试验对象不与地面相连接，而是自由地悬浮在空中，这种状态下，系统具有六个刚体模态，包括三个平移模态和三个转动模态；另一种是地面支承状态，即结构上有一点或多点与地面固结，也称为约束状态。对于约束状态测试，约束点的选择应尽量接近部件的实际装配状态，且支承结构的刚度应较高，以保证支承系统的整体模态与部件模态错开。

一般来说，除非关心的实际工况下的条件得以实现，这时，可在实际支承条件下进行试验；否则，还是以自由状态为好，具体支承状态要根据工程实际需求进行选择。

2. 测点与测量方法

测点位置、测点数量与测点方向的选定需要考虑以下要求：能够在变形后显示试验频段内的所有模态的变形特征；保证关心的结构点在所选的测量点之中。

复杂的空间结构一般会表现为三维空间变形，因而对每一个测试点均需要获得三个方向上的响应。在这种情况下，测量点数和几何点数并不相等，所有测点在测量前均应在结构上编号注明。

3. 测试系统的选择

图 11-29 为频响函数测试系统示意图，试件本身用软弹簧或者弹力绳悬挂起来，使其处于自由支承状态。

一般地说，基本测试系统应该包括以下三个部分：

1） 激励设备，如力锤或激振器。

2） 传感系统，主要为加速度传感器，用以测量激励的响应。

3） 信号采集和分析设备，用于采集激励和响应的信号，并提取所需的信息。

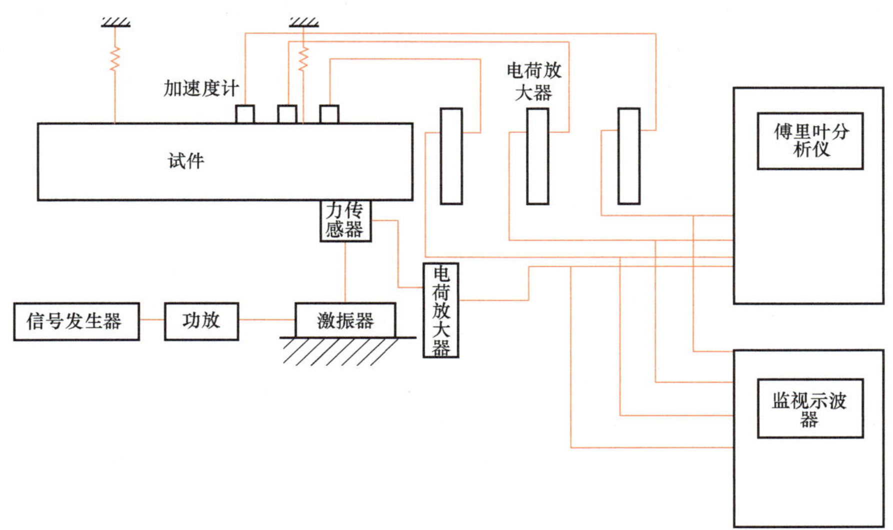

图 11-29　频响函数测试系统示意图

激振信号经过功率放大器放大之后给予激振，以产生一定大小和波形的激振力，经传力杆、力传感器将力信号转换成电信号。图 11-30a、b 所示分别是冲击力的时域和频域信号经

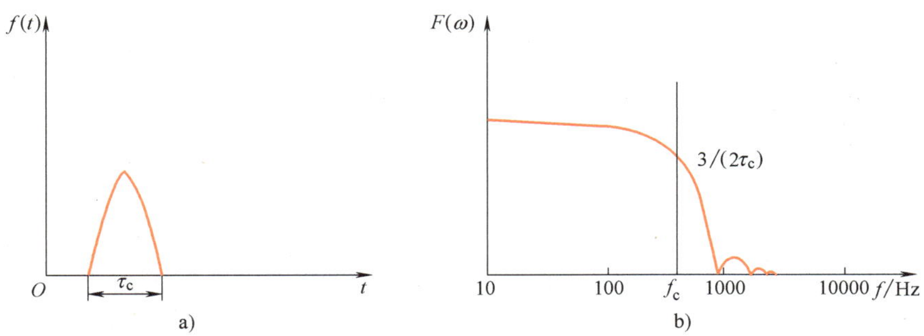

图 11-30　冲击力信号示意图

a）冲击力时域信号　b）冲击力频域信号

电荷放大器放大后，接向分析仪。在现场测试中，将上述信号记录在专门的记录仪上，而后回放给分析仪进行分析。

激励系统所用激振器，除可使用电动式激振器外，还常用电液式激振器；此外，对于轻型结构和小阻尼结构，常用力锤作为激振器。

思考题与习题

11-1　试述振动测量的主要参数。

11-2　从振动测量基本原理出发，说明位移计和加速度计的主要区别。

11-3　振动测量系统分为哪几类？分别有什么特点？

11-4　试述电动式测振仪的类别及其选择原则和使用时应考虑的问题。

11-5　常用的激振器有哪些？它们的特点和应用场合是什么？

11-6　什么是加速度传感器的安装谐振频率？它与传感器的固有频率之间有何关系？

第12章

12 噪声测量

随着现代工业、交通运输和城市建设的迅速发展，噪声对环境的污染日益严重，已成为当今世界的一大公害。为此，国际标准化组织以及许多国家都纷纷制定了有关标准，用于环境噪声的监测和各类噪声的控制。在众多的噪声源中，动力机械发出的噪声占主要地位，例如，对城市环境影响最大的是交通噪声，即车辆噪声，而内燃机作为各类交通运输工具的主要动力，其噪声对环境的污染也就集中地反映在交通噪声方面，且已成为城市环境噪声的主要来源之一。此外，直接影响生活环境的还有空调与通风设备的噪声等。

噪声测量是噪声控制的基础。本章主要介绍与噪声测量有关的基本声学概念、测量与评价方法以及典型的测量仪器。

12.1 基本声学概念

噪声是一种声音，因而具有声波的一切特性。物理学中的声学知识均可用于对噪声的理解与分析。这里主要选取与噪声测量有关的声学概念加以简要说明。

12.1.1 声场

声波传播的空间统称为声场。允许声波在任何方向进行无反射自由传播的空间叫自由声场；而允许声波在任何方向进行无吸收传播的空间叫混响声场。显然，自由声场可以是一种没有边界、介质均匀且各向同性的无反射空间，也可以是一种能将各个方向的声能完全吸收的消声空间。与此相反，混响声场是一种全反射型声场。然而，除非人为特别创造，否则在现实的生活环境中并不存在上述两种极端的空间。如果某一空间仅以地面为反射面，而其余各个方向均符合自由声场的条件，则称其为半自由声场。对于房屋等生活空间，其边界（墙壁、地面、顶棚或摆设物等）既不完全反射声波，也不完全吸收声波，这种空间称为半混响声场。

12.1.2 声压与声压级

所谓声压，是指声波波动引起传播介质压力变化的量值。设介质处于平衡状态时各处的静压为 p_1，当声波通过时介质中某点的压强变为 p_2，其变化量 p 即为声压，即

$$p=p_2-p_1 \tag{12-1}$$

通常，声压的数值要比大气压小得多。例如，一台内燃机的工作噪声，在距离内燃机表

热能与动力工程测试技术　第4版

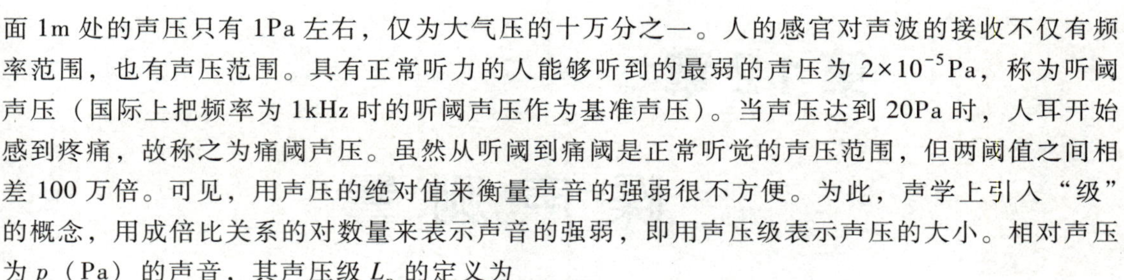

面 1m 处的声压只有 1Pa 左右，仅为大气压的十万分之一。人的感官对声波的接收不仅有频率范围，也有声压范围。具有正常听力的人能够听到的最弱的声压为 2×10^{-5}Pa，称为听阈声压（国际上把频率为 1kHz 时的听阈声压作为基准声压）。当声压达到 20Pa 时，人耳开始感到疼痛，故称之为痛阈声压。虽然从听阈到痛阈是正常听觉的声压范围，但两阈值之间相差 100 万倍。可见，用声压的绝对值来衡量声音的强弱很不方便。为此，声学上引入“级”的概念，用成倍比关系的对数量来表示声音的强弱，即用声压级表示声压的大小。相对声压为 p（Pa）的声音，其声压级 L_p 的定义为

$$L_p = 10\lg\left(\frac{p}{p_0}\right)^2 = 20\lg\frac{p}{p_0} \tag{12-2}$$

式中，p_0 为基准声压，$p_0 = 2\times10^{-5}$Pa。

声压级 L_p 的单位为分贝（dB），它是一个相对于基准的比较指标，用以反映声音的相对强度。根据上述定义式，声压变化 10 倍，声压级改变 20dB。可见引入级的概念后，听觉范围由原来百万倍的声压变化幅度缩小为 0~120dB 的声压级变化。

12.1.3　声强与声强级

1. 声强

定义单位时间内通过与能量传播方向垂直的单位面积的声能为声能流密度，记作 w(W/mm^2)。声能流密度是矢量，其指向为声波传播方向，其瞬时值在数量上可表示为相应质点振动速度 u 和声压 p 的乘积，即

$$w = pu \tag{12-3}$$

为了表示声波能量的强度，取声能流密度 w 一个周期 T 的时间平均值，称作声强 I，即

$$I = \frac{1}{T}\int_0^T w\mathrm{d}t = \frac{1}{T}\int_0^T pu\mathrm{d}t \tag{12-4}$$

式中，u 和 p 均取其实部。

记瞬时声强为 $I(x,t)$，由式（12-4）可知，声能流密度 w 实际上就是 $I(x,t)$。声强也是矢量，其指向也是声波传播的方向。图 12-1 所示为声场中某一点的声压 p、质点振速 u、声能流密度 w 和声强 I 随时间的变化关系，声强 I 是 w 的时间平均值。

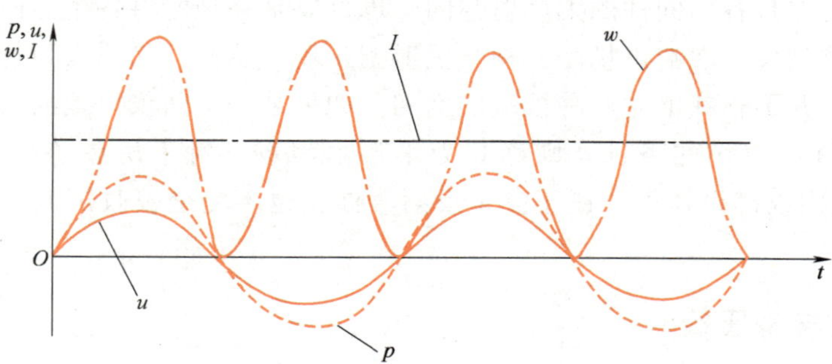

图 12-1　质点声压、振速、声能流密度和声强间的关系

2. 声强级

与声压和声压级之间的关系相似，声强的相对大小也可用“级”来度量。声强级的定义为

$$L_I = 10\lg\frac{I}{I_0} \tag{12-5}$$

式中，L_I 为声强级（dB）；I 为声波声强（W/mm^2）；$I_0=10^{-12}W/mm^2$ 为基准声强。

式（12-6）反映了声强级与声压级之间的对应关系。

$$L_I = 10\lg\frac{I}{I_0} = 10\lg\frac{p^2}{\rho_0 c I_0} = 10\lg\left(\frac{p^2}{p_0^2}\frac{p_0^2}{\rho_0 c}\right) = L_p + 10\lg\frac{400}{\rho_0 c} \tag{12-6}$$

式中，ρ_0 为传播介质的密度（kg/m^3）；c 为声波传播速度（m/s）；$\rho_0 c$ 定义为传播介质的特性阻抗；L_p 为声压级（dB）；由于修正项 $10\lg\dfrac{400}{\rho_0 c}$ 很小，故声压级与声强级的数值基本相等。

12.1.4　声功率和声功率级

1. 声功率

声波的传播过程实质上就是声源的振动能量在介质中的传播过程。声波传播时质点受激产生振动，同时也产生压缩及膨胀的形变。因此，介质中既有振动的动能，又有形变的位能，这两部分相加就是声能。单位体积的声能定义为声能密度，用 e 表示；单位时间内声源传播的总声能用声功率 W(W) 表示。

2. 声功率级

与声强的定义类似，声功率的定义为

$$L_W = 10\lg\frac{W}{W_0} \tag{12-7}$$

式中，L_W 为声功率级（dB）；W 为声源辐射的声功率（W）；$W_0=10^{-12}$ W 为基准声功率。

表 12-1 给出了点声源的声功率级与声压级的换算关系。

表 12-1　点声源的声功率级与声压级的换算关系

声场类型	适用环境	关系式	备注
自由声场	全消声室	$L_W=L_p+20\lg r+11$	L_W—声功率级(dB) L_p—声压级(dB) r—离声源的距离(m) t—混响时间(s) $t_0=1$s V—室容积(m^3) $V_0=1m^3$ S—室表面积(m^2) λ—声波波长(m) p_0—大气压(Pa)
半自由声场	半消声室、大房间、户外	$L_W=L_p+20\lg r+8$	
混响声场	全反射室	$L_W=L_p+10\lg\frac{t}{t_0}-10\lg\frac{V}{V_0}-10\lg\left(1+\frac{S\lambda}{8V}\right)-10\lg\frac{p_0}{10}+14$	

12.1.5　噪声的频谱

1. 频程

振幅（强度）、频率和相位是描述波动现象的特性参数，声波也不例外。通常，噪声由大量不同频率的声音复合而成，有时噪声中占主导地位的可能仅仅是某些频率成分的声音，了解这些声音的来源和性质是确定降噪措施的基本依据。因此，在很多情况下，只测量噪声的总强度（即噪声总声级）是不够的，还需要测量噪声强度关于频率的分布情况。但是，如果要在正常听觉的声频范围 20Hz~20kHz 内对不同频率的噪声强度逐一进行测量，不仅很困难，也没有必要。对此，通常将声频范围划分为若干个区段，这些区段称为频程或频带。测量时，通过改变滤波器通频带的方法，逐一测量出每段频程上的噪声强度，这就是所谓的分频程测量。

噪声测量中最常用的是 1 倍频程和 1/3 倍频程。1 倍频程是指频带的上、下限频率之比为 2∶1；1/3 倍频程是对 1 倍频程 3 等分后得到的频程，即其频带宽度仅为 1 倍频程的 1/3。1 倍频程和 1/3 倍频程中常用的中心频率及其频率范围分别见表 12-2 和表 12-3。

表 12-2　1 倍频程的中心频率及其频率范围　（单位：Hz）

中心频率	31.5	63	125	250	500	1000	2000	4000	8000	16000
频率范围	22~45	45~90	90~180	180~355	355~710	710~1400	1400~2800	2800~5600	5600~11200	11200~

表 12-3　1/3 倍频程的中心频率及其频率范围　（单位：Hz）

中心频率	50	63	80	100	125	160	200	250	310	400
频率范围	45~56	56~71	71~90	90~112	112~140	140~180	180~220	224~280	280~355	355~450
中心频率	500	630	800	1000	1250	1600	2000	2500	3150	4000
频率范围	450~560	560~710	710~900	900~1120	1120~1400	1400~1800	1800~2240	2240~2800	2800~3500	3550~4500
中心频率	5000	6300	8000	10000	12500	16000				
频率范围	4500~5600	5600~7100	7100~9000	9000~11200	11200~14000	14000~				

2. 频程声压级和频谱能级

在噪声强度的分频带测量方法中，各频程（1 倍频程或 1/3 倍频程）上所检测到的噪声声压级称为频程（频带）声压级。

在倍频程中，带宽与中心频率成比例（见表 12-2 和表 12-3），即使是 1/3 倍频程，在高频区域的频带也很宽，难以更详细地描述噪声的频率分布特性。因此，当噪声频率急剧变化时，其声压级的测量频带一般取与频率高低范围无关的恒定窄频带 Δf，并用式（12-8）算出其频谱能级

$$S_n = L_n - 10\lg(\Delta f) \tag{12-8}$$

式中，Δf 为测量时使用的恒定频带带宽（Hz）；L_n 为 Δf 频带声压级的测量值（dB）；S_n 为频谱能级（dB），它表示 1Hz 带宽频带上的声压级。

3. 频谱图

以测量选用的频率或 1 倍频程、1/3 倍频程的中心频率为横坐标，以相应的频谱能级或频程声压级（或声功率级）为纵坐标，所绘制的图形就是噪声的频谱图。频谱图反映了噪声的频率分布特性，它是噪声频谱分析的基本依据，可以用于判断噪声的来源及其性质，以便采取切实有效的降噪措施。

噪声频谱中，声压级分布在 350Hz 以下的噪声称为低频噪声，声压级分布在 350~1000Hz 范围内的噪声称为中频噪声，声压级分布在 1000Hz 以上的噪声称为高频噪声。

图 12-2 所示为某增压柴油机的 1/3 倍频程噪声频谱图。由图可见，在整机噪声中，中、低频部分以柴油机噪声为主，而高频部分则以废气涡轮增压器的噪声为主。

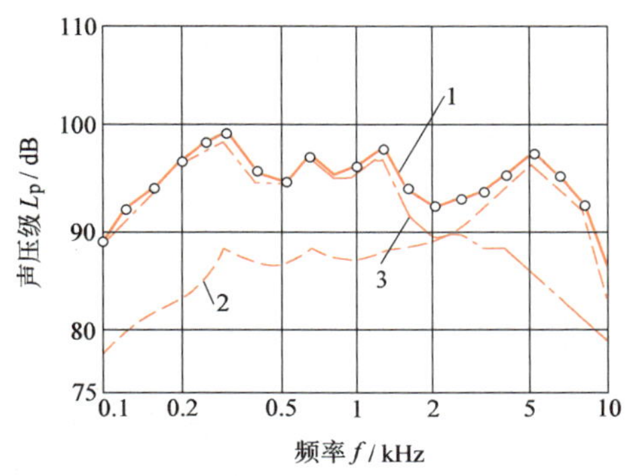

图 12-2　某增压柴油机的 1/3 倍频程噪声频谱图

1—带增压器的柴油机整机噪声频谱　2—增压器的噪声估算频谱　3—不带增压器时的柴油机噪声频谱

12.2 声级计算

对于多个声源同时作用的声场，经常需要进行声能量和声级的合成与分解等计算。例如，在噪声测量中，普遍存在待测噪声源与环境背景噪声之间的分解问题。实际上，分解是合成的逆问题，因此，一旦掌握了噪声的合成原理，分解问题也就迎刃而解了。

1. 声级的合成

当声场中同时存在 n 个互相独立的声源时，根据能量的叠加性可得这些声源的合成总声功率 W_t（W）为

$$W_t = W_1 + W_2 + \cdots + W_n \tag{12-9}$$

式中，W_1，W_2，…，W_n 为各声源的声功率（W）。

根据声功率级的定义可得，由各声源合成的总声功率级 L_{wt}（dB）为

$$L_{wt} = 10\lg\frac{W_t}{W_0} = 10\lg\frac{W_1 + W_2 + \cdots + W_n}{W_0} \tag{12-10}$$

可见，声功率级的合成并非是各声源声功率级的直接相加，而是在遵循能量叠加原则下的对数运算，这是由“级”的对数量性质所决定的。

实际上，声功率级的数值常常用声压级的测量值换算得到。假设已经测得各声源单独发声时的声压级为 L_{pi}（dB；$i=1$，2，…，n），需要求出它们同时作用时的总声压级 L_{pt}（dB）。根据式（12-10）的形式可以推断，$L_{pt} \neq L_{p1}+L_{p2}+\cdots+L_{pn}$。根据声压级的定义，总声压级的表达式为

$$L_{pt} = 20\lg\frac{p_t}{p_0} \tag{12-11}$$

式中，p_t 为各声源合成总声压（Pa）；p_0 为基准声压（Pa）。

根据能量的叠加性和 $W \propto p^2$ 的关系，可以推导出总声压 p_t（Pa）的计算式为

$$p_t = \sqrt{p_1^2 + p_2^2 + \cdots + p_n^2} \tag{12-12}$$

式中，p_i（$i=1$，2，…，n）为各声源的声压（Pa）。

将式（12-12）代入式（12-11）得

$$L_{pt}=20\lg\frac{\sqrt{p_1^2+p_2^2+\cdots+p_n^2}}{p_0}$$

或写成

$$L_{pt}=10\lg\left[\left(\frac{p_1}{p_0}\right)^2+\left(\frac{p_2}{p_0}\right)^2+\cdots+\left(\frac{p_n}{p_0}\right)^2\right] \tag{12-13}$$

由式（12-2）可以求出

$$\left(\frac{p_i}{p_0}\right)^2=10^{0.1L_{pi}}\quad(i=1,2,\cdots,n) \tag{12-14}$$

因此，总声压级 L_{pt} 与各声源声压级 L_{pi}（$i=1$，2，…，n）之间的关系可表示为

$$L_{pt}=10\lg\left(\sum_{i=1}^{n}10^{0.1L_{pi}}\right) \tag{12-15}$$

设有两个声源，单独发声时的声压级均为100dB，即 $L_{p1}=L_{p2}=100\text{dB}$，根据式（12-15）可以求出它们同时发声时的合成总声压级 L_{pt} 为103dB，而不是200dB。

2. 声级的分解

以上关于声级合成原理的论述，实际上也说明了合成总声级的分解方法。这里仅简要地补充介绍从多声源的环境中分解出某一声源的具体做法。实际上，噪声测量中经常会碰到这样的问题：测量现场除待测声源外，还存在其他声源。例如，在实验室中进行内燃机噪声测量时，周围还存在排风扇、测功机等设备的运转噪声。另外，为了判断某一机器设备运转时的主要噪声源，需要从机器中逐一分解出单个运动部件产生的噪声等。为此，首先要测出合成噪声的声级，如总声压级 L_{pt}。对于前一种情况，L_{pt} 是待测机器与其他设备一起运转时总的噪声声压级；对于后一种情况，L_{pt} 是待测部件与其他部件一起工作时的整机噪声声压级。然后，让待测的机器停止运转，或拆除待测的部件，再测量这时的噪声声压级，记为 L_{pb}。通常，L_{pb} 称为待测噪声的背景噪声（dB）。显然，L_{pt} 与 L_{pb} 的差别就是待测噪声声压级 L_{pm}（dB），它们之间的关系满足式（12-15），即

$$L_{pt}=10\lg(10^{0.1L_{pb}}+10^{0.1L_{pm}})$$

由此可以得到待测噪声的声压级为

$$L_{pm}=10\lg(10^{0.1L_{pt}}-10^{0.1L_{pm}}) \tag{12-16}$$

3. 声级平均值

噪声测量中，往往围绕噪声源在同一测量表面（与声源距离相同的表面）上布置多个测点，逐点测量噪声级，然后用它们的平均值表示待测的噪声级。与上述声级的合成与分解一样，声级的平均值也必须按照能量平均的方法来计算。根据这一原则，容易推导出声压级平均值 $\overline{L}_p$ 的计算公式为

$$\overline{L}_p=10\lg\left(\frac{1}{m}\sum_{i=1}^{m}10^{0.1L_{pi}}\right) \tag{12-17}$$

式中，$\overline{L}_p$ 为测量表面平均声压级（dB）；L_{pi}（$i=1$，2，…，m）为第 i 个测点的声压级

(dB)；m 为总的测点数目。

总结以上有关声级的计算方法，可以归纳出如下几点：

1）声级的合成、分解等运算不是声级的直接相加或相减，而是在遵循能量叠加原则下的对数运算。

2）对于两个独立的声源，设它们的声压级分别为 L_{p1} 和 L_{p2}，其中 $L_{p1} \geqslant L_{p2}$，则它们共同产生的总声压级 $L_{pt} = 10\lg(10^{0.1L_{p1}} + 10^{0.1L_{p2}}) \leqslant 10\lg(2 \times 10^{0.1L_{p1}}) = L_{p1} + 10\lg2$。若记 $L_{pt} = L_{p1} + \Delta L_p$，则在任何情况下，$\Delta L_p \leqslant 10\lg2\text{dB} = 3.01\text{dB}$。而且可以推算，随着 L_{p1} 与 L_{p2} 之间差值的增加，ΔL_p 减小。

3）一般情况下，同一声源多测点的声级平均值不等于其算术平均值，因而不能直接采用算术平均的计算方法求取。但是，在工程测量中，当各个测点的声级相差不大于 5dB 时，为简便起见，有时也按照算术平均法来计算声级平均值，其误差小于 1dB。

12.3 噪声评定值

12.3.1 响度及响度级

人耳对声音的感受不仅与声压有关，还与频率有关。例如，声压级相同而频率不同的声音，频率高的听起来响。响度级正是根据人耳的这种听觉特性而提出的噪声评定值。它选取 1000Hz 的纯音作为基准声，如果待测的声音听起来与某一基准声一样响，则该基准声的声压级 dB 值就是待测的声音的响度级，其单位为 Phon。举例来说，响度级为 85Phon 的声音听起来与声压级为 85dB、频率为 1000Hz 的纯音一样响。

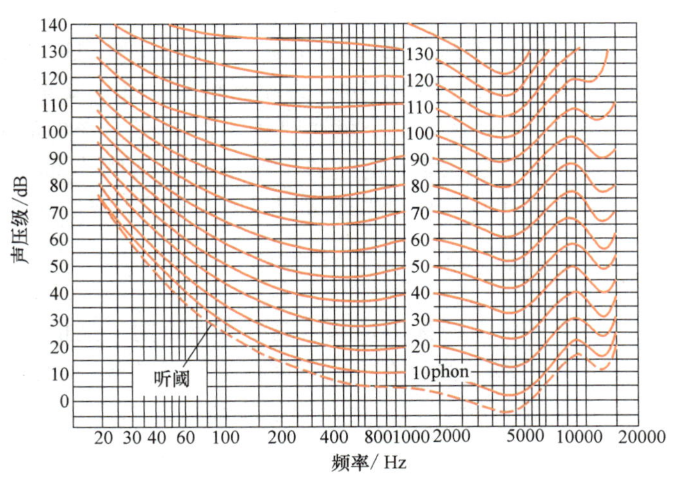

图 12-3 等响曲线

利用上述与基准声进行比较的方法，可以得到如图 12-3 所示的整个可听范围内的等响曲线。等响曲线已被国际标准化组织（ISO）所采用，故也称为国际标准等响曲线。图中同一条曲线上的各个点对应不同的声压级和频率，但具有同一响度级。等响曲线反映了人耳对高频声音较为敏感的听觉特性，如对于声压级同样为 60dB，而频率分别为 100Hz 和 1000Hz 的声音，前者的响度级是 50Phon，而后者的响度级为 60Phon。

12.3.2 计权声级

噪声通过一种专门设计的频率修正（听觉特性修正）电路后，某些频率成分将衰减。在噪声测量中，这种电路叫频率计权网络，用带频率计权网络的仪器测得的噪声值称为计权声级，统称噪声级。常用的计权网络有A、B、C三种，它们的衰减特性如图12-4所示；相应的计权声级分别记为L_A、L_B和L_C，单位为dB。

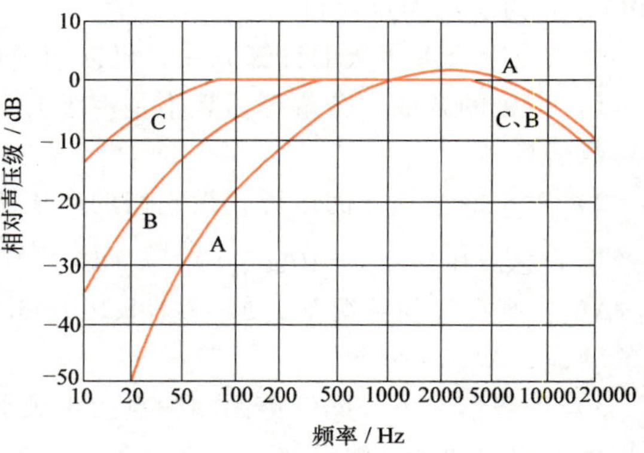

图12-4　A、B、C网络的衰减特性

A计权网络：模拟人耳40Phon等响曲线设计，主要衰减人耳不敏感的低频段声音，对中频段声音有一定的衰减作用。

B计权网络：模拟人耳70Phon等响曲线设计，仅对低频段声音有一定的衰减。

C计权网络：模拟人耳100Phon等响曲线设计，对整个可听频率范围内的声音基本上无衰减，所以有时把C计权网络的测量结果叫作总声压级。

可见，在上述三种计权声级中，A声级能够最好地反映人耳的听觉特性，是目前最常用的噪声表示值，广泛用于各种噪声规定值和基准值的表示。对强度不随时间变化的稳定噪声，可以直接用A声级评定。

12.3.3　统计声级

统计声级是一种在一定的时间内，对不稳定噪声的各个测量值进行统计、分级评定的表示值，记作L_n，单位为dB(A)。实际测量时，在一定时间内，以均匀的时间间隔测量噪声的dB(A)值，然后从大到小依次排列，其中有10%的时间所超过的声级叫作峰值噪声级，用L_{10}表示；50%的时间所超过的声级叫作中间噪声级，相当于平均噪声级，用L_{50}表示；90%的时间所超过的声级叫作环境背景噪声级，用L_{90}表示。

12.3.4　等效声级

等效声级评价值的提出是基于能量等效原则，是指用能量相等的稳定声级评定某固定点连续变化的A声级。假设在一定时间内，对某连续变化声源的噪声级进行测量，共得数据n个，记为L_i（dB；$i=1, 2, \cdots, n$），则该声源的等效声级L_{eq}（dB）可表示为

$$L_{eq} = 10\lg\left(\frac{1}{n}\sum_{i=1}^{n} 10^{0.1L_i}\right) \tag{12-18}$$

12.4　噪声测量技术

热能与动力工程中，经常通过比较同类热力设备辐射的声功率来判断相应的设计与制造水平，对于多种动力机械，还有强制的噪声限制要求。因此，需要将设备作为一个噪声源进行声功率测定。但实际上，声功率级的数值并非直接测量得到，而是通过测量相应条件下的声压或声强换算而来。为此，国际标准化组织分别颁布了有关声源声功率级测定方法的系列标准ISO 3740~3747和ISO 9614。

ISO 3740~3747标准规定测量声功率必须在消声室、半消声室或满足要求的混响室内进

行，用传声器在不同位置测量声压，然后按规定的公式进行声功率换算。对此，我国也制定了相应的国家标准 GB/T 6881～6882，表 12-4 中列出了规定的噪声测量方法及其适用的测试环境、声源特性和可以获取的测量结果。

表 12-4　声压法测量声功率级的相关条件

测量方法	测试环境	噪声特性	声源体积	获取的声功率级
精密法	消声室或半消声室	任意	小于测试室的 0.5%	A 计权及 1/3 倍或 1 倍频程
	混响室	稳定、宽带、窄带或离散频率	小于测试室的 1%	1/3 倍或 1 倍频程
工程法	专用测试室			A 计权及 1 倍频程
	户外或大房间	任意	体积不限，只受测试环境限制	A 计权及 1/3 倍或 1 倍频程
简测法	无专用测试室	稳定、宽带、窄带或离散频率		A 计权

在实际工程中，有些设备因体积大或质量大而无法安装到消声室或专用测试室中，也有些设备是大系统中的一个组成部分，无法单独运行测量。为此，可以用声强法进行现场测量。用声强法测量声源声功率有两种方式：分布测点法和扫描法。ISO 9614-1～9614-3 是关于声强分布测点法的标准。

由上可见，噪声测量中最为基本的是声压和声强的测量。本节主要介绍声压和声强测量的基本原理。

12.4.1　声压测量

噪声测量中通常利用声-电效应进行声压测定。感应声压变化并实现电信号转换的元件称为传声器。根据不同的工作原理，传声器分动圈式、压电式和电容式等类型。

电机声功率测试实例

1. 动圈式传声器

动圈式传声器的工作原理是使位于磁场中的线圈在声压的作用下产生运动，从而形成感应电动势，完成声-电信号转换。这种传声器的灵敏度较低，体积较大，易受电磁干扰，频率响应特性也不平直，而且对低频段声音衰减大，故已不常采用。这种传声器的优点是固有噪声小，能在高温下工作。

2. 压电式传声器

压电式传声器利用压电晶体受声压作用后产生的正压电效应实现声-电转换。其灵敏度高，频率特性好，结构简单，价格便宜，但工作性能受温度的影响较大。

3. 电容式传声器

电容式传声器的结构如图 12-5 所示。它由膜片（振膜 4）和后极板 3 组成电容的两个电极，两电极间预先加一恒定的直流电压，使之处于不变的充电状态。当膜片在声压作用下产生振动时，电极间距离发生变化，即电容发生变化，从而引起极板间电压的变化。这种传声器的灵敏度高、频带

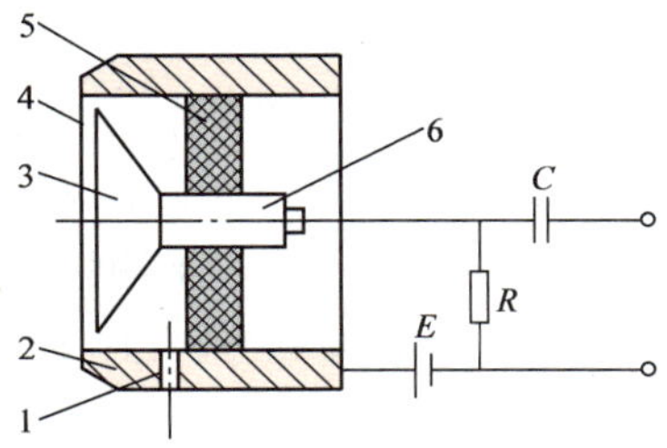

图 12-5　电容式传声器结构示意图
1—均压孔　2—外壳　3—后极板
4—振膜　5—绝缘体　6—导体

宽、输出性能稳定，但成本较高，且需要配备十分稳定的直流偏压和前置放大器。

12.4.2　声强测量

声强测量方法可以分为两类：一类是双传声器法，简称 p-p 法；另一类是将传声器和直接测量质点速度的传感器相结合，简称 p-u 法。

1. p-p 法

图 12-6 所示为对置式双传声器探头，传声器 A、B 的声学中心距离为 d（m）。设两传声器声学中心的连线方向为 x，当声波沿 x 方向传播时，声场中介质的运动方程为

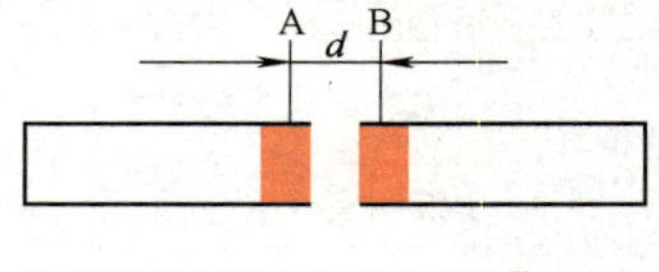

图 12-6　对置式双传声器探头

$$\frac{\partial p}{\partial x}=-\rho_0\frac{\partial u}{\partial t} \tag{12-19}$$

则

$$u(t)=-\frac{1}{\rho_0}\int\frac{\partial p(t)}{\partial x}\mathrm{d}t \tag{12-20}$$

式中，ρ_0、p 和 u 分别为 t 时刻 x 处质点的密度（kg/m^3）、声压（Pa）和振速（m/s）。

当 $d \ll \lambda$（声波波长）时，式（12-20）可以近似地改写为

$$u(t)=-\frac{1}{\rho_0 d}\int[p_\mathrm{B}(t)-p_\mathrm{A}(t)]\,\mathrm{d}t \tag{12-21}$$

用两传声器测量值 $p_\mathrm{A}(t)$ 和 $p_\mathrm{B}(t)$ 的平均值代表 $p(t)$，即

$$p(t)=\frac{p_\mathrm{A}(t)+p_\mathrm{B}(t)}{2} \tag{12-22}$$

式中，声压单位均为 Pa。

由此可得 x 方向上的瞬时声强为

$$I_x(t)=p(t)u(t)=\frac{1}{2\rho_0 d}[p_\mathrm{A}(t)+p_\mathrm{B}(t)]\int[p_\mathrm{A}(t)-p_\mathrm{B}(t)]\,\mathrm{d}t \tag{12-23}$$

上述即为双传声器法（p-p 法）测量声强的基本原理。除图 12-6 所示的对置式探头外，还有并列式、串联式和背置式双传声器结构。

2. p-u 法

如图 12-7 所示，这种声强探头由一对超声波发射器 1、一对超声波接收器 2 和一个传声器 3 组成。两个发射器发射的超声波束平行但方向相反，在等距离处设置各自的接收器。传声器布置在探头中间，用来测量声压。

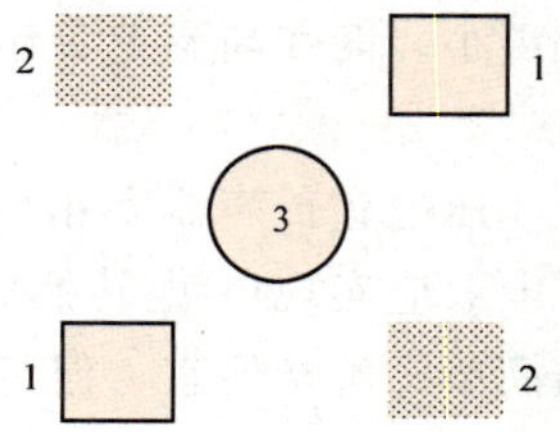

图 12-7　p-u 法声强测量原理
1—超声波发射器　2—超声波接收器　3—传声器

设超声波的频率为 f（Hz），声速为 c（m/s），发射器和接收器之间的距离为 d（m）。当被测声场中没有其他声波存在时，两列超声波由发射器到接收器所经历的时间均为 t_0(s)，$t_0=d/c$。但当声场中存在其他声波且其传播的质点速度为 u（m/s）时，两列超声波由发射器到接收器所经历的时间分别为 t_1(s)，$t_1=d/(c+u)$ 和 t_2(s)，$t_2=d/(c-u)$，则相位差 $\Delta\varphi$（°）为

$$\Delta\varphi = f\left(\frac{d}{c-u}-\frac{d}{c+u}\right) = fd\,\frac{2u}{c^2-u^2} \tag{12-24}$$

当 $u \ll c$ 时，有

$$\Delta\varphi = \frac{2fd}{c^2}u \tag{12-25}$$

可见，通过测量两超声波传播的相位差就可以求出质点速度 u（m/s）。同时，利用布置在探头中央的传声器可以测取声压 p。将声压 p 与质点速度 u 相乘，即可获得待测声强。

12.4.3　声功率测量

如上所述，通过测量声压或声强可以确定声源的声功率（以下简称声压法和声强法）。实际应用中，直接面临的问题是选择声压法还是声强法，进而在其中选择精密测量还是工程测量等。对此，需要根据测量的目的、噪声源的特性以及测试的环境条件等因素确定，同时还必须以相关标准为依据。一般来说，声压法对测试环境有相应的要求，而声强法在理论上不受环境噪声的影响，具有更好的现场适应性。本节主要介绍声压和声强测量在噪声源的声功率测定中的具体应用，以及测量结果的处理方法。

1. 测量表面和测点布置

测量表面是指包围被测对象、布置有测点的表面组合。因此，测量表面的形状取决于被测对象的外形、测点的位置和数目。理论上，选取与被测对象结构外形一致的表面作为测量表面最为理想，但这常会给测量探头的布置和测量结果的处理带来不便。因此，在工程实际中，对于外形变化不大的被测对象，通常都采用半球面、圆柱体表面或长方体表面等作为包络面，在上面布置测点，形成测量表面。对测量表面和测点布置的具体要求，在相关测量方法的标准中均有明确规定。以下是两个相关的例子。

图 12-8 所示是国际标准中针对声压法测量推荐的半球面测量表面，它适合的测试环境是半消声室或具有近似声学特性的大房间。标准规定该测量表面上的 10 个测点按等面积分布，具体位置如图所示。

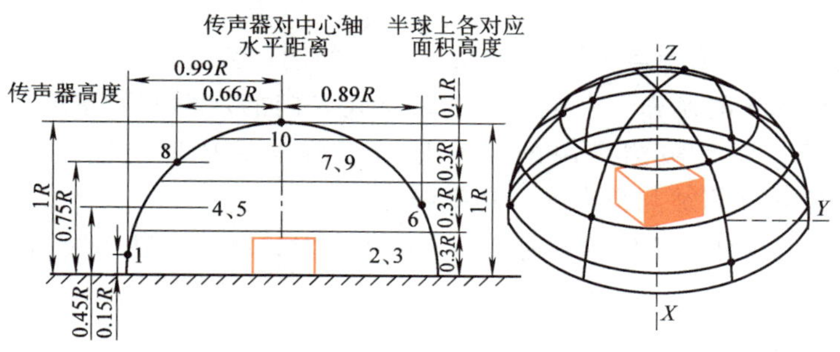

图 12-8　声压法测量声功率的传声器等面积分布位置示意图

图 12-9 所示是国际标准中针对声强法测量推荐的半球面测量表面，它适合现场测试环境。标准规定测量表面（与被测对象的平均距离不小于 0.5m）应大于或等于下列要求：

1）声源最大尺寸的 2 倍或声源声中心与反射平面距离的 3 倍，两者中取尺寸较大者。

2）测量最低频率的 $\lambda/4$。

3）1m。

划分的测量单元数 N（相当于测点数目）大于 10，每一单元对应的测量表面积 S_i 不大于 1m^2；当被测对象体积较大时，S_i 可以扩大到 2m^2，但测点数目 N 应大于 50。为了保证测量精度，现场风速不得超过 2m/s，探头应距离高温物体 20mm 以上。

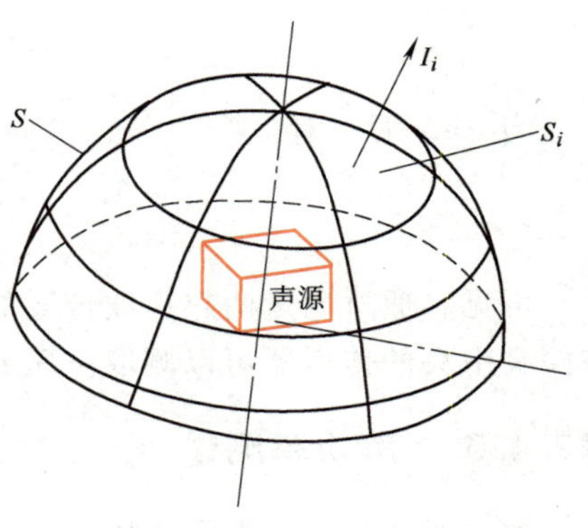

图 12-9　分布测点声强法测量声功率的测量表面

2. 声压法测量结果的处理

（1）背景噪声的修正　利用声级计进行噪声测量时，如果周围环境存在其他声源，则声级计读数中将包含被测噪声以外的噪声，这一噪声称为背景噪声。假设声级计的直接读数为总噪声，则被测噪声的测量结果应从总噪声中剔除背景噪声之后才能得到。

为了获得较精确的测量结果，一方面，应尽可能在较低的背景噪声下进行测量；另一方面，如果总噪声与背景噪声之间的差值小于 10dB，则应该对各个测点的声压级测量结果进行修正，修正公式为

$$L_{pi}=L_{pi0}-K_1 \tag{12-26}$$

式中，L_{pi} 为待测声源在测点 i 上的实际声压级（dB）；L_{pi0} 为声级计在测点 i 上测得的总噪声声压级读数（dB）；K_1 为背景噪声修正值（dB），其具体数值见表 12-5。

背景噪声通常在被测对象开始运行之前和停止运行之后，按相应的测点进行测量。

表 12-5　背景噪声修正值 K_1　（单位：dB）

总噪声声压级与背景噪声声压级的差值		<3	3	4	5	6	7	8	9	10	>10
修正值 K_1	工程法	测量无效				1.0	1.0	1.0	0.5	0.5	0
	简易法	测量无效	3	2	2	1.0	1.0	1.0	0.5	0.5	0

（2）测量表面平均声压级计算

$$L_{pm}=10\lg\left(\frac{1}{n}\sum_{i=1}^{n}10^{0.1L_{pi}}\right) \tag{12-27}$$

式中，L_{pm} 为测量表面的平均声压级（dB）；n 为总的测点数。

（3）噪声声功率级的换算　当声压级测量是在专门的声学实验室或具有同等声学特性的空间环境中进行，而且被测声源的尺寸相对于测试的环境空间足够小时，可以根据表 12-1 中所列的公式计算被测噪声的声功率级。

当声压级测量是在符合条件的普通实验室内进行时，噪声声功率级的换算需要按下列两种方法进行修正。

1）环境修正法。

$$L_W=(L_{pm}-K_2-K_3)+10\lg\frac{S}{S_0} \tag{12-28}$$

式中，L_W 为被测噪声的声功率级（dB）；L_{pm} 为被测噪声的平均声压级（dB）；K_2 为测量环境（指场所）修正值（dB）；K_3 为测量环境温度和气压修正值（dB）；S 为测量表面面积（m^2）；S_0 为基准面积，$S_0=1\text{m}^2$。

修正值 K_2 可根据式（12-29）计算，也可从图 12-10 所示的曲线中查取。

$$\begin{cases} K_2 = 10\lg\left(1+\dfrac{4}{A/S}\right) \\ A = 0.16\dfrac{V}{T} \end{cases} \tag{12-29}$$

式中，A 为实验室房间的吸声面积（m^2）；S 为测量表面面积（m^2）；V 为房间体积（m^3）；T 为房间的频带混响时间（s）。

修正值 K_3 的计算式为

$$K_3 = 10\lg\sqrt{\frac{293}{273+t}\frac{p}{100}} \tag{12-30}$$

式中，t 为测量环境的温度（℃）；p 为测量环境的气压（kPa）。

应该注意的是，工程法和简易法对测量环境的要求是不同的。工程法要求测量环境满足条件 $A/S>6$，即环境修正值 $K_2<2.2$dB（图 12-10），否则测量环境不符合要求；而简易法只要求测量环境的 $A/S>1$，即环境修正值 $K_2<7$dB。

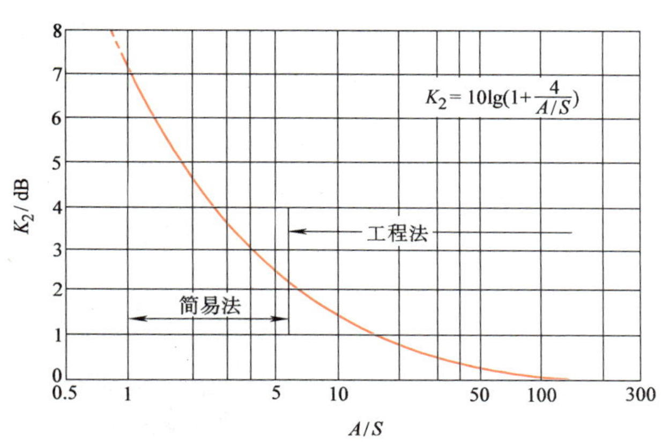

图 12-10　环境修正值 K_2 与 A/S 的关系

2）标准声源法。标准声源法是指预先在声学实验室测得标准声源的声功率级 L_{W0}，然后将该标准声源带到被测声源的工作现场，先后测量标准声源和被测声源在同一位置、相同测量表面上的平均声压级，最后按式（12-31）计算被测噪声的声功率级 L_W，即

$$L_W = L_{W0} + L_{pm} - L_{p0m} \tag{12-31}$$

式中，L_W 为被测噪声的声功率级；L_{W0} 为标准声源的声功率级，通常在声学实验室内测量；L_{p0m}、L_{pm} 分别为标准声源和被测声源在测量现场测得的平均声压级。

3. 声强法测量结果的处理

（1）声强值换算　在实际的声强测量中，测得的是每一测量单元的声强级 L_{Ii}。为了进行声功率计算，需要先将声强级 L_{Ii}（dB）换算成声强值 I_i（W/mm²），由式（12-6）可得

$$I_i = I_0 10^{0.1L_{Ii}} \tag{12-32}$$

式中，$I_0 = 10^{-12}$ W/mm² 为基准声强。

（2）声功率计算　由声强的定义可得，每一测量单元的声功率 W_i（W）为

$$W_i = I_i S_i \tag{12-33}$$

式中，S_i 为测量单元的表面积（m^2）。

由此可得被测声源的总声功率级 L_W 为

$$L_W = 10\lg\frac{W}{W_0} = 10\lg\left(\sum_{i=1}^{N}\frac{W_i}{W_0}\right) \tag{12-34}$$

式中，W 为声源辐射的声功率（W）；W_0 为基准声功率（W）。

12.5 噪声测量仪器

测量噪声的仪器很多，以下介绍的是其中几种基本而常用的测量仪器。

12.5.1 声级计

声级计是噪声测量中最常用的仪器，它不仅可以单独用于噪声声压级测量，还可以和相应的仪器设备配套，用于频谱分析和振动测量等。根据不同的测量精度，声级计分为普通声级计和精密声级计两类。

如图 12-11 和图 12-12 所示，声级计通常由传声器、放大器、衰减器、计权网络、检波电路以及指示表头等部分组成。其工作原理是将被测声波的声压信号通过传声器转换成电压信号，经放大器进行功率放大，并由衰减器调整量程后，再经过计权网络修正、检波，最后由指示表头显示相应的噪声级数值。

图 12-11　精密声级计外形图

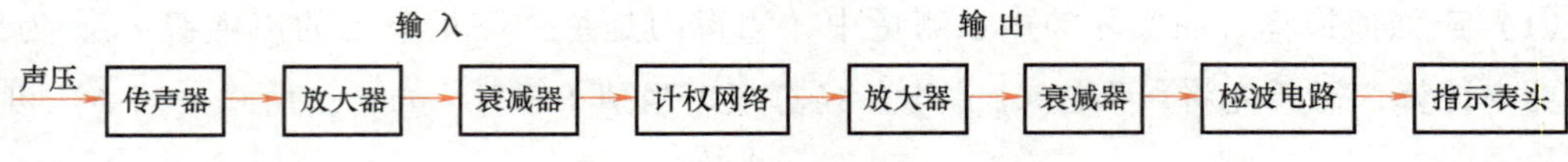

图 12-12　声级计的基本组成

1. 传声器

如前所述，传声器是一种声-电信号转换器件，有动圈式、压电式和电容式等类型。通常，动圈式和压电式传声器用于普通声级计，电容式传声器用于精密声级计。

2. 放大器和衰减器

声级计中的放大器用来放大传声器的输出信号，其基本要求是高增益、在声频范围内（20~20000Hz）线性好、固有噪声低、工作性能稳定。声级计中的衰减器用来控制指示表头的显示量程，通常每一档的衰减量为 10dB。

3. 计权网络及其有效利用

在精密声级计中，一般装有 A、B、C 三种标准计权网络。当旋扭指向计权位置时，计权网络便被接入输入放大器和输出放大器之间，进行相应的计权声级测量。由于各计权网络对不同频段声音的衰减情况不同，因而同一噪声用不同计权网络测量的结果可能不同。利用计权网络的这种特性，在噪声测量中，只要测出同一噪声的 L_A、L_B 和 L_C 三种计权噪声级，就可以对该噪声的频率特性进行粗略估计。例如，当 $L_A<L_B<L_C$ 时，说明被测噪声具有低频特性；当 $L_A=L_B<L_C$ 时，说明被测噪声具有中频特性；当 $L_A\approx L_B\approx L_C$ 时，说明被测噪声具有中、高频特性。

4. 指示表头

声级计的指示表头上有“快”“慢”两档，它们表示表头的阻尼特性，有时也称动特性。“快”档用来测量随时间起伏变化小的噪声。当“快”档上的指示读数波动大于 4dB 时，应该换用“慢”档。

使用声级计时应注意定期对其进行标定，以保证测量精度。标定用的标准声源以活塞式发声器为主，其工作方式是用一恒速微型电动机通过凸轮推动两个对称活塞做往复运动，压缩空腔容积，从而产生正弦声波，该声波的声压级恒定，等于 124dB。

12.5.2 声强测量仪

声强测量仪主要由两大部分构成：声强探头和信号处理系统，其中信号处理系统的硬件构成因信号处理方式的不同而异。图 12-13 为自动测量系统的组成框图，其中的信号处理部分由信号数字化仪和计算机数据采集与处理系统组成。

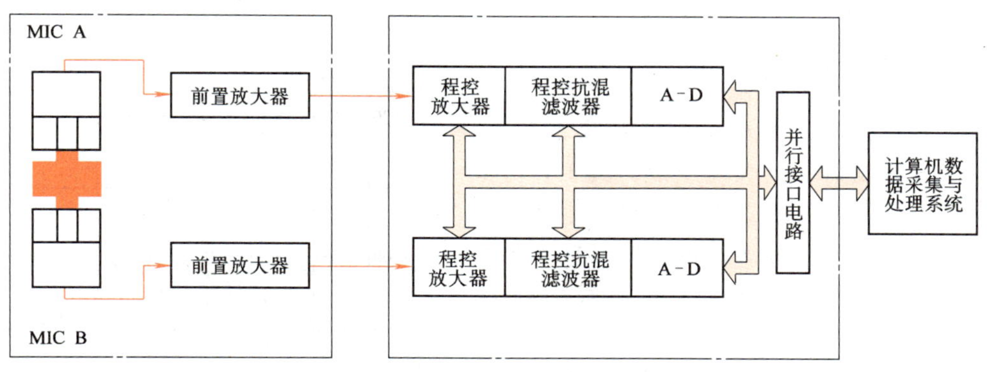

图 12-13　自动测量系统的组成框图

1. 声强探头

如前所述，声强探头主要有两类：双传声器声强探头和超声波声强探头，分别应用 *p-p* 法和 *p-u* 法测量声强。目前，工程上应用较多的是双传声器探头，图 12-14 所示是这种探头的结构示意图。

2. 信号数字化仪

信号数字化仪由程控放大器、程控抗混滤波器以及 A-D 转换器等组成。程控放大器增益的自动调节，应能保证来自声强探头的前置放大器的信号大小能够满足 A-D 的输入要求，实现自动测量。加在放大器与 A-D 之间的低通滤波器是为了防止 A-D 采样时的频率混淆，选用程控模式，同样是为了实现整个系统自动测量的需要。

3. 声强分析模块

市场上销售的双传声器式声强测量仪的声强信号分析处理方式主要有两类：采用模拟电路直接处理和采用 FFT（快速傅里叶变换）间接计算。

直接处理方法利用双传声器探头输出的信号，按照 *p-p* 法原理，采用加、减、积分以及乘法电路，结合模拟或数字滤波器，获取声强信号。这种方法的主要优点是信号处理实时性好，但全套仪器的价格比较昂贵。丹麦 B&K 公司的 B&K4433 型和 3360 型声强测量仪上都采用了这种直接处理的方法。

间接处理方式中的 FFT 算法有两种实现途径：一种是采用专门的 FFT 分析仪，如日本小野测器的 CF-6400 声强测试分析系统；另一种是在微机上使用专用软件。但在微机上进行 FFT 运算的速度不及专门仪器快，更比不上直接处理法，因此测量的实时性受到影响，仅适合测量相对平稳的声场。

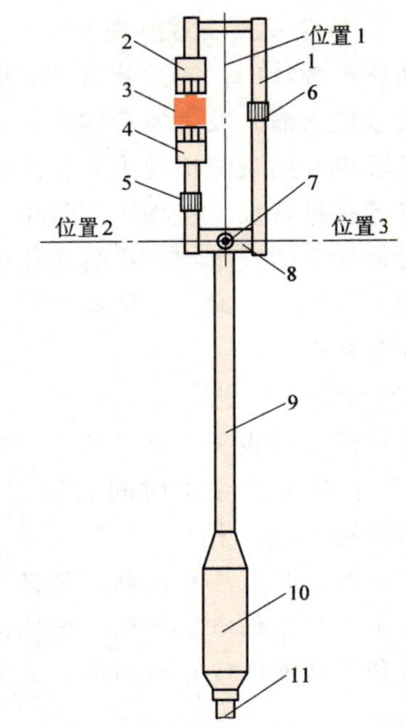

图 12-14　双传声器声强探头结构示意图
1—前支架　2—A 通道传声器　3—定距柱　4—B 通道传声器　5、6—锁紧螺母　7—锁紧杆　8—后支架　9—连接杆　10—手柄前置放大器　11—长导线

12.5.3　频率分析仪

频率分析仪是用来分析噪声频谱的仪器，主要由带通滤波器和放大器组成，其工作方式是先利用一组带通滤波器将被测噪声中所含的不同频率的分量逐一分离，再经内部放大器放大后进行测量。测量结果可从指示表头读出，也可外接信号记录仪直接获取频谱图。

频率分析仪中的滤波器有 1 倍频程或 1/3 倍频程的带通滤波器和恒定窄带宽带通滤波器。减窄频带，就可以更详细地测定噪声的频率分布情况，有利于观察频谱的峰值。图 12-15 所示为利用三种不同的带通滤波器在同一测点上对同一声源进行测量的结果。

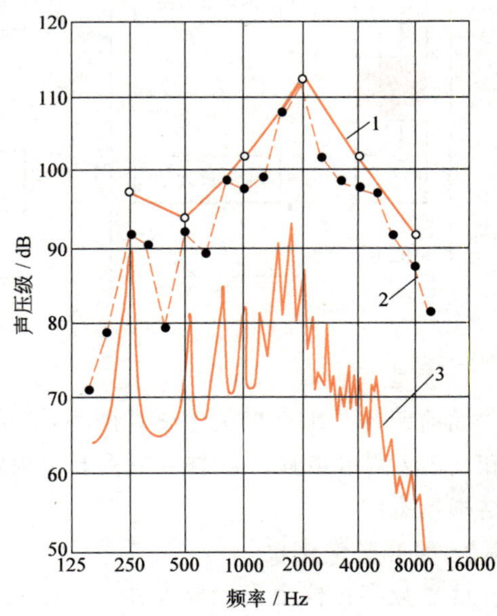

图 12-15　不同带通滤波器的测量结果比较
1—1 倍频程　2—1/3 倍频程　3—某恒定带宽

测量结果表明，采用不同的带通滤波器测量同一噪声时，即使测量频率或中心频率相同，各自测得的声压级也是不同的。由于能量叠加的结果，宽频带声压级一般总是大于窄频带声

压级。由此可以获得提示：对两个以上噪声源的频谱图进行比较分析时，如果它们之间的测量频程或带宽不同，应该先将它们换算成同一频程或带宽下的声压级（通常是按能量叠加原理将窄频带声压级换算为宽频带声压级），然后再进行比较。

在噪声频谱分析中，还经常将声级计或传声放大器与滤波器加以组合构成频谱仪，这样既可用于噪声级测量，也可用于频谱分析。

12.5.4　麦克风阵列声音定位系统——声音照相机

麦克风阵列（Microphone Array）也称为传声器阵列。多个传声器按照一定的规律排布，即可形成麦克风阵列。阵列可以是一维阵、二维平面阵，也可以是球状等三维阵。图12-16是麦克风阵列示意图。

由于二维平面麦克风阵列能够将声音可视化，像拍照片一样给声音“拍照片”，因此，二维平面麦克风阵列也有声音照相机、声学照相机、声相仪等多种名称。麦克风阵列噪声源定位系统一般由麦克风阵列、获得图像的摄像头、数据采集仪器和信号处理分析显示软件等组成。

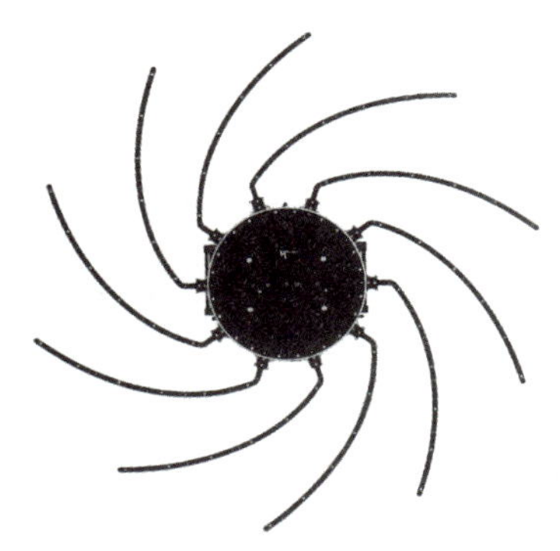

图12-16　麦克风阵列示意图

声成像方法可分为常规声成像、扫描声成像和声全息。

1. 常规声成像

常规声成像法从光学透镜成像方法引申而来。用声源均匀照射物体，物体的散射声信号或透射声信号经声透镜聚焦在像平面上形成物体的声像，它实质上是与物体声学特性相应的声强分布。用适当的暂时性或永久性记录介质，将此声强分布转换成光学分布，或先转换成电信号分布再转换为荧光屏上的亮度分布，即可获得人眼能观察到的可见图像。

将声强分布变成光学分布的永久性记录介质有多种，如经过特殊处理的照相胶片，以及利用声化学效应、声电化学效应、声致光效应和声致热效应的多种声敏材料。这些材料可对声像“拍照”，使其变成人眼可直接观察的图像。但这种声记录介质的灵敏度较低，其阈值为0.1W/cm^{2}至数W/cm^2，其信噪比也较低，且使用不便。

声强分布的临时性记录，可用液面或固体表面的形变来实现。其方法是用准直光照射形变表面，或用激光束逐点扫描形变表面，其衍射光经光学系统处理后，可得到与声强分布相应的光学像。此外，还可用声像管将声像转换为视频信号，并显示在荧光屏上。声像管的结构与电视摄像管类似，只是用压电晶片代替了光敏靶。声像管可用于声像实时显示，其灵敏度阈值约为10^{-4}W/cm^2。与扫描成像技术相比，其工艺比较复杂、孔径有限且灵敏度偏低。

2. 扫描声成像

通过扫描，用声波从不同位置照射物体，随后接收含有物体信息的声信号。经过相应的处理，获得物体声像，并在荧光屏上显示成可见图像。

（1）B型声像　B型扫描或称亮度模式扫描提供被扫描目标的前视、断面、二维反射图像。B型扫描图像是这样形成的：用一个很窄的声束在一个平面内进行扫描，在显示器上显示接收回波，显示的扫描线与声波在介质中的传播方向相对应。通常声信号的发射和接收都采用同一个换能器。B型扫描图像的一个基本特征是它的一个维度的信息来自于目标所反射的短脉冲回波的到达时间，且在这一过程中假设声波是沿着直线路径传播的。距换能器较近的目标的回波信号先于远目标信号到达。另外一个维度（横向）的信息则通过换能器得到，换能器的移动既可以运用机械手段也可以运用电子手段。每移动一次，便由另外一个短脉冲产生一条不同的直线声束投向目标。这个过程连续进行，直到完成对全部感兴趣目标区域的扫描。为了唯一、准确地成像，需要运用一些技术手段对投向目标的声束路径进行跟踪定位。图 12-17 为一个通用的简单 B 型扫描系统框图，在该系统中电子脉冲器激励换能器产生一个短声脉冲串。换能器将目标反射的声信号转换为电信号，处理接收信号并将其显示出来。为了补偿位于深处目标反射信号的衰减，放大器的增益经常是随时间而增加的，这被称为时间增益补偿。位置监控电子系统决定超声波束的位置和角度，并保证图像信号在显示器上正确显示。换能器接收的回波经过放大、整流、滤波处理，其结果以亮度调制的形式显示出来。

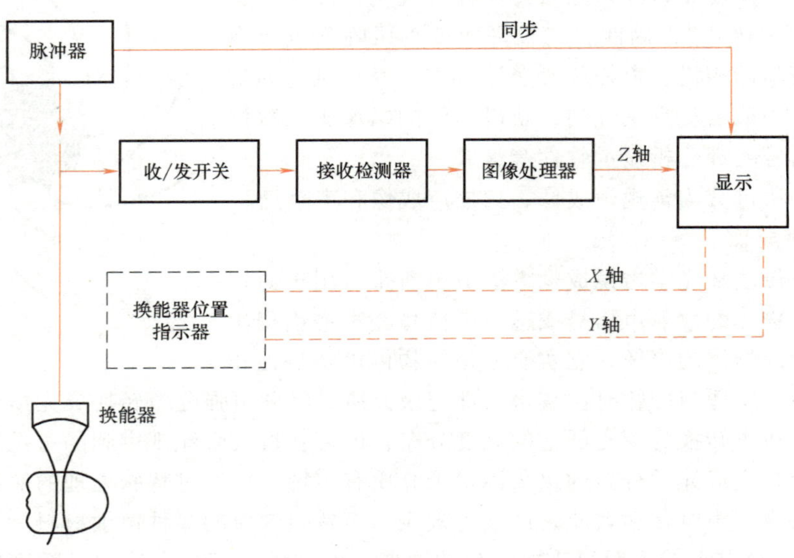

图 12-17　通用的简单 B 型扫描系统框图

（2）C 型声像　C 型扫描法提供目标的二维正视图。在 C 型扫描中，时间信息对图像的两个维度都不起作用；在反射模式的 C 型扫描中，到达时间所起的辅助作用是确定成像平面与换能器间的距离；在透射模式的 C 型扫描中，时间信息则无任何作用。图 12-18 为一个简单的机械驱动的 C 型扫描系统框图。电子脉冲器激发换能器产生一个聚焦超声短脉冲串，该声脉冲穿过被成像的目标。含有目标信息的声场被另一个处于不同位置的接收换能器转换成电信号。接收信号被预放大以后再通过距离选通放大器，该放大器仅放大直达波信号。对经过距离选通的信号进行对数压缩和灰度映射等进一步处理，最终成像。

（3）多普勒成像　这种方法利用运动物体散射声波的多普勒效应，按散射声信号的多普勒频移的幅度来显示图像，图像与散射体的运动速度分布相对应。多普勒成像分为连续波式和脉冲式两种：前者所用装置与 C 型装置类似，后者所用装置则与 B 型装置类似。对接收的散射信号分别与主振参考信号混频，然后解调并进行频谱分析，以便获得对应于各成像点的多普勒频移。

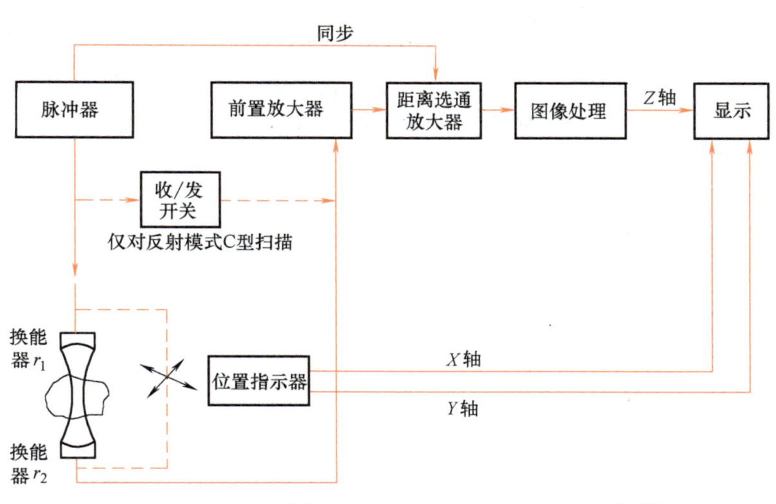

图 12-18　一个简单的机械驱动的 C 型扫描系统框图

（4）计算机超声断层成像　计算机超声断层成像由计算机 X 射线断层成像引申而来。利用此法可获得声速、声衰减系数和声散射系数等声学参量的定量分布图像。计算机超声断层成像法有透射型和反射型两种。根据射线理论或衍射理论，可用计算机实现图像的重现。透射型超声断层成像重现方法是用声源以扇扫描或线扫描的方式照射物体，并接收与记录透射声的幅度分布和相位分布，这两个分布分别与声束传播路径上各点的声衰减系数和声速有关。从不同方位记录足够的数据，然后用计算机重现声衰减系数和声速的分布，并转换为可见的定量图像，通常称之为像重现。像重现的方法有三种，即代数重现法、反向投影法和傅里叶变换法。这几种方法在计算误差和计算速度方面各有优缺点。

（5）合成孔径成像　采用换能器阵列，各单元作为点元发射，发射声束照射整个物体，接收来自物体各点的信号并加以存储，然后根据各成像点的空间位置，对各换能器元接收的信号引入适当的时延，以得到被成像物体的逐点聚焦声像。这样，整个图像的分辨率较高。用一维换能器阵列可获得二维断面图像信息，而用二维换能器阵列则可得到三维空间图像信息。此外，根据需要，可显示任意断面的图像或进行三维显示。

（6）三维图像显示　利用三维合成孔径成像法可得到三维信息，或将若干个断面图像综合起来合成三维图像。根据绘制透视图的原理进行计算机处理，可在荧光屏上显示三维图像。

3. 声全息

Denis Gabor 于 1948 年发明了全息摄影术。全息摄影术通过在目标光束之外增加一个参考光的方法保留相位信息，实现了三维成像。20 世纪 60 年代激光诞生了，它作为一种相干光源极大地促进了全息摄影术的发展，由此也促使很多人研究应用其他形式的辐射来获得全息图像。1965 年，Pal Greguss 开创了声学全息术。这里主要介绍 Mueller 和 Sheridon 于 1966 年所发明的液面声学法全息术。

Mueller 和 Sheridon 发明的全息术方案如图 12-19 所示，被成像的目标对于声波是透明的，方案的设计使得目标传递函数的傅里叶变换在水面（液面）上形成干涉图。在菲涅尔

(Fresnel) 近似中水面干涉强度为

$$U_o = U_o(x,y)\exp[j\varphi_o(x,y)] \tag{12-35}$$

$$U_r = U_r(x,y)\exp[j\varphi_r(x,y)] \tag{12-36}$$

式中，U_o 为物体波干涉强度；U_r 为参考波干涉强度。

干涉波强度 U 为

$$U = U_o + U_r \tag{12-37}$$

声强 I 为

$$I = UU^* \tag{12-38}$$

式中，上标 * 指共轭。

记录此强度即得到全息图。

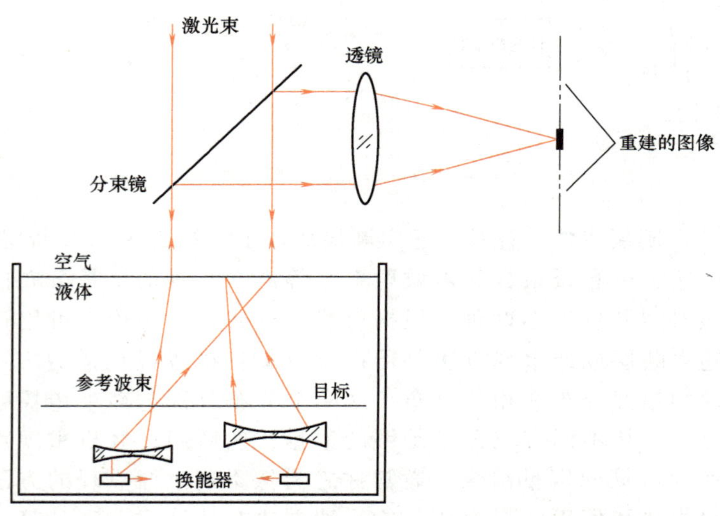

图 12-19　液面声学全息系统在液面产生傅里叶变换全息图

由于参考波束不可避免地会使水面产生变形，因此，该方法重建的图像会受到干扰而变得模糊。只有当参考波束在水面全息图区域引起的变形为常量或为球面变形时才可避免图像的模糊。在声全息中，为了获得可见的重现像，必须用可见光来重现。可见光的波长，与用来形成全息图的声波波长相差数百倍，因此重现像有严重的深度畸变，从而失去三维成像的优点。

为了解决模糊问题，Smith 和 Bmnden 提出了另外一种方法。该方法利用一个声学投影直接将目标而不是目标函数的傅里叶变换成像在水面上。该像与参考波束一起在水面产生一个聚焦的全息图（图 12-20）。在这个系统中，呈现在水面的是由声学图像本身而不是由其傅里叶变换所调制的高频载波，该信息被水面反射光束以相位调制的方式提取出来形成光学图像。该方法有效抑制了严重制约无透镜全息成像法中的图像失常问题，获得了非常好的成像质量。

由于很多声检测器均能记录声波的幅度和相位，并将其转换成相应的电信号，受到人们重视的新的声全息方法与光全息方法不同，只有液面法声全息基本上保留了光全息的做法，而各种扫描声全息不再采用声参考波。扫描声全息大致可分为两类。

(1) 激光重现声全息　用一声源照射物体，物体的散射信号被换能器阵列接收并转换成电信号，再加上模拟从某个方向入射声波的电参考信号，从而在荧光屏上形成全息图并拍

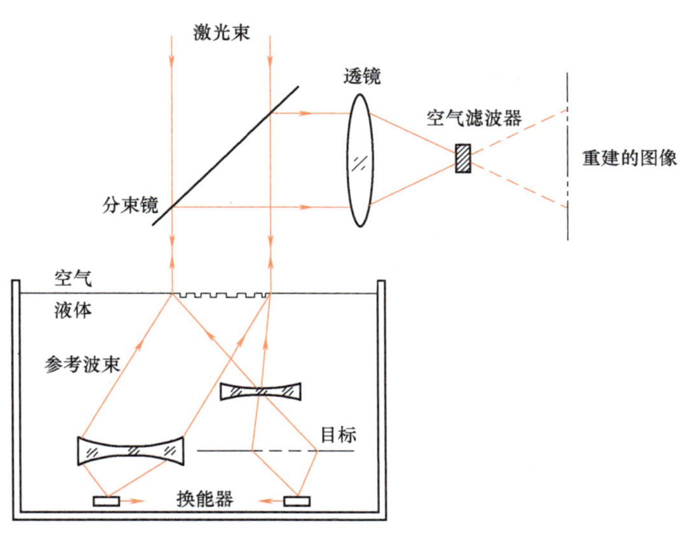

图 12-20　声学全息系统在液面产生聚焦全息图

照。然后用激光照射全息图，即可获得重现声像。

（2）计算机重现声全息　用上述方法记录换能器阵列各单元接收信号的幅度和相位，用计算机进行空间傅里叶变换，即可重现物体声像。

图 12-21 所示是应用扫描声成像技术测量车身噪声的结果。

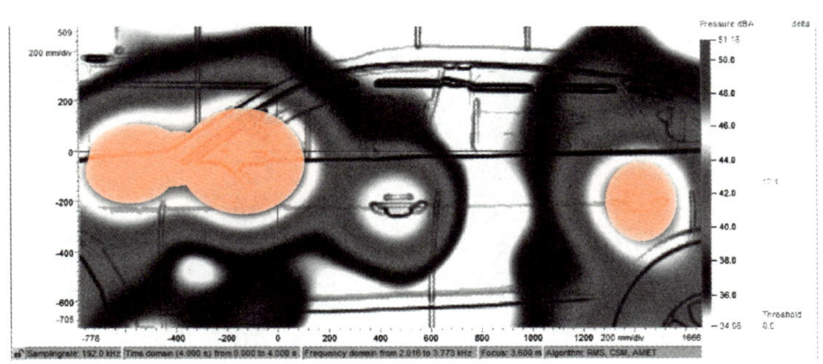

图 12-21　汽车车身噪声成像测量结果

思考题与习题

12-1　简述下列物理量的定义并分辨相互间的关系：声压、声压级、声强、声强级、声功率、声功率级、响度、响度级、计权声级（A 声级、B 声级、C 声级）等。

12-2　在噪声测量中，声功率级不是直接检测量，而是通过测量声压级或声强级换算而来，请问：

1）声压法和声强法测量各有什么特点？

2）为什么总是用声功率级而不是声压级作为固定式机械设备噪声的评价值？

12-3　什么是频程？1 倍频程和 1/3 倍频程有什么区别？

12-4　车间内有三台压气机，单台压气机的噪声级为 90dB（A），求三台压气机同时工作时的噪声级。

12-5　将一台柴油机放置在广场上进行噪声测量，在其中心位置半径 1m 的半球内测量 8 个点，声压级分别为 80dB、81dB、83dB、80dB、81dB、83dB、82dB、81dB（A），求该柴油机的平均声压级和声功率级。当测量球面半径变为 2m 时，平均声压级的测量值将变成多少？

参考文献

[1] 严兆大. 热能与动力工程测试技术 [M]. 2 版. 北京: 机械工业出版社, 2005.
[2] 费业泰. 误差理论与数据处理 [M]. 7 版. 北京: 机械工业出版社, 2015.
[3] 罗次申. 动力机械测试技术 [M]. 上海. 上海交通大学出版社, 2001.
[4] 黄素逸. 动力工程现代测试技术 [M]. 武汉: 华中科技大学出版社, 2001.
[5] 吕崇德. 热工参数测量与处理 [M]. 2 版. 北京: 清华大学出版社, 2001.
[6] 郑正泉. 热能与动力工程测试技术 [M]. 武汉: 华中科技大学出版社, 2001.
[7] 张迎新, 雷道振, 陈胜. 非电量测量技术基础 [M]. 北京: 北京航空航天大学出版社, 2002.
[8] 严钟豪, 谭祖根. 非电量电测技术 [M]. 2 版. 北京: 机械工业出版社, 2015.
[9] 杜维, 张宏建, 王会芹. 过程检测技术及仪表 [M]. 3 版. 北京: 化学工业出版社, 2018.
[10] 朱仙鼎. 中国内燃机工程师手册 [M]. 上海: 上海科学技术出版社, 2000.
[11] 蒋孝煜, 连小珉. 声强技术及其在汽车工程中的应用 [M]. 北京: 清华大学出版社, 2001.
[12] 陈光军. 测试技术 [M]. 北京: 机械工业出版社, 2014.
[13] 王伯雄, 王雪, 陈非凡. 工程测试技术 [M]. 2 版. 北京: 清华大学出版社, 2012.
[14] 杨永军, 蔡静. 特殊条件下的温度测量 [M]. 北京: 中国计量出版社, 2009.
[15] 魏寿芳, 李祖斌. 膨胀式温度计 [M]. 北京: 中国计量出版社, 2008.
[16] 厉彦忠, 吴筱敏, 谭宏博. 热能与动力机械测试技术 [M]. 2 版. 西安: 西安交通大学出版社, 2020.
[17] 徐科军. 传感器与检测技术 [M]. 5 版. 北京: 电子工业出版社, 2021.
[18] 赵文礼. 测试技术基础 [M]. 2 版. 北京: 高等教育出版社, 2019.
[19] 张洪亭, 王明赞. 测试技术 [M]. 沈阳: 东北大学出版社, 2005.
[20] 李晓莹. 传感器与测试技术 [M]. 北京: 高等教育出版社, 2004.
[21] 何广军, 高育鹏. 现代测试技术 [M]. 西安: 西安电子科技大学出版社, 2007.
[22] 傅志方, 华宏星. 模态分析理论与应用 [M]. 上海: 上海交通大学出版社, 2000.
[23] 孙红春, 李佳, 谢里阳. 机械工程测试技术 [M]. 2 版. 北京: 机械工业出版社, 2020.
[24] 王魁汉. 温度测量实用技术 [M]. 2 版. 北京: 机械工业出版社, 2020.
[25] 张师帅. 能源与动力工程测试技术 [M]. 武汉: 华中科技大学出版社, 2018.
[26] 孙朝晖. 发动机缸体上水孔流量测量方法对比研究 [D]. 杭州: 浙江大学, 2015.
[27] 翁昕晨. 燃料电池发动机主要热特性试验研究 [D]. 杭州: 浙江大学, 2023.
[28] 包敏杰. 大功率燃料电池堆单体间工作性能一致性研究 [D]. 杭州: 浙江大学, 2024.
[29] 刘彪. 柴油机 Cu-SSZ-13 分子筛 SCR 催化剂 N_2O 生成机理研究 [D]. 杭州: 浙江大学, 2021.
[30] 韩松. 车用发动机智能冷却系统基础问题研究 [D]. 杭州: 浙江大学, 2012.